中红外光纤超连续谱激光理论与应用

侯　静　张　斌　杨林永　著

科学出版社

北　京

内 容 简 介

光纤超连续谱激光是一种新型的光纤激光光源，具有光谱宽、亮度高和空间相干性好的特点，在光谱检测、生物医学和国防领域都有重要的应用前景。本书以中红外光纤超连续谱激光最新科研成果为题材，系统介绍了中红外光纤超连续谱激光的基础理论、关键技术与发展现状，主要内容包括超连续谱激光简介、中红外光纤的性质及处理技术、光纤中超连续谱产生的原理、基于锗氧化物和碲酸盐光纤的超连续谱产生、基于非掺杂ZBLAN 光纤的中红外超连续谱产生、基于掺杂 ZBLAN 光纤的中红外超连续谱产生、基于非掺杂 InF_3 光纤的中红外超连续谱产生、基于硫系玻璃光纤的中红外超连续谱产生、中红外光纤超连续谱激光的应用等。

本书理论、数值模拟和实验相结合，数据翔实，内容丰富，紧密融合了中红外光纤超连续谱激光的新科学问题、新关键技术和新成果，图文并茂，适合作为光学工程、物理学和电子工程等专业的研究生和高年级本科生的参考书，对从事光纤光学、非线性光学和激光技术的科研人员及从事光纤激光产业的工程技术人员而言也是一本非常有用的参考书。

图书在版编目（CIP）数据

中红外光纤超连续谱激光理论与应用 / 侯静，张斌，杨林永著. —北京：科学出版社，2024. 6

ISBN 978-7-03-075793-7

Ⅰ. ①中… Ⅱ. ①侯… ②张… ③杨… Ⅲ. ①红外光学纤维-连续谱-激光技术-研究 Ⅳ. ①TN24

中国国家版本馆 CIP 数据核字（2023）第 106224 号

责任编辑：刘凤娟 郭学雯 / 责任校对：杨聪敏

责任印制：张 伟 / 封面设计：无极书装

科学出版社 出版

北京东黄城根北街 16 号

邮政编码：100717

http://www.sciencep.com

北京建宏印刷有限公司印刷

科学出版社发行 各地新华书店经销

*

2024 年 6 月第 一 版 开本：720×1000 1/16

2024 年 6 月第一次印刷 印张：15 3/4

字数：309 000

定价：128.00 元

（如有印装质量问题，我社负责调换）

前　言

随着激光技术的发展，目前在航空航天、智能制造、能源动力、生物医疗乃至国防军事等生产生活和科学研究的各个领域，都活跃着激光的身影，激光技术已经成为重要战略支撑技术之一。激光的诞生来自爱因斯坦 1917 年在解释黑体辐射定律时提出的假说，即“受激辐射”理论。1960 年，梅曼研制出世界第一台激光器，在激光诞生 10 年后，“超连续谱激光”出现，它同时具备光谱宽、亮度高和空间相干性好等特性，与众不同的它备受瞩目，成为激光领域的一个新的研究热点。

超连续谱产生是窄光谱带宽激光被转化为宽光谱带宽激光的过程，光谱展宽是激光通过在高非线性介质中传输来实现的，通常取决于泵浦激光特性、介质的色散、非线性特性和光的相互作用长度。早期产生超连续谱激光的介质并不理想，主要集中在固体、气体和液体等常规非线性介质中，不仅需要极高峰值功率的入射激光，而且传输损耗大、光束质量较差，难以达到应用的要求。20 世纪 80 年代，低损耗光纤的诞生与应用，为超连续谱激光的产生和传输提供了一种极佳的介质。光纤能将激光约束在微米量级的光纤纤芯中，增强了激光与介质相互作用的非线性效应，同时还能增长传输和相互作用距离。1996 年，光子晶体光纤被发明出来，它具有更高非线性系数、更灵活可调色散的特性，其无截止单模特性又能在很宽光谱范围内保证高光束质量，是一种非常适合用于超连续谱产生的光纤，此后超连续谱激光在实验室里实现起来变得简单而轻松。这些优越的特性让超连续谱激光备受关注并获得多个领域的应用，这在超连续谱激光的发展中是具有里程碑意义的。之后光纤激光器作为泵浦光源用于超连续谱的产生，全光纤结构的超连续谱激光可以保持光纤激光固有的稳定性好、热管理方便、结构紧凑、空间相干性好等优点。从此，超连续谱激光开启了在光纤激光领域的新篇章。

根据不同的应用，对超连续谱激光特性的要求可能会有很大的不同。例如，光谱检测和生物科学领域的许多应用需要低功率、高时间相干性、低噪声的宽带光源，而国防军事等应用会提出高功率、高光束质量以及特定光谱的技术要求。因此，根据特定应用确定合适的光源特性参数非常重要。中红外超连续谱激光，可有效覆盖相应波段的大气窗口，在诸如红外照明、高光谱成像、光谱激光雷达、红外对抗等大气应用领域具有重要前景；另外，该波段包含众多分子材料的指纹吸收谱，因而还可以被广泛地应用到红外光谱学。

在光纤激光研究领域里，中红外超连续谱激光器是非常特别的一个分支。可见光和近红外超连续谱的产生都是基于石英光纤开展的研究，功率水平和 1 μm 波段的光纤激光并行进步。中红外超连续谱激光的进展则举步维艰。尽管中红外波段光纤激光出现得并不晚，但其功率输出水平、激光效率和中红外器件的水平等，与 1 μm 波段的光纤激光相比还存在较大的差距，难以满足日益增长的实际需求。产生中红外超连续谱激光的技术方案更是涉及多种类型的光纤，目前主要有氧化锗光纤、碲化物光纤、氟化物光纤和硫系玻璃光纤等，同一类型的光纤可以有不同的组分，也可以设计不同的光纤结构(包括光子晶体光纤结构)，另外在泵浦方式上也可以有多个波段的不同选择。这些变化因素极大地增加了中红外超连续谱激光器研究的难度，同时也带来了科学问题和关键技术的多样性和复杂性。

本书的关键词为“超连续谱”、“光纤激光”和“中红外”。国内外已分别有关于光纤激光、中红外激光和基于光子晶体光纤超连续谱激光的专著，但还没有关于中红外光纤超连续谱激光的理论和应用的书籍。本书总结了中红外光纤超连续谱激光器的最新研究成果，从非线性光纤的基本特性、非线性效应和超连续谱激光产生的基本原理出发，理论和数值模拟相结合，介绍了超连续谱激光产生的机理；系统介绍了基于氧化锗光纤、氟化物光纤和硫系玻璃光纤等产生中红外超连续谱激光的技术方案，结合大量文献，进行了归纳、总结和分析；最后对中红外超连续谱激光的应用进行了介绍和展望。

由于作者水平有限，书中难免会存在不妥之处，殷切期望广大读者批评指正。

作　者

2023 年 3 月

目　录

前言

第 1 章　绪论 ······ 1

1.1　超连续谱激光简介 ······ 1

1.2　超连续谱激光的发展历史 ······ 2

1.3　超连续谱激光的发展现状和趋势 ······ 5

参考文献 ······ 7

第 2 章　中红外光纤的性质及处理技术 ······ 11

2.1　软玻璃光纤性质 ······ 11

2.1.1　光学特性 ······ 11

2.1.2　热学特性 ······ 20

2.1.3　力学特性 ······ 22

2.1.4　溶解度 ······ 22

2.1.5　常见光纤性质比较 ······ 23

2.2　石英光纤处理技术 ······ 24

2.2.1　石英光纤切割 ······ 25

2.2.2　石英光纤熔接 ······ 25

2.2.3　石英光纤端帽制备 ······ 26

2.2.4　石英光纤拉锥 ······ 27

2.3　软玻璃光纤处理技术 ······ 28

2.3.1　软玻璃光纤切割 ······ 29

2.3.2　软玻璃光纤熔接 ······ 29

2.3.3　软玻璃光纤端帽制备 ······ 32

2.3.4　软玻璃光纤端面镀膜与微结构制备 ······ 33

2.3.5　软玻璃光纤熔融拉锥 ······ 36

参考文献 ······ 36

第 3 章　光纤中超连续谱产生的原理 ······ 41

3.1　脉冲在光纤中的传输 ······ 41

3.1.1　时域 GNLSE 及其解法 ······ 41

3.1.2　频域 GNLSE 及噪声模型 ······ 47

3.1.3 带增益的 GNLSE …… 51
3.2 光纤中的非线性效应 …… 55
3.2.1 自相位调制和交叉相位调制 …… 55
3.2.2 四波混频和调制不稳定性 …… 57
3.2.3 受激拉曼散射与孤子自频移 …… 59
3.2.4 光孤子与色散波 …… 61
3.3 光纤参数对非线性系数的影响 …… 64
3.3.1 光纤参数对基模非线性系数的影响 …… 64
3.3.2 非线性系数对超连续谱产生过程的影响 …… 65
3.4 光纤色散对超连续谱产生的影响 …… 68
3.4.1 光纤参数对色散的影响 …… 68
3.4.2 在不同色散区泵浦对超连续谱产生过程的影响 …… 76
3.5 超连续谱产生的主要机理 …… 80
3.5.1 飞秒脉冲泵浦产生超连续谱 …… 80
3.5.2 长脉冲泵浦产生超连续谱 …… 81
3.6 光纤中超连续谱产生 …… 82
3.6.1 无源光纤中超连续谱产生 …… 83
3.6.2 有源光纤中超连续谱产生 …… 87
3.6.3 级联光纤中超连续谱产生 …… 91
3.6.4 渐变折射率多模光纤中超连续谱产生 …… 95
参考文献 …… 96
第 4 章 基于锗氧化物和碲酸盐光纤的超连续谱产生 …… 104
4.1 基于氧化锗玻璃光纤的超连续谱产生 …… 104
4.1.1 1.5 μm 波段泵浦氧化锗光纤实现超连续谱激光 …… 105
4.1.2 2 μm 波段泵浦氧化锗光纤实现超连续谱激光 …… 109
4.1.3 2～2.5 μm 波段泵浦氧化锗光纤实现超连续谱激光 …… 113
4.2 基于碲酸盐玻璃光纤的超连续谱产生 …… 117
参考文献 …… 123
第 5 章 基于非掺杂 ZBLAN 光纤的中红外超连续谱产生 …… 126
5.1 概述 …… 126
5.2 基于 1.5 μm 泵浦源的中红外超连续谱产生 …… 128
5.3 基于 2 μm 泵浦源的中红外超连续谱产生 …… 130
5.4 基于 2～2.5 μm 孤子群脉冲的中红外超连续谱产生 …… 138
5.4.1 大模面积 TDFA 泵浦的瓦量级中红外超连续谱激光 …… 139
5.4.2 大模面积 TDFA 泵浦的十瓦量级中红外超连续谱激光 …… 142

5.4.3 单模 TDFA 泵浦的高功率中红外超连续谱激光 …… 144
参考文献 …… 148
第 6 章 基于掺杂 ZBLAN 光纤的中红外超连续谱产生 …… 150
6.1 概述 …… 150
6.1.1 3～5 μm 波段常见增益离子发射谱特性 …… 150
6.1.2 Er^{3+}在 ZBLAN 光纤中的激光特性 …… 151
6.1.3 Ho^{3+}在 ZBLAN 光纤中的激光特性 …… 154
6.1.4 Dy^{3+}在 ZBLAN 光纤中的激光特性 …… 155
6.1.5 基于掺杂 ZBLAN 光纤的中红外超连续谱光源的基本结构 …… 155
6.2 基于掺铒 ZBLAN 光纤放大器的中红外超连续谱激光 …… 156
6.3 基于掺钬 ZBLAN 光纤放大器的中红外超连续谱激光 …… 167
参考文献 …… 171
第 7 章 基于非掺杂 InF_3 光纤的中红外超连续谱产生 …… 175
7.1 概述 …… 175
7.1.1 InF_3 光纤的色散特性 …… 175
7.1.2 InF_3 光纤的非线性特性 …… 176
7.1.3 基于 InF_3 光纤的中红外超连续谱光源研究现状 …… 178
7.2 2 μm 波段泵浦 InF_3 光纤实现中红外超连续谱激光 …… 180
7.3 2～2.5 μm 波段泵浦 InF_3 光纤实现中红外超连续谱激光 …… 187
7.4 3 μm 波段泵浦 InF_3 光纤实现中红外超连续谱激光 …… 195
参考文献 …… 197
第 8 章 基于硫系玻璃光纤的中红外超连续谱产生 …… 199
8.1 中红外固体激光器泵浦硫系玻璃光纤 …… 199
8.2 中红外光纤激光器泵浦硫系玻璃光纤 …… 203
8.3 级联软玻璃光纤 …… 206
8.3.1 ZBLAN 光纤级联 As_2S_3 光纤 …… 207
8.3.2 ZBLAN 光纤级联 As_2Se_3/GeAsSe 光纤 …… 209
8.3.3 InF_3 光纤级联 As_2Se_3 光纤 …… 213
8.3.4 ZBLAN 光纤级联 As_2S_3 光纤再级联 As_2Se_3 光纤 …… 217
参考文献 …… 219
第 9 章 中红外光纤超连续谱激光的应用 …… 223
9.1 中红外光学相干层析成像 …… 223
9.2 中红外光谱学 …… 224
9.2.1 环境监测和食品安全 …… 224
9.2.2 分子指纹谱识别 …… 227

9.3 生物医学及显微成像 …… 229
9.4 国防应用 …… 233
参考文献 …… 234
附录一 书中用到的缩写 …… 237
附录二 各种光纤材料的 Sellmeier 系数 …… 239
附录三 不同光纤材料的拉曼响应函数 …… 240
参考文献 …… 241

第1章　绪　　论

随着光纤激光技术与特种光纤制造工艺的日趋成熟，以光子晶体光纤(PCF)和中红外光纤为非线性介质的超连续谱激光技术得到了快速发展。超连续谱激光器也成为激光技术领域的研究热点之一。本章将从超连续谱激光的诞生开始，回顾超连续谱激光的历史，简述超连续谱激光的发展现状，并对未来中红外超连续谱的发展趋势进行展望。

1.1　超连续谱激光简介

高强度窄带激光在非线性介质中传输时，在介质色散和多种非线性效应的共同作用下，其光谱得到极大展宽，这个光谱展宽的激光称为超连续谱(supercontinuum spectrum，SC)激光，这个过程称为超连续谱产生。在光纤介质中，这些非线性效应主要包括自相位调制(SPM)、交叉相位调制(XPM)、四波混频(FWM)、受激拉曼散射(SRS)等。典型的超连续谱激光产生如图 1-1 所示，高强度的激光通过耦合系统(显微物镜、透镜等)耦合进非线性介质(如光纤)，在色散和非线性效应的共同作用下，输出激光的光谱得到极大的展宽，这就是超连续谱激光。入射激光通常也称为超连续谱的泵浦激光。

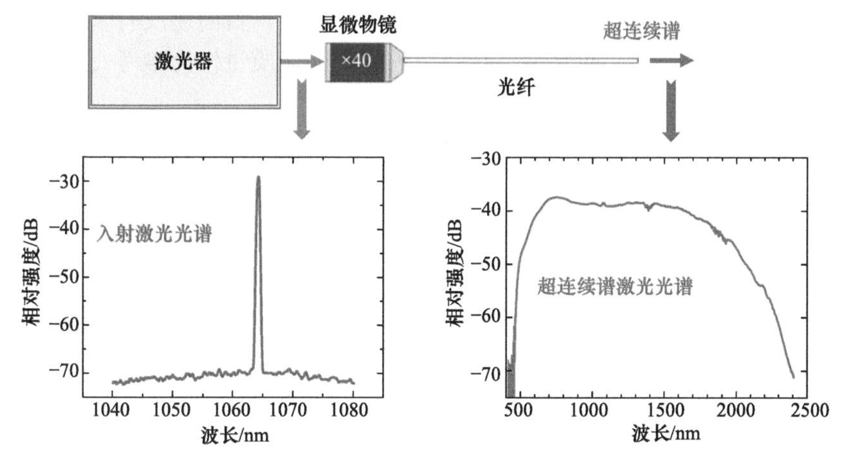

图 1-1　典型的超连续谱激光产生示意图

激光具有单色性好、亮度高、相干性好等优点，在基础科学研究及工业技术等领域成为重要的光源。然而，一些应用要求光源具有很宽的光谱，此时普通激光不能满足应用需求。传统光源如白炽灯泡、汞灯及热辐射源等，虽然可以满足宽光谱的需要，但是它们在亮度及方向性等方面远不如激光。超连续谱激光能同时满足上述两方面的要求，这种光源不仅具有激光的高亮度和好的方向性，而且具有传统光源的宽光谱特性，有人将其概括为"具有灯一样宽的光谱和激光一样的亮度"(broad as a lamp，bright as a laser)[1]。超连续谱在生物成像[2]、光学相干层析(OCT)[3, 4]、光学传感[5]以及光学频率梳[6]等方面有着重要的应用。

超连续谱激光的技术指标主要有如下几个。

(1) 光谱范围：通常采用光谱峰值强度以下 20 dB 所对应的波长范围作为超连续谱激光的波长范围。当然，也有部分学者采用光谱仪实际测量到的波长范围来衡量。

(2) 输出功率：超连续谱激光整个光谱范围内的平均功率。

(3) 光谱平坦度：指定波长范围内光谱强度的最大值和最小值的差，用 dB 来表示。

(4) 重复频率：大多数超连续谱激光的工作模式为脉冲，所以重复频率也是超连续谱激光的技术指标之一。超连续谱激光的重复频率通常与泵浦脉冲激光的重复频率一致。

(5) 脉冲宽度：在超连续谱产生过程中，脉冲激光的时域特征在色散和非线性的作用下会发生严重的变化。在脉冲工作体制下，超连续谱激光的脉冲宽度不同于入射激光的脉冲宽度，通常会变宽。

(6) 光束质量：超连续谱激光的光谱范围很宽，而且不同波长的光谱强度差异较大，这为超连续谱激光光束质量的表征带来了困难，目前还没有统一的标准。为了解决某些应用需求，通常给出指定波长处的光束质量作为参考。

1.2　超连续谱激光的发展历史

光纤中超连续谱激光的产生是色散辅助下光学非线性效应引起的光学频率变换的结果。要产生显著的非线性现象，则离不开高强度的入射光，也只有激光才能提供非线性效应产生所需要的光强。所以，超连续谱激光的发展史与激光技术、非线性光学的发展密不可分。

1960 年，美国科学家梅曼研制出第一台激光器——灯泵浦红宝石激光器[7]。激光的高强度为非线性光学的研究和发展提供了重要的工具。1962 年，Q 开关激光器问世[8]。1965 年，锁模激光器研制成功[9]。Q 开关和锁模技术的发展可以提供更高峰值强度的脉冲激光输出，高强度的激光使传输介质发生非线性极化，从而开创了非线性光学时代。1960～1980 年被认为是非线性光学发展的黄金 20 年，尤其是前 10 年，相继报道了二次谐波产生[10]、双光子吸收、三次谐波产生[11]、受激拉曼散射[12]、和频产生、自聚焦[13]、差频产生、受激布里渊散射[14]等非线性光学现象，这些非线性光学现象的研究成果为分析超连续谱激光产生的物理过程提供了重要的基础。

首次关于超连续谱产生的报道出现在 1970 年，Alfano 和 Shapiro 利用倍频钕玻璃锁模皮秒脉冲激光泵浦 BK7 块状玻璃，获得了 400～700 nm 的白光光源[15]。虽然在这之前已有液体、晶体以及玻璃材料中的光谱展宽研究，但 Alfano 和 Shapiro 的实验是公认的最早关于超连续谱产生的报道。类似的光谱展宽现象通常称为“频率展宽”、“反常频率展宽”以及“白光产生”等。直到 1980 年，人们才正式使用“连续谱”一词来表述这一光谱显著展宽的光源[16]。自从首次报道超连续谱产生以来，各种非线性波导材料中产生超连续谱得到了广泛研究，这些材料包括固体、有机和无机液体、气体[17, 18]等。按照非线性介质的波导类型不同，超连续谱激光的发展主要分为四个阶段。

第一阶段是在块状光学介质中产生超连续谱。主要方法是将聚焦的强光脉冲入射到块状光学介质中来产生超连续谱。在这些实验中，超连续谱的产生是个高度复杂的过程，光谱展宽的主要原因是自相位调制和自聚焦等非线性效应，涉及空间和时域的复杂耦合。光谱展宽需要高强度的激光以及足够长的相互作用长度，就块状光学介质而言，激光在其中的相互作用长度常常受到限制，需要高峰值功率的脉冲来弥补，然而过高峰值功率的激光和自聚焦效应会损坏非线性介质，所以这一时期的超连续谱激光的光谱宽度和产生效率受到限制。

第二阶段是在普通光纤中产生超连续谱。1970 年，美国康宁公司拉制出了最低损耗为 20 dB/km 的石英光纤。1973 年，贝尔实验室发明改进的化学气相沉积法(MCVD)，使光纤的损耗降低到了 2.5 dB/km。激光技术的发展和低损耗光纤的研制成功促进了非线性光纤光学的发展。虽然二氧化硅的非线性系数低，但是低损耗光纤可以提供比块体材料长得多的非线性相互作用长度。这不仅降低了对激光强度的要求，而且还避免了块状材料中的自聚焦现象。正因如此，很多非线性现象在光纤中迅速再现，如受激拉曼散射[19]、受激布里渊散射[20]、克尔效应[21]、四波混频[22]和自相位调制[23]。除受激布里渊散射外，这些非线性效应在基于光纤的超连续谱产生过程中发挥了重要的作用。起源于自相位调制和反常色散相平衡的光孤子[24]成为超连续谱产生中的重要非线性效应，在受激拉曼散射的作用下，成为光谱向长波方向展宽的主要原因。1976 年，首次在光纤中产生了超连续谱[25]孤子自移频，由于传统光纤的零色散波长(ZDW)约为 1.27 μm，在早期的实验中，受限于当时激光技术的发展，研究人员难以找到波长位于光纤反常色散区的高峰值功率激光，所以采用波长位于光纤正常色散区的激光泵浦，光谱展宽机制主要是自相位调制和级联受激拉曼散射，光谱的展宽受到限制。随着掺铒光纤激光器的出现，在反常色散区泵浦传统光纤成为可能，四波混频的相位匹配条件也得到满足，但是光纤色散等参数相对固定，无法根据可用的激光光源选择合适参数的光纤。

第三阶段是在微结构光纤和拉锥光纤中产生超连续谱[26-29]。这一阶段是超连续谱激光快速发展时期，这主要受益于光子晶体光纤的研制成功和掺镱光纤激光技术的发展。光子晶体光纤是微结构光纤的一种，具有许多独特性质，成为超连续谱激光产生的重要非线性介质。这些与超连续谱激光产生有关的特性包括：①灵活可控的色散特性。通过改变光子晶体光纤的空气孔大小、间距和排布方式，可以灵活地控制光纤的色散特性[30]，将 ZDW 向短波长移动，甚至到可见光区，也有可能得到多个 ZDW，从而在泵浦源的选择上更加灵活，更加广泛，可以选择不同泵浦波长、脉冲宽度和脉冲能量的光源来产生超连续谱。②高非线性。光子晶体光纤小的纤芯直径结合纤芯–空气高折射率差可以获得小的有效模场面积，增强光纤的非线性，有利于光谱展宽。③无截止单模传输特性。无截止单模光子晶体光纤可以确保超连续谱在几乎所有波长处都是单模,保持高的光束质量。

1996 年,Knight 在南安普顿大学拉制出第一根石英–空气的光子晶体光纤[31]。光子晶体光纤的出现，使超连续谱激光的研究进入蓬勃发展期。2000 年，Ranka 使用 75 cm 长的光子晶体光纤产生超连续谱[32]，光纤的 ZDW 位于 765～775 nm，泵浦激光器为自锁模钛宝石激光器，激光波长为 770 nm，脉宽为 100 fs，能量为 800 pJ，产生的超连续谱波长范围为 400～1500 nm，光谱展宽超过了一个倍频程，为探测光学频率梳的载波包络相位误差创造了条件，解决了困扰光学频率梳多年的技术难题，为 2005 年诺贝尔物理学奖成果的取得作出了重要贡献。从此以后，使用光子晶体光纤产生超连续谱成为研究热点，实验方案多种多样，有多波长泵浦[33-35]，也有采用两个 ZDW 的光子晶体光纤[36-38]或者级联光纤[39]方案。在泵浦激光的选择上，得益于光纤激光技术的发展，超连续谱激光的泵浦激光选择范围覆盖飞秒、纳秒、皮秒到连续波(CW)激光。在超连续谱激光功率方面，Travers 等[40]利用波长为 1070 nm、功率为 400 W 的连续波激光泵浦 PCF，输出平均功率达到 50 W；在波长范围方面，利用石英 PCF 产生的超连续谱在短波方向已扩展到了 350 nm[41]，利用拉锥 PCF，超连续谱在短波方向甚至扩展到了 280 nm[42]。利用石英光纤，超连续谱的长波边扩展到了 3 μm[43]。采用的光纤类型也多种多样，如保偏 PCF[44-46]、水芯 PCF[47, 48]和新型不规则微结构光纤(MOF)等[49]。

第四阶段是中红外光纤中产生超连续谱激光。波长大于 2.5 μm 的光在石英光纤中衰减严重，于是，研究人员采用中红外玻璃光纤来产生中红外超连续谱激光。这些中红外光纤的基质材料主要包括碲酸盐玻璃、氟化物玻璃和硫系玻璃等。这些玻璃材料的硬度比石英玻璃低，因此称为“软玻璃”，这些玻璃光纤又称为“软玻璃光纤”。虽然中红外光纤为中红外超连续谱产生提供了必需的非线性介质，但是长波长的泵浦激光成为中红外超连续谱产生的难题。围绕这一问题，研究人员提出了很多方案，例如，将光纤 ZDW 向短波长移动，以匹配成熟的近红外激光；发展高峰值功率 2 μm 及以上波长的脉冲激光；在中红外光纤放大器中产生超连续谱；采用级联多种光纤的方式将波长从近红外逐渐移向中红外，甚至到更长的波长，达到 12 μm。本书正是聚焦于中红外超连续谱激光，从光纤材料、基本原理、技术方案以及应用等多个方面进行深入介绍和分析。

1.3　超连续谱激光的发展现状和趋势

超连续谱激光的出现已经有半个世纪，但快速发展还是在最近 20 多年，在这一时期，超连续谱激光产生的物理过程和潜在机理得到进一步的完善，超连续谱激光的功率和光谱范围也不断得到突破。需要特别说明的是，不同于传统的单波长激光，超连续谱激光的最大特点就是光谱范围特别宽，所以需要从功率和光谱两个方面来衡量超连续谱激光，不能只看功率这一单一参数，也不能只看光谱而不注重功率。通常情况下，光谱的展宽更难，可见光超连续谱激光为了获得波长低至 400 nm 的可见光，中红外超连续谱激光为了实现光谱向长波展宽到光纤高传输损耗区，均要以牺牲输出功率和系统效率为代价，同时技术难度也更大。目前超连续谱激光在功率提升和波长拓展方面都取得了重大进展。

1) 可见光–近红外超连续谱激光

可见光–近红外超连续谱激光的主要方案是以掺镱脉冲光纤激光器作为泵浦源，以石英光子晶体光纤作为非线性介质，通过光子晶体光纤的非线性和色散调控来获得需要的光谱展宽。普通石英光纤与光子晶体光纤的低损耗熔接则为可见光–近红外超连续谱激光的全光纤化提供了重要的技术支撑。目前最新的结果如下所述。

2018 年，国防科技大学采用高功率 1016 nm 脉冲激光器泵浦自行设计的七芯光子晶体光纤[41]，获得了 80 W 的超连续谱激光输出，光谱范围为 350～2400 nm，实现了整个可见光的全覆盖，是真正意义上的“白光激光器”。

2018 年，中国工程物理研究院采用掺镱皮秒脉冲光纤激光器泵浦光子晶体光纤，获得了 563 W 的超连续谱输出[50]，光谱范围为 665～1750 nm。

2) 近红外超连续谱激光

石英光纤与光子晶体光纤的熔接点能承受的最大功率限制了超连续谱激光功率的提升。为此，国防科技大学采用在脉冲光纤放大器中直接产生超连续谱的技术方案，避免了石英光纤与光子晶体光纤的熔接，在高功率超连续谱产生方面极具优势。但该方案中光谱主要是向长波方向展宽，向短波的光谱展宽有限。目前最新的结果如下所述。

2022 年，国防科技大学利用大模面积的掺镱光纤放大器，获得了 714 W 近红外超连续谱激光[51]，光谱范围为 690～2390 nm，10 dB 光谱带宽为 1051 nm。

同年，清华大学采用功率放大后的掺镱光纤激光和拉曼光纤激光作为泵浦源[52]，同时注入长度为 415 m、纤芯/包层直径为 46 μm/400 μm 的光纤中，这段长的无源光纤构成了全开腔的随机拉曼光纤激光器，最终产生了功率为 3180 W、20 dB 光谱范围为 1094～1668 nm 的超连续谱输出。

3) 短波红外超连续谱激光

高功率短波红外 2～2.5 μm 的超连续谱激光主要是通过脉冲掺铥光纤放大器来产生，如果信号光为 2 μm 波段的宽谱脉冲光，则可以获得光谱平坦的短波红外超连续谱输出，其长波长达到了石英光纤的高传输损耗区。目前最新的结果如下所述。

2016 年，国防科技大学在脉冲掺铥光纤放大器中获得了 203 W 的短波红外超连续谱输出[53]，1990～2535 nm 波长范围的光谱平坦度优于 3 dB。

4) 中红外超连续谱激光

产生中红外超连续谱激光的非线性光纤必须是低损耗的中红外光纤，目前主要有氟化物、碲酸盐和硫系玻璃光纤。采用中红外飞秒激光直接泵浦硫系玻璃光纤，在高峰值功率激光和高非线性材料的加持下，仅需厘米量级的光纤，便可将光谱向长波展宽至 18 μm[54]，然而，这种方案造价昂贵、功率低、稳定性差，限制了该类型超连续谱激光的应用。于是，研究人员主要聚焦于全光纤中红外超连续谱激光，由于缺少可用的中红外脉冲激光器，所以研究人员采用了多种创新的技术方案，将近红外波段的激光光谱展宽到中红外波段，长波超过 10 μm[55, 56]，甚至达到了 11 μm[57]。由于中红外超连续谱涉及的光纤类型多、方案多以及技术难度大，本书将在第 4～8 章进行详细介绍和分析。

从上述最新结果来看，高功率是超连续谱激光的一大发展趋势，可见光-近红外超连续谱激光的功率即将突破千瓦，近红外超连续谱激光的输出功率有突破万瓦的可能。中红外超连续谱的输出功率也已经突破 40 W[58]，随着光纤材料和制造技术的提升，百瓦的中红外超连续谱激光也许能成为现实。

第二个趋势是超连续谱波长覆盖范围的扩展。一是向短波方向扩展到紫外，以用于荧光成像、医学诊断与治疗等。虽然用拉锥石英光纤将光谱向短波扩展到了 280 nm，但是功率非常低，而且在石英光纤中，超连续谱向短波扩展受到材料吸收、光子暗化以及超高正常色散的影响，难度非常大。主要的方案是采用充气或者填充液体的空心光纤作为非线性介质，可以将超连续谱的短波扩展到 113 nm[59, 60]。二是向长波长扩展，主要是在氟化物光纤中实现高功率输出条件下 2～5 μm 波段的全覆盖，以及在新型硫系玻璃光纤中获得光谱向长波进一步拓展的全光纤超连续谱激光输出，以用于OCT成像、遥感以及国防等领域。

第三个发展趋势是开发超低噪声和高时间相干性超连续谱激光器，用于光谱学、成像以及检测等。通常情况下，为了获得最大光谱展宽，常采用波长位于光纤反常色散区的激光器作为泵浦源，然而这会导致超连续谱激光低的时间相干性和高的噪声。所以，为了获得超低噪声和高时间相干性，需要采用飞秒脉冲泵浦全正色散光纤，特别是全正色散保偏光纤，在一定的泵浦激光和光纤参数区间，采用飞秒脉冲泵浦全正色散保偏光纤可以获得超低噪声和高时间相干性的超连续谱激光。目前采用全正色散保偏光纤或者极短的负色散保偏光纤再级联正色散保偏光纤，均获得了相对强度噪声低至0.05%的超连续谱激光[61, 62]。

参考文献

[1] Moselund P M, Petersen C, Dupont S, et al. Supercontinuum: broad as a lamp, bright as a laser, now in the mid-infrared[C]. Proceedings of the SPIE Proceedings(2012/05/07), SPIE, 2012.

[2] Poudel C, Kaminski C F. Supercontinuum radiation in fluorescence microscopy and biomedical imaging applications [J]. Journal of the Optical Society of America B, 2019, 36(2): A139.

[3] Israelsen N M, Petersen C R, Barh A, et al. Real-time high-resolution mid-infrared optical coherence tomography [J]. Light: Science & Applications, 2019, 8(1): 11.

[4] Zorin I, Gattinger P, Prylepa A, et al. Time-encoded mid-infrared Fourier-domain optical coherence tomography [J]. Optics Letters, 2021, 46(17): 4108-4111.

[5] Manninen A, Kääriäinen T, Parviainen T, et al. Long distance active hyperspectral sensing using high-power near-infrared supercontinuum light source [J]. Opt. Express, 2014, 22(6): 7172-7177.

[6] Udem T, Holzwarth R, Hänsch T W. Optical frequency metrology [J]. Nature, 2002, 416(6877): 233-237.

[7] Maiman T H. Stimulated optical radiation in ruby [J]. Nature, 1960, 187(4736): 493-494.

[8] McClung F J, Hellwarth R W. Giant optical pulsations from ruby [J]. Journal of Applied Physics, 1962, 33(3): 828-829.

[9] Mocker H W, Collins R J. Mode competition and self-locking effects in a *Q*-switched ruby laser [J]. Applied Physics Letters, 1965, 7(10): 270-273.

[10] Franken P A, Hill A E, Peters C W, et al. Generation of optical harmonics [J]. Physical Review Letters, 1961, 7(4): 118-119.

[11] New G H C, Ward J F. Optical third-harmonic generation in gases [J]. Physical Review Letters, 1967, 19(10): 556-559.

[12] Eckhardt G, Hellwarth R W, Mcclung F J, et al. Stimulated Raman scattering from organic liquids [J]. Physical Review Letters, 1962, 9(11): 455-457.

[13] Askar'yan G A. Effects of the gradient of a strong electromagnetic beam on electrons and atoms (Reprinted from Sov. Phys. JETP, 1962, 15: 1088-1090) [M]//BOYD R W, LUKISHOVA S G, SHEN Y R. Self-focusing: Past and Present. 2009: 267.

[14] Chiao R Y, Townes C H, Stoicheff B P. Stimulated Brillouin scattering and coherent generation of intense hypersonic waves [J]. Physical Review Letters, 1964, 12(21): 592-595.

[15] Alfano R R, Shapiro S L. Emission in the region 4000 to 7000 Å via four-photon coupling in glass [J]. Physical Review Letters, 1970, 24(11): 584-587.

[16] Gersten J I, Alfano R R, Belic M. Combined stimulated Raman scattering and continuum self-phase modulations [J]. Physical Review A, 1980, 21(4): 1222-1224.

[17] Shimizu F. Frequency broadening in liquids by a short light pulse [J]. Physical Review Letters, 1967, 19(19): 1097-1100.

[18] Alfano R R. The Supercontinuum Laser Source: Fundamentals with Updated References [M]. 2nd ed. New York: Springer, 2006.

[19] Stolen R H, Ippen E P, Tynes A R. Raman oscillation in glass optical waveguide [J]. Applied Physics Letters, 1972, 20(2): 62-64.

[20] Ippen E P, Stolen R H. Stimulated Brillouin scattering in optical fibers [J]. Applied Physics Letters, 1972, 21(11): 539-541.

[21] Stolen R H, Ashkin A. Optical Kerr effect in glass waveguide [J]. Applied Physics Letters, 1973, 22(6): 294-296.

[22] Stolen R H, Bjorkholm J E, Ashkin A. Phase-matched three-wave mixing in silica fiber optical waveguides [J]. Applied Physics Letters, 1974, 24(7): 308-310.

[23] Stolen R H, Lin C. Self-phase-modulation in silica optical fibers [J]. Physical Review A, 1978, 17(4): 1448-1453.

[24] Mollenauer L F, Stolen R H, Gordon J P. Experimental observation of picosecond pulse narrowing and solitons in optical fibers [J]. Physical Review Letters, 1980, 45(13): 1095-1098.

[25] Lin C, Stolen R H. New nanosecond continuum for excited-state spectroscopy [J]. Applied Physics Letters, 1976, 28(4): 216-218.

[26] Wadsworth W J, Ortigosa-Blanch A, Knight J C, et al. Supercontinuum generation in photonic crystal fibers and optical fiber tapers: a novel light source [J]. Journal of the Optical Society of America B, 2002, 19(9): 2148-2155.

[27] Akimov D A, Ivanov A A, Alfimov M V, et al. Spectral superbroadening of subnanojoule Cr:Forsterite femtosecond laser pulses in a tapered fiber [J]. Journal of Experimental and Theoretical Physics Letters, 2001, 74(9): 460-463.

[28] Birks T A, Wadsworth W J, Russell P S J. Supercontinuum generation in tapered fibers [J]. Optics Letters, 2000, 25(19): 1415.

[29] Sørensen S T, Judge A, Thomsen C L, et al. Optimum fiber tapers for increasing the power in the blue edge of a supercontinuum—group-acceleration matching [J]. Optics Letters, 2011, 36(6): 816.

[30] Lægsgaard J, Barkou Libori S E, Hougaard K, et al. Dispersion properties of photonic crystal fibers—issues and opportunities [J]. MRS Online Proceedings Library, 2003, 797(1): 221-232.

[31] Knight J C, Birks T A, Russell P S, et al. All-silica single-mode optical fiber with photonic crystal cladding[J]. Opt. Lett., 1996, 21(19): 1547-1549.

[32] Ranka J K, Windeler R S, Stentz A J. Visible continuum generation in air-silica microstructure optical fibers with anomalous dispersion at 800 nm [J]. Optics Letters, 2000, 25(1): 25.

[33] Champert P-A, Couderc V, Leproux P, et al. White-light supercontinuum generation in normally

dispersive optical fiber using original multi-wavelength pumping system [J]. Opt. Express, 2004, 12(19): 4366-4371.

[34] Räikkönen E, Genty G, Kimmelma O, et al. Supercontinuum generation by nanosecond dual-wavelength pumping in microstructured optical fibers [J]. Opt. Express, 2006, 14(17): 7914.

[35] Schreiber T, Andersen T V, Schimpf D, et al. Supercontinuum generation by femtosecond single and dual wavelength pumping in photonic crystal fibers with two zero dispersion wavelengths [J]. Opt. Express, 2005, 13(23): 9556.

[36] Martin-Lopez S, Abrardi L, Corredera P, et al. Spectrally-bounded continuous-wave supercontinuum generation in a fiber with two zero-dispersion wavelengths [J]. Opt. Express, 2008, 16(9): 6745.

[37] Mussot A, Beaugeois M, Bouazaoui M, et al. Tailoring CW supercontinuum generation in microstructured fibers with two-zero dispersion wavelengths [J]. Opt. Express, 2007, 15(18): 11553.

[38] Hilligsøe K M, Andersen T V, Paulsen H N, et al. Supercontinuum generation in a photonic crystal fiber with two zero dispersion wavelengths [J]. Opt. Express, 2004, 12(6): 1045.

[39] Travers J C, Popov S V, Taylor J R. Extended blue supercontinuum generation in cascaded holey fibers [J]. Optics Letters, 2005, 30(23): 3132.

[40] Travers J C, Rulkov A B, Cumberland B A, et al. Visible supercontinuum generation in photonic crystal fibers with a 400W continuous wave fiber laser [J]. Opt. Express, 2008, 16(19): 14435.

[41] Qi X, Chen S, Li Z, et al. High-power visible-enhanced all-fiber supercontinuum generation in a seven-core photonic crystal fiber pumped at 1016 nm [J]. Optics Letters, 2018, 43(5): 1019.

[42] Stark S P, Travers J C, Russell P S J. Extreme supercontinuum generation to the deep UV [J]. Optics Letters, 2012, 37(5): 770.

[43] Xia C N, Kumar M, Cheng M Y, et al. Supercontinuum generation in silica fibers by amplified nanosecond laser diode pulses [J]. IEEE Journal of Selected Topics in Quantum Electronics, 2007, 13(3): 789-797.

[44] Zhu Z, Brown T G. Experimental studies of polarization properties of supercontinua generated in a birefringent photonic crystal fiber [J]. Opt. Express, 2004, 12(5): 791.

[45] Lehtonen M, Genty G, Ludvigsen H, et al. Supercontinuum generation in a highly birefringent microstructured fiber [J]. Applied Physics Letters, 2003, 82(14): 2197-2199.

[46] Yamamoto T, Kubota H, Kawanishi S, et al. Supercontinuum generation at 1.55 μm in a dispersion-flattened polarization-maintaining photonic crystal fiber [J]. Opt. Express, 2003, 11(13): 1537.

[47] Bozolan A, de Matos C J, Cordeiro C M B, et al. Supercontinuum generation in a water-core photonic crystal fiber [J]. Opt. Express, 2008, 16(13): 9671.

[48] Bethge J, Husakou A, Mitschke F, et al. Two-octave supercontinuum generation in a water-filled photonic crystal fiber [J]. Opt. Express, 2010, 18(6): 6230.

[49] Town G E, Funaba T, Ryan T, et al. Optical supercontinuum generation from nanosecond pump pulses in an irregularly microstructured air-silica optical fiber [J]. Applied Physics B, 2003, 77(2-3): 235-238.

[50] 董克攻, 张昊宇, 黎玥, 等. 全光纤白光超连续谱实现 563 W 输出 [J]. 强激光与粒子束,

2018, 30(10): 7-8.

[51] 江丽, 宋锐, 何九如, 等. 光纤放大器中实现 714W 可见光至近红外超连续谱激光输出 [J]. 中国激光, 2022, 49(9): 204-205.

[52] Qi T, Yang Y, Li D, et al. Kilowatt-level supercontinuum generation in random Raman Fiber laser oscillator with full-open cavity [J]. Journal of Lightwave Technology, 2022, 40(21): 7159-7166.

[53] Yin K, Zhu R, Zhang B, et al. Ultrahigh-brightness, spectrally-flat, short-wave infrared supercontinuum source for long-range atmospheric applications [J]. Opt Express, 2016, 24(18): 20010-20020.

[54] Lemière A, Bizot R, Désévédavy F, et al. 1.7-18 μm mid-infrared supercontinuum generation in a dispersion-engineered step-index chalcogenide fiber [J]. Results in Physics, 2021, 26: 104397.

[55] Venck S, St-Hilaire F, Brilland L, et al. 2-10 μm mid-infrared fiber-based supercontinuum laser source: experiment and simulation [J]. Laser & Photonics Reviews, 2020, 14(6): 2000011.

[56] Woyessa G, Kwarkye K, Dasa M K, et al. Power stable 1.5-10.5 μm cascaded mid-infrared supercontinuum laser without thulium amplifier [J]. Optics Letters, 2021, 46(5): 1129.

[57] Martinez R A, Plant G, Guo K, et al. Mid-infrared supercontinuum generation from 1.6 to > 11 μm using concatenated step-index fluoride and chalcogenide fibers [J]. Optics Letters, 2018, 43(2): 296.

[58] 杨林永, 朱晰然, 张斌, 等. 高功率全光纤中红外超连续谱激光器 [J]. 中国激光, 2023(11): 293-294.

[59] Belli F, Abdolvand A, Chang W, et al. Vacuum-ultraviolet to infrared supercontinuum in hydrogen-filled photonic crystal fiber [J]. Optica, 2015, 2(4): 292.

[60] Ermolov A, Mak K F, Frosz M H, et al. Supercontinuum generation in the vacuum ultraviolet through dispersive-wave and soliton-plasma interaction in a noble-gas-filled hollow-core photonic crystal fiber [J]. Physical Review A, 2015, 92(3). DOI: 10.1103/PhysRevA. 92. 033821.

[61] Rampur A, Stepanenko Y, Stępniewski G, et al. Ultra low-noise coherent supercontinuum amplification and compression below 100 fs in an all-fiber polarization-maintaining thulium fiber amplifier [J]. Opt. Express, 2019, 27(24): 35041.

[62] Sierro B, Hänzi P, Spangenberg D, et al. Reducing the noise of fiber supercontinuum sources to its limits by exploiting cascaded soliton and wave breaking nonlinear dynamics [J]. Optica, 2022, 9(4): 352-359.

第 2 章　中红外光纤的性质及处理技术

光纤的发明极大地改变了人类社会的生产、生活面貌。尽管石英光纤发展最早、目前最成熟，但波长大于 2.5 μm 的光在石英光纤中传输时会受到严重的衰减，因而，石英光纤并不适合产生及传输中红外波段的光。为制备在中红外波段具有低损耗特性的光纤，基质材料主要选择氧化锗[1-4]、碲化物或碲酸盐玻璃[5-7]、重金属氟化物玻璃[8-10]、硫系玻璃[11, 12]等。这些玻璃材料与石英玻璃相比具有硬度较低的显著特征，因此称为“软玻璃”，由其制备而成的光纤常称为“软玻璃光纤”。软玻璃光纤与石英光纤在光学、热学、力学等物理特性上存在明显差异，这导致了两者在处理技术上的显著区别。本章就软玻璃光纤的性质以及常用的光纤处理技术进行介绍。

2.1　软玻璃光纤性质

在光纤激光领域，关心的光纤性质主要包括光学、热学、力学等物理特性，其中光学特性主要指衰减、色散、非线性效应、损伤阈值等，热学特性主要指转变温度、热导率、黏度、热膨胀系数等，力学特性主要指表面张力系数、杨氏模量、硬度等。

2.1.1　光学特性

1. 衰减(损耗)

光信号在光纤中传输时会产生衰减，衰减是光纤的基本性质之一。在光纤激光领域，也常以“损耗”来代表衰减。

光功率沿传输方向按指数规律递减。初始功率为 P_0 的光信号在光纤中传输距离 L 后，透射功率 P_T 表示为

$$P_T = P_0 e^{-\alpha L} \tag{2-1}$$

其中，α 是衰减常量或衰减系数，其量纲为长度的倒数(单位为 m^{-1} 或 km^{-1})。为便于进行比较，习惯上常采用分贝标度，即 dB/m 或 dB/km 来描述光纤的损耗。α_{dB} 与 α 的关系为

$$\alpha_{dB} = -10(1/L)\lg(P_T/P_0) = 4.343\alpha \tag{2-2}$$

光纤衰减机制主要包括三类：吸收、散射以及几何效应。吸收和散射又分为光纤材料本身所导致的(本征型)以及外来因素所导致的(杂质型)。光纤衰减机制总结为表 2-1。光纤衰减值的大小是波长相关的，即在不同波长处的衰减值不同，这由光纤衰减机制的波长相关性决定。

表 2-1 光纤衰减机制[14]

损耗类别	描述
本征吸收	电子共振，分子振动，多声子吸收等
本征散射	瑞利散射(弹性散射)，其他散射(拉曼散射、布里渊散射等非弹性散射)
杂质吸收	过渡金属，碳化物，Pt，稀土离子，OH^-，其他分子、离子等
非本征散射	气泡，结晶，不均匀性
几何效应	波导限制损耗，光纤弯曲(宏弯、微弯)，纤芯/包层界面缺陷，几何缺陷(光纤直径的变化、微弯曲效应等)

1) 紫外吸收损耗

紫外(UV)吸收损耗是由传输光子和材料的“乌尔巴赫带(Urbach)尾”[13]引起的价带和导带之间的电子共振所致，电子跃迁吸收造成能量损耗。“Urbach 尾”对紫外光和可见光起主要作用，其损耗可描述为

$$\alpha_{\mathrm{UV}} = a_{\mathrm{UV}} \mathrm{e}^{-\lambda_{\mathrm{UV}}/\lambda} \tag{2-3}$$

其中，λ_{UV} 为表征紫外吸收的特征波长，其与材料的紫外吸收带的位置有关；a_{UV} 为常数。

2) 红外吸收损耗

红外(IR)吸收损耗是由多声子吸收造成的。声子是晶格振动体结构集体激发的简正模能量量子。频率与光纤材料原子基本振动频率共振的传输光子被吸收，同时使得原子间振动幅度增加。在这个过程中，多个振动模式可以联合起来吸收一个光子。此外，原子具有多个振动自由度，因此在长波方向形成了众多吸收谱线，构成了材料的长波损耗谱。材料的红外吸收损耗可描述为

$$\alpha_{\mathrm{IR}} = a_{\mathrm{IR}} \mathrm{e}^{-\lambda_{\mathrm{IR}}/\lambda} \tag{2-4}$$

其中，λ_{IR} 为表征红外吸收的特征波长；a_{IR} 为常数。

3) 瑞利散射损耗

瑞利散射是由尺寸远小于光波长(一般认为尺寸不大于光波长的十分之一)的粒子引起的一种散射。瑞利散射由不均匀的分子密度和非匀称的材料成分的变化引起，也是一种基本损耗机制。光纤中瑞利散射损耗的产生原因是，光纤制作过程中随机密度起伏导致折射率的局部起伏，使光纤中传输的光向各方向散射。瑞

利散射损耗是光纤中的固有损耗，决定了光纤损耗的最小极限，与波长的四次方成反比，其损耗可表示为

$$\alpha_{RSC} = \frac{a_{RSC}}{\lambda^4} + C_{RSC} \tag{2-5}$$

其中，瑞利散射系数 a_{RSC} 与玻璃转变温度 T_g 成正比，$a_{RSC} \propto T_g n_D \beta$，这里 n_D 为玻璃材料的折射率，β 为等温可压缩系数；a_{RSC} 和 C_{RSC} 是常数。相比于石英光纤，软玻璃光纤具有明显更低的玻璃转变温度，因此具有较低的瑞利散射损耗。另外，由于瑞利散射损耗与波长的四次方成反比，所以，随着波长增加，特别是在中红外波段，瑞利散射引起的损耗明显降低。这表明在中红外波段，瑞利散射导致的损耗并不显著。

紫外吸收损耗、红外吸收损耗和瑞利散射损耗是光纤中主要的本征损耗机制。图 2-1 对比了石英和 ZBLAN(ZrF_4-BaF_2-LaF_3-AlF_3-NaF)光纤在考虑紫外吸收损耗、红外吸收损耗和瑞利散射损耗时的理论传输损耗谱[14]。无论对于石英光纤还是 ZBLAN 光纤，在短波方向的主导损耗机制是紫外吸收损耗和瑞利散射损耗，在长波方向起主导作用的损耗机制是红外吸收损耗。可见，与石英光纤相比，理论上 ZBLAN 光纤在中红外波段具有显著较低的传输损耗，且其理论最低损耗波长(约 2.4 μm)明显比石英光纤的理论最低损耗波长(约 1.5 μm)更长。

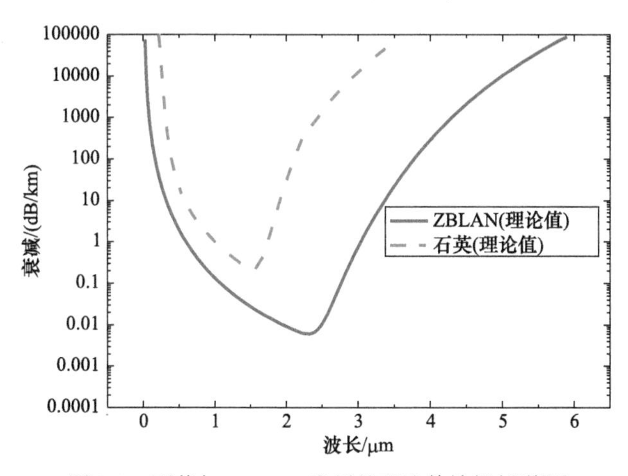

图 2-1　石英与 ZBLAN 光纤的理论传输损耗谱[14]

4) 拉曼散射损耗

在任何分子介质中，自发拉曼散射将一小部分功率由一个光场转移到另一个频率下移的光场中，偏移量由介质的振动模式决定，这个过程称为拉曼效应。在光纤中，自发拉曼散射过程可简要描述为：波长为 λ_p 的入射光子与光纤介质分子相互作用，被散射成波长为 λ_s 的光子，同时介质分子从一个初态跃迁到另一个振

动态。波长为λ_p的入射光称为泵浦光，波长为λ_s的光称为斯托克斯(Stokes)光。如图 2-2 所示，这个过程可以理解为，介质分子首先被泵浦至能级较高的“虚能级”(相对于稀土离子的“实能级”而言)，再向一个振动态“跃迁”并发射一个光子。拉曼散射是非弹性散射过程，将损耗入射光能量。值得注意的是，在功率超过一个阈值后，拉曼散射的散射光强会呈指数上升，即发生受激拉曼散射。

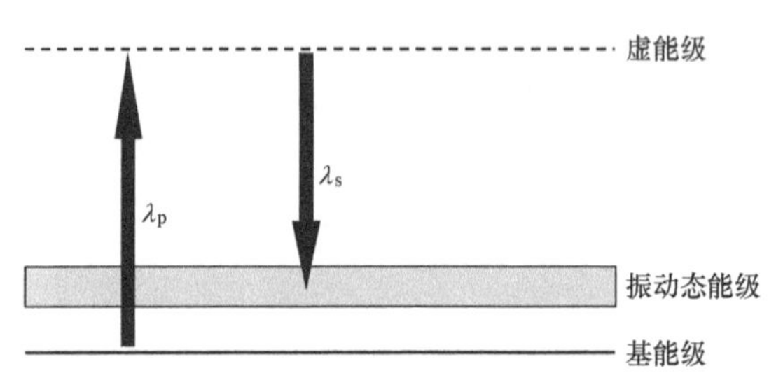

图 2-2　自发拉曼散射示意图

5) 布里渊散射损耗

布里渊散射与拉曼散射相似，入射光在介质中，被频移至一个频率略低的光场中。与拉曼散射不同，布里渊散射是一种由与声波有关的密度起伏引起的非弹性散射。光在光纤中传输时，通过电致伸缩效应产生声波，进而对介质的折射率产生调制，形成以声速移动的折射率光栅，因此，散射光相对于入射光具有多普勒效应。即一个泵浦光光子转换成一个新的频率较低的斯托克斯光子并产生一个新的声子，或一个泵浦光光子吸收一个声子能量转换成一个新的频率较高的反斯托克斯(anti-Stokes)光子。布里渊散射频移量(或称斯托克斯频移量)由介质决定，石英光纤的斯托克斯频移量约 10 GHz。布里渊散射强度受泵浦光谱宽以及脉冲宽度等影响较大：泵浦光的谱宽越窄、脉冲宽度越宽，布里渊散射就越容易发生。在布里渊散射过程中，光纤中传输的光子会有一部分被损耗掉，这就是布里渊散射引起的损耗。

在上述各种衰减机制的综合作用下，光纤的传输损耗呈现出“两头高、中间低”的特征。如以一定的传输损耗值为界，则可得到损耗低于该值的波长范围，即该损耗值条件下的“传输窗口”或“通光窗口”。石英光纤的传输窗口很好地覆盖了从可见光到短波红外波段(0.4～2.5 μm)且发展成熟，在软玻璃光纤方面业界更关注传输窗口的长波边。如上文所述，光纤在长波区的传输损耗主要由纤芯材料的红外吸收损耗决定；纤芯材料的声子能量越低，传光窗口的长波边就越长。图 2-3 给出了常见光纤的典型长波损耗谱[15, 16]。得益于 SiO_2、GeO_2、ZBLAN、TeO_2、InF_3、As_2S_3、As_2Se_3光纤材料声子能量的逐渐降低，其典型长波损耗限依次向长波方向移动，对应的 3 dB 损耗波长分别约为 2.7 μm、2.9 μm、4.5 μm、4.6 μm、5.3 μm、6.5 μm、8.5 μm。

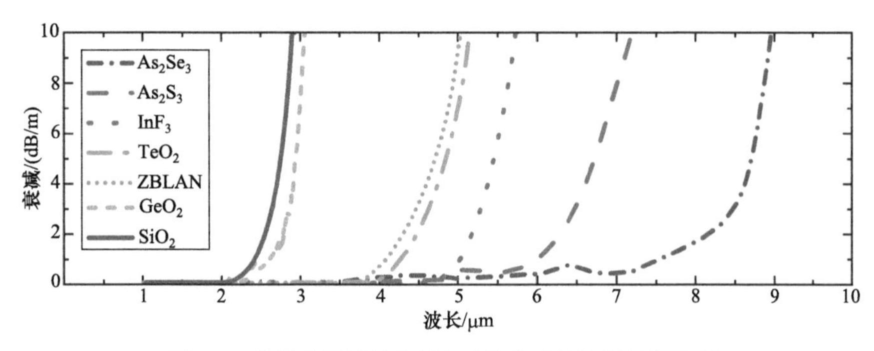

图 2-3　常见光纤材料成纤之后的典型长波损耗谱[15, 16]

2. 色散

当介质材料中束缚电子与电磁波相互作用时，介质的响应通常与电磁波频率ω(或波长λ)有关，这种特性称为色散。由于色散与折射率密切相关，所以在了解色散之前，需要先了解折射率的概念。光在真空中的传播速度与在介质中的传播速度之比为介质的折射率。根据电磁学基本理论，介质的折射率为

$$n = \sqrt{\mu_r \varepsilon_r} \tag{2-6}$$

其中，μ_r 为介质的相对磁导率；ε_r 为介质的相对介电常量。对于无磁性介质而言，其相对磁导率 μ_r 为 1。ε_r 一般为复数，因此，介质的折射率也为复数：

$$n = n' + \mathrm{i}n'' \tag{2-7}$$

其中，n' 为折射率实部，与传输常数 β 有关；n'' 为折射率虚部，与衰减系数 α 有关：

$$\beta = \frac{2\pi n'}{\lambda} \tag{2-8}$$

$$\alpha = \frac{4\pi n''}{\lambda} \tag{2-9}$$

传输常数 β 的定义为

$$\beta(\omega) = n(\omega)\frac{\omega}{c} \tag{2-10}$$

其中，n 为该模式的有效折射率。理论上，色散效应可以通过在脉冲的中心频率附近将传输常数 β 展开为泰勒级数进行解释[17]：

$$\beta(\omega) = \beta_0 + \beta_1(\omega - \omega_0) + \frac{1}{2}\beta_2(\omega - \omega_0)^2 + \cdots \tag{2-11}$$

其中，$\beta_m = \left(\dfrac{\mathrm{d}^m\beta}{\mathrm{d}\omega^m}\right)_{\omega_0}$，$m = 0, 1, 2, \cdots$。参量 β_1 和 β_2 与折射率 $n(\omega)$ 的关系为

$$\beta_1 = \frac{1}{v_g} = \frac{n_g}{c} = \frac{1}{c}\left(n + \omega\frac{\mathrm{d}n}{\mathrm{d}\omega}\right) \tag{2-12}$$

$$\beta_2 = \frac{1}{c}\left(2\frac{\mathrm{d}n}{\mathrm{d}\omega} + \omega\frac{\mathrm{d}^2n}{\mathrm{d}\omega^2}\right) \tag{2-13}$$

式中，n_g 是群折射率；v_g 是群速度。v_g 与 β_1 互为倒数，因此 β_1 也表征了脉冲包络的群速度。β_2 是群速度色散(GVD)参量，代表了群速度色散，是脉冲在时域上展宽的主要原因。

实际应用中，在描述光的频率特性时，波长比频率更为方便、常见。定义色散参量 D 为 β_1 对波长的一阶导数：

$$D = \frac{\mathrm{d}\beta_1}{\mathrm{d}\lambda} = -\frac{2\pi c}{\lambda^2}\beta_2 = -\frac{\lambda}{c}\frac{\mathrm{d}^2n}{\mathrm{d}\lambda^2} \tag{2-14}$$

色散参量 D 的值为 0 的波长，称为介质的“零色散波长”(ZDW)或“零色散点”。石英玻璃、ZBLAN 玻璃和 InF_3 玻璃的典型 ZDW 分别约为 1.26 μm、1.71 μm、1.8 μm。

光纤中的色散主要包括材料色散、波导色散、模式色散等。材料色散由介质分子本身的特性决定。材料色散为材料的线性折射率对波长求二阶导数：

$$D_m = \frac{\lambda}{c}\frac{\mathrm{d}^2n_m}{\mathrm{d}\lambda^2} \tag{2-15}$$

其中，n_m 为材料折射率。当入射介质的电磁波远离材料的谐振频率时，可用 Sellmeier 公式对其材料折射率进行近似：

$$n(\lambda) = \sqrt{1 + A_0 + \sum_{i=1}^{m}\frac{A_i\lambda^2}{\lambda^2 - \lambda_i^2}} \tag{2-16}$$

式中，λ_i 表示材料谐振波长；A_0 为常数；A_i 为第 i 个谐振的强度。

具体来讲，不同材料的谐振个数和谐振系数会有所差异，附录二给出了常见光纤材料的 Sellmeier 公式的系数。图 2-4 给出了常见光纤材料的折射率曲线。可见，光纤材料种类一定时，波长越长，其折射率越小；另外，对于相同波长，石英、ZBLAN、GeO_2、TZN、As_2S_3、As_2Se_3 材料的折射率依次增大。

有一定光谱宽度的光入射光纤后，不同波长的光传输路径不完全相同，到达光纤终点的时间也不相同，从而出现脉冲展宽。具体来说，入射光的波长越长，进入包层中的光强比例就越大，这部分光走过的距离就越长。这种色散是由光纤

中的光波导引起的，叫做波导色散。波导色散可以通过光纤的结构设计变化，以实现零色散点的移动以及色散曲线的调节。PCF 就是充分利用波导色散实现总色散量灵活设计的典型案例。

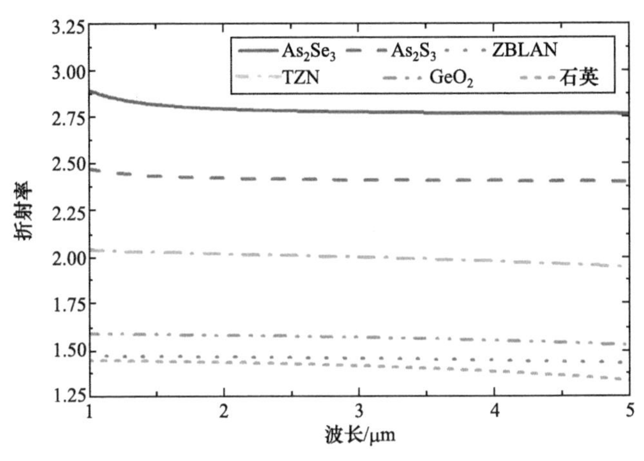

图 2-4　常见光纤材料的折射率曲线

模间色散存在于多模光纤中。多模光纤能够支撑多种模式的光在光纤中传播，而每种模式所传播的速度不同，这就会导致不同模式脉冲到达光纤输出端的时间不同，即发生脉冲展宽的现象。模间色散是影响光纤通信领域中模分复用的因素之一。

3. 非线性效应

当电磁场的强度很强时，介质对电磁场的响应是非线性的，入射光会在介质中激发出新的频率。当强电场作用于介质时，介质的极化强度 $\boldsymbol{P}$ 和电场强度 $\boldsymbol{E}$ 的关系为[18]

$$\boldsymbol{P}=\varepsilon_0(\chi^{(1)}\cdot\boldsymbol{E}+\boldsymbol{\chi}^{(2)}:\boldsymbol{EE}+\boldsymbol{\chi}^{(3)}\vdots\boldsymbol{EEE}+\cdots) \tag{2-17}$$

式中，ε_0 是真空介电常量；$\chi^{(j)}(j=1,2,\cdots)$ 是第 j 阶极化率，通常是 $j+1$ 阶张量。其中，一阶极化率影响光纤介质的折射率和衰减常数；二阶极化率影响二次谐波的产生与和频等非线性效应。当介质的分子结构呈非反演对称时，$\chi^{(2)}$ 才不为 0，而 SiO_2 分子是反演对称的，因此石英光纤通常不表现出二阶非线性效应；二阶非线性效应在一些光学晶体如磷酸二氢钾(KDP)、偏硼酸钡(BBO)中较为常见。在光纤中，三阶极化率起主要作用，使得光纤材料的折射率随光场强度的变化而变化。

为简便起见，折射率的一般形式可表示为

$$\tilde{n}(\omega,I)=n(\omega)+n_2I=n_0+\bar{n}_2\left|E\right|^2 \tag{2-18}$$

其中，n_0 为线性折射率；n_2 为非线性折射率，n_2 可以衡量介质非线性特性的强弱。光纤的非线性折射率会诱导产生诸多非线性效应。

激光在光纤传输过程中，主要考虑的三阶非线性效应有：自相位调制(SPM)、调制不稳定性(MI)、受激拉曼散射(SRS)、受激布里渊散射(SBS)、四波混频(FWM)、孤子自频移(SSFS)。下面对每种非线性效应进行简要介绍。

SPM 效应表现为光强度对折射率调制所引起的非线性相位变化，非线性相位可以由以下公式描述：

$$\Phi_{\mathrm{NL}} = n_2 |E|^2 k_0 L \tag{2-19}$$

式中，k_0 为波数，$k_0 = 2\pi / \lambda$。可以看出，相位的变化与光纤材料、光强度、光波长以及光纤长度相关。SPM 的存在，使脉冲的前端和后端都发生频率的变化，光谱上表现为对称性的展宽。同时，光谱形状也会有影响，出现分裂为多峰现象，并且两侧峰的强度大，中间峰的强度小。

MI 效应是由于色散与非线性之间通过相互作用从而对稳态激光进行调制的一种方式，它能够导致光场中的弱振幅以及相位抖动以指数形式增长[19]。在频域上，表现出将泵浦波中心频率分量部分转移至其邻近频率处，产生频瓣或者梳状谱。MI 一般发生在高强度(准)连续光或者长脉冲在反常色散区域泵浦的情况下，是反常色散区域产生超连续谱的一种重要效应。

SRS 效应是指强光入射到非线性介质中，当入射光超过一定阈值时，导致一部分泵浦光转换到低频的斯托克斯光的效应。一般而言，在光学声子的协助下，自发拉曼散射可将入射光光子进行频率下转换，频率下移量由介质的振动模式决定，石英光纤拉曼增益最大值频移量约为 13.2 THz。一旦斯托克斯光产生，它将在光纤中传播时作为种子光，能量将不断转移到斯托克斯光上。SRS 的阈值功率表达式(假设拉曼增益谱为洛伦兹线形)为

$$P_0^{\mathrm{cr}} \approx \frac{16 A_{\mathrm{eff}}}{g_{\mathrm{r}} L_{\mathrm{eff}}} \tag{2-20}$$

式中，A_{eff} 为有效模场面积，L_{eff} 为光纤的有效长度，g_{r} 为拉曼增益系数。

SBS 效应与 SRS 效应类似，但最主要的区别是参与 SBS 过程的是声学声子；而对于 SRS，则为光学声子。类似地，SBS 在非线性介质中产生新的斯托克斯光。所产生斯托克斯光的频移量由泵浦波长和非线性介质共同决定。当泵浦光强度高于一定的阈值时，才会发生 SBS 效应。

四波混频(FWM)效应起源于多个脉冲在光纤介质中传播时相互作用而产生的一种非线性效应。其过程可以看成两个泵浦光光子湮灭产生一个信号光光子和一个闲频光光子的过程。能量守恒要求四个光子的频率满足如下公式：

$$\omega_3 + \omega_4 = \omega_1 + \omega_2 \tag{2-21}$$

为了实现以上过程，需要满足如下的相位匹配条件：

$$\Delta k = k_3 + k_4 - k_1 - k_2 = 0 \tag{2-22}$$

相比于其他应用，当应用于超连续谱产生时，由于超连续谱的频率成分较多，所以，很容易满足相位匹配，进而基于 FWM 效应产生新频率光。

SSFS 效应是孤子脉冲在光纤中传播时，在拉曼效应的影响下，中心频率会不断红移的现象。只有当孤子脉冲的光谱足够宽(超过拉曼增益谱的宽度)时，脉冲的高频分量充当泵浦光，低频分量充当斯托克斯信号光，不断地通过 SRS 效应将脉冲能量从高频成分转移到低频成分，发生红移，将孤子频移至更长波长处[17]。

图 2-5 给出了不同光学玻璃材料的线性折射率 n_0 和非线性折射率 n_2 的关系[20]。可以看到，材料的非线性折射率与线性折射率基本上呈正相关关系。氟化物玻璃、石英玻璃、肖特玻璃、铋基玻璃、碲酸盐玻璃、硫系玻璃、碲化物玻璃的材料折射率依次增大，折射率从石英玻璃和氟化物玻璃的小于 1.5 增加到碲化物玻璃的 3 以上；非线性折射率从石英玻璃的 10^{-20} m^2/W 量级增加到碲化物玻璃的 10^{-16} m^2/W 量级。在超连续谱激光研究方面，光纤的非线性折射率越大，用于产生一定的光谱展宽所需要的非线性光纤长度就越短；反之亦然。

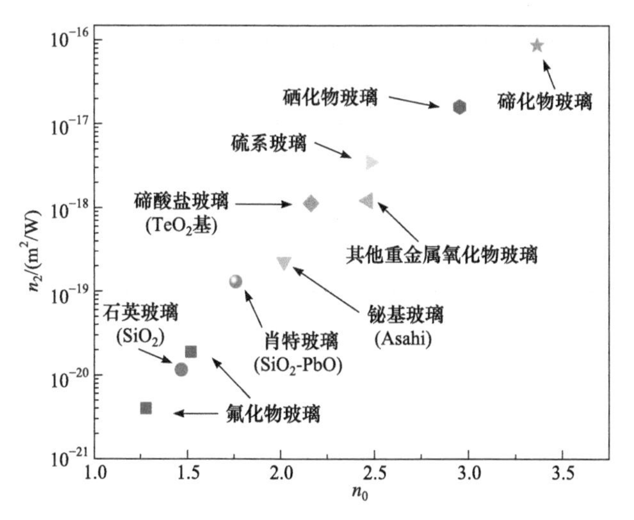

图 2-5　不同光学玻璃材料的线性折射率 n_0 和非线性折射率 n_2[20]

4. 损伤阈值

在高功率密度激光的作用下，本征吸收、杂质和缺陷等因素的存在，会导致大量的激光能量被吸收，并且转化为热能，光纤局部温度急剧升高，最终引起光纤材料的融化和气化等相变过程的发生，宏观上表现为介质材料的损伤。不同脉冲宽度的激光，对于材料损伤的机制也有差别。对于长脉冲，雪崩电离过程起主导作用；对于短脉冲，多光子电离起主导作用。由于材料性质的不同，不同波长对于同一种材料的损伤机制也不同。例如，对于石英材料，长波长造成的损伤机制主要是表面缺陷和杂质所引起的热破坏，而短波长的损伤机制主要是多光子吸收所导致的雪崩电离击穿[21]。

不同材料体系中材料的本征吸收不同，则组成材料的原子之间的光学带隙和平均键能不同，不同材料的杂质和缺陷不同，这导致了不同材料的光纤具有不同的损伤阈值。图 2-6 给出了常见光纤在不同脉冲宽度时的损伤阈值。首先，对于同一种材料，脉冲宽度越窄，其能够承受的最高峰值功率密度就越高；脉冲宽度越宽，其能承受的最高峰值功率密度就越低。例如，石英玻璃光纤在脉冲宽度百飞秒的激光下的损伤阈值约为 4×10^4 GW/cm^2，这时材料的损伤机制主要为雪崩电离[22]；而在连续波条件下，石英玻璃光纤的损伤阈值仅约 0.9 GW/cm^2，两者相差达 4 个数量级以上。其次，在相同激光脉冲宽度条件下，石英玻璃光纤、氟碲酸盐玻璃光纤、氟化物玻璃光纤、硫化物玻璃光纤的材料损伤阈值逐渐降低，这主要是由于上述材料中化学键的强度依次减弱，逐渐变得易于被激光破坏。

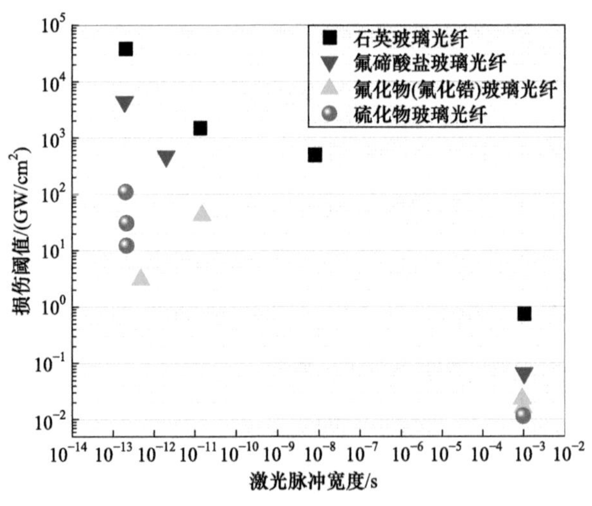

图 2-6　常见光纤的损伤阈值[6, 7, 23-30]

2.1.2　热学特性

软玻璃材料的热学特性决定了软玻璃光纤的制备、后处理和熔接技术等，并在一定程度上限制了其使用条件。

1. 转变温度 T_g

玻璃态是非晶体的一种，没有固定的形状和熔点，具有各向同性。玻璃态随着温度升高逐渐变软，最后熔化。光学玻璃以及用以拉制光纤的玻璃材料都属于玻璃态。随着温度的升高，玻璃态可进入高弹态(或称“橡胶态”)，玻璃中的无定形部分从冻结状态转变为解冻状态。转变温度 T_g 是玻璃材料在玻璃态与高弹态之间相互转变的温度。因此，转变温度直接决定软玻璃光纤制备时的耐受温度上限。石英的转变温度值约为 1120℃，而常见软玻璃材料(如氟化物玻璃、硫系玻璃等)在转变温度上都远低于石英，大多不超过 300℃，表明软玻璃材料的耐热性能较石英材料明显偏低。

2. 热导率 λ

热导率 λ 也称导热系数，反映物质的热传导能力，其定义为单位温度梯度(在 1 m 长度内温度降低 1 K)在单位时间内经单位导热面所传递的热量，单位为 W/(m · K)。石英材料的热导率为 1.38 W/(m · K)，而常见软玻璃材料的热导率低于石英材料的热导率，说明其散热效率低，相同激光功率条件下散热较慢。

3. 黏度 η

黏度 η 描述液体受外力作用移动时对分子间产生的内摩擦力，是度量流体黏性大小的物理量，单位为帕 · 秒(Pa · s)。黏度对温度具有依赖性，图 2-7 对比了石英及多种软玻璃材料黏度随温度的变化关系[31]。石英玻璃的黏度随温度变化缓慢，而大多数软玻璃的黏度对温度变化敏感，其黏度/温度的斜率非常陡峭。因此，石英玻璃更易于拉成光纤，而软玻璃拉制光纤的温度窗口很窄，软玻璃光纤拉制比石英光纤拉制更具挑战性。

4. 热膨胀系数 α

热膨胀系数是指物质在热胀冷缩效应作用之下，几何特性随着温度的变化而发生变化的规律性系数，单位是 K^{-1}。热膨胀系数 α 可简单定义为单位温度改变下长度的增加量与原长度的比值。在室温到 T_g 范围内，大多数玻璃材料的膨胀几乎与温度呈线性关系。

石英的热膨胀系数约为 $6.6 \times 10^{-7}\ K^{-1}$，而常见软玻璃材料(如氟化物玻璃、硫系玻璃等)的热膨胀系数均大于 $10^{-5}\ K^{-1}$，存在明显差异。软玻璃材料的热膨胀系数 α 明显高于石英玻璃材料，所以受热膨胀更明显，更易于产生热致光纤变形。

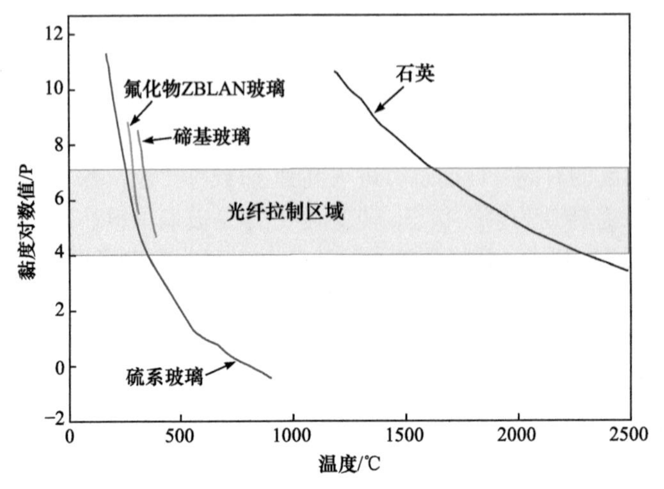

图 2-7　不同玻璃材料黏度随温度变化关系[31]

$1P=10^{-1}Pa \cdot s$

2.1.3　力学特性

1. 表面张力系数σ

热力学对表面张力系数的定义为：表面张力系数σ是在温度 T 和压力 P 不变的情况下吉布斯自由能 G 对面积 S 的偏导数，单位为牛/米(N/m)。表面张力是光纤得以通过熔接实现牢固连接的重要因素。

2. 杨氏模量 E

杨氏模量 E 是描述固体材料抵抗形变能力的物理量。在物体的弹性限度内，应力与应变成正比，该比值称为材料的杨氏模量，单位为帕斯卡(Pa)。软玻璃材料杨氏模量普遍低于石英玻璃，预示着软玻璃光纤比石英光纤更容易发生应力形变。

3. 硬度

硬度是衡量材料软硬程度的参数。与石英玻璃相比，软玻璃材料的硬度更低。硬度低容易导致软玻璃光纤磨损，影响其使用寿命。

2.1.4　溶解度

溶解度主要表征光纤材料在液体中的溶解特性，对于软玻璃光纤的使用条件有重要的指导意义。石英玻璃在水和酸(除氢氟酸和热磷酸外)中的溶解度极低，具有优良的耐水性和耐酸性，而 ZBLAN 玻璃具有高的水溶解性(29.2 wt%)和酸溶解性(32 wt%)。由于 OH^-会在 ZBLAN 玻璃中扩散，且 OH^-将和光纤材料发生化学反应而生成 Zr-OH, La-OH 等基团，破坏氟化物玻璃的结构，因此，ZBLAN 光纤在使用时须注意防止水蒸气对其的潮解和腐蚀。值得庆幸的是，同属氟化物玻璃的 AlF_3 材料具有较低的水溶解度(0.27%)和酸溶解度(0.29%)，因此常用于在 ZBLAN 光纤和 InF_3 光纤输出端制备光纤端帽。

2.1.5　常见光纤性质比较

表 2-2 给出了常见光纤材料及成纤(阶跃折射率光纤)之后的典型参数对比。从左至右，光纤材料按照声子能量逐渐降低的顺序排列；材料的声子能量越高，其传光窗口的长波边就越短，因此，表 2-2 中，从左至右，材料传光窗口的长波边逐渐增加。

表 2-2　常见光纤材料及成纤之后的典型参数[2, 4, 15, 31, 32, 33, 34]

	参数	石英	氧化锗	碲氧化物	氟化物			硫系玻璃	
					AlF_3	ZBLAN	InF_3	As_2S_3	As_2Se_3
色散特性	材料线性折射率 n_0	1.45	1.60	约 2	1.46	1.48～1.53	1.47～1.53	2.415	2.83
	块状材料 ZDW/μm	1.26	1.738	2.13	—	1.71	1.8	4.8	7.5
损耗特性	声子能量/cm^{-1}	1100	820	750	—	550	—	350	—
	材料传光窗口/μm	0.2～3.5	0.3～4	0.4～5	—	0.3～7.5	0.3～9.5	0.8～7.0	1.0～15
	光纤传光窗口/μm	0.4～2.5	0.5～3.6	0.5～4.0	0.3～3.5	0.5～4.5	0.5～5.5	1.0～6.0	1.5～9.0
非线性特性	拉曼频移/THz	13.2	12.6	21	—	约 17.7	—	10.2	约 7.2
	2 μm 自聚焦阈值/MW	15.1	—	0.57	—	12	12	0.08	0.03
	非线性折射率 n_2 /(10^{-20} m^2/W)	2.6	5.5	19	—	3.3	—	300	1500
热学特性	转变温度/℃	1000	约 560	300	367	260	300	185	178
	热导率/(W/(m · K))	1.38	—	1.25	—	0.628	—	0.2	—
	热膨胀系数/(10^{-6} K^{-1})	0.55	—	12～17	18.6	17.2	—	14	—
力学特性	杨氏模量/Pa	73	—	—	65	52～55	44～55	—	—
溶解性	水溶解性/(Dw, wt%)	—	—	—	0.27	29.2	—	—	—
	酸溶解性/(Da, wt%)	—	—	—	0.69	32	—	—	—

石英光纤是迄今为止发展最成熟的光纤，在可见光、近红外和短波红外波段具有优良的透射率。石英光纤具有较低的折射率、较高的自聚焦阈值、较高的热导率和较低的热膨胀系数，以及高的杨氏模量和硬度，良好的耐水耐酸性，因此成为 1 μm 波段高功率光纤激光的首选载体，但较高的声子能量使其很难产生和

传输 2.5 μm 以上波段的光子。

氧化锗材料的声子能量(820 cm^{-1})略低于石英材料(1100 cm^{-1})，氧化锗光纤的透光窗口也略长于石英光纤的透光窗口，另外，氧化锗材料具有约两倍于石英材料的非线性折射率[32]，但氧化锗光纤传输损耗在 3 μm 以上波段迅速增加，因此，目前基于氧化锗光纤实现的高功率中红外超连续谱的长波边最长为 3.6 μm[35]。

氟化物玻璃主要指氟化铝(AlF_3)、ZBLAN(ZrF_4-BaF_2-LaF_3-AlF_3-NaF)和氟化铟(InF_3)三种。在这三种材料中，AlF_3 材料的长波透光性能最差，成纤后传光窗口的长波边仅为约 3.5 μm，因而 AlF_3 光纤在中红外光纤激光光源中使用较少，多用作传能光纤；ZBLAN 材料的声子能量约为 550 cm^{-1}，ZBLAN 光纤的传光窗口的长波边约为 4.5 μm，对波长范围为 2.4～4.5 μm 的光谱成分具有远低于石英光纤的传输损耗，因而 ZBLAN 光纤被首选用于产生中红外波段的超连续谱激光。经过 40 余年的发展，ZBLAN 光纤成为目前最成熟的软玻璃光纤。InF_3 材料与 ZBLAN 材料的物理特性相似，但 InF_3 材料的声子能量略低，因而 InF_3 光纤传光窗口的长波边较 ZBLAN 光纤传光窗口的长波边更长，可达 5.5 μm，近年来也受到一定的关注。由于 ZBLAN 光纤和 InF_3 光纤均较脆、易潮解、易受酸或碱腐蚀、转变温度低，则这两种光纤在处理和使用条件上较石英光纤更为苛刻。

以 TeO_2 为代表的碲酸盐玻璃材料具有高的非线性折射率，拉制的光纤非线性系数较高，有利于光谱的非线性展宽，但与氟化物光纤相比，碲酸盐玻璃光纤的透射窗口范围仍较为有限[15]，且目前尚未实现商用，因此，目前对碲酸盐玻璃光纤的研究远不如氟化物光纤丰富。

硫系玻璃材料主要包括 As_2S_3 和 As_2Se_3 等，具有比氟化物材料更低的声子能量和更高的非线性折射率，因而在波长更长的中红外区域，其传光性能和非线性频率变换性能与氟化物材料相比更加优越，其中 As_2S_3 和 As_2Se_3 光纤的传光窗口的长波边分别可达 6 μm[36]和 9 μm 以上[37]。但由于硫系玻璃材料的自聚焦阈值很低，硫系玻璃光纤在中红外超连续谱产生过程中极易发生损伤[38]，其功率承受能力与氟化物光纤相比明显较低，因此，硫系玻璃光纤目前主要用于产生大带宽、低功率的中红外超连续谱。实际上，目前文献中公开的基于硫系玻璃光纤的中红外超连续谱光源的最高平均功率(1.13 W)[39]比基于氟化物光纤的中红外超连续谱光源的最高平均功率(40.1 W)[40]低 1 个量级以上。

2.2　石英光纤处理技术

石英光纤之间的熔接，主要以基于电极放电技术的电弧熔接机实现，主要步骤为涂覆层剥除及清洁、光纤切割以及光纤熔接。

2.2.1　石英光纤切割

光纤切割是光纤处理的基础步骤，目的是得到干净平整的光纤端面，以备进行激光输出或者光纤熔接等。在切割石英光纤前要对其进行预处理：首先要去除光纤的软胶保护套管，然后剥除光纤涂覆层，露出仅剩纤芯和包层的裸纤。

剥除石英光纤涂覆层的方法一般有冷剥法和热剥法两种。冷剥法是使用光纤米勒钳(图 2-8(a))钳住光纤，将光纤沿轴向拉动以去除涂覆层；热剥法是使用光纤热剥钳(图 2-8(b))夹持光纤，使涂覆层被加热软化一段时间，然后沿轴向拉出光纤。最后使用棉花或无尘纸蘸取无水乙醇或丙酮擦拭裸纤，使裸纤表面保持清洁。

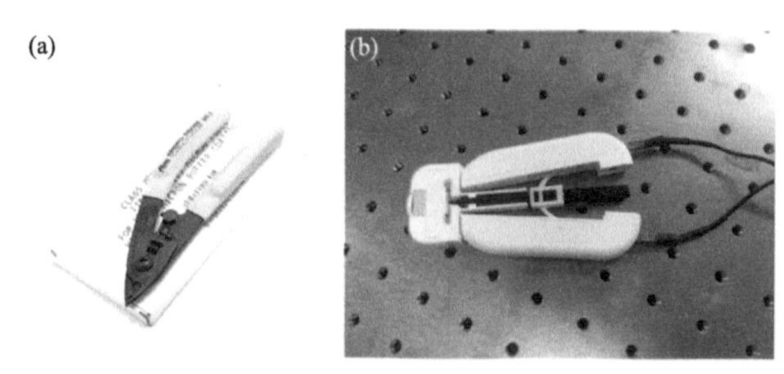

图 2-8　(a)光纤米勒钳和(b)光纤热剥钳

光纤切割的常用方法为“拉伸–划刻”法。首先，将预处理好的光纤放置于载纤槽中，用压片或夹具固定；然后，光纤被施加一个轴向拉力；最后，刀片垂直于光纤进行移动，在光纤上产生划痕，在拉力作用下，划痕迅速向光纤内部发展，使光纤断裂。

“拉伸–划刻”法不仅可以实现光纤的平角(即 0°角)切割，也可以通过对光纤施加扭转实现一定的角度切割。切割导致的裂纹总是垂直于施加的应力场方向，当对光纤施加拉力并扭曲光纤时，光纤中的应力场是倾斜的，所以通过不同的旋转角度可以实现不同角度的光纤切割。

2.2.2　石英光纤熔接

石英光纤熔接的一种典型方法，是通过电弧放电产生局部高温的等离子体，将两根光纤的端面加热熔化、紧密贴合在一起，最终得到低损耗的光纤熔接点。在熔接前，要求两光纤端口切割后的端面干净平整，以保证放电的均匀性和熔接的高质量。在熔接时，首先根据光纤类型设定熔接模式，然后根据需求调整各项熔接参数，包括对准方式、预熔功率、放电功率、放电时间等，然后将光纤放入 V 型槽中，两光纤端面相对；最后，熔接机根据设定的步骤进行自动对准和熔接。

对于包层直径较小(不大于 150 μm)的非保偏石英光纤，可使用普通的单芯光纤熔接机实现熔接，如图 2-9 所示。保偏光纤、光子晶体光纤和包层直径较大(大于 150 μm)的光纤的熔接，须采用参数改动范围更大的特种光纤熔接机进行，这类熔接机可以通过旋转对轴使保偏光纤的偏振轴相互对准，也可以实现包层直径不同的光纤的熔接。图 2-10(a)和(b)分别给出了单模非掺杂光纤与单模掺镱光纤，以及单模保偏非掺杂光纤与单模保偏掺镱光纤熔接点的图片。为保护熔接点和裸露的光纤，熔接后通常采用添加光纤热缩套管或者使用光纤涂覆机涂覆的方式增加机械强度。

图 2-9　单芯光纤熔接机

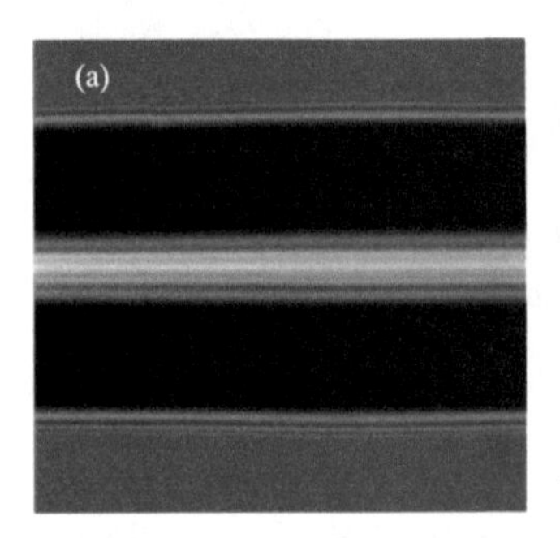

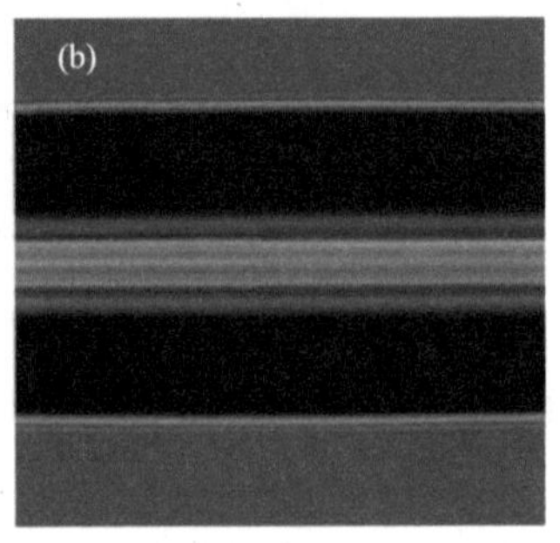

图 2-10　石英光纤典型熔接点：(a)单模非掺杂光纤与单模掺镱光纤以及(b)单模保偏非掺杂光纤与单模保偏掺镱光纤熔接点显微照片

2.2.3　石英光纤端帽制备

对于高功率光纤激光器和放大器，光纤的纤芯承受着极高的功率密度，因此需要在激光器的输出端口制作光纤端帽，对输出的激光光束进行扩束，降低输出端的光功率密度、减小端面损伤的概率、延长激光器使用寿命。石英光纤端帽主要分为无芯光纤端帽和玻璃锥棒光纤端帽。

制备无芯光纤端帽一般使用与输出光纤包层直径相近的无芯光纤。将输出光纤与用于制备端帽的无芯光纤熔接，然后使用光纤切割刀在端帽光纤一侧切割。图 2-11 给出了无芯光纤端帽的显微照片，该无芯光纤端帽端面切割角度约为 8°。

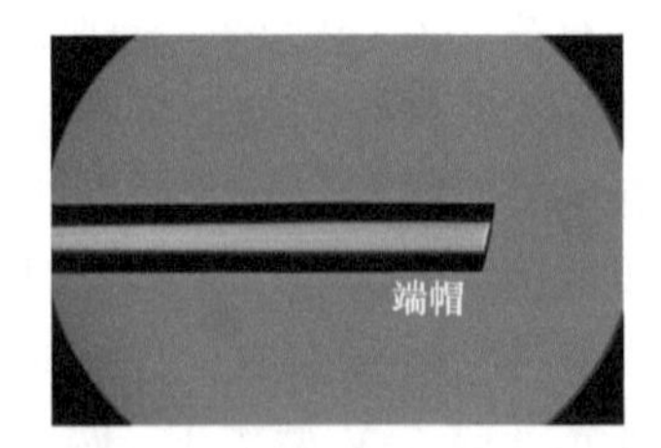

图 2-11　无芯光纤端帽的显微照片

玻璃锥棒光纤端帽输出端面尺寸更大，

可将光斑扩散得更大，因此可以承受更高的输出激光功率。玻璃锥棒光纤端帽的直径和长度一般为数毫米至数十毫米量级。由于端帽的直径较大，可在输出端表面镀制增透膜，输出端也无须切斜角，但是玻璃锥棒端帽的尺寸与常规光纤差距很大，需要使用特殊的熔接技术。图 2-12(a)展示了利用氢氧焰熔接技术熔接玻璃锥棒光纤端帽的实验图片，熔接完成的光纤端帽如图 2-12(b)所示，端帽长度约为 20 mm，端面直径为 6.15 mm，该端帽用于 1 μm 波段激光准直。在输出功率为 1.1 kW 时，输出端面温升仅为 7℃[41]。

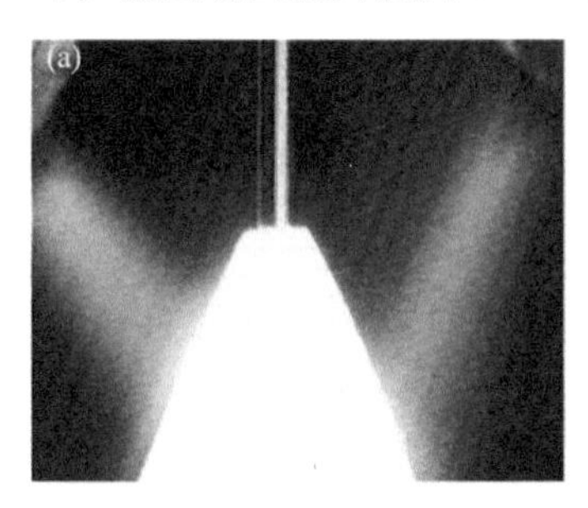

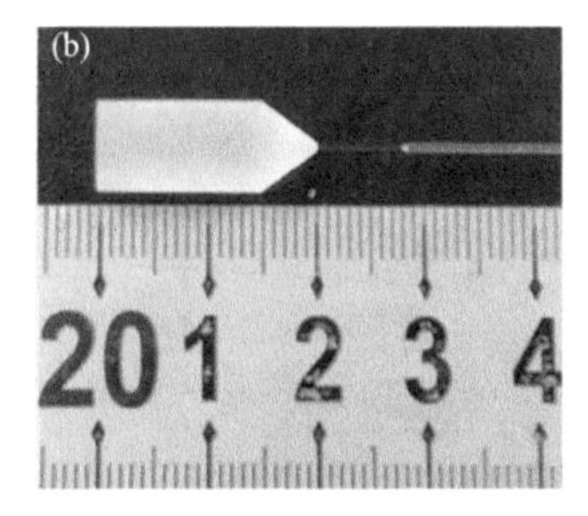

图 2-12　(a)利用氢氧焰熔接光纤端帽和(b)熔接完成的光纤端帽[41]

2.2.4　石英光纤拉锥

光纤拉锥是一项重要的光纤后处理技术，也是光波导学的一个重要研究领域，其基本原理是通过对光纤局部加热至熔融状态，并在加热区两端施加拉力使其变长变细并形成锥区，拉锥后的光纤形状和光学特性都将改变。拉锥光纤独特的结构特征，引起了光纤有效模场面积、归一化频率、模式分布、非线性系数、色散等诸多光学性质的变化，使锥区具有了聚光耦合等光学特性，其独特多样的光学性质不仅是合束器、耦合器、分束器等光纤器件的研制基础，在光纤传感和超连续谱产生等领域也有着广泛的应用。

石英光纤的拉锥主要通过熔融拉锥机实现，目前熔融拉锥的设备已经比较成熟，热源也分为多种，主要包括氢氧焰、电极、石墨丝以及二氧化碳激光器。图 2-13 为氢氧焰熔融拉锥机工作示意图。光纤拉锥的主要过程包括：首先，剥除光纤拉锥区域的涂覆层并进行清洁，以防对光纤表面造成污染及增加损耗；然后，将待拉锥光纤两端固定在拉锥机的拉伸平台上，固定方式一般为真空吸附和机械夹持；最后，利用氢氧焰对光纤待拉锥区域进行加热，使光纤处于熔融状态的同时，两端的步进电机带动夹具向相反方向拉伸光纤，使光纤在拉伸力的作用下产生相应形变，形成拉细拉长的拉锥光纤。

图 2-14 为拉锥光纤结构示意图，对于火头静止的拉锥过程，得到的拉锥光纤的形状一般为抛物线型。拉锥后的光纤主要分为 3 部分：原始标准光纤、锥形过渡区域和锥腰区域，各区域长度可根据实际需求进行调整。

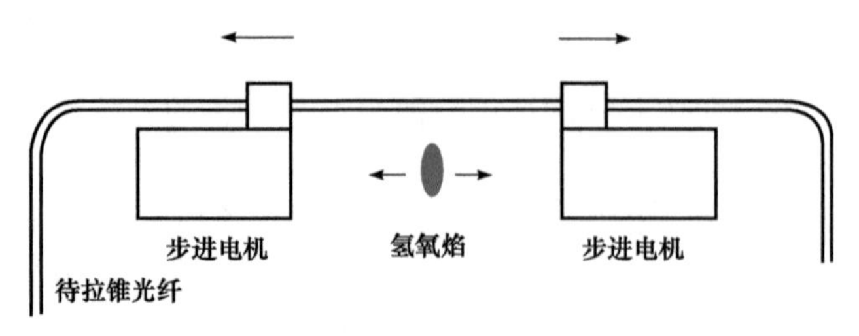

图 2-13　氢氧焰熔融拉锥机工作示意图

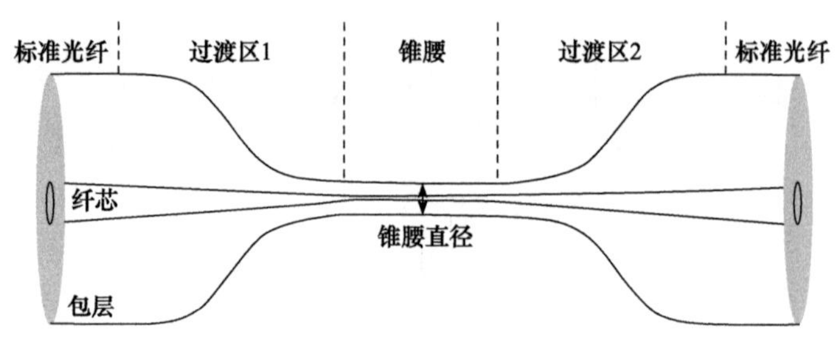

图 2-14　拉锥光纤结构示意图

图 2-15 以纤芯和包层直径分别为 220 μm、242 μm 的多模光纤为例，给出了光纤经过拉锥机拉锥后不同纵向位置的光纤直径。从图中可以看出，光纤的过渡区直径呈现缓慢均匀的变化。

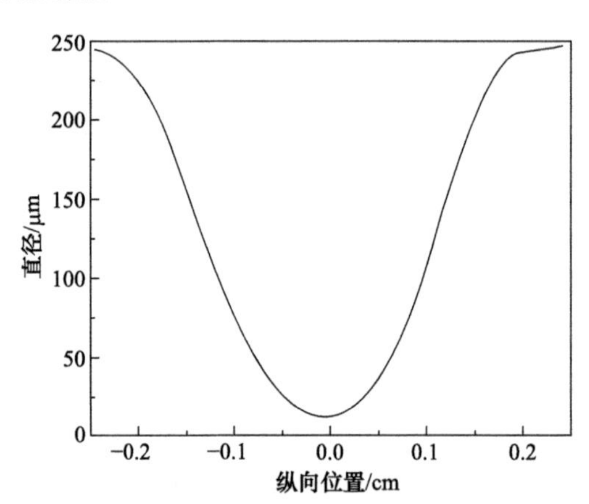

图 2-15　石英光纤经过拉锥后不同纵向位置的光纤直径

2.3　软玻璃光纤处理技术

中红外光纤光源及其应用的发展与软玻璃光纤处理技术及其相关元器件发展密切相关。本节介绍软玻璃光纤的主要处理技术：光纤切割、熔接、端帽制备、端面处理(端面镀膜和微结构制备)以及熔融拉锥等。

2.3.1　软玻璃光纤切割

软玻璃光纤普遍具有硬度低、质脆等特点，因此软玻璃光纤不能采用与石英光纤涂覆层剥离相同的机械剥离法。考虑到软玻璃光纤的涂覆层材料为有机聚合物材料，因此可采用化学浸泡剥离法。根据具体涂覆层材料的不同，可以选择二氯甲烷、四氢呋喃等有机溶剂进行浸泡，然后进行涂覆层剥离。

图 2-16 给出了采用二氯甲烷溶剂剥离 ZBLAN 光纤的典型过程和效果。如图 2-16(a)所示，首先将 ZBLAN 光纤一端浸入二氯甲烷溶剂中，浸泡数分钟，根据浸泡深度来控制剥离长度；然后将光纤从溶剂中取出，用酒精棉擦拭，去除光纤涂覆层。图 2-16(b)为光学显微镜拍摄的 ZBLAN 光纤涂覆层剥离后的照片，可以看出，涂覆层剥离的质量很好。

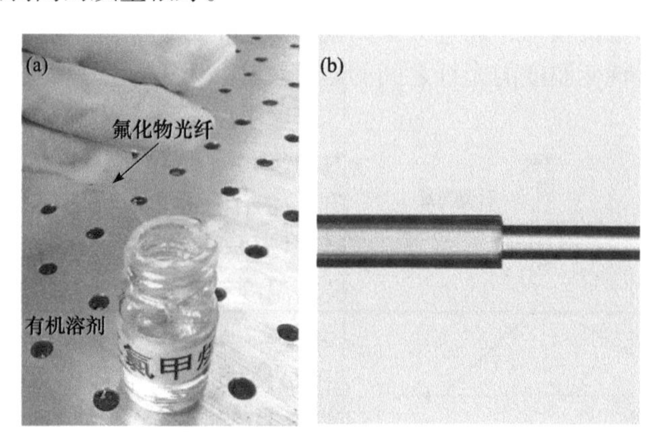

图 2-16　ZBLAN 光纤涂覆层剥离：(a)浸泡；(b)显微镜照片

与石英光纤类似，通常使用“拉伸-划刻”法实现对软玻璃光纤的切割。软玻璃光纤材料与石英相比，杨氏模量普遍偏低，因而在对软玻璃光纤进行切割时，需要适当地减小切割张力，实现较高的切割质量。图 2-17 给出了在合适的切割张力下，ZBLAN 光纤的典型切割照片。

图 2-17　ZBLAN 光纤切割端面图

2.3.2　软玻璃光纤熔接

在早期的软玻璃光纤激光研究工作中，研究人员一般使用空间耦合方式(透镜系统)或端面机械对接方式将光束耦合到软玻璃光纤中[26, 42-48]。上述方式存在耦合效率受限、对光路调节技术要求高、易受环境影响、端面容易损坏等不足，极大地牺牲了光纤激光应有的优势，限制了软玻璃光纤激光器的发展。技术的进步使得软玻璃光纤的熔接成为可能。熔接方式与空间耦合方式或端面机械对接方式相比，一方面可以减小光纤之间由两次菲涅耳反射和光束畸变带来的插入损耗，另一方面是可以提供更加可靠的光束耦合，实现更高的功率承受能力。

1. 石英光纤与软玻璃光纤熔接技术

石英光纤与软玻璃光纤在转变温度和机械性能方面存在巨大差异，因此，软玻璃光纤的熔接与石英光纤之间的熔接存在明显的不同。石英玻璃的转变温度在1120℃左右，而软玻璃的转变温度多在180～300℃范围内，当对石英光纤和软玻璃光纤进行熔接时，如果将软玻璃光纤直接放置在熔接机电极的中间位置，电极放电时产生的高温等离子体能够将软玻璃光纤直接气化，致使熔接失败。为此，可采用非对称熔接技术，通过大距离偏移放电的方式来降低软玻璃光纤端面的温度，实现不同转变温度的光纤之间的熔接。

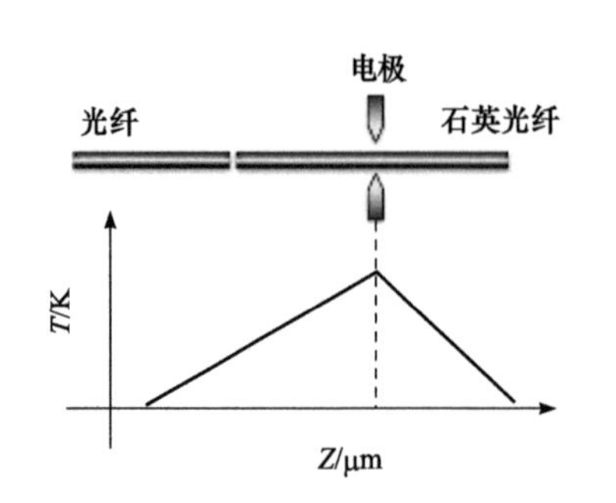

图 2-18　非对称熔接下光纤温度场分布示意图

这里以石英光纤与 ZBLAN 光纤的熔接为例，介绍石英与中红外光纤的熔接技术。图 2-18 给出了非对称熔接条件下熔接机内的温度场分布示意图。电极放电位置附近拥有最高温度，距离放电中心越远的位置其温度场越弱。将电极偏移到石英光纤一侧。当 ZBLAN 光纤的端面温度高于其转变温度时，ZBLAN 光纤将被软化。随后，伴随着两种光纤的相互推进，软化的 ZBLAN 光纤便可以附着到石英光纤上实现两种光纤的熔接。熔接过程中的推力可以保证 ZBLAN 光纤和石英光纤熔接后不存在空气层，因此消除了光纤和空气界面间的菲涅耳反射损耗。

图 2-19(a)给出了熔接后石英光纤和 ZBLAN 光纤的熔接点的显微照片，可以看出，ZBLAN 光纤在熔化后被挤压到石英光纤端面上，形成了一个凸起的鼓包，鼓包的存在可以有效增加 ZBLAN 光纤和石英光纤的熔接强度。为了分析熔接前后 ZBLAN 光纤端面质量是否保持良好，这里对熔接点施加外力，分离 ZBLAN 光纤和石英光纤，并用光学显微镜对光纤端面进行观察。图 2-19(b)和(c)分别给出将熔接点分离后，ZBLAN 光纤端面形状和石英光纤端面形状。可以看出，ZBLAN 光纤端面的鼓包具有一定的深度，石英光纤表面存在一些附着的 ZBLAN 材料，且两个光纤端面均没有发现析晶现象，说明熔接质量较好。

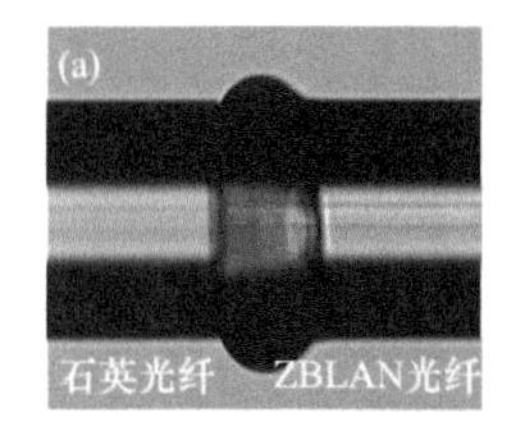

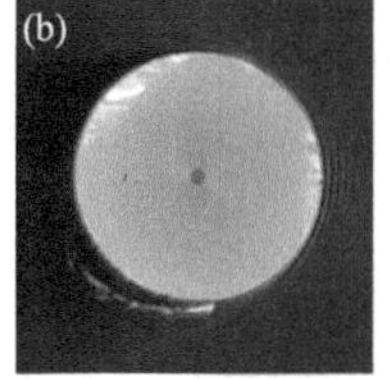

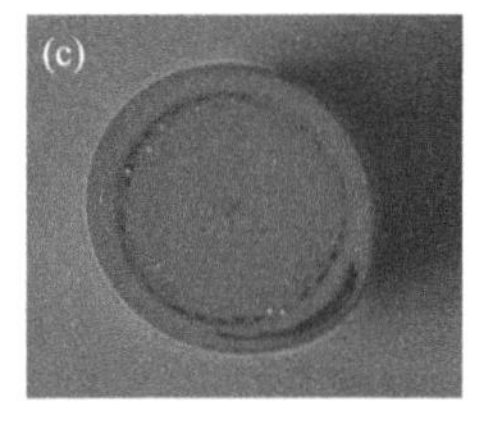

图 2-19　(a)熔接点、(b)ZBLAN 光纤端面和(c)石英光纤端面的显微照片

熔接完成后，可使用高稳定光源对熔接点的插入损耗进行测量。基于截断法测得的典型插入损耗(含光纤本身的模场失配所引起的损耗以及熔接所引起的损耗)约 0.3 dB。在扣除光纤本身的模场失配所引起的损耗后，单纯熔接所引起的损耗可低至 0.1 dB 以下[49, 50]。

除了非对称熔接法，另一个常见的方法是在两种不同的光纤之间使用一种过渡材料，如薄膜[51]。理想的过渡材料应该具有介于两种光纤之间的热特性，并且能够与两种光纤实现较好的“接合”(即与两种玻璃表面结合)。

2. 软玻璃光纤之间的熔接技术

软玻璃光纤的转变温度较低，因此，软玻璃光纤之间进行熔接时，要求较低的温度。通过改变放电功率大小，可以在对称熔接条件下控制软玻璃光纤端面的温度场。图 2-20 给出了对称熔接条件下的光纤温度场分布示意图，可以看出，这种熔接方法与同种石英光纤的熔接相类似，主要区别是软玻璃光纤熔接时需要更弱的放电强度。

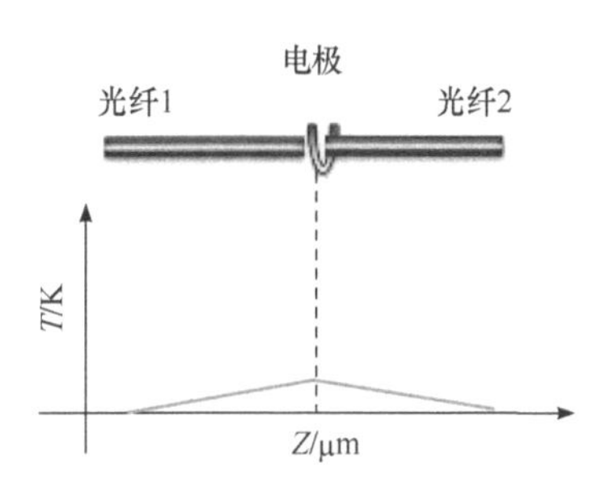

图 2-20　对称熔接条件下的光纤温度场分布示意图

ZBLAN 光纤之间的熔接如图 2-21 所示。图 2-21(a)～(c)分别为放电强度偏弱、适中和偏强三种条件下的熔接结果。这三种情况下都成功实现了 ZBLAN 光纤的熔接，但熔接效果和熔接强度却不相同。当放电强度偏弱时，由于光纤端面软化不充分，在熔接点处的光纤包层存在一定的凹陷，熔接强度较弱；而当放电强度偏强时，虽然两根 ZBLAN 光纤也被熔接到了一起，但由于光纤熔化程度过大，从图 2-21(c)中 X 和 Y 方向均可看到光纤包层发生了明显的变形；如图 2-21(b)所示，当放电强度适中时，ZBLAN 光纤之间才可以取得较好的熔接效果。

图 2-22(a)～(c)分别给出了不同种软玻璃光纤之间(ZBLAN 光纤与 AlF_3 光纤、InF_3 光纤与 AlF_3 光纤、ZBLAN 光纤与 InF_3 光纤)的熔接点显微照片。

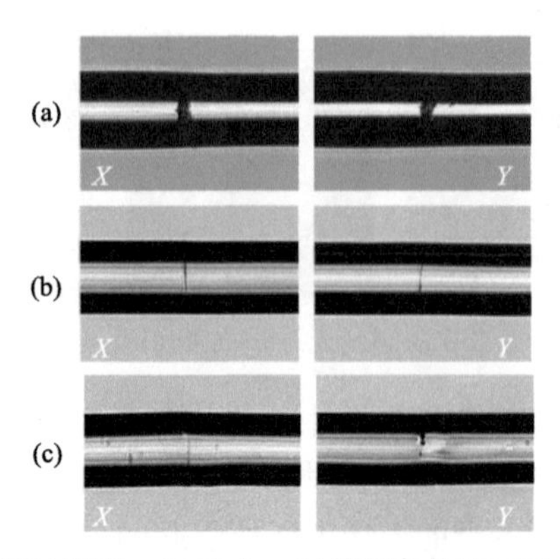

图 2-21　放电强度(a)偏弱、(b)适中、(c)偏强条件下 ZBLAN 光纤的熔接图

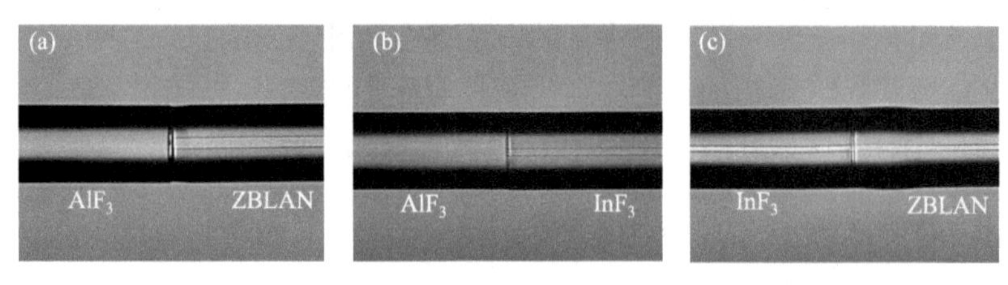

图 2-22　(a)ZBLAN 光纤与 AlF_3 光纤、(b)InF_3 光纤与 AlF_3 光纤、(c)ZBLAN 光纤与 InF_3 光纤的熔接点显微照片

2.3.3　软玻璃光纤端帽制备

为获得较高的非线性系数以利于超连续谱的产生，非线性光纤的纤芯直径往往仅为 10 μm 左右，这意味着非线性光纤输出端面的纤芯部分承受着较高的峰值功率密度。另外，ZBLAN、InF_3 等材料易于吸收空气中的水分而发生潮解进而造成光纤端面光通过率的下降及发热，最终导致光纤端面烧毁；而且该潮解过程随氟化物光纤输出功率的提升和光纤端面温度的升高而加快[52]。另外，当氟化物光纤中产生的超连续谱的光谱范围扩展到氟化物光纤的高损耗区时，纤芯材料对超连续谱长波成分的吸收变得剧烈，输出端面处将累积较多的热量，而空气的不良导热性会导致光纤端面温度迅速上升，加速 OH^- 通过光纤端面的扩散，造成输出光纤端面质量的迅速下降，因而，在氟化物光纤中产生高功率中红外超连续谱时，往往要求在氟化物光纤的输出端熔接一段抗潮解性能较强的异种光纤，以达到保护氟化物光纤端面、降低输出端面的光功率密度、减少耦合回氟化物光纤纤芯的端面回光等目的。参考表 2-2，尽管 AlF_3 材料也属于氟化物材料，但其抗水溶性与抗酸溶性明显优于 ZBLAN 和 InF_3 等材料，因而 AlF_3 光纤往往被用于 ZBLAN 光纤和 InF_3 光纤端帽制备。

光纤端帽设计时，须使光束截面直径在端帽内得到充分的扩大，并防止因光束过度扩散而在端帽内出现反射而影响输出光束的光束质量。制备光纤端帽时，先将目标光纤(需要在其上制备端帽的光纤)的输出端与端帽光纤(用来作端帽的光纤)进行熔接，然后在端帽光纤一侧的一定长度处进行切割。

图 2-23(a)和(b)分别给出了在单模 ZBLAN 光纤输出端制备多模 AlF_3 光纤端帽时，AlF_3 端帽的侧面以及端面的显微图像。AlF_3 光纤包层直径为 125 μm，纤芯直径为 70 μm，数值孔径(NA)为 0.2。该端帽长度为 80 μm，端面切割角度为 7°。

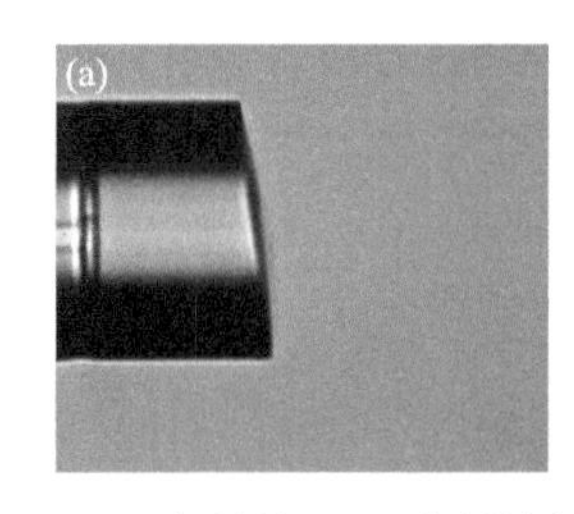

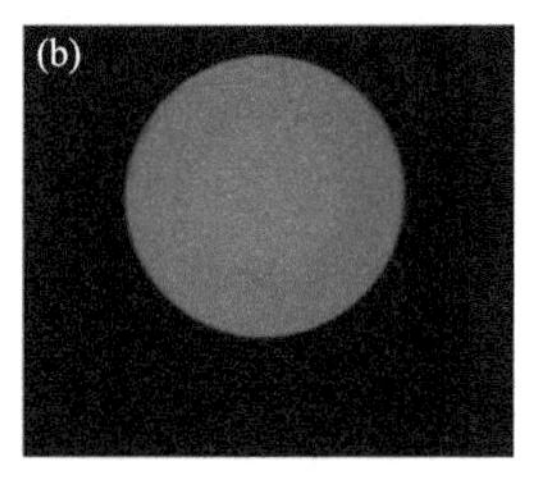

图 2-23　ZBLAN 光纤的 AlF_3 光纤端帽的(a)侧面显微图像与(b)端面显微图像

除 AlF_3 和多模 ZBLAN 光纤外，氧化锗光纤、石英光纤、掺铒钇铝石榴石(Er:YAG)和 Al_2O_3 晶体等也可用于在软玻璃光纤上制备端帽[53]。在此基础上，在光纤端帽上镀制光学薄膜，可进一步提高其抗损伤性能，提高中红外光纤激光器的长期工作稳定性。

2.3.4　软玻璃光纤端面镀膜与微结构制备

氟化物材料易于吸收空气中的水分而潮解；硫系玻璃光纤较大的折射率导致通过自由空间向其耦合激光时菲涅耳反射很强；在某些条件下又要求光纤端面对某一波长具有特定的反射率。这些问题可以通过在光纤端面镀膜或制备微结构得到一定程度的缓解。

1. 软玻璃光纤端面镀膜

在光学镜片表面镀制光学薄膜可以实现特定波长的高透射率或高反射率。由于光纤的结构特点(截面积极小)，尤其是软玻璃光纤性质(主要是热学特性和力学特性)的特殊性，光纤端面镀膜难度较大、发展较慢，近几年来才陆续有在软玻璃光纤端面镀膜的研究见诸报道。电子束蒸发(EBE)、等离子体溅射沉积(PSD)、反应离子束辅助双磁控溅射(RIBDMS)以及离子束辅助磁控溅射等技术先后被用于在软玻璃光纤表面镀制光学薄膜，镀膜光纤涵盖了氟化物光纤与硫系玻璃光纤，膜系材料主要有 Al_2O_3、SiO_2、Ta_2O_5、Si_3N_4 等，如表 2-3 所示。

表 2-3　软玻璃光纤镀膜典型文献

镀膜技术	光纤材料	膜系材料	膜系厚度	膜系性能	参考文献
电子束蒸发	As_2S_3	Al_2O_3	数百纳米	T～90.6%@2053nm T～89.4%@2520nm	[28]
等离子体溅射沉积	ZBLAN	SiO_2/Ta_2O_5	N/A	R>90% @2400～3000 nm	[54]
反应离子束辅助双磁控溅射	ZBLAN	Si_3N_4	数十至百纳米	防潮	[53]
离子束辅助磁控溅射	As_2Se_3	Al_2O_3	530 nm	T～82.2%@3.6 μm	[55]

2. 软玻璃光纤端面微结构制备

在介质表面制备微结构，通过光束的衍射，可显著提升介质的宽谱透过性能、扩大入射角度范围。光纤端面微结构制备主要有热模压法和飞秒激光加工法等。

在一项研究中，人们对光学表面微结构的增透效应进行了理论分析与设计，研究了“蛾眼结构”(moth eye)微结构表面透过率随归一化周期和归一化刻槽深度的变化，表明在 5%误差范围内标量衍射理论适用于微结构周期至少为入射波长的情形，而在 1%误差范围内等效介质理论的最大适用微结构周期对应于高次衍射波刚好不传输的情形[56]。图 2-24 为光学表面微结构增透效应设计图。

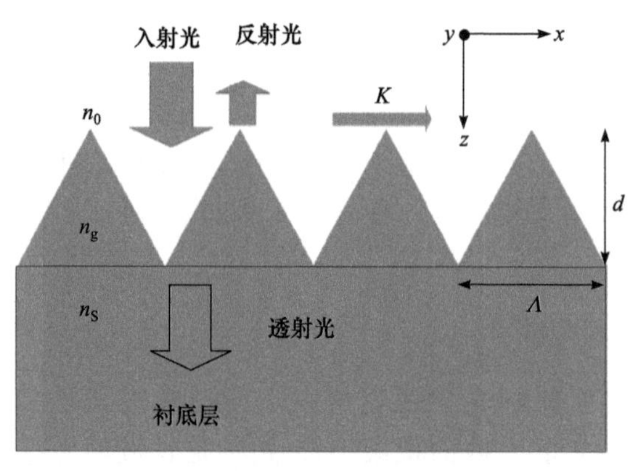

图 2-24　光学表面微结构增透效应设计图[56]

在另一项研究中，人们在理论上研究了在 As_2S_3 光纤端面制备微结构时损伤阈值增加的物理机制[57]。图 2-25 给出了计算得到的半椭圆体微结构的归一化平均坡印亭(Poynting)矢量能流密度分布。当光传输至“蛾眼结构”处时，电磁场增强主要发生在空气一侧，而非 As_2S_3 材料一侧。这导致了 As_2S_3 材料一侧的电磁场强度很低，因而光纤端面的损伤阈值有所升高。

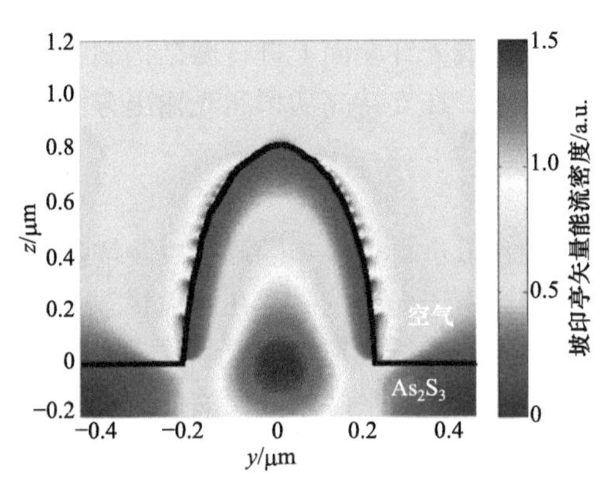

图 2-25　半椭圆体微结构的归一化平均坡印亭矢量能流密度分布[57]

一项研究报道了基于纳米模压技术在 As_2Se_3 玻璃表面进行微结构制备的方法[58]。该方法中，首先制备微结构模具，然后将 As_2Se_3 玻璃贴在模具表面，加热至 210℃并保持 10 min，缓慢施加压强至 120 N/cm^2 并保持 10 min，最后逐渐降低加热温度，即可制备出所需要的微结构表面。该方法相较于传统的模压技术增透效果更好，通过在 As_2Se_3 光学窗口上直接压印“蛾眼结构”，在 5.9～7.3 μm 范围内实现了 12%以上的透过率增强，且在 6 μm 处的反射率小于 1%[59]；通过调整纳米结构的间距和高度，可以实现宽谱、高效的光束耦合；进一步地，通过改进参数，实现了 As_2Se_3 玻璃在 3.3～12 μm 范围内达 12.36%的增透效果[58]。

在另一项研究中，研究人员报道了一种混合结构的增透膜[60]。该增透膜依赖于一系列不同材料的层状结构——分别为一层具有渐变的折射率的致密硅-氧-氮化物及一层准周期性的纳米柱状结构，如图 2-26 所示。该增透膜对于大的入射角度以及极宽的光谱范围(400～2500 nm)均有较好的表现。与单纯的基片相比，对于不同波段，该微结构增透膜能够将通过率提升 6%～10%。

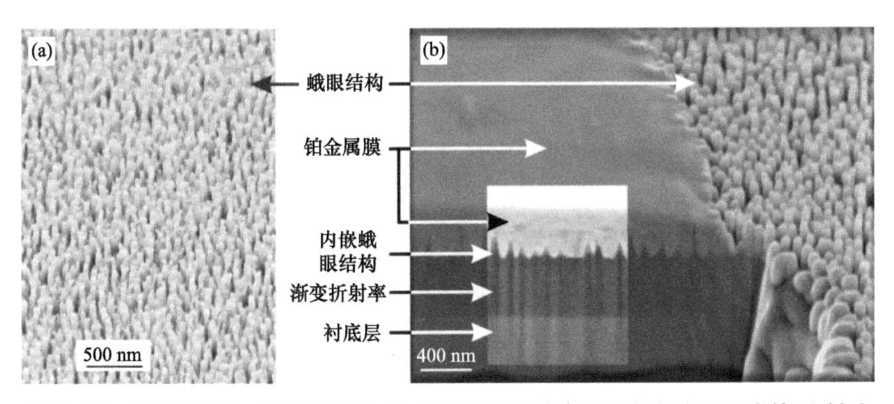

图 2-26　制备的混合“蛾眼结构”在 54°倾斜俯视条件下的扫描电子显微镜照片[60]

值得注意的是，在软玻璃光纤端面上进行微结构制备，目前主要目标在于增大增透范围和增加增透效率，在支持高功率激光输出方面的研究尚鲜见报道。

2.3.5 软玻璃光纤熔融拉锥

为了对软玻璃光纤的色散进行进一步的调控以及增强软玻璃光纤的非线性，可对软玻璃光纤进行拉锥。由于光纤拉锥是在熔融状态下进行的，因此黏度特性曲线陡峭的 ZBLAN 等氟化物光纤实现熔融拉锥的难度极大。目前中红外光纤的拉锥主要集中在黏度特性曲线相对平缓的氟碲酸盐玻璃光纤以及硫系玻璃光纤等方面。

在碲酸盐光纤方面，研究人员对纤芯/包层直径为 3.6 μm/190 μm 的悬吊芯碲酸盐光子晶体光纤进行了熔融拉锥[61]。拉锥后，锥形过渡区长约 4 cm，锥腰处纤芯直径为 1.3 μm。在碲酸盐玻璃光纤方面，研究人员对纤芯直径 7 μm 的阶跃折射率光纤进行拉锥，锥区长度约 2 cm，腰区纤芯直径约 1.4 μm[62]。

在硫系玻璃光纤方面，研究人员实现了对阶跃折射率 As_2S_3 光纤的拉锥[63]。拉锥前的纤芯/包层直径为 60 μm/300 μm，锥腰处的纤芯直径最小可达 4.3 μm。As_2S_3 光纤本身就具有高的非线性系数，拉锥之后非线性系数进一步增大。锥腰处光纤的非线性系数可达约 823.61 $W^{-1} \cdot m^{-1}$。此外，研究人员实现了对纤芯/包层直径为 14 μm/130 μm 的阶跃折射率 As_2Se_3 光纤的拉锥[64]。拉锥后，锥腰区的纤芯直径为 3 μm，拉锥光纤锥腰长度为 5 cm，两侧锥区长度均为 1.6 cm，如图 2-27 所示。此外，研究人员还对纤芯直径为 15 μm 的 $Ge_{10}As_{22}Se_{68}$ 单组分光子晶体光纤(PCF)进行了拉锥[65]。锥区纤芯直径为 6 μm，锥腰长度为 30 cm。

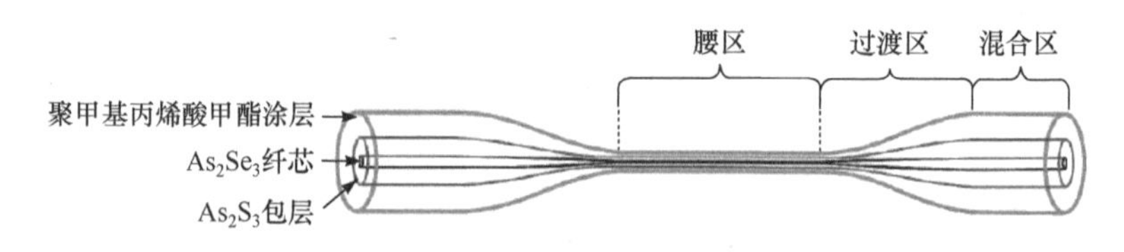

图 2-27　拉锥 As_2Se_3 光纤示意图[64]

得益于非线性系数的剧增和色散特性的改善，拉锥软玻璃光纤在实现超宽带中红外超连续谱激光方面具有独特的优势。同时，由于光纤拉锥之后模场面积显著减小，其功率承载能力与拉锥前相比将有明显下降，因此，目前基于拉锥光纤获得的中红外超连续谱激光的功率较低，最高功率在百毫瓦量级。

参 考 文 献

[1] Fleming J W. Dispersion in GeO_2-SiO_2 glasses [J]. Appl. Opt., 1984, 23(24): 4486-4493.
[2] Sakaguchi S, Todoroki S. Optical properties of GeO_2 glass and optical fibers [J]. Appl. Opt., 1997,

36(27): 6809-6814.

[3] Kato T, Suetsugu Y, Nishimura M. Estimation of nonlinear refractive index in various silica-based glasses for optical fibers [J]. Opt. Lett., 1995, 20(22): 2279-2281.

[4] Dianov E M, Mashinsky V M. Germania-based core optical fibers [J]. J. Lightwave Technol., 2005, 23(11): 3500.

[5] Lin A, Zhang A, Bushong E J, et al. Solid-core tellurite glass fiber for infrared and nonlinear applications [J]. Opt. Express, 2009, 17(19): 16716-16721.

[6] Yao C, Jia Z, Li Z, et al. High-power mid-infrared supercontinuum laser source using fluorotellurite fiber [J]. Optica, 2018, 5(10): 1264-1270.

[7] Li Z, Jia Z, Yao C, et al. 22.7 W mid-infrared supercontinuum generation in fluorotellurite fibers [J]. Opt. Lett., 2020, 45(7): 1882-1885.

[8] Wetenkamp L. Efficient C W operation of a 2.9 μm Ho^{3+}-doped fluorozirconate fibre laser pumped at 640 nm [J]. Electronics Letters, 1990, 26(13): 883-884.

[9] Carter J N, Smart R G, Tropper A C, et al. Theoretical and experimental investigation of a resonantly pumped thulium doped fluorozirconate fiber amplifier at around 810 nm [J]. J. Lightwave Technol., 1991, 9(11): 1548-1553.

[10] Théberge F, Daigle J F, Vincent D, et al. Mid-infrared supercontinuum generation in fluoroindate fiber [J]. Opt. Lett., 2013, 38(22): 4683-4685.

[11] Slusher R E, Lenz G, Hodelin J, et al. Large Raman gain and nonlinear phase shifts in high-purity As_2Se_3 chalcogenide fibers [J]. Journal of the Optical Society of America B, 2004, 21(6): 1146-1155.

[12] El-Amraoui M, Fatome J, Jules J C, et al. Strong infrared spectral broadening in low-loss As-S chalcogenide suspended core microstructured optical fibers [J]. Opt. Express, 2010, 18(5): 4547-4556.

[13] Urbach F. The long-wavelength edge of photographic sensitivity and of the electronic absorption of solids [J]. Physical Review, 1953, 92(5): 1324.

[14] Cozmuta I, Cozic S, Poulain M, et al. Breaking the silica ceiling: ZBLAN-based opportunities for photonics applications [C]. SPIE OPTO, Optical Components and Materials XVII; 112760R , 2020.

[15] Swiderski J. High-power mid-infrared supercontinuum sources: current status and future perspectives [J]. Progress in Quantum Electronics, 2014, 38(5): 189-235.

[16] Yin K, Zhang B, Yang L, et al. 30 W monolithic 2-3 μm supercontinuum laser [J]. Photon. Res., 2018, 6(2): 123-126.

[17] 殷科. 光纤抽运 2～5 μm 超连续谱激光光源研究 [D]. 长沙: 国防科技大学, 2017.

[18] 田桂霞. 1550nm 高功率光纤放大器的研究 [D]. 济南: 山东大学, 2018.

[19] 赵赛丽. 光子晶体光纤中调控光流氓波产生超连续谱的方法研究 [D]. 长沙: 湖南大学, 2019.

[20] Feng X, Poletti F, Camerlingo A, et al. Dispersion controlled highly nonlinear fibers for all-optical processing at telecoms wavelengths [J]. Optical Fiber Technology, 2010, 16(6): 378-391.

[21] 黄进, 任寰, 吕海兵, 等. 三种不同波长的激光对熔石英损伤行为的对比研究 [J]. 光学与

光电技术, 2007(6): 5-8.

[22] Xia C, Xu Z, Islam M N, et al. 10.5 W time-averaged power mid-IR supercontinuum generation extending beyond 4 μm with direct pulse pattern modulation [J]. IEEE Journal of Selected Topics in Quantum Electronics, 2009, 15(2): 422-434.

[23] Carter A, Samson B N, Tankala K, et al. Damage mechanisms in components for fiber lasers and amplifiers [C]. SPIE, 2005: 561-571.

[24] Gaida C, Gebhardt M, Stutzki F, et al. Thulium-doped fiber chirped-pulse amplification system with 2 GW of peak power [J]. Opt. Lett., 2016, 41(17): 4130-4133.

[25] Aydin Y O, Fortin V, Vallée R, et al. Towards power scaling of 2.8 μm fiber lasers [J]. Opt. Lett., 2018, 43(18): 4542-4545.

[26] Liu K, Liu J, Shi H, et al. High power mid-infrared supercontinuum generation in a single-mode ZBLAN fiber with up to 21.8 W average output power [J]. Opt. Express, 2014, 22(20): 24384-24391.

[27] Hu T, Jackson S D, Hudson D D. Ultrafast pulses from a mid-infrared fiber laser [J]. Opt. Lett., 2015, 40(18): 4226-4228.

[28] Sincore A, Cook J, Tan F, et al. High power single-mode delivery of mid-infrared sources through chalcogenide fiber [J]. Opt. Express, 2018, 26(6): 7313-7323.

[29] Zhang M, Li L, Li T, et al. Mid-infrared supercontinuum generation in chalcogenide fibers with high laser damage threshold [J]. Opt. Express, 2019, 27(20): 29287-29296.

[30] Zhang M, Li T, Yang Y, et al. Femtosecond laser induced damage on Ge-As-S chalcogenide glasses [J]. Optical Materials Express, 2019, 9(2): 555.

[31] Tao G, Ebendorff-Heidepriem H, Stolyarov A M, et al. Infrared fibers [J]. Adv. Opt. Photon., 2015, 7(2): 379-458.

[32] Yatsenko Y, Mavritsky A. D-scan measurement of nonlinear refractive index in fibers heavily doped with GeO_2 [J]. Opt. Lett., 2007, 32(22): 3257-3259.

[33] Zou X, Izumitani T. Spectroscopic properties and mechanisms of excited state absorption and energy transfer upconversion for Er^{3+}-doped glasses [J]. J. Non-cryst. Solids, 1993, 162(1): 68-80.

[34] Galeener F, Mikkelsen J, Geils R, et al. The relative Raman cross sections of vitreous SiO_2, GeO_2, B_2O_3, and P_2O_5 [J]. Applied Physics Letters, 1978, 32(1): 34-36.

[35] Yin K, Zhang B, Yao J, et al. 1.9-3.6 μm supercontinuum generation in a very short highly nonlinear germania fiber with a high mid-infrared power ratio [J]. Opt. Lett., 2016, 41(21): 5067-5070.

[36] Chenard F, Alvarez O, Moawad H. MIR chalcogenide fiber and devices [C]. Proceedings of the Optical Fibers and Sensors for Medical Diagnostics and Treatment Applications XV, 2015, San Francisco, California, United States, 2015.

[37] Martinez R A, Plant G, Guo K, et al. Mid-infrared supercontinuum generation from 1.6 to 11 μm using concatenated step-index fluoride and chalcogenide fibers [J]. Opt. Lett., 2018, 43(2): 296-299.

[38] Xie M, Yang P, Zhang P, et al. Femtosecond laser-induced damage on the end face of an As_2S_3

chalcogenide glass fiber [J]. Optics & Laser Technology, 2019, 119: 105587.
[39] Yan B, Huang T, Zhang W, et al. Generation of watt-level supercontinuum covering 2-6.5 μm in an all-fiber structured infrared nonlinear transmission system [J]. Opt. Express, 2021, 29(3): 4048-4057.
[40] 杨林永, 朱晰然, 张斌, 等. 高功率全光纤中红外超连续谱激光器 [J]. 中国激光, 2023, 50(11): 293-294.
[41] Zhou X, Chen Z, Wang Z, et al. Monolithic fiber end cap collimator for high-power free-space fiber-fiber coupling [J]. Applied Optics, 2016, 55(15): 4001.
[42] Zhu X, Jain R. 10-W-level diode-pumped compact 2.78 μm ZBLAN fiber laser [J]. Opt. Lett., 2007, 32(1): 26-28.
[43] Tokita S, Murakami M, Shimizu S, et al. Liquid-cooled 24 W mid-infrared Er:ZBLAN fiber laser [J]. Opt. Lett., 2009, 34(20): 3062-3064.
[44] Liu J, Wu M, Huang B, et al. Widely wavelength-tunable mid-infrared fluoride fiber lasers [J]. IEEE Journal of Selected Topics in Quantum Electronics, 2018, 24(3): 1-7.
[45] Li J F, Yang Y, Hudson D D, et al. A tunable Q-switched Ho^{3+}-doped fluoride fiber laser [J]. Laser Physics Letters, 2013, 10(4): 045107.
[46] Maes F, Fortin V, Poulain S, et al. Room-temperature fiber laser at 3.92 μm [J]. Optica, 2018, 5(7): 761-764.
[47] 刘江, 刘昆, 师红星, 等. 高功率全光纤中红外超连续谱激光源 [J]. 中国激光, 2014, 41(9): 0902004.
[48] Yang W, Zhang B, Xue G, et al. Thirteen watt all-fiber mid-infrared supercontinuum generation in a single mode ZBLAN fiber pumped by a 2 μm MOPA system [J]. Opt. Lett., 2014, 39(7): 1849-1852.
[49] Yin K, Zhang B, Yao J, et al. Highly stable, monolithic, single-mode mid-infrared supercontinuum source based on low-loss fusion spliced silica and fluoride fibers [J]. Opt. Lett., 2016, 41(5): 946-949.
[50] Yang L, Zhang B, He X, et al. High-power mid-infrared supercontinuum generation in a fluoroindate fiber with over 2 W power beyond 3.8 μm [J]. Opt. Express, 2020, 28(10): 14973-14979.
[51] Fortin V, Bernier M, Bah S T, et al. 30 W fluoride glass all-fiber laser at 2.94 μm [J]. Opt. Lett., 2015, 40(12): 2882-2885.
[52] Caron N, Bernier M, Faucher D, et al. Understanding the fiber tip thermal runaway present in 3μm fluoride glass fiber lasers [J]. Opt. Express, 2012, 20(20): 22188-22194.
[53] Aydin Y O, Maes F, Fortin V, et al. Endcapping of high-power 3 μm fiber lasers [J]. Opt. Express, 2019, 27(15): 20659-20669.
[54] Li W, Wang H, Du T, et al. Compact self-Q-switched, tunable mid-infrared all-fiber pulsed laser [J]. Opt. Express, 2018, 26(26): 34497-34502.
[55] Robichaud L R, Duval S, Pleau L P, et al. High-power supercontinuum generation in the mid-infrared pumped by a soliton self-frequency shifted source [J]. Opt. Express, 2020, 28(1): 107-115.

[56] Jing X, Ma J, Liu S, et al. Analysis and design of transmittance for an antireflective surface microstructure [J]. Opt. Express, 2009, 17(18): 16119-16134.

[57] Weiblen R J, Florea C M, Busse L E, et al. Irradiance enhancement and increased laser damage threshold in As_2S_3 moth-eye antireflective structures [J]. Opt. Lett., 2015, 40(20): 4799-4802.

[58] Lotz M, Needham J, Jakobsen M H, et al. Nanoimprinting reflow modified moth-eye structures in chalcogenide glass for enhanced broadband antireflection in the mid-infrared [J]. Opt. Lett., 2019, 44(17): 4383-4386.

[59] Lotz M R, Petersen C R, Markos C, et al. Direct nanoimprinting of moth-eye structures in chalcogenide glass for broadband antireflection in the mid-infrared [J]. Optica, 2018, 5(5): 557-563.

[60] Kraus M, Diao Z, Weishaupt K, et al. Combined 'moth-eye' structured and graded index-layer anti-reflecting coating for high index glasses [J]. Opt. Express, 2019, 27(24): 34655-34664.

[61] Picot-Clemente J, Strutynski C, Amrani F, et al. Enhanced supercontinuum generation in tapered tellurite suspended core fiber [J]. Optics Communications, 2015, 354: 374-379.

[62] Jia Z X, Yao C F, Jia S J, et al. Supercontinuum generation covering the entire 0.4-5 μm transmission window in a tapered ultra-high numerical aperture all-solid fluorotellurite fiber [J]. Laser Physics Letters, 2018, 15(2): 025102.

[63] Wang Y, Dai S, Li G, et al. 1.4-7.2 μm broadband supercontinuum generation in an As-S chalcogenide tapered fiber pumped in the normal dispersion regime [J]. Opt. Lett., 2017, 42(17): 3458-3461.

[64] Hudson D D, Antipov S, Li L, et al. Toward all-fiber supercontinuum spanning the mid-infrared [J]. Optica, 2017, 4(10): 1163-1166.

[65] Petersen C R, Lotz M B, Woyessa G, et al. Nanoimprinting and tapering of chalcogenide photonic crystal fibers for cascaded supercontinuum generation [J]. Opt. Lett., 2019, 44(22): 5505-5508.

第 3 章　光纤中超连续谱产生的原理

光纤中超连续谱的产生是一个非常复杂的物理过程，涉及众多的线性和非线性效应之间的相互作用。要详细分析每一种效应在光谱展宽过程中所起的作用，是一项困难的工作。尤其是在不同的光纤参数和泵浦激光参数下，引起光谱展宽的主要机制有显著差别，甚至出现多种效应之间的相互竞争。脉冲光在光纤中传输时频域和时域的演化可由广义非线性薛定谔方程(GNLSE)来表示，利用该方程，光纤中超连续谱产生的物理现象可以得到很好的分析和理解。本章对光纤超连续谱产生过程中涉及的非线性效应进行介绍，并基于该方程的数值求解，给出光纤中典型超连续谱产生过程的时频演化过程，便于读者建立直观的印象。

3.1　脉冲在光纤中的传输

目前许多文献[1-3]和专著[4-6]研究了描述光纤中光场随时间和空间变化的 GNLSE，并给出了其在时域和频域的求解方法。因此，如何推导 GNLSE 不是本书的研究重点，这里直接给出 GNLSE，同时对该方程推导过程中所涉及的简化条件和适用范围进行简要说明。

3.1.1　时域 GNLSE 及其解法

1. 时域 GNLSE

光纤中光脉冲传输由 GNLSE 来表征，该方程可由麦克斯韦(Maxwell)方程组推导而得到，其具体形式为[7]

$$\begin{aligned}&\frac{\partial A}{\partial z}+\frac{\alpha}{2}A-\sum_{k\geqslant 2}\frac{i^{k+1}}{k!}\beta_k\frac{\partial^k A}{\partial T^k}\\&=\mathrm{i}\gamma\left(1+\tau_{\text{shock}}\frac{\partial}{\partial T}\right)\left[A(z,T)\int_{-\infty}^{+\infty}R(T')\left|A(z,T-T')\right|^2\mathrm{d}T'\right]\end{aligned}\tag{3-1}$$

下面对时域 GNLSE 进行介绍和说明。

(1) 在推导该方程时假设：电场在光纤中传输时，偏振方向沿 x 方向不变；光场是准单色的，即对中心频率为 ω_0 的频谱，其谱宽为 $\Delta\omega$，且 $\Delta\omega/\omega_0\ll 1$；采用慢变包络近似，把电场的快变部分分离，并且忽略慢变包络的二阶导数。所以电

场可以表示为

$$\tilde{\boldsymbol{E}}(\boldsymbol{r},t)=\frac{1}{2}\hat{\boldsymbol{x}}F(x,y)\left\{A(z,t)\exp\left[-\mathrm{i}\left(\omega_0 t-\beta_0 z\right)\right]+\mathrm{c.c.}\right\} \tag{3-2}$$

式中，$\hat{\boldsymbol{x}}$ 为单位偏振矢量；$F(x,y)$ 为光纤中的横向模分布；$A(z,t)$ 表示复电场的慢变包络；β_0 为传输常数。

(2) β_k 表示传输常数 $\beta(\omega)$ 在中心角频率 ω_0 处泰勒展开的第 k 阶系数：

$$\beta(\omega)=\beta_0+\beta_1(\omega-\omega_0)+\frac{1}{2}\beta_2(\omega-\omega_0)^2+\frac{1}{6}\beta_3(\omega-\omega_0)^3+\cdots \tag{3-3}$$

式中，$\beta_k=\left[\dfrac{\mathrm{d}^k\beta(\omega)}{\mathrm{d}\omega^k}\right]_{\omega=\omega_0}\quad(k=1,2,3,\cdots)$。

(3) $R(t)$ 是归一化的拉曼响应函数，即 $\int_{-\infty}^{+\infty}R(t)\mathrm{d}t=1$，具体形式为

$$R(t)=(1-f_{\mathrm{R}})\delta(t)+f_{\mathrm{R}}h_{\mathrm{R}}(t) \tag{3-4}$$

式中，f_{R} 表示延时拉曼响应对非线性极化 P_{NL} 的贡献；$h_{\mathrm{R}}(t)$ 为拉曼响应函数。具体讨论见 3.2 节。式(3-1)右边的积分项表示脉冲内拉曼散射引起能量转移。

(4) τ_{shock} 可表示为[8]

$$\begin{aligned}\tau_{\mathrm{shock}}&=\tau_0+\frac{\mathrm{d}}{\mathrm{d}\omega}\left\{\ln\left[\frac{1}{n_{\mathrm{eff}}(\omega)A_{\mathrm{eff}}(\omega)}\right]\right\}_{\omega_0}\\&=\frac{1}{\omega_0}-\left[\frac{1}{n_{\mathrm{eff}}(\omega)}\frac{\mathrm{d}n_{\mathrm{eff}}(\omega)}{\mathrm{d}\omega}\right]_{\omega_0}-\left[\frac{1}{A_{\mathrm{eff}}(\omega)}\frac{\mathrm{d}A_{\mathrm{eff}}(\omega)}{\mathrm{d}\omega}\right]_{\omega_0}\end{aligned} \tag{3-5}$$

式中，$n_{\mathrm{eff}}(\omega)$ 表示模式的有效折射率；$A_{\mathrm{eff}}(\omega)$ 称为有效模场面积，定义为

$$A_{\mathrm{eff}}=\frac{\left[\iint_{-\infty}^{+\infty}\left|F(x,y)\right|^2\mathrm{d}x\mathrm{d}y\right]^2}{\iint_{-\infty}^{+\infty}\left|F(x,y)\right|^4\mathrm{d}x\mathrm{d}y} \tag{3-6}$$

式(3-5)中右边第一项是主要的，当频谱展宽在 20 THz 以内时，可以近似取第一项；当频谱展宽超过 100THz 时，第二项和第三项变得重要，第二项与第三项相比相对较小，可以忽略。同时也忽略非线性折射率 n_2 随频率变化所引起的附加非线性色散。

(5) 二阶极化率 $\chi^{(2)}$ 对应于二次谐波产生以及和频等非线性效应[9]，在分子结构呈非反演对称的介质中才不为零。以石英玻璃光纤为例，由于石英玻璃 SiO_2 是对称分子，所以 $\chi^{(2)}=0$，则石英光纤通常不表现出二阶非线性效应。在推导式(3-1)

时忽略 $\chi^{(2)}$，只考虑到三阶极化率 $\chi^{(3)}$。光纤中最低阶非线性效应起源于 $\chi^{(3)}$，SPM、XPM 和 FWM 等非线性效应起源于 $\mathrm{Re}(\chi^{(3)})$，而 SBS 和 SRS 起源于 $\mathrm{Im}(\chi^{(3)})$。

(6) α 表示损耗，单位为 m^{-1}；γ 表示非线性系数，定义为

$$\gamma = \frac{n_2\omega}{cA_{\text{eff}}} \tag{3-7}$$

在式(3-1)中引入了以群速度 v_{g} 随脉冲向前移动的参考系，即

$$T = t - z / v_{\mathrm{g}} \equiv t - \beta_1 z \tag{3-8}$$

所以在式(3-1)中不出现 β_1。

2. 时域 GNLSE 数值解法

1) 分步傅里叶法

式(3-1)所表示的 GNLSE 是非线性偏微分方程，一般情况下没有解析解。当忽略高阶色散、自陡和延迟拉曼散射时，方程有解析解，如孤子解。由于上述高阶色散和非线性效应在超连续谱产生中起着极其重要的作用，所以必须将其考虑在内，这就需要对式(3-1)进行数值求解。目前广泛采用的求解方法是分步傅里叶法(SSFM)[10-12]。

GNLSE 可以改写成如下形式：

$$\frac{\partial A}{\partial z} = (\hat{D} + \hat{N})A \tag{3-9}$$

式中，$\hat{D}$ 表示色散算符；$\hat{N}$ 表示非线性算符，这两个算符的具体表达式分别为

$$\hat{D} = \sum_{k\geqslant 2} \frac{i^{k+1}}{k!}\beta_k \frac{\partial^k}{\partial T^k} - \frac{\alpha}{2} \tag{3-10}$$

$$\hat{N} = \mathrm{i}\frac{\gamma}{A(z,T)}\left(1 + \tau_{\text{shock}}\frac{\partial}{\partial T}\right)\left[A(z,T)\int_{-\infty}^{+\infty} R(T')\left|A(z,T-T')\right|^2 \mathrm{d}T'\right] \tag{3-11}$$

由卷积定理，非线性算符可改写为

$$\hat{N} = \mathrm{i}\frac{\gamma}{A(z,T)}\left(1 + \tau_{\text{shock}}\frac{\partial}{\partial T}\right)\left(A(z,T)F^{-1}\left\{\tilde{R}(\omega)F\left[\left|A(z,T)\right|^2\right]\right\}\right) \tag{3-12}$$

式中，F 表示傅里叶变换；F^{-1} 表示傅里叶逆变换；$\tilde{R}(\omega) = F\left[R(T)\right]$。

光场在光纤中传输时，色散和非线性效应是同时作用的。分步傅里叶法的思想是：对于足够短的传输距离 h，色散和非线性效应分别作用，从而得到近似结

果。即从 z 传输到 $z+h$ 是分两步进行的，第一步只有非线性效应作用，第二步只有色散作用。在数学上可表示为

$$A(z+h,T) \approx \exp(h\hat{D})\exp(h\hat{N})A(z,T) \tag{3-13}$$

当只考虑色散算符时，由于 $\hat{D}$ 与 z 无关，在傅里叶域中按下式计算：

$$\exp(h\hat{D})A(z,T) = F^{-1}\left\{\exp\left[h\hat{D}(-\mathrm{i}\omega)\right]F\left[A(z,T)\right]\right\} \tag{3-14}$$

式中，$\hat{D}(-\mathrm{i}\omega)$ 是由式(3-10)将 $\partial/\partial T$ 用 $-\mathrm{i}\omega$ 代替得到；ω 为傅里叶域中的频率。

当只考虑非线性算符时，由于 $\hat{N}$ 与 z 有关，严格来说，在计算 $\hat{N}$ 时需要将 $\hat{N}$ 在步长 h 范围内对 z 进行积分。但当 h 足够小时，可以用 $\hat{N}h$ 来近似表示积分。所以非线性步可以按下式计算：

$$\exp\left[\int_z^{z+h}\hat{N}(z')\mathrm{d}z'\right]A(z,T) \approx \exp(h\hat{N})A(z,T) \tag{3-15}$$

按照上述方法计算，有两处会出现误差，使得计算精度不够高。第一处是忽略了算符 $\hat{D}$ 和 $\hat{N}$ 的非对易性，引起的主要误差项为 $\frac{1}{2}h^2\left(\hat{D}\hat{N}-\hat{N}\hat{D}\right)$，为 h 的二次项[13]。第二处就是用 $\hat{N}h$ 近似表示积分。

为了提高计算精度，可以采用对称 SSFM[14]：对于足够短的传输距离 h，在 $h/2$ 的距离内，只考虑色散的作用，得到 $A(z+h/2,T)$。然后利用 $A(z+h/2,T)$ 求非线性算符 $\hat{N}$，再考虑 z～$z+h$ 范围内非线性作用。最后考虑剩下 $h/2$ 段的色散作用。上述过程完成了从 z 到 $z+h$ 的传输(图 3-1)。经过长为 L 的光纤传输，整个过程可以用数学公式表示为

$$A(L,T) \approx \exp\left(-\frac{h}{2}\hat{D}\right)\left[\prod_{m=1}^{M}\exp(h\hat{D})\exp(h\hat{N})\right]\exp\left(\frac{h}{2}\hat{D}\right)A(0,T) \tag{3-16}$$

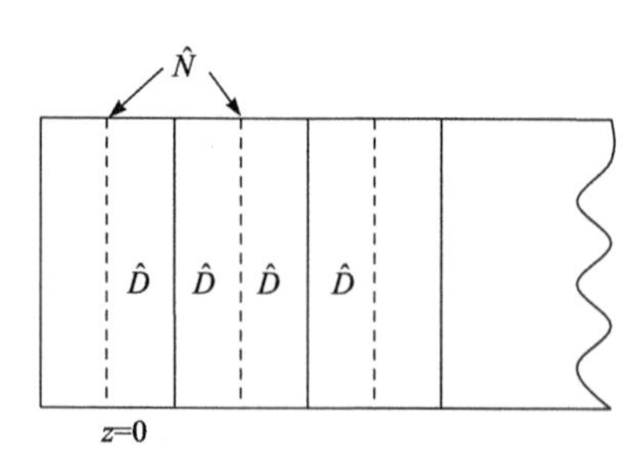

图 3-1　对称分步傅里叶法示意图

式中，$M=L/h$，这里步长 h 不必为等间距的。由式(3-16)可知，除第一步和最后一步的色散处理在 $h/2$ 的步长上进行外，所有中间步都是在步长 h 上进行。所以采用对称 SSFM 时，计算量也几乎不会增加，可以将误差由 h 的二次项降低到 h 的三次项[7, 14]，如果采用梯形法则来计算式(3-15)左边的积分[15]，可以进一步提高计算的精度。

2) 相互作用表象中的四阶龙格–库塔法

虽然 SSFM 已广泛应用于研究光纤中的各种非线性效应，但是该方法在求解非线性作用部分时，式(3-12)中存在因子$1/A(z,T)$，这需要在计算中处理除数为零的点。但是将 GNLSE 转换成相互作用表象(interaction picture)便不存在这个问题，转换后可以采用四阶龙格–库塔法来求解 GNLSE[1]，这种方法称为相互作用表象中的四阶龙格–库塔法(RK4IP)，最初是用于研究玻色–爱因斯坦凝聚。

将入射场包络转换到相互作用表象表示

$$A_{\mathrm{I}}(z,t)=\exp\left[-(z-z')\hat{D}\right]A(z,T) \tag{3-17}$$

将式(3-17)代入式(3-9)，可得

$$\frac{\partial A_{\mathrm{I}}(z,T)}{\partial z}=\exp\left[-(z-z')\hat{D}\right]\hat{N}\exp\left[(z-z')\hat{D}\right]A_{\mathrm{I}}(z,T) \tag{3-18}$$

该方程可以通过四阶龙格–库塔法求解，而且通过选择$z'=z+h/2$可以将所需的快速傅里叶变换(FFT)数减少一半。当场包络通过空间步长h从z传输到$z+h$时，场包络可以通过下述表达式进行计算：

$$A_{\mathrm{I}}(z,T)=\exp\left(\frac{h}{2}\hat{D}\right)A(z,T) \tag{3-19}$$

$$k_1=\exp\left(\frac{h}{2}\hat{D}\right)\left\{h\hat{N}\left[A(z,T)\right]\right\}A(z,T) \tag{3-20}$$

$$k_2=h\hat{N}\left[A_I(z,T)+k_1/2\right]\left[A_{\mathrm{I}}(z,T)+k_1/2\right] \tag{3-21}$$

$$k_3=h\hat{N}\left[A_I(z,T)+k_2/2\right]\left[A_{\mathrm{I}}(z,T)+k_2/2\right] \tag{3-22}$$

$$k_4=h\hat{N}\left[\exp\left(\frac{h}{2}\hat{D}\right)A_{\mathrm{I}}(z,T)+k_3\right]\left[\exp\left(\frac{h}{2}\hat{D}\right)A_{\mathrm{I}}(z,T)+k_3\right] \tag{3-23}$$

$$A(z+h,T)=\exp\left(\frac{h}{2}\hat{D}\right)\left[A_{\mathrm{I}}(z,T)+k_1/6+k_2/3+k_3/3\right]+k_4/6 \tag{3-24}$$

RK4IP 具有五阶的局部误差$O(h^5)$和四阶的全局精度$O(h^4)$。

3. 自适应步长

由上述讨论可知，数值求解 GNLSE 的精度与步长h有关，步长h的选取如果过大，将导致精度不够高；如果过小，会使得计算量增加。所以在具体实施时需要选择合适的空间步长h和时间步长$\mathrm{d}T$，以保证计算精度和效率[16]。这里主要讨论自适应空间步长的选取。

对于给定的精度要求，根据每步计算结果选取合适的步长，将大大提高计算效率。如果色散和非线性效应可以忽略，步长可以增大；如果色散和非线性效应不可忽略，步长必须减小。高峰值功率的脉冲光入射时，要求较小的步长，但是随着在光纤中进一步传输，受到色散等因素的影响，其峰值功率可能会降低，步长可以适当增加。当准连续光或长脉冲光入射时，初始峰值功率较低，可选择较大的步长，但进一步传输时，受 MI 的影响，会演化成高峰值功率的光孤子，步长需要适当减小。所以在实际计算时，需要在传输过程中不断地改变空间步长。

1) 局部误差法

步长的选取需要有一个标准，在常微分方程求解中常使用局部误差来选择步长[17]。事实上，因为无法获得真实解，所以不能得到真实的局部误差，这里介绍的自适应法就是通过估算局部误差来选取合适的步长。对于位于 z 处的脉冲 $A(z,T)$，考虑传输到 $z+2h$，执行一次对称 SSFM，获得粗略解 $A_{\mathrm{c}}(z+2h,T)$；考虑相同的空间传输，以步长 h 执行两次对称 SSFM，获得精确解 $A_{\mathrm{f}}(z+2h,T)$。局部误差可以按下式估算[16, 18]：

$$\delta=\frac{\left\|A_{\mathrm{f}}-A_{\mathrm{c}}\right\|}{\left\|A_{\mathrm{f}}\right\|} \tag{3-25}$$

式中，范数 $\|A\|$ 定义为 $\|A(z,T)\|=\left(\int\left|A(z,T)\right|^{2}\mathrm{d}T\right)^{1/2}$。

每计算一个 $2h$ 步长，估算一个局部误差 δ，对于一个给定的误差 δ_{G}，当 $\delta>2\delta_{\mathrm{G}}$ 时，步长选择无效，需要将步长减半再重新进行计算；当 $\delta_{\mathrm{G}}<\delta\leqslant 2\delta_{\mathrm{G}}$ 时，求解有效，但是下一步的步长需要除以因子 $2^{1/3}$；当 $\delta<0.5\delta_{\mathrm{G}}$ 时，求解有效，但是下一步的步长需要乘以因子 $2^{1/3}$；当 $0.5\delta_{\mathrm{G}}\leqslant\delta\leqslant\delta_{\mathrm{G}}$ 时，求解有效，且步长选择有效。如果求解有效，则通常选取粗略解和精确解的一个合适的线性组合作为有效解[16]：

$$A(z+2h,T)=\frac{4}{3}A_{\mathrm{f}}(z+2h,T)-\frac{1}{3}A_{\mathrm{c}}(z+2h,T) \tag{3-26}$$

这样选取可以使误差项变为 $O(h^{4})$，而固定步长对称 SSFM 的误差项为 $O(h^{3})$。采用固定步长，传输 $2h$ 的距离，需要执行两次对称 SSFM；而采用自适应步长，传输 $2h$ 的距离，至少需要执行三次对称 SSFM。看似计算量增加了，但是固定步长法很难选取合适的步长 h，而自适应步长法可使步长的选取误差更小。

2) 守恒量误差法

由局部误差法可知，由于没有真实解作为参考，所以在每一个 $2h$ 步内做两次步长为 h 的 SSFM，将其结果作为精确解。然后做一次步长为 $2h$ 的 SSFM，将其结果作为粗略解，再计算相对误差，并作为步长选择的参考，所以局部误差法需要更多次的 FFT。然而在 GNLSE 所表述的情况下，可以采用光子数守恒来作为误

差的衡量[18]。在忽略损耗的情况下，GNLSE 所表述的光场在传输过程中应维持光子数 P 不变[18]，即

$$\frac{\partial P}{\partial z}=0 \tag{3-27}$$

式中，光子数 P 定义为

$$P=\int n_{\text{eff}}(\omega)A_{\text{eff}}(\omega)\frac{\left|\tilde{A}(z,\omega)\right|^2}{\omega}\mathrm{d}\omega \tag{3-28}$$

式中，$\tilde{A}(z,\omega)$ 为 $A(z,T)$ 的傅里叶变换。则相对光子数误差定义为

$$\delta=\frac{\left|P_{\text{calc}}(z+h)-P_{\text{true}}(z+h)\right|}{P_{\text{ture}}(z+h)} \tag{3-29}$$

式中，$P_{\text{calc}}(z+h)$ 为计算的光子数；$P_{\text{true}}(z+h)$ 为真实的光子数。由于光子数守恒，所以真实光子数等于入射光子数，即

$$P_{\text{true}}(z+h)=P(z) \tag{3-30}$$

与局部误差法类似，可以根据光子数误差 δ 来选定步长 h。对于一个给定的误差 δ_{G}，当 $\delta>2\delta_{\text{G}}$ 时，将解舍弃，步长减半后重新进行计算；当 $\delta_{\text{G}}<\delta\leqslant 2\delta_{\text{G}}$ 时，求解有效，但是下一步的步长需要除以因子 $2^{1/5}$；当 $\delta<0.5\delta_{\text{G}}$ 时，求解有效，但是下一步的步长需要乘以因子 $2^{1/5}$；当 $0.5\delta_{\text{G}}\leqslant\delta\leqslant\delta_{\text{G}}$ 时，求解有效，且步长保持不变。

当考虑损耗时，损耗会导致光子数减少，光子数的变化可以表示为

$$\frac{\partial P}{\partial z}=-\int\alpha(\omega)n_{\text{eff}}(\omega)A_{\text{eff}}(\omega)\frac{\left|\tilde{A}(z,\omega)\right|^2}{\omega}\mathrm{d}\omega \tag{3-31}$$

根据光子数守恒，式(3-29)中的 $P_{\text{true}}(z+h)$ 可修正为[18]

$$P_{\text{true}}(z+h)=P(z)+\frac{\partial P}{\partial z}h \tag{3-32}$$

3.1.2　频域 GNLSE 及噪声模型

虽然时域 GNLSE 被广泛应用于研究光纤中的非线性现象，但是在模拟光纤中超连续谱产生时，主要是讨论入射光在频域的极大展宽，频域 GNLSE 更能直观地表示与频率有关的物理量，如色散、损耗以及有效模场面积等。特别重要的是，当光纤色散、损耗以及非线性效应与频率密切相关时，频域 GNLSE 能更方便地引入这些与频率有关的物理量。

1. 频域 GNLSE

很多文献推导[3, 4, 19]了描述光纤中脉冲演化的频域 GNLSE，具体形式如下：

$$\frac{\partial \tilde{A}'}{\partial z} = \mathrm{i}\bar{\gamma}(\omega)\exp\left[-\hat{L}(\omega)z\right]F\left[\bar{A}(z,T)\int_{-\infty}^{+\infty} R(T')\left|\bar{A}(z,T-T')\right|^2 \mathrm{d}T'\right] \tag{3-33}$$

式中，$\bar{A}(z,T)$ 与输入场包络的关系为

$$\bar{A}(z,T) = F^{-1}\left\{\frac{\tilde{A}(z,\omega)}{A_{\mathrm{eff}}^{1/4}(\omega)}\right\} \tag{3-34}$$

$\bar{\gamma}(\omega)$ 定义为

$$\bar{\gamma}(\omega) = \frac{n_2 n_{\mathrm{eff}}(\omega_0)\omega}{c n_{\mathrm{eff}}(\omega) A_{\mathrm{eff}}^{1/4}(\omega)} \tag{3-35}$$

需要注意的是，$\bar{\gamma}(\omega)$ 与非线性系数 $\gamma(\omega)$ 量纲并不相同。线性算符 $\hat{L}(\omega)$ 的具体表达式为

$$\hat{L}(\omega) = \mathrm{i}\left[\beta(\omega) - \beta(\omega_0) - \beta_1(\omega_0)(\omega - \omega_0)\right] - \frac{\alpha(\omega)}{2} \tag{3-36}$$

$\tilde{A}'(z,\omega)$ 与输入场包络的关系为

$$\tilde{A}'(z,\omega) = \tilde{A}(z,\omega)\exp\left[-\hat{L}(\omega)z\right] \tag{3-37}$$

将式(3-37)代入式(3-33)并应用卷积定理，该方程可化为

$$\begin{aligned}\frac{\partial \tilde{A}'}{\partial z} &= \mathrm{i}\bar{\gamma}(\omega)\exp\left[-\hat{L}(\omega)z\right] \\ &\times F\left(\bar{A}(z,T)\left\{(1-f_{\mathrm{R}})\left|\bar{A}(z,T)\right|^2 + f_{\mathrm{R}}F^{-1}\left[\tilde{h}_{\mathrm{R}}F\left(\left|\bar{A}(z,T)\right|^2\right)\right]\right\}\right)\end{aligned} \tag{3-38}$$

式中，$\tilde{h}_{\mathrm{R}} = F\left[h_{\mathrm{R}}(t)\right]$。式(3-38)所表示的 GNLSE 是一个初值问题的常微分方程，不涉及边值问题，所以求解相对容易。该方程可以通过数值积分直接求解，无须采用 SSFM 在时域和频域交替求解线性部分和非线性部分。需要说明的是，初始值需要通过一系列变换得到。当通过式(3-38)求得 $\tilde{A}'(z,\omega)$ 后，需要利用式(3-37)变换回 $\tilde{A}(z,\omega)$。

定义新的变量 $C(z,T)$ 满足

$$F\left[C(z,T)\right] = \tilde{C}(z,\omega) = \left[\frac{A_{\mathrm{eff}}(\omega)}{A_{\mathrm{eff}}(\omega_0)}\right]^{-1/4}\tilde{A}(z,\omega) \tag{3-39}$$

将式(3-39)代入式(3-34)，可以得到

$$\bar{A}(z,T) = C(z,T)A_{\text{eff}}(\omega_0)^{-1/4} \tag{3-40}$$

将式(3-40)和式(3-37)代入式(3-38)，则方程可化为

$$\frac{\partial \tilde{C}}{\partial z} = \hat{L}(\omega)\tilde{C} + \mathrm{i}\gamma(\omega)\frac{\omega}{\omega_0}F\left\{(1-f_{\mathrm{R}})C|C|^2 + f_{\mathrm{R}}CF^{-1}\left[\tilde{h}_{\mathrm{R}}F\left(|C|^2\right)\right]\right\} \tag{3-41}$$

式中，$\gamma(\omega)$ 的表达式为

$$\gamma(\omega) = \frac{n_2\omega_0 n_{\text{eff}}(\omega_0)}{cn_{\text{eff}}(\omega)\sqrt{A_{\text{eff}}(\omega)A_{\text{eff}}(\omega_0)}} \tag{3-42}$$

如果进一步引入变量 $\tilde{C}_{\mathrm{I}}(z,\omega)$ 满足

$$\tilde{C}_{\mathrm{I}}(z,\omega) = \exp\left(-\hat{L}(\omega)z\right)\tilde{C}(z,\omega) \tag{3-43}$$

则式(3-41)可进一步化为

$$\frac{\partial \tilde{C}_{\mathrm{I}}}{\partial z} = \mathrm{i}\gamma(\omega)\frac{\omega}{\omega_0}\exp\left[-\hat{L}(\omega)z\right]F\left\{(1-f_{\mathrm{R}})C|C|^2 + f_{\mathrm{R}}CF^{-1}\left[\tilde{h}_{\mathrm{R}}F\left(|C|^2\right)\right]\right\} \tag{3-44}$$

式(3-41)和式(3-44)均可以采用 3.1.1 节中介绍的 RK4IP 在频域中直接进行求解。在求解时域 GNLSE 式(3-1)时，如果考虑到非线性色散，需要求解式(3-5)中的导数，这容易引入数值误差，而频域 GNLSE 式(3-38)、式(3-41)和式(3-44)能够很方便地将与频率有关的色散、损耗、有效模场面积以及非线性系数引入数值模拟中，而无须在有限的采样点上求数值导数。另外，在用时域 GNLSE 式(3-1)处理非线性传输时，需要在时域上求数值导数，这也容易引入数值误差，而频域 GNLSE 是在频域中处理非线性传输步，无须进行数值求导，这也是频域 GNLSE 的另一个优点。

2. 噪声模型

1) 单模式单光子模型

在超连续谱模拟中，使用最多的噪声模型就是单模式单光子(OPPM)模型。早在 1972 年，Smith 在研究 SRS 时就提出了该模型[20]。SRS 是从整个光纤长度上的自发拉曼散射建立起来的，这等价于在光纤输入端的每个模式中注入一个假想光子。目前，该模型被广泛用作超连续谱产生中的噪声模型。

OPPM 模型就是在每个频率成分上有一个随机相位的光子，那么该入射场的功率为

$$P_{\text{noise}} = \int_{\nu_{\min}}^{\nu_{\max}} h\nu \mathrm{d}\nu \tag{3-45}$$

式中，h 表示普朗克常量；ν 表示频率。

由功率谱密度的定义，P_{noise} 与功率谱密度 $S_{\text{noise}}(\nu)$ 的关系可表示为

$$P_{\text{noise}} = \int_{\nu_{\min}}^{\nu_{\max}} S_{\text{noise}}(\nu)\mathrm{d}\nu \tag{3-46}$$

所以 $S_{\text{noise}}(\nu) = h\nu$。由于功率谱密度 $S(\omega)$ 被定义为[21]

$$S(\omega) = \lim_{T\to\infty}\frac{1}{T}\left|\int_{-T/2}^{T/2} A(t)\exp[\mathrm{i}(\omega-\omega_0)t]\mathrm{d}t\right|^2 \tag{3-47}$$

傅里叶变换将 T 限制在时间窗口 $T_{\max}$ 范围内，则

$$S(\omega) = \frac{1}{T_{\max}}\left|\tilde{A}(\omega)\right|^2 \tag{3-48}$$

式中，$\tilde{A}(\omega)$ 是 $A(t)$ 的傅里叶变换。由此可得

$$\left|\tilde{A}_{\text{noise}}(\nu)\right|^2 = T_{\max}h\nu \tag{3-49}$$

由该模型的物理意义，可得到输入场噪声在频域的表达式

$$\tilde{A}_{\text{noise}}(\nu) = \sqrt{T_{\max}h\nu}\exp[\mathrm{i}\phi(\nu)] \tag{3-50}$$

式中，$\phi(\nu)$ 表示随机相位。通过傅里叶逆变换，便可得到时域中的输入噪声场 $A_{\text{noise}}(T)$。

2) 输入噪声模型

虽然在超连续谱产生的数值模拟中广泛使用 OPPM 模型，并获得了成功，但是该模型只是一个表象模型，无法表示实际光谱。输入噪声模型不仅能很好地表示入射光谱，还能包含激光器线宽参数，用于研究泵浦激光线宽对光谱展宽的影响[22]。因此在宽线宽激光器泵浦时，模拟结果更为准确，与实验结果符合得更好，特别适合研究非线性光谱展宽的统计性质。

输入噪声模型可以由包含泵浦激光线宽参数的相位扩散模型得到[23-25]，然而相位扩散模型假设的洛伦兹光谱只有在有限带宽范围内才能合理地近似表示典型的激光光谱，而高斯光谱能更好地近似典型激光光谱，所以我们需要在处理过程中人为地将洛伦兹光谱变换为高斯光谱。

相位扩散模型中的输入场包络为[24, 25]

$$A(0,T) = \sqrt{P(T)}\exp[\mathrm{i}\delta\phi(T)] \tag{3-51}$$

式中，$\delta\phi$ 是系综平均为零的微小的扰动，即 $\langle\delta\phi\rangle = 0$；$P(T)$ 为准连续光或连续光功率。由于随机相位扰动可以看作来自于连续光频率 ν_0 的随机扰动 ν_{R}，所以瞬时频率为[21]

$$\nu_{\mathrm{i}}=\nu_0+\frac{1}{2\pi}\frac{\mathrm{d}(\delta\phi)}{\mathrm{d}t}=\nu_0+\nu_{\mathrm{R}} \tag{3-52}$$

相位随机扰动 $\delta\phi(T)$ 的表达式为

$$\delta\phi(T)=2\pi\int_{-\infty}^{t}\nu_{\mathrm{R}}(\xi)\mathrm{d}\xi \tag{3-53}$$

式中，$\nu_{\mathrm{R}}(T)$ 为均值等于零的高斯白噪声，方差为 $\delta_{\nu_{\mathrm{R}}}^2$，该方差与入射场光谱的半峰全宽(FWHM) $\Delta\nu_{\mathrm{FWHM}}$ 有关：

$$\delta_{\nu_{\mathrm{R}}}^2=\frac{\Delta\nu_{\mathrm{FWHM}}B}{2\pi} \tag{3-54}$$

其中，B 是数值计算时所取的频率窗口宽度。由此便可得到具有洛伦兹功率谱的入射场包络 $A_{\mathrm{L}}(T)$，功率谱 $\left|\tilde{A}_{\mathrm{L}}(\omega)\right|^2$ 为

$$\left|\tilde{A}_{\mathrm{L}}(\omega)\right|^2=P_{\mathrm{av}}\frac{\Delta\nu_{\mathrm{FWHM}}}{2\pi}\frac{1}{(\nu-\nu_0)^2+(\Delta\nu_{\mathrm{FWHM}}/2)^2} \tag{3-55}$$

式中，ν_0 为光谱的中心频率；P_{av} 为准连续光或连续光的平均功率；$\tilde{A}_{\mathrm{L}}(\omega)$ 被归一化为 $\int_0^{\infty}\left|\tilde{A}_{\mathrm{L}}(\omega)\right|^2\mathrm{d}\omega=P_{\mathrm{av}}$。然后将洛伦兹功率谱变换为具有相同平均功率的高斯功率谱

$$\left|\tilde{A}_{\mathrm{G}}(\omega)\right|^2=P_{\mathrm{av}}\frac{1}{\Delta\nu\sqrt{\pi}}\exp\left[-\frac{(\nu-\nu_0)^2}{\Delta\nu^2}\right] \tag{3-56}$$

其中，$\Delta\nu=\Delta\nu_{\mathrm{FWHM}}/(2\sqrt{\ln 2})$。

当泵浦光线宽较窄时，OPPM 模型能很好地符合实验结果，因为其假设的是无限窄的线宽。当泵浦光线宽较宽时，需要将线宽包含在输入噪声模型中。实际上，输入噪声模型加上 OPPM 模型所表示的背景噪声，能更好地符合实验结果。

3.1.3　带增益的 GNLSE

对于光纤放大器而言，光场在增益光纤内部传输不仅受色散和非线性效应的影响，还有一个重要的影响量就是增益。早期文献研究表明增益的引入不仅能够对位于增益谱内的光信号提供放大，而且能够降低如调制不稳定效应[26]、SRS 效应[27]等非线性效应的发生阈值。目前许多文献都给出了带增益的 GNLSE[28-30]，由于分析目标物理量的不同，这些方程略微有些差异。在前人研究的基础上，这里给出适用于描述光纤放大器中超连续谱产生的带增益 GNLSE，并以掺铥光纤放大器(TDFA)为例，讨论光纤放大器的增益建立过程。

1. 方程形式

相对于金兹堡-朗道方程而言，带增益的 GNLSE 忽略了增益对光纤线性色散的影响，从而具有更加简单的表达形式[31]。式(3-57)给出了其时域表达形式

$$\begin{aligned}&\frac{\partial A(z,T)}{\partial z}+\frac{\alpha_{\text{int}}}{2}A(z,T)-\sum_{k\geqslant 2}\frac{i^{k+1}}{k!}\beta_k\frac{\partial^k A(z,T)}{\partial T^k}-\frac{1}{2}(1-\mathrm{i}\alpha)gA(z,T)\\&=\mathrm{i}\gamma\left(1+\tau_{\text{shock}}\frac{\partial}{\partial T}\right)\left[A(z,T)\int_{-\infty}^{+\infty}R(T')\left|A(z,T-T')\right|^2\mathrm{d}T'\right]\end{aligned}\tag{3-57}$$

从物理意义上来讲，光纤放大器中增益 g 是频率的函数。但在光纤放大器对脉冲的放大过程中，还需要考虑时间上的增益饱和效应。通常光纤放大器中增益系数满足动力学方程[32]

$$\frac{\partial g_{\mathrm{p}}}{\partial t}=\frac{g_0-g_{\mathrm{p}}}{\tau_{\mathrm{c}}}-\frac{g_{\mathrm{p}}\left|A\right|^2}{E_{\text{sat}}}\tag{3-58}$$

这里，g_0 是小信号增益系数；τ_{c} 是载流子寿命；$E_{\text{sat}}=\eta\omega_0\sigma/a$ 表示饱和能量值；通过进一步推导可以得到信号脉冲包络对应的增益系数为

$$g_{\mathrm{p}}(t)=g_0\exp\left\{-\int_{-\infty}^{t}\left[\left|A(z,t)\right|^2/E_{\text{sat}}\right]\mathrm{d}t\right\}\tag{3-59}$$

将式(3-59)所述的考虑增益饱和效应的增益系数代入式(3-57)中，可以得到带增益 GNLSE 的时域形式，它同时考虑了光纤色散、光纤增益和有关光学非线性效应。将其傅里叶变换到频域，便可以得到如下带增益的 GNLSE 的频域形式：

$$\begin{aligned}&\frac{\partial\tilde{A}}{\partial z}+\frac{\alpha_{\text{int}}(\omega)}{2}\tilde{A}-\mathrm{i}[\beta(\omega)-\beta(\omega_0)-\beta_1(\omega_0)(\omega-\omega_0)]\tilde{A}\\&-\frac{1}{2}(1-\mathrm{i}\alpha)g(\omega)\tilde{A}\exp\left\{-\int_{-\infty}^{t}\left[\left|A(z,t)\right|^2/E_{\text{sat}}\right]\mathrm{d}t\right\}\\&=\mathrm{i}\gamma(\omega)F\left(A\int_{-\infty}^{+\infty}R(T')\left|A(z,T-T')\right|^2\mathrm{d}T'\right)\end{aligned}\tag{3-60}$$

其中，等式右边的非线性项可以写成频率函数

$$\begin{aligned}N&=\mathrm{i}\gamma(\omega)F\left[A\int_{-\infty}^{+\infty}R(T')\left|A(z,T-T')\right|^2\mathrm{d}T'\right]\\&=\mathrm{i}\gamma(\omega)F\left(AF^{-1}\left\{R(\omega)F\left[\left|A(z,T)\right|^2\right]\right\}\right)\end{aligned}\tag{3-61}$$

在数值仿真时，实际上只有位于光纤放大器增益带以内的部分光频率会对光纤放大器的增益带来饱和作用，因而需要在脉冲能量积分式里面引入一个选择函数 $H(\omega)$，当 ω 位于光纤的增益带宽内时 $H(\omega)$值为 1，否则为 0。因此可以得到

$$G=\frac{1}{2}(1-\mathrm{i}\alpha)\mathrm{g}(\omega)\tilde{A}\exp\left[-\int_{-\infty}^{t}\left(\left|A(z,t)\right|^{2}/E_{\mathrm{sat}}\right)\mathrm{d}t\right]$$
$$=\frac{1}{2}(1-\mathrm{i}\alpha)\mathrm{g}(\omega)\tilde{A}\exp\left[-\int_{-\infty}^{t}\left(\left|F^{-1}\left[\tilde{A}(z,\omega)H(\omega)\right]\right|^{2}/E_{\mathrm{sat}}\right)\mathrm{d}t\right] \tag{3-62}$$

同样可以采用 3.1.2 节中的方法求解带增益的 GNLSE，通过适当的变换将其转换为常微分方程组。下面给出具体变换过程。在引入式(3-10)中的色散算符后，通过变换，式(3-60)可以写为

$$\frac{\partial\tilde{A}}{\partial z}-L(\omega)\tilde{A}=G+N \tag{3-63}$$

定义新的函数 $\tilde{A}'=\tilde{A}\exp\left[L(\omega)z\right]$，则式(3.63)可以改写为

$$\frac{\partial\tilde{A}'}{\partial z}=\exp\left[-L(\omega)z\right](G+N) \tag{3-64}$$

也就是

$$\frac{\partial\tilde{A}'}{\partial z}=\exp\left[-L(\omega)z\right]\left[\frac{1}{2}(1-\mathrm{i}\alpha)g(\omega)\tilde{A}\exp\left(-\int_{-\infty}^{t}\left\{\left|F^{-1}\left[\tilde{A}(z,\omega)H(\omega)\right]\right|^{2}/E_{\mathrm{sat}}\right\}\mathrm{d}t\right)\right.$$
$$\left.+\mathrm{i}\gamma(\omega)F\left(AF^{-1}\left\{R(\omega)F\left[\left|A(z,T)\right|^{2}\right]\right\}\right)\right] \tag{3-65}$$

可以看出，当光纤增益为 0 的时候，式(3-65)即等效为前面推导的无源光纤中的频域 GNLSE(见式(3-33))。式(3-65)仍然具有标准的一阶偏微分方程，因此同样可以利用数学软件 MATLAB 提供的常微分方程数值求解器 ODE 45 进行求解[4]。

2. 光纤放大器的增益建立过程

光纤放大器以稀土离子为发光媒介，利用离子能级间建立的反转粒子数和受激辐射等过程，可以实现从泵浦激光到信号激光的能量转换，从而成量级地提高激光的亮度。

图 3-2 给出了稀土离子受激辐射跃迁过程的示意图。泵浦激光将处于基态能级的电子激发到能量更高的激发态能级，激发态能级之间发生弛豫和非辐射跃迁等过程，并在某一个相对较长寿命的激发态能级上建立起一定数量的反转粒子数。此时，入射的信号激光在受激辐射跃迁下，可以消耗反转粒子数，并实现信号激光的受激放大过程。

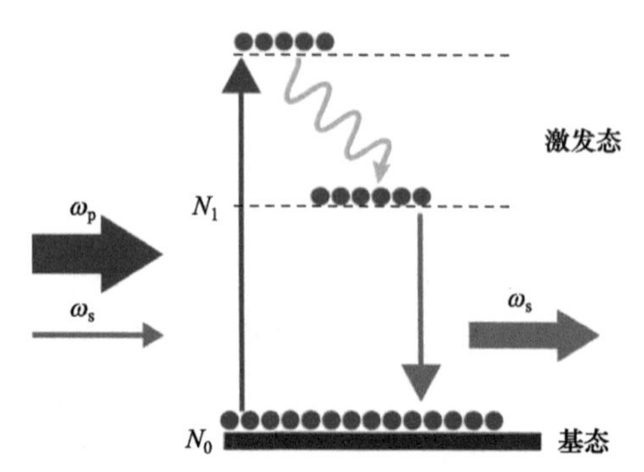

图 3-2　稀土离子受激辐射跃迁过程的示意图

增益光纤的增益谱形状不仅与掺杂粒子的吸收发射截面积有关，还与上能级反转粒子数相关。下面以掺铥光纤(TDF)为例，说明掺杂光纤中的增益建立过程。

TDF 内的小信号增益可以用如下表达式进行描述[33]：

$$g(\omega) \approx 4.34 N_0 \Gamma \{ n_{10}[\sigma_a(\omega) + \sigma_e(\omega)] - \sigma_a(\omega) \} \tag{3-66}$$

式中，N_0 为光纤的掺杂粒子浓度；Γ 为信号光模场占纤芯面积的功率填充因子；$n_{10} = N_1/N_0$ 为归一化的反转粒子数；σ_a 和 σ_e 分别代表吸收、发射截面积。

图 3-3(a)给出了 TDF 中 Tm^{3+}的典型吸收、发射截面积大小，其中波长 790 nm，1200 nm 和 1600 nm 附近分别对应 TDF 的三个典型的吸收峰。当采用这几个波段的激光进行泵浦时，均能在铥离子能级结构中实现 2 μm 的激光辐射。图 3-3(b)给出了不同归一化反转粒子数下 TDF 的小信号增益系数。可以看出，随着反转粒子数的增大，增益系数也逐渐变大，同时受激辐射的中心波长蓝移。当 n_{10} 大于 0.6 时，甚至可以对 1700 nm 以下的激光提供增益，但大反转粒子数的形成需要在强吸收条件下才能实现。而对于包层泵浦的双包层 TDF 而言，增益光纤对于泵浦激光的吸收相对弱了许多，因此建立的反转粒子数较小，对应激光辐射的中心波长则在一定程度上向长波移动。

实际上，光纤放大器中上能级反转粒子数的建立和消耗分别与泵浦注入和信号提取有关。当光纤放大器的信号光为激光脉冲时，光纤内建立的反转粒子数往往能够达到比较高的水平。主要原因是，在无信号脉冲注入时，往往只有泵浦注入和增益建立的过程，而信号脉冲注入后才出现信号激光对光纤放大器中储存能量的提取过程。信号激光重复频率较低时，往往可以获得更高的脉冲能量和峰值功率输出，并在光纤放大器中发生强烈的非线性效应。然而对于脉冲光纤放大器而言，重复频率也不能过低(普遍值为上能级寿命的倒数)，否则容易产生放大的自发辐射跃迁过程，该过程能与信号激光的受激放大过程相互竞争，消耗放大器储存的能量。

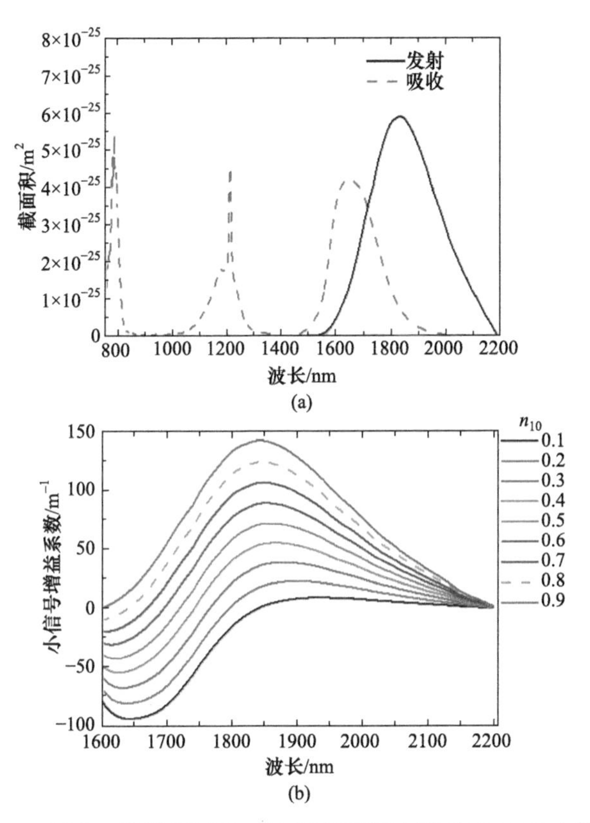

图 3-3　(a)TDF 吸收、发射截面积；(b)不同反转粒子数下 TDF 的小信号增益谱

3.2　光纤中的非线性效应

3.2.1　自相位调制和交叉相位调制

自相位调制(SPM)和交叉相位调制(XPM)起源于与光强有关的折射率[7]。

$$n = n_0 + n_2 I \tag{3-67}$$

式中，n_0 表示线性折射率；n_2 表示非线性折射率。SPM 是指光脉冲在光纤中传输时，光自身的强度对折射率调制而引起非线性相移。如果考虑光纤损耗 α，定义光纤的有效长度 L_{eff}

$$L_{\text{eff}} = [1 - \exp(-\alpha L)] / \alpha \tag{3-68}$$

式中，L 为光纤长度，则自相位调制引起的非线性相移可表示为

$$\phi_{\text{NL}} = \frac{2\pi}{\lambda} n_2 L_{\text{eff}} I \tag{3-69}$$

非线性相移导致频率偏离中心频率或形成频率啁啾，可以理解为：瞬时变化的相位意味着沿光脉冲有不同的光频率。相对于中心频率 ω_0 的频率变化 $\delta\omega$ 可表示为

$$\delta\omega(T) = -\frac{\partial \phi_{\mathrm{NL}}}{\partial T} = -n_2 k_0 L_{\mathrm{eff}} \frac{\mathrm{d}I}{\mathrm{d}T} \tag{3-70}$$

$\delta\omega$ 的时间相关性称为频率啁啾。由式(3-70)可知，SPM 导致的频率啁啾随传输不断增大，即新的频率分量不断产生，意味着 SPM 使光谱展宽。展宽效率依赖于光强在时域上的分布。频率啁啾在脉冲前沿为负，后沿为正，分别对应于光谱的红移和蓝移。

当两束或多束不同波长的光在光纤中共同传输时，折射率不仅与光束自身的光强有关，而且还与共同传输的其他光波有关，即 XPM。当两个线偏振方向的脉冲在单模光纤中传输，频率分别为 ω_1 和 ω_2 时，在准单色近似的条件下，电场可以表示为

$$\boldsymbol{E}(\boldsymbol{r},t) = \frac{1}{2}\hat{x}[E_1 \exp(-\mathrm{i}\omega_1 t) + E_2 \exp(-\mathrm{i}\omega_2 t)] + \mathrm{c.c.} \tag{3-71}$$

假设不满足相位匹配条件，可以得到一个与强度有关的非线性相移

$$\phi_j^{\mathrm{NL}} = \frac{2\pi}{\lambda_j} n_2 L_{\mathrm{eff}} (|E_j|^2 + 2|E_{3-j}|^2) \tag{3-72}$$

式中，$j=1$ 或 2。其中第一项表示 SPM，第二项为 XPM。由式(3-72)可知，对于相同的光强，XPM 的作用是 SPM 的两倍。将式(3-72)对时间求导，会出现 $\mathrm{d}I/\mathrm{d}t$ 的项。此项表明，SPM 和 XPM 对短脉冲更为有效。

上述讨论是在忽略色散的情况下进行的，实际上色散是不能忽略的。SPM 和正常群速度色散(GVD)都在脉冲前沿产生负的频率啁啾，在脉冲后沿产生正的频率啁啾，会使脉冲在时域和频域同时展宽[34]。而 SPM 和反常 GVD 共同作用，则会产生光孤子。在超连续谱产生中，XPM 相当复杂，一般情况下，共同传输的两脉冲不仅群速度不同，而且 GVD 也不同，它们将以不同的速度传输，导致两脉冲之间的走离，限制 XPM 的作用，所以群速度匹配很重要。可以定义走离长度[7]

$$L_{\mathrm{W}} = \frac{T_0}{|\beta_1(\omega_1) - \beta_1(\omega_2)|} = \frac{T_0}{|1/v_{\mathrm{g}}(\omega_1) - 1/v_{\mathrm{g}}(\omega_2)|} \tag{3-73}$$

式中，T_0 表示脉冲宽度。从物理意义上来说，它是度量由群速度失配导致的两交叠脉冲相互分开时的光纤长度。

3.2.2　四波混频和调制不稳定性

与 SPM 和 XPM 一样，四波混频(FWM)也是三阶非线性效应[7]。由于光纤中的 FWM 能有效产生新的光波，人们对它进行了广泛的研究，其主要特点可通过三阶极化项来理解：

$$\boldsymbol{P}_{\mathrm{NL}} = \varepsilon_0 \chi^{(3)} \vdots \boldsymbol{EEE} \tag{3-74}$$

假设所考虑的 4 个光场同向传输，而且沿光纤传输保持线偏振态不变，总电场 $\boldsymbol{E}$ 可表示为

$$\boldsymbol{E} = \frac{1}{2}\hat{x}\sum_{j=1}^{4} E_j \exp[\mathrm{i}(\beta_j z - \omega_j t)] + \mathrm{c.c.} \tag{3-75}$$

式中，$\beta_j = n_j\omega_j / c$ (n_j 是相应光波的模式有效折射率)，将式(3-75)代入式(3-74)，同时将 $\boldsymbol{P}_{\mathrm{NL}}$ 表示成与 $\boldsymbol{E}$ 相同的形式：

$$\boldsymbol{P}_{\mathrm{NL}} = \frac{1}{2}\hat{x}\sum_{j=1}^{4} P_j \exp[\mathrm{i}(\beta_j z - \omega_j t)] + \mathrm{c.c.} \tag{3-76}$$

可以发现，$P_j (j=1\sim 4)$ 由许多包含三个电场积的项组成。例如 P_4 可表示为

$$\begin{aligned} P_4 = \frac{3\varepsilon_0}{4}\chi^{(3)}_{xxxx}\{[&|E_4|^2 + 2(|E_1|^2 + |E_2|^2 + |E_3|^2)]E_4 \\ &+ 2E_1E_2E_3\exp(\mathrm{i}\theta_+) + 2E_1E_2E_3^*\exp(\mathrm{i}\theta_-) + \cdots\} \end{aligned} \tag{3-77}$$

式中，θ_+ 和 θ_- 定义为

$$\theta_+ = (\beta_1 + \beta_2 + \beta_3 - \beta_4)z - (\omega_1 + \omega_2 + \omega_3 - \omega_4)t \tag{3-78}$$

$$\theta_- = (\beta_1 + \beta_2 - \beta_3 - \beta_4)z - (\omega_1 + \omega_2 - \omega_3 - \omega_4)t \tag{3-79}$$

式(3-77)中，含 E_4 的项对应于 SPM 和 XPM 效应，其余项对应于 FWM。这些项中有多少项在 FWM 中起作用，取决于由 θ_+ 和 θ_- 等相位失配量所支配的 E_4 和 P_4 之间的相位失配。这就需要频率以及波矢之间的匹配，后者通常称为相位匹配。从量子力学的观点来看，一个或几个光波的光子湮灭，同时产生几个不同频率的新光子，且在这过程中，能量和动量是守恒的，这个过程就称为 FWM 过程。

在式(3-77)中，有两类 FWM 项。含 θ_+ 的项对应于三个光子将能量转移给一个光子 ω_4，当 $\omega_1 = \omega_2 = \omega_3$ 时，对应于三次谐波的产生。通常，在光纤中很难满足使这些过程高效发生的相位匹配条件。含 θ_- 的项表示最有效的 FWM 过程，对应于两个光子湮灭，同时产生两个新光子。能量守恒和相位匹配条件可以写为

$$\omega_3 + \omega_4 = \omega_1 + \omega_2 \tag{3-80}$$

$$\Delta k = \beta_3 + \beta_4 - \beta_1 - \beta_2 = (n_3\omega_3 + n_4\omega_4 - n_1\omega_1 - n_2\omega_2)/c = 0 \tag{3-81}$$

当$\omega_1 \neq \omega_2$时，需要入射两束泵浦波。当$\omega_1 = \omega_2$时，满足$\Delta k = 0$相对要容易一些，光纤中的FWM大多数属于这种部分简并FWM。在物理上，它用类似于SRS的方法来表示。频率为ω_1的强泵浦波产生两对称的边带，频率分别为ω_3和ω_4，其频移为

$$\Omega = \omega_1 - \omega_3 = \omega_4 - \omega_1 \tag{3-82}$$

假定$\omega_3 < \omega_4$，直接与SRS类比，频率为ω_3和ω_4的光分别称为斯托克斯光和反斯托克斯光。

如果包含延迟拉曼响应，通过分析可得，当频移量$\Omega \gg \Omega_R = 2\pi \times 13.2\ \text{THz}$时($\Omega_R$表示拉曼增益峰对应的频移)，FWM参量增益可表示为[35]

$$g(\Omega) = \sqrt{[\gamma P_0(1 - f_R)]^2 - (\kappa / 2)^2} \tag{3-83}$$

式中，κ表示相位失配量，表达式为

$$\kappa = 2\gamma P_0(1 - f_R) + 2\sum_{m=1}^{\infty} \frac{\beta_{2m}}{(2m)!}\Omega^{2m} \tag{3-84}$$

由式(3-83)，当相位失配量$\kappa = 0$时，增益最大，最大增益对应的频移满足条件

$$\sum_{m=1}^{\infty} \frac{\beta_{2m}}{(2m)!}\Omega^{2m} = -\gamma P_0(1 - f_R) \tag{3-85}$$

当$g(\Omega) > 0$时，部分简并FWM将能量从泵浦光转移到满足该条件的频率上。调制不稳定性(MI)最初是对光纤中的连续波稳定态引入微扰来研究的，发现扰动导致态不稳定。不稳定性的起源为：如果载波频率ω_0位于反常色散区，以频率为Ω的扰动将随传输距离而指数增长。时域上，ω_0、$\omega_0 - \Omega$和$\omega_0 + \Omega$之间的拍频将产生，这个拍以频率Ω调制连续波的强度，将连续波转换为短脉冲序列。频域上，$\omega_0 - \Omega$和$\omega_0 + \Omega$处将产生两个边带，这就是FWM的精确描绘[36-38]。对反常色散的要求是由于传统光纤中相位匹配的需要。MI 在长脉冲或连续波产生超连续谱的过程中非常重要，因为正是MI将长脉冲转换成短脉冲。

FWM和拉曼效应会相互影响[39, 40]，这里只给出了拉曼效应对FWM的影响，式(3-83)～式(3-85)基于假设条件$\Omega \gg \Omega_R$而得到。当忽略拉曼效应，即$f_R = 0$时，式(3-83)～式(3-85)对应于常见的部分简并FWM的情况，同时也不受$\Omega \gg \Omega_R$限制。

上述讨论是基于准连续光或连续光条件，对于短脉冲，要有效产生FWM，则不仅需要相位匹配条件，而且要求泵浦光、斯托克斯光和反斯托克斯光群速度匹配。

3.2.3 受激拉曼散射与孤子自频移

上面讨论的 SPM、XPM 和 FWM 属于弹性非线性效应，起源于 $\mathrm{Re}(\chi^{(3)})$，光场与介质间没有能量交换，光纤是无源的。受激拉曼散射(SRS)属于受激非弹性散射，起源于 $\mathrm{Im}(\chi^{(3)})$，光场将一部分能量转移给非线性介质，因此光纤是有源的。

在任何分子介质中，自发拉曼散射将一小部分入射光功率由一光束转移到另一频率下移的光束中[41]，频率下移量由介质的振动模式决定，此过程称为拉曼效应。用量子力学描述为：一个能量为 $\hbar\omega_p$ 的入射光子被一个分子散射成另一个能量为 $\hbar\omega_s$ 的低能量光子，称为斯托克斯光，同时分子跃迁到一个更高的振动态。当入射光很强时，高强度的激光和物质分子发生强烈的相互作用，使散射过程具有受激发射的性质，一旦斯托克斯光产生，它将作为种子，泵浦光迅速将能量不断转移到斯托克斯光，因此这一种非线性光学效应称为受激拉曼散射。SRS 表现出阈值特性，只发生在泵浦脉冲和斯托克斯脉冲的走离长度内。

在连续或准连续情况下，斯托克斯光的初始增长可描述为[7]

$$\frac{I_s}{\mathrm{d}z} = g_R I_p I_s \tag{3-86}$$

式中，I_s 是斯托克斯光强；I_p 是泵浦光强。拉曼增益系数 $g_R(\Omega)$ ($\Omega \equiv \omega_p - \omega_s$)是描述 SRS 的最重要的量。在光纤中，$g_R$ 一般与光纤纤芯的成分有关，且随掺杂的不同而变化很大，它还受泵浦光与斯托克斯光是否是同偏振或正交偏振影响。g_R 可以由 $\mathrm{Im}[\tilde{h}_R(\Omega)]$ 获得[7, 38]

$$g_R(\Omega) = \frac{\omega_0}{cn(\omega_0)} f_R \chi^{(3)}_{xxxx} \mathrm{Im}[\tilde{h}_R(\Omega)] \tag{3-87}$$

式中，$f_R = 0.18$，$\tilde{h}_R(\Omega)$ 为拉曼响应函数 $h_R(t)$ 的傅里叶变换。石英光纤中，拉曼响应函数可近似表示为[7, 42]

$$h_R(t) = \frac{\tau_1^2 + \tau_2^2}{\tau_1 \tau_2^2} \exp(-t/\tau_2) \sin(t/\tau_1) \tag{3-88}$$

式中，参数 $\tau_1 = 12.2$ fs，$\tau_2 = 32$ fs。式(3-88)是由单个洛伦兹线型近似表示实际的拉曼增益谱，无法再现频移低于 5 THz 时的特性，低估了拉曼自频移。虽然改进形式的拉曼响应函数[43]能完全再现低频移时的特性，但仍然不能完全体现实际拉曼增益谱的特性。实验测量的以及各种近似模型下的归一化拉曼增益谱如图 3-4 所示，从图中可知，多振动模式模型能很好地表示实际的拉曼增益谱[44]，拉曼响应函数为

$$h_R(t) = \sum_{i=1}^{13} \exp(-\gamma_i t) \exp(-\Gamma_i^2 t^2 / 4) \sin(\omega_{v,i} t) \theta(t) \tag{3-89}$$

式中，$\Gamma_i = \pi c \times$ 高斯 FWHM；$\gamma_i = \pi c \times$ 洛伦兹 FWHM；$\omega_{\mathrm{v},i} = 2\pi c \times$ 分量位置，各个参数值见表 3-1；$\theta(t)$ 为单位阶跃函数：

$$\theta(t) = \begin{cases} 1, & t \geqslant 0 \\ 0, & t < 0 \end{cases} \tag{3-90}$$

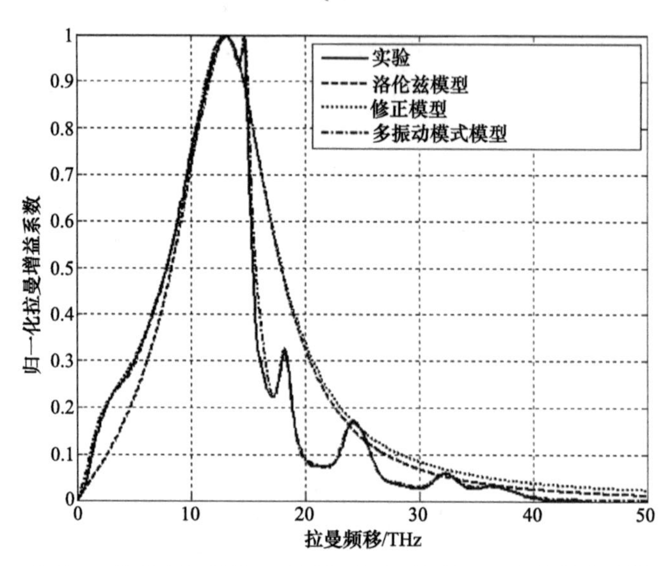

图 3-4　实验测量的以及各种近似模型下的归一化拉曼增益谱

表 3-1　中间加宽模型参数值

模式数 i	分量位置/cm^{-1}	峰值强度 A_i	高斯 FWHM/cm^{-1}	洛伦兹 FWHM/cm^{-1}
1	56.25	1.00	52.10	17.37
2	100.00	11.40	110.42	38.81
3	231.25	36.67	175.00	58.33
4	362.50	67.67	162.50	54.17
5	463.00	74.00	135.33	45.11
6	497.00	4.50	24.50	8.17
7	611.50	6.80	41.50	13.83
8	691.67	4.60	155.00	51.67
9	793.67	4.20	59.50	19.83
10	835.50	4.50	64.30	21.43
11	930.00	2.70	150.00	50.00
12	1080.00	3.10	91.00	30.33
13	1215.00	3.00	160.00	53.33

实际上，最好的方法是由测量的拉曼增益谱求得 $\mathrm{Im}[\tilde{h}_{\mathrm{R}}(\Omega)]$，然后由克拉默斯-克勒尼希(Kramers-Kronig)关系求 $\mathrm{Re}[\tilde{h}_{\mathrm{R}}(\Omega)]$[45]，最后得到精确的拉曼响应函数。在石英光纤中，拉曼增益的最显著特征是 $g_{\mathrm{R}}(\Omega)$ 的频率范围达 40 THz，并且在 13.2 THz 附近有一个较宽的峰。

对于脉冲宽度小于 0.1 ps 的孤子，有足够宽的光谱与拉曼增益谱叠加。通过拉曼效应，光谱中的高频分量作为泵浦，将能量不断地转移到低频部分，该过程称为脉冲内拉曼散射。脉冲内拉曼散射使得孤子中心频率不断红移，该过程称为孤子自频移(SSFS)。在忽略损耗的情况下，基态孤子红移速率可以表示为[7, 46-48]

$$\frac{\mathrm{d}\nu_0}{\mathrm{d}z}=\begin{cases}-\dfrac{8|\beta_2|T_{\mathrm{R}}}{2\pi 15T_0^4}, & T_0 \gg 76\ \mathrm{fs}\\[2ex] -\dfrac{0.09|\beta_2|\Omega_{\mathrm{R}}^2}{2\pi T_0}, & T_0 \approx< 76\ \mathrm{fs}\end{cases} \tag{3-91}$$

式中，T_0 是孤子脉冲宽度；T_{R} 与拉曼增益谱的斜率有关；≈< 表示约小于。需要指出的是，在这里忽略了 β_3 以上的高阶色散，三阶色散对 SSFS 速率的影响已经在 3.2.2 节被详细研究，另外，自陡效应也会影响 SSFS 速率[49]。

3.2.4　光孤子与色散波

光孤子(soliton)是一种特殊的波包，它是由色散和非线性效应相互作用而形成的，可以传输很长的距离而不变形。SPM 使脉冲前沿红移，脉冲后沿蓝移，而在正常 GVD 区，红移分量比蓝移分量传输得快，所以正常 GVD 与 SPM 相互作用，使得脉冲不断展宽；反常 GVD 区，红移分量比蓝移分量传输得慢，SPM 实际上延迟了反常 GVD 区的脉冲展宽，此时如果 SPM 和 GVD 相互平衡，脉冲在传输过程中将不改变形状。从啁啾的角度讲，SPM 引起的频率啁啾的符号与反常 GVD 引起的频率啁啾的符号相反。当这两种啁啾的贡献几乎相互抵消时，在传输过程中，脉冲的自我调节使两种影响尽可能完全抵消。这样，反常 GVD 和 SPM 共同维持了无啁啾脉冲。

从数学上来讲，只考虑 SPM 和 GVD，GNLSE 简化为非线性薛定谔方程(NLSE)，该方程具有解析解[7]

$$A(z,T)=\sqrt{P_0}\,\mathrm{sech}\left(\frac{T}{T_0}\right)\exp\left(\frac{\mathrm{i}\gamma P_0 z}{2}\right) \tag{3-92}$$

式中，峰值功率 P_0 和脉冲宽度 T_0 满足条件 $N=1$，这里 N 表示孤子阶数，定义为

$$N^2 = \frac{L_D}{L_{NL}} = \frac{\gamma P_0 T_0^2}{|\beta_2|} \tag{3-93}$$

式中，色散长度 $L_D = T_0^2 / |\beta_2|$；非线性长度 $L_{NL} = 1/(\gamma P_0)$。N 的物理意义是它决定了色散和非线性效应中哪种起主要作用。$N \ll 1$，色散起主要作用；$N \gg 1$，SPM 起主要作用；$N \sim 1$，SPM 和 GVD 在脉冲演化过程中起同等重要的作用。由式(3-92)可知，基态孤子在传输过程中形状和光谱都不变。

需要说明的是，当 N~1 时，对产生基态孤子的输入脉冲形状并没有严格要求。即使初始脉冲的形状偏离双曲正割脉冲，SPM 和 GVD 共同影响初始脉冲，也能使其演变为双曲正割脉冲。此外，当 N 值在 $0.5 < N < 1.5$ 范围内，且入射脉冲的宽度和峰值功率在满足 N 的取值范围内改变时，基态孤子都能形成。

$N \geqslant 2$ 的孤子称为高阶孤子，高阶孤子在光纤中传输时，脉冲的形状和光谱都将周期性演化，周期为[7]

$$z_0 = \frac{\pi}{2} L_D \tag{3-94}$$

高阶孤子并不稳定，在飞秒脉冲情况下，高阶色散和拉曼效应是影响高阶孤子传输的两个最重要因素，它们会扰乱高阶孤子理想的周期性演变，使高阶孤子分裂[50]。定义 $\bar{N}$ 为最接近于 N 的整数值。高阶孤子分裂成 $\bar{N}$ 个具有不同脉冲宽度和峰值功率的基态孤子，第 k 个基态孤子的脉冲宽度和峰值功率与 N 有关[7, 51, 52]：

$$T_k = \frac{T_0}{2N - 2k + 1} \tag{3-95}$$

$$P_k = \frac{(2N - 2k + 1)^2}{N^2} P_0 \tag{3-96}$$

式中，$k = 1 \sim \bar{N}$。由式(3-95)和式(3-96)可知，与原高阶孤子相比，产生的基态孤子脉冲宽度都变窄，半数基态孤子峰值功率增加。高阶孤子由入射到分裂所传输的距离称为分裂长度[53]，分裂长度可以简单表示为 $L_{fiss} = L_D / N \propto T_0$。

孤子在传输过程中会受到高阶色散的扰动[54, 55]，这种扰动使孤子很不稳定，并通过切连科夫辐射(Cherenkov radiation)发射色散波(DW)[56-60]。色散波的波长由简单的相位匹配条件决定[61]，该条件要求色散波的传播速度与孤子相同。频率为 ω 的光波相位变化为 $\phi = \beta(\omega)z - \omega t$，则色散波和孤子的相位分别为

$$\phi(\omega_d) = \beta(\omega_d)z - \omega_d(z / v_g) \tag{3-97}$$

$$\phi(\omega_s) = \beta(\omega_s)z - \omega_s(z / v_g) + \frac{1}{2}\gamma P_s z \tag{3-98}$$

式中，ω_d 和 ω_s 分别为色散波和孤子的频率；v_g 和 P_s 分别为孤子的群速度和峰值功率。式(3-98)的最后一项来自式(3-92)所表示的基态孤子的非线性相移。如果在

ω_s 附近将 $\beta(\omega_d)$ 展开为泰勒级数，由相位匹配条件可得频移 $\Omega_d = \omega_d - \omega_s$ 满足

$$\sum_{m=2}^{\infty} \frac{\beta_m(\omega_s)}{m!} \Omega_d^m = \frac{1}{2}\gamma P_s \tag{3-99}$$

需要注意的是，式(3-99)的推导基于基态孤子。由式(3-99)可知，若忽略高阶色散且 $\beta_2 < 0$，则 Ω_d 的解不存在。若考虑到三阶色散，则可得到 Ω_d 的近似解

$$\Omega_d \approx -\frac{3\beta_2}{\beta_3} + \frac{\gamma P_s \beta_3}{3\beta_2^2} \tag{3-100}$$

由于孤子在反常色散区传输，$\beta_2 < 0$，由式(3-100)可知，当 $\beta_3 > 0$ 时，色散波位于孤子的短波边；当 $\beta_3 < 0$ 时，色散波位于孤子的长波边。

色散波的群速度不需要与孤子的群速度一致，然而理论和实验都表明它们在时域上会有交叠，这种交叠与孤子俘获有关[62]。色散波和拉曼频移孤子一旦相互接近，就会通过 XPM 发生相互作用[63]，这种相互作用改变了色散波的频谱，使两者以相同的速度传输。换句话说，拉曼孤子捕获色散波，拖着它一起向前传输。既然孤子和色散波在时域上叠加而且共同传输，它们也能以 FWM 的形式相互作用，这个过程进一步使超连续谱展宽和平坦化[64, 65]。

图 3-5 给出了波长为 1300 nm、峰值功率为 5 kW、脉冲宽度为 100 fs 的入射脉冲在 SM1950(纤芯直径为 7 μm、NA=0.20 的光纤)中的频域和时域演化。从图 3-5(a)可以看出，在光纤的开始阶段($z < 0.5$ m)，入射脉冲发生了剧烈的频率调制，产生了脉冲分裂，并在长波方向产生了一个高峰值功率的孤子脉冲，而同时在短波方向匹配产生了色散波。随后，长波孤子在拉曼 SSFS 效应的作用下，中心频率开始随着传播距离的增加而不断红移至 1580 nm，在短波方向有一部分色散波也同时不断蓝移至 980 nm，这就是产生的孤子诱捕色散波。孤子脉冲和色散波分别构成了输出超连续谱的最长波和最短波成分。从图 3-5(b)的时域演化可以看出，传播速度慢的孤子脉冲和诱捕色散波位于整个脉冲包络的后沿部分，并且随着光纤长度的增加，时间延迟量变得越来越大。

为了进一步说明孤子脉冲和孤子诱捕色散波的产生过程，图 3-6 给出了出射脉冲的频谱图。可以看出，整个输出脉冲中存在 3 个明显的孤子脉冲，它们的中心波长分别位于 1300 nm、1350 nm 和 1580 nm 左右，且均在正常色散区匹配了相应的色散波。对于波长最长的 1580 nm 光孤子而言，形成它的同时光纤中还匹配产生了中心波长为 1044 nm 的色散波(图中为 DW0)。从图 3-5(a)可以看出，DW0 并没有随着光纤长度的增加而发生频率变化。当该孤子脉冲因拉曼 SSFS 效应中心波长不断发生红移时，在短波正常色散区其还匹配产生了诱捕色散波，其频率随着孤子脉冲红移而不断蓝移。从图 3-5(b)中所示的局部演化来看，孤子脉冲在其诱捕色散波的前面，两者在时间上仅有部分重叠。

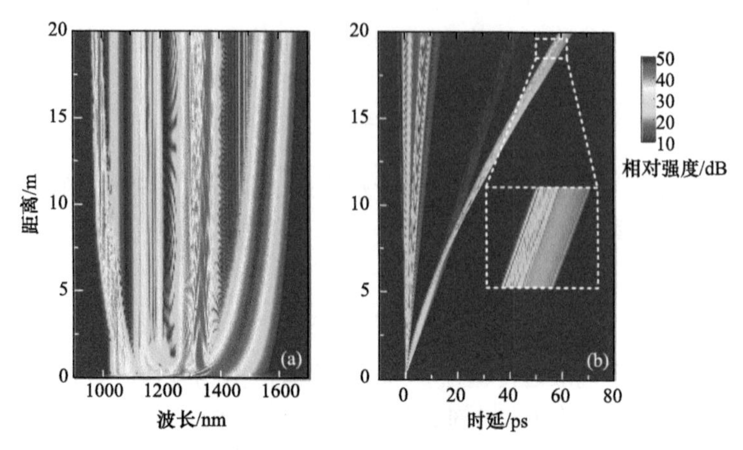

图 3-5 色散波产生时脉冲的(a)频域演化和(b)时域演化

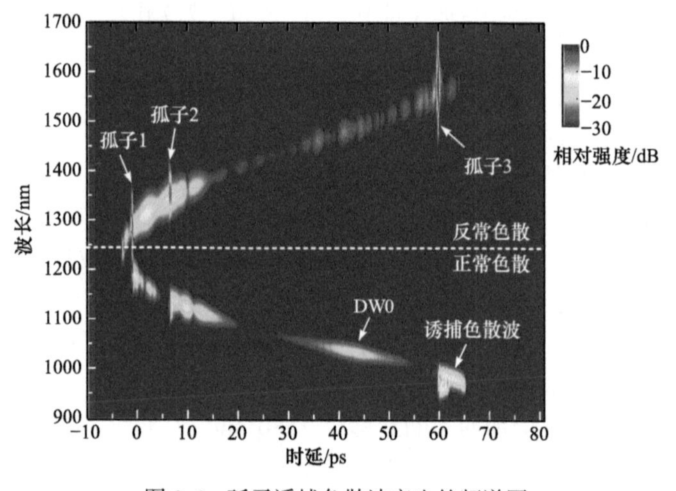

图 3-6 孤子诱捕色散波产生的频谱图

3.3 光纤参数对非线性系数的影响

3.3.1 光纤参数对基模非线性系数的影响

1. 光纤材料对基模非线性系数的影响

第 2 章中已经指出，不同的光纤材料具有迥异的非线性折射率数值，因此不同基质材料的光纤在非线性系数方面差异也较大。当不同材料基质的光纤的模面积(由光纤纤芯直径和纤芯数值孔径等决定)相当时，光纤非线性系数的差异主要由光纤材料的非线性特性决定。

图 3-7 给出了纤芯直径均为 7 μm、纤芯数值孔径均为 0.20 的石英光纤与

ZBLAN 光纤的非线性系数曲线。由于石英与 ZBLAN 材料具有相似的非线性折射率($2.7\times10^{-20}m^2/W$ 和 $2.55\times10^{-20}m^2/W$)，因此当纤芯直径和纤芯数值孔径均相等时，这两种基质材料的光纤的非线性系数差别很小，即非线性折射率曲线非常接近。此外，由于氧化锗的非线性折射率 $12.5\times10^{-20}m^2/W$ 是石英玻璃的约 4.6 倍，因此当纤芯直径和纤芯数值孔径均相等时，氧化锗光纤的非线性系数明显大于石英光纤的非线性系数，约为石英光纤非线性系数的 4.6 倍。

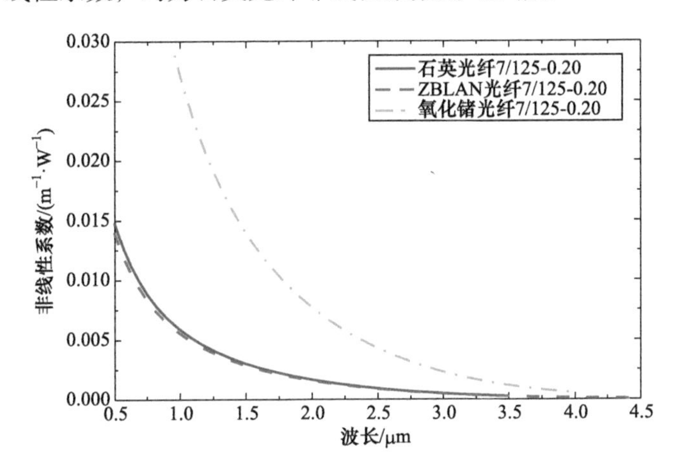

图 3-7　不同基质材料、相同纤芯直径(7 μm)和数值孔径(0.20)的石英、ZBLAN、氧化锗光纤的非线性系数比较

7/125-0.20 的含义为：纤芯和双包层的直径分别为 7 μm 和 125 μm，纤芯的数值孔径为 0.20，余同

2. 光纤纤芯直径和数值孔径对基模非线性系数的影响

当光纤基质材料一定时，光纤的纤芯直径和数值孔径对基模非线性系数的影响，主要是通过影响基模的有效模场面积来实现的，而光纤的非线性系数与有效模场面积的大小成反比。一般而言，光纤的纤芯数值孔径越大，基模有效模场面积就越小。另外，在一定范围内，光纤的纤芯直径越小，基模有效模场面积也越小；但当光纤的纤芯直径减小到较小的值时，进一步减小光纤的纤芯直径并不一定导致更小的基模有效模场面积——这主要是由于过小的纤芯直径已无法有效将光场束缚在其中，所以相当部分光场能量泄漏到光纤包层中。对于同种光纤而言，长波区的有效模场面积更大，所以该现象在长波方向更容易观察到，如图 3-8 所示。

3.3.2　非线性系数对超连续谱产生过程的影响

其他条件不变时，非线性系数越大，超连续谱产生所需要的非线性光纤长度就越小，损耗等的影响就越小。反之亦然，图 3-9 给出超短脉冲激光泵浦不同非线性系数的 ZBLAN 光纤时光谱演化的过程。图 3-9 中，第 1～3 列对应的

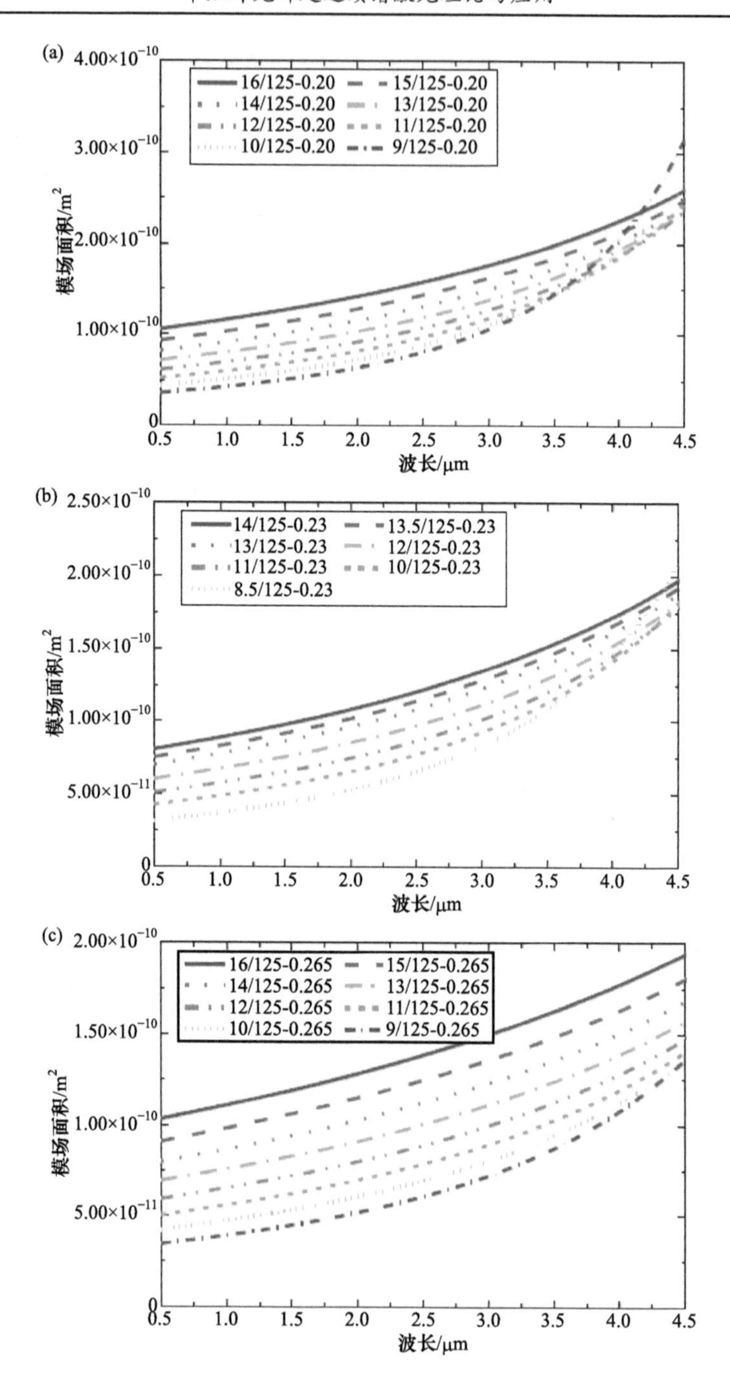
(a)
16/125-0.20
15/125-0.20
14/125-0.20
13/125-0.20
12/125-0.20
11/125-0.20
10/125-0.20
9/125-0.20
模场面积/m²
波长/μm
(b)
14/125-0.23
13.5/125-0.23
13/125-0.23
12/125-0.23
11/125-0.23
10/125-0.23
8.5/125-0.23
模场面积/m²
波长/μm
(c)
16/125-0.265
15/125-0.265
14/125-0.265
13/125-0.265
12/125-0.265
11/125-0.265
10/125-0.265
9/125-0.265
模场面积/m²
波长/μm

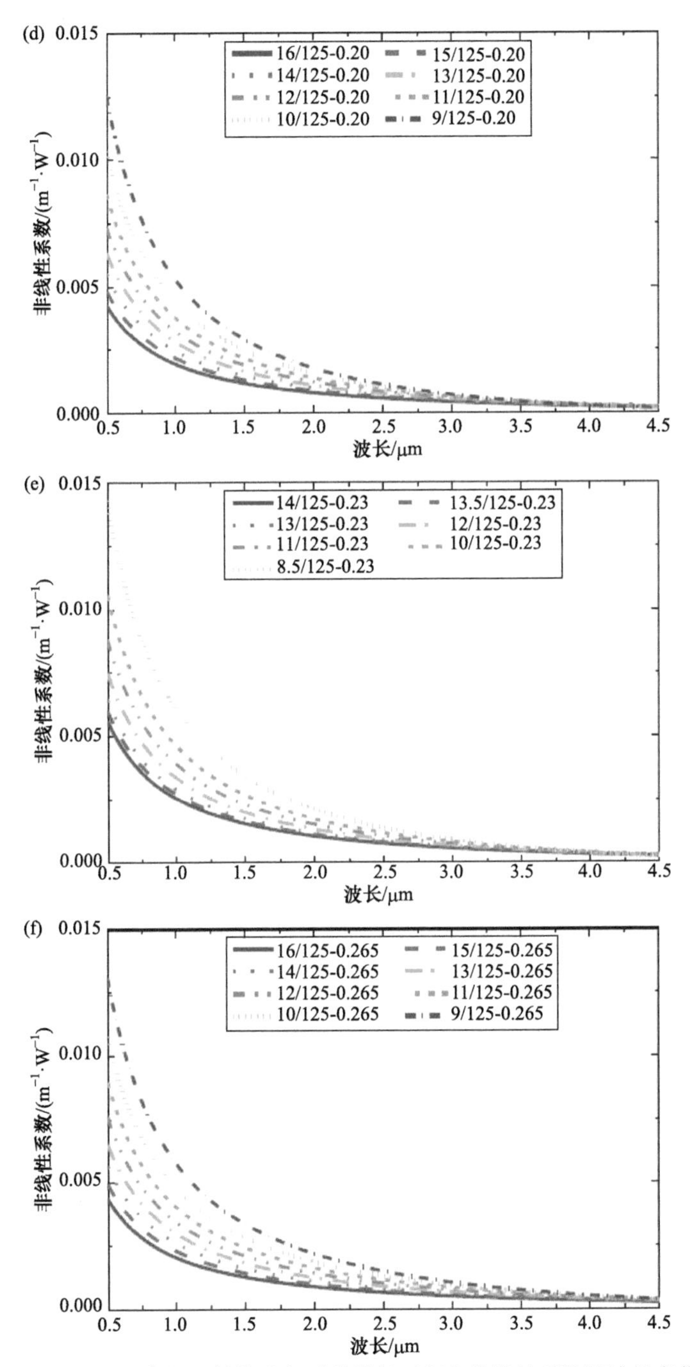

图 3-8　ZBLAN 光纤纤芯直径和数值孔径对其模场面积和非线性系数随波长变化的影响：数值孔径为(a)0.20、(b)0.23、(c)0.265 的 ZBLAN 光纤模场面积随波长的变化；数值孔径为(d)0.20、(e)0.23、(f)0.265 的 ZBLAN 光纤非线性系数随波长的变化

ZBLAN 光纤纤芯直径分别为 8.5 μm、10 μm、13.5 μm，纤芯数值孔径均为 0.23。第 1～3 行，对应的泵浦脉冲峰值功率分别为 10 kW、20 kW、50 kW。泵浦波长 2000 nm，脉宽 10 ps，脉冲形状为双曲正割型。对图 3-9 进行横向对比(即对每一行光谱图从左到右进行对比)可以发现，由于较小纤芯的 ZBLAN 光纤具有较大的非线性系数，从而在非线性展宽方面更具优势：在相同泵浦脉冲峰值功率条件下，非线性光纤纤芯越小，出现一定的光谱展宽所需的长度较短，以及在相同非线性光纤长度下，输出超连续谱的光谱具有更宽的光谱范围；反之亦然。

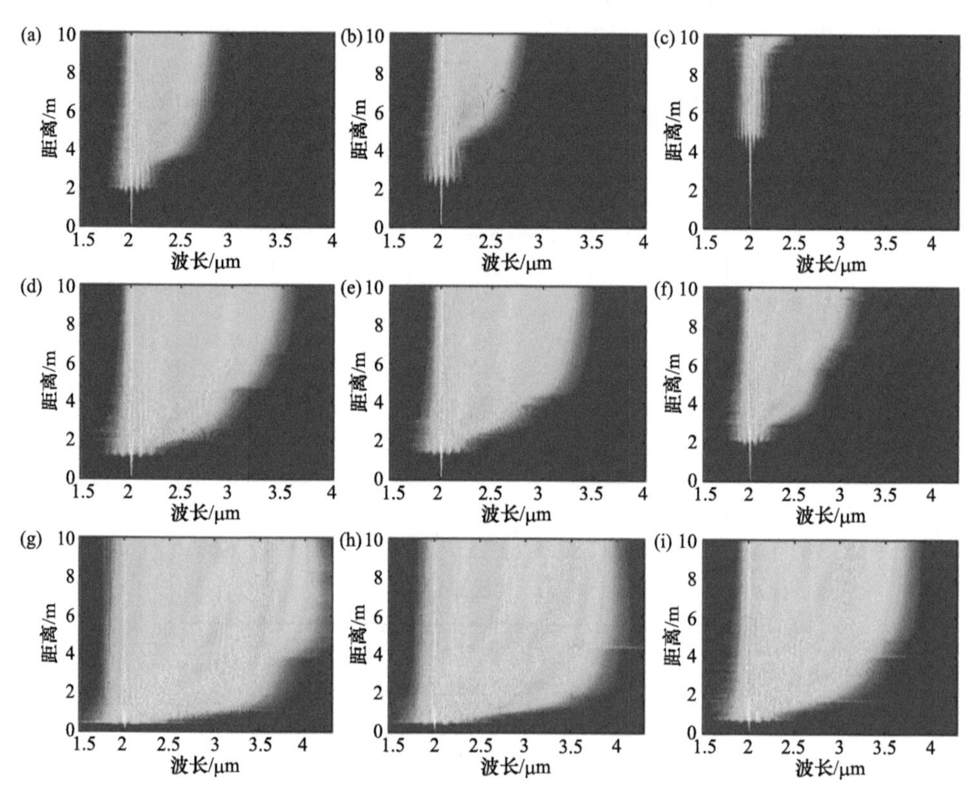

图 3-9　非线性系数对超连续谱产生过程的影响。第 1～3 列，对应的光纤分别为 8.5 μm、10 μm、13.5 μm，纤芯数值孔径为 0.23；第 1～3 行，对应的泵浦脉冲峰值功率分别为 10 kW、20 kW、50 kW

3.4　光纤色散对超连续谱产生的影响

3.4.1　光纤参数对色散的影响

利用波动光学方法和有限元软件对光纤进行建模和数值求解，可以对光纤在不同波长下的色散等特性参数进行模拟。本节不仅讨论了面向长波(中红外波段)的阶跃折射率光纤参数对色散的影响，还讨论了面向短波(可见光增强)的光子晶体光纤参数对色散的影响。

1. 光纤材料对色散的影响

1) 阶跃折射率光纤

这里主要讨论单模阶跃折射率光纤的材料对色散的影响。如第 2 章所述，光纤的色散主要由材料色散、波导色散和模式色散等贡献，单模光纤无模式色散。纤芯基质材料对光纤色散的影响主要体现在两方面：一是纤芯的材料色散，直接影响了光纤的色散值；二是不同的纤芯材料具有不同的折射率，进而导致光纤具有不同的数值孔径(NA)，从而影响光纤的波导色散，并最终影响光纤的总色散。

对于不同材料、相同尺寸(纤芯直径、包层直径)的阶跃折射率光纤而言，纤芯基质材料对光纤的色散特性影响明显。图 3-10 给出了纤芯/包层直径分别为 8 μm/125 μm 的石英光纤(NA 0.14)、氧化锗光纤(NA 0.65)与 ZBLAN 光纤(NA 0.23)的基模色散曲线。可以看到：石英光纤、氧化锗光纤与 ZBLAN 光纤的基模 ZDW 显著不同，分别位于约 1.28 μm、约 1.51 μm 和约 1.54 μm 处；此外，石英、氧化锗、ZBLAN 光纤的色散曲线依次变得平缓。这主要受纤芯材料色散特性的影响。

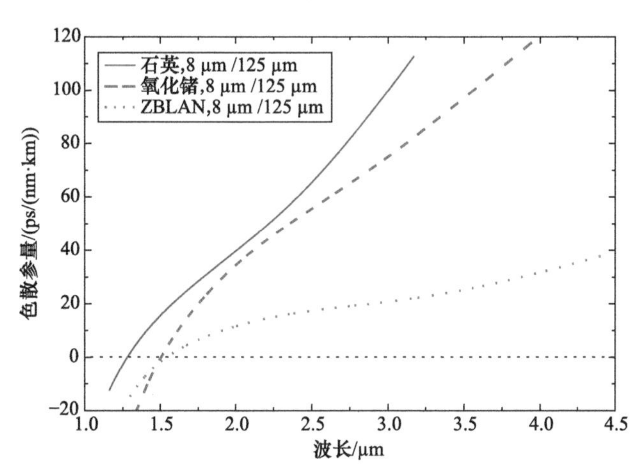

图 3-10　纤芯/包层直径分别为 8 μm/125 μm 的石英光纤(NA 0.14)、氧化锗光纤(NA 0.65)与 ZBLAN 光纤(NA 0.23)的基模色散曲线

2) 光子晶体光纤

这里主要讨论光子晶体光纤的材料对色散的影响。正如前面提到的，改变光纤结构可以改变光纤的波导色散，但对短波波长影响不大，这是由于短波波长的色散主要由材料色散决定。可以通过改变光纤的材料来调整光纤的色散特性，使

光纤的群速度曲线在短波有更大的斜率，使红移孤子能与更短波长的色散波群速度匹配，进而产生覆盖可见光甚至紫外波段的超连续谱。图 3-11 给出了典型折射率导引型石英 PCF 的横截面示意图。图中灰色区域是二氧化硅，白色区域是空气孔，d 是空气孔直径，Λ 是空气孔间距。d/Λ 被定义为 PCF 的占空比，是影响 PCF 特性的一个重要结构参数。

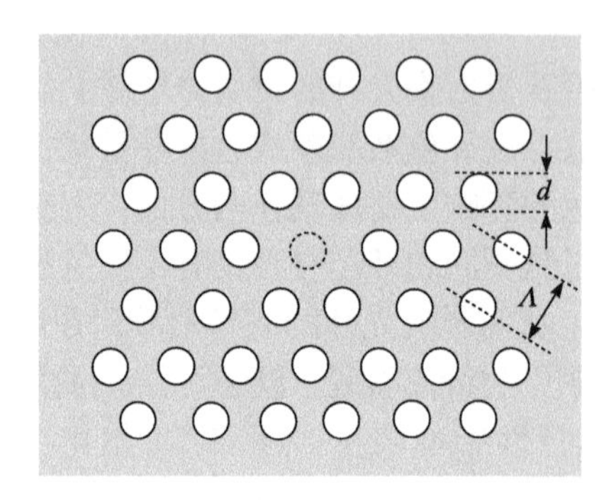

图 3-11　典型折射率导引型石英 PCF 的横截面示意图。图中灰色区域为二氧化硅，白色区域为空气孔；d 为空气孔直径；Λ 为空气孔间距

已有研究人员发现[66]，在石英光子晶体光纤中掺杂 B_2O_3，可以提高可见光波段的群速度曲线斜率，通过求解非线性薛定谔方程模拟超连续谱的产生，得出在相同的光纤结构参数下，掺杂 13.3% B_2O_3 的光子晶体光纤产生的超连续谱的短波比纯石英光子晶体光纤左移 20 nm 的结论。因此，这里在 2.3.2 节中优化的光子晶体光纤结构的基础上，研究掺杂 13.3% B_2O_3 对七芯光子晶体光纤色散特性的影响。其中，掺杂 13.3% B_2O_3 材料的 Sellmeier 系数由文献[67]提供，如表 3-2 所示。

表 3-2　纯石英和掺杂 13.3% B_2O_3 石英的 Sellmeier 系数

材料	B_1	B_2	B_3	λ_1	λ_2	λ_3
纯石英	0.6961663	0.4079426	0.8974794	0.0684043	0.1162414	9.896161
石英掺 13.3% B_2O_3	0.690618	0.401996	0.898817	0.061900	0.123662	9.098960

图 3-12 为相同光纤结构参数下(占空比为 0.85，纤芯直径为 4.5 μm)，纯石英和掺杂 13.3% B_2O_3 材料的色散参量和群速度曲线。可以看出，石英 PCF 中掺杂 13.3% B_2O_3 后，光纤 ZDW 由 994 nm 蓝移至 980 nm，与 2.4 μm 群速度相匹配的短波由 444 nm 蓝移至 429 nm。说明石英 PCF 中掺杂 13.3% B_2O_3 确实可以促进超连续谱向更短波长拓展。但是，在 PCF 拉制工艺中，掺杂 13.3% B_2O_3 的材料容易炸裂，目前制作比较困难。为了得到可见光增强的超连续谱，人们通过对光纤进行拉锥[68, 69]，使 ZDW 移动到 1 μm 附近。

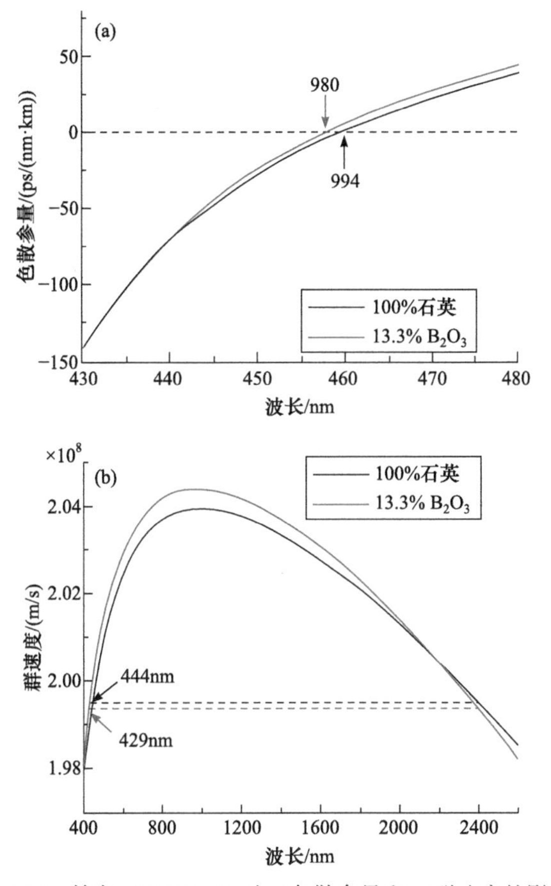

图 3-12　掺杂 13.3% B_2O_3 对(a)色散参量和(b)群速度的影响

此外，国际上对掺锗 PCF 进行了大量研究[69-74]。纤芯掺锗不仅可以增加材料的非线性折射率，还可以提高等效数值孔径，对光场分布有更强的限制作用，使模场面积更小，从而进一步增大非线性参量。但纤芯掺锗会改变光纤的色散特性，使 ZDW 向长波长方向移动。

2. 光纤纤芯直径和数值孔径对色散的影响

1) 阶跃折射率光纤纤芯直径和数值孔径对色散的影响

光纤纤芯直径的大小对光纤色散的影响，主要体现在：当其他条件(材料、纤芯数值孔径)不变时，纤芯直径越大，光纤的波导效应就越来越弱，因此，材料色散对光纤总色散的贡献就越明显，波导色散对光纤总色散的贡献就越不明显，此时光纤的色散就越来越倾向于块状玻璃的色散特性；反之亦然。可以通过改变光纤的纤芯直径等措施，来对光纤的整体色散进行调控。

图 3-13 给出了纤芯数值孔径分别为(a)0.20、(b)0.23、(c)0.265 时，ZBLAN 阶

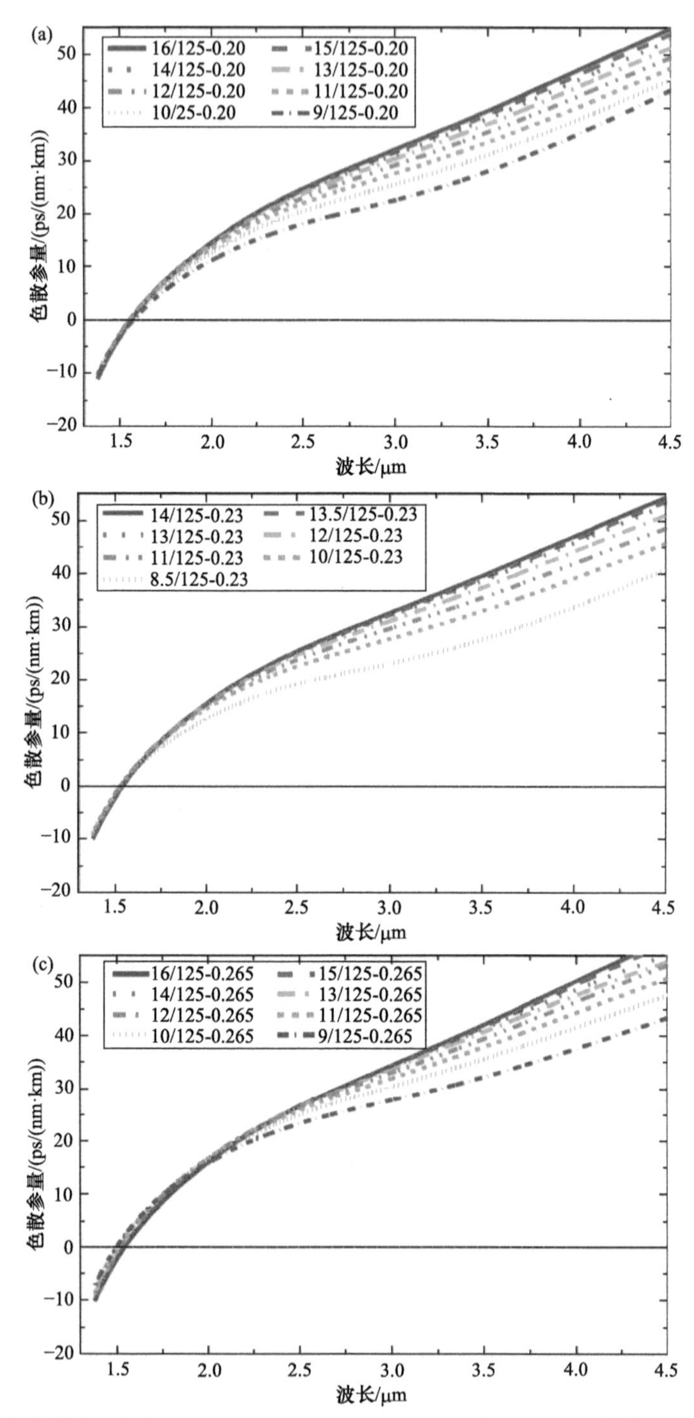

图 3-13　纤芯数值孔径分别为(a)0.20、(b)0.23、(c)0.265 时，ZBLAN 光纤的基模色散曲线

跃折射率光纤的基模色散曲线随纤芯直径的变化规律。可见，对这三种情形而言，随着纤芯直径的增加，光纤的基模色散曲线均越来越陡峭。

图 3-14(a)和(b)分别给出了纤芯直径分别为 10 μm 和 16 μm 的情况下，不同纤芯数值孔径(0.20、0.23、0.265)条件下基模色散曲线的变化规律。可见，对这三种情形而言，随着纤芯直径的增加，光纤的基模色散曲线均变得越来越陡峭。

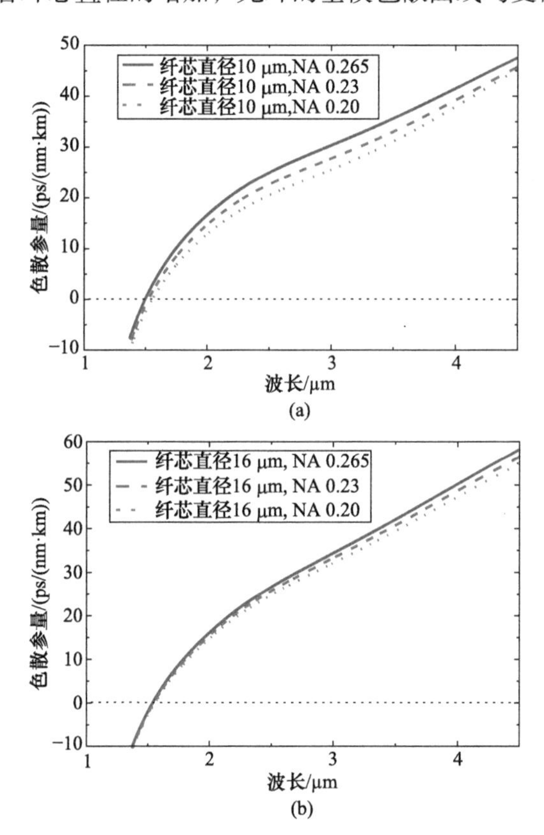

图 3-14　纤芯直径为(a)10 μm、(b)16 μm 的 ZBLAN 光纤基模色散曲线随纤芯数值孔径的变化规律

2) 光子晶体光纤结构参数对色散的影响

在空气孔结构参数相同的情况下，多芯 PCF 具有与常规单芯 PCF[75]相似的色散特性，而且多芯 PCF 的模场面积更大，因此更加适合于高功率超连续谱产生。这里将系统地展示多芯 PCF 结构参数对其色散及其非线性特性的影响，包括空气孔占空比、纤芯直径、纤芯个数的变化对光纤色散、群速度、有效模场直径、非线性系数、限制损耗的影响。图 3-15 给出了典型多芯石英 PCF 横截面的显微照片。

基于全矢量有限元分析方法，计算 0.3～2.6 μm 波长范围的有效折射率和电场分布，其中熔石英材料折射率随波长的变化关系由 Sellmeier 公式来近似。基于

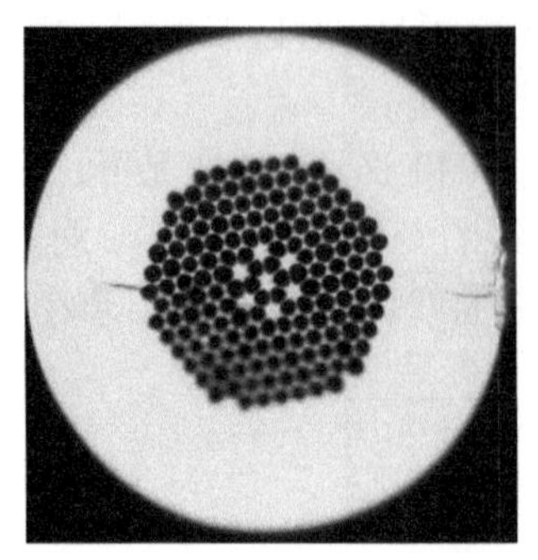

图 3-15　典型多芯(七芯)石英 PCF 横截面的显微照片

有效折射率得到色散和有效模场面积。首先，固定纤芯直径为 4.5 μm，研究不同的占空比对光纤色散特性的影响；如图 3-16 所示。随着光纤空气孔占空比的增大，光纤的 ZDW 向短波移动，群速度曲线在长波边的斜率也变大。但占空比增加到 0.85 以后，这种变化开始不明显。因此，下一步选定占空比为 0.85，研究纤芯直径的变化对色散特性的影响。

固定空气孔占空比为 0.85，研究纤芯直径的变化对光纤色散特性的影响，如图 3-17 所示。当纤芯直径从 5 μm 逐渐减小到 3 μm 时，光纤的 ZDW 向短波移动，群速度曲线在长波边的斜率也变大。

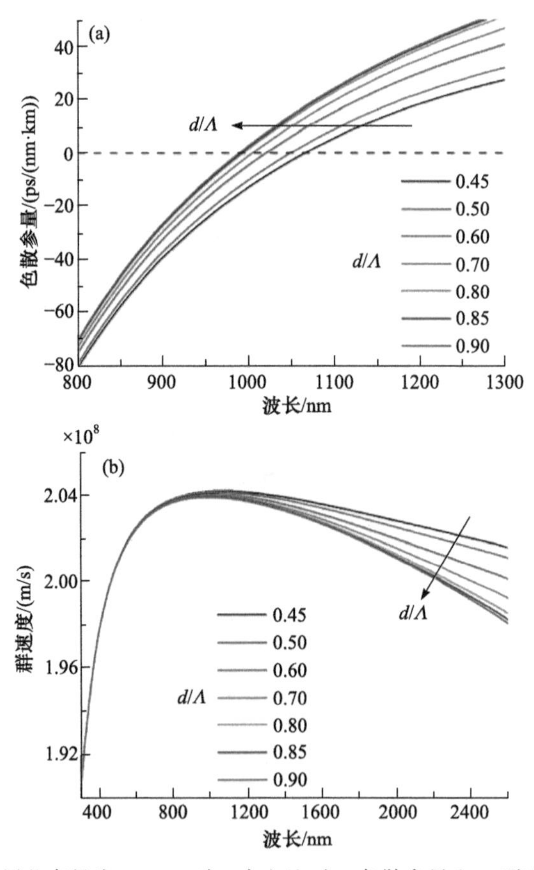

图 3-16　纤芯直径为 4.5 μm 时，占空比对(a)色散参量和(b)群速度的影响

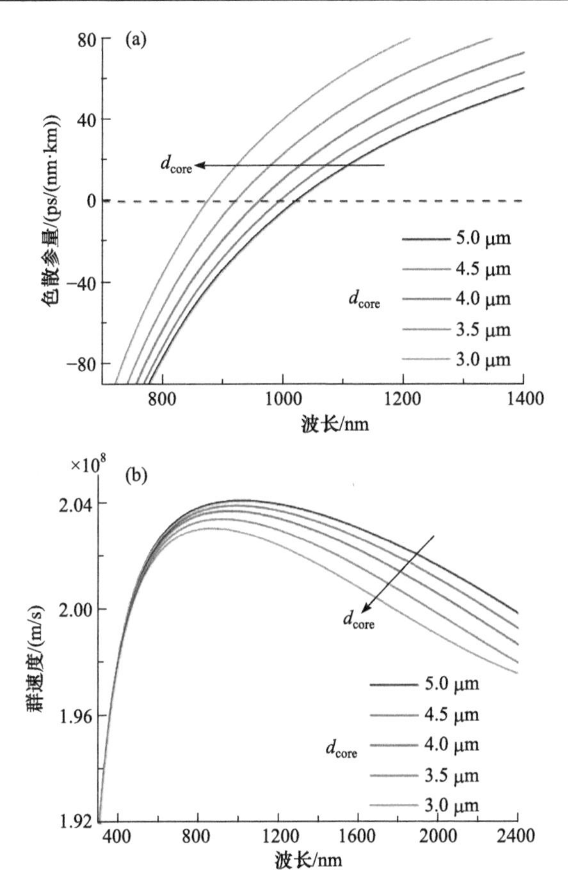

图 3-17　空气孔占空比为 0.85 时，纤芯直径对(a)色散参量和(b)群速度的影响

将上述结果总结如表 3-3 所示。

表 3-3　不同占空比 d/Λ 和纤芯直径 d_{core} 对应的光纤 ZDW 和与 2.4 μm 群速度匹配的蓝端波长

	d/Λ	ZDW /μm	2.4 μm 群速度匹配的蓝端波长/nm		纤芯直径 /μm	ZDW /μm	2.4 μm 群速度匹配的蓝端波长/nm
纤芯直径 4.5 μm	0.45	1066	561	d/Λ = 0.85	5	1020	454
	0.5	1049	534		4.5	991	438
	0.6	1021	491		4	958	421
	0.7	1004	463		3.5	918	406
	0.8	994	444		3	874	400

图 3-18 为空气孔占空比为 0.85 时，纤芯直径的变化对有效模场直径(MFD)的影响。随着纤芯直径的减小，光纤的有效模场直径逐渐减小，以 1.06 μm 波长为例，纤芯直径由 5 μm 减小到 3 μm 时，有效模场直径也相应地由 9.4 μm 减小为

5.9 μm。

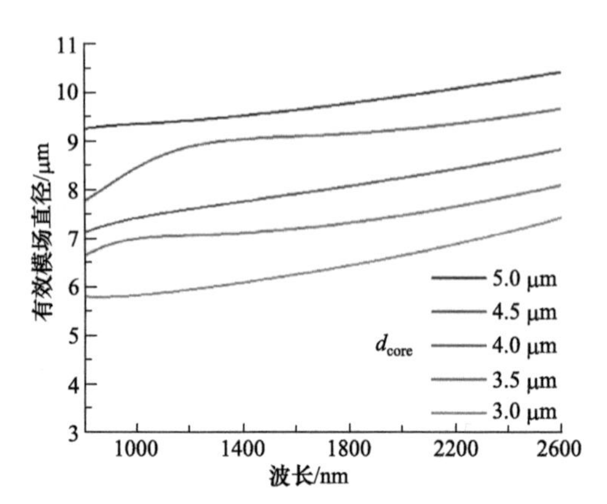

图 3-18　空气孔占空比为 0.85 时，纤芯直径的变化对有效模场直径的影响

为得到可见光增强的高功率超连续谱，PCF 需要满足 ZDW 尽可能在 1 μm 附近(因为目前 1 μm 的脉冲激光器最为成熟)，同时群速度曲线在长波处的斜率比较大，与 2.4 μm(石英的传输窗口)的群速度相匹配的短波尽量蓝移。因此，需要尽可能地增大占空比 d/Λ，减小纤芯直径，但同时考虑到光纤需要承受高功率，模场面积不能太小。

3.4.2　在不同色散区泵浦对超连续谱产生过程的影响

当光脉冲在光纤中传输时，其频率变化不仅受非线性效应的影响，而且还与光纤的色散特性紧密相连。光纤的色散特性对于光纤中非线性光谱演化过程有重要影响。这主要体现在：

当光纤色散足够给某些非线性效应的发生提供合适的相位匹配条件时，入射光能量就能通过这些非线性效应不断地被转移到新的光频率上来。表 3-4 给出了不同入射脉冲参数和色散条件下，光纤中发生的主要非线性效应。

表 3-4　光纤中的主要非线性效应

脉冲参数	反常色散区	正常色散区
飞秒脉冲	光孤子产生、拉曼 SSFS 效应、DW 产生	SPM 效应、FWM
皮秒、纳秒脉冲、连续光	MI、孤子产生、拉曼 SSFS 效应、DW 产生	SPM 效应、SRS 效应

通常在光纤的反常色散区，超连续谱的产生主要受光孤子产生、拉曼 SSFS 效应和 DW 产生等非线性效应的影响。当飞秒入射脉冲的峰值功率足够高成为高阶孤子时，其将在入射光纤之后迅速分裂成基阶孤子，同时伴随着 DW 产生。而对

于持续时间为皮秒、纳秒的光脉冲甚至连续光而言，反常色散下的调制不稳定效应将会取代光孤子产生率先发生。此时在频域上，入射脉冲会由于四波混频效应产生频率对称的一对甚至多对频率边峰，这种现象在光纤的反常色散区极易被观察到。调制不稳定性在时域上表现为可以将皮秒、纳秒甚至连续激光分裂为一系列超短脉冲，进一步演化为飞秒脉冲的非线性过程。

当入射激光位于正常色散区时，在光纤内部首先发生 SPM 效应。对于飞秒泵浦脉冲而言，其自身光谱比较宽，从而在色散的作用下脉冲将很快被拉宽，导致其峰值功率降低，并减弱了进一步非线性效应的发生。当入射脉冲峰值功率非常高时，仅通过 SPM 效应就可以获得输出频谱展宽在一个倍频程以上的超连续谱[76]。如果此时入射波长比较靠近光纤的 ZDW，则通过 SPM 效应产生的新光谱成分有望越过 ZDW。若入射激光和其他频谱成分同时满足相位匹配条件，在 FWM 效应[77]的作用下输出光谱将得到进一步展宽[78]。另外，越过 ZDW 的光谱成分可以通过孤子有关的非线性效应进一步红移。

当皮秒、纳秒等长脉冲甚至连续光在正常色散区泵浦光纤时，虽然首先发生的仍然是 SPM 效应，但紧接着发生的主导非线性效应是 SRS 效应。不同于反常色散区孤子脉冲产生的拉曼 SSFS 效应，这里的拉曼散射在光谱上表现为与入射频率间隔拉曼频移量的分离频率峰[79, 80]。

下面，以不同波长的脉冲激光泵浦 ZBLAN 光纤为例(纤芯直径为 7 μm，纤芯数值孔径为 0.27，光纤长度为 10 m)，来说明泵浦波长与非线性光纤色散特性的关系对中红外超连续谱光谱演化的影响。利用 1.55 μm 波段或 2 μm 波段脉冲激光泵浦中红外光纤是获得中红外超连续谱激光的重要手段。仿真中考虑 1550 nm 和 2000 nm 这两个入射波长，脉冲的其余参数均相同，即峰值功率为 500 kW、脉冲宽度为 100 fs、双曲正割型脉冲。这两个泵浦波长均位于所述 ZBLAN 光纤的反常色散区，但 1550 nm 非常靠近其零色散波长，而 2000 nm 则距离其零色散波长较远。

图 3-19 给出了相应的 ZBLAN 光纤中超连续谱产生的频域演化结果。两种情况下高强度脉冲在 ZBLAN 光纤中都经历了剧烈的非线性过程。在入射脉冲进入 ZBLAN 光纤的初始阶段，频域上，均发生了剧烈的非线性频率变换过程。主要涉及反常色散机制下，调制不稳定效应、脉冲分裂、孤子产生、DW 产生、拉曼 SSFS 效应等非线性效应。长波方向产生了明显的孤子脉冲，并且它们的中心频率随光纤长度的增加而不断红移：从图 3-19(a)可以看出，当泵浦波长为 1550 nm 时，在 1 m 左右距离处产生了一个高强度的孤子脉冲，该孤子脉冲一直红移下去，最终形成了输出超连续谱的最长波成分；从图 3-19(b)可以看出，当泵浦波长为 2000 nm 时，产生孤子脉冲的所需距离变得更短，最强劲的孤子脉冲迅速被移到长波方向，进入 ZBLAN 光纤的高损耗区域后，其几乎被损耗掉。图 3-19(b)中虚线给出了 ZBLAN 光纤中产生最大带宽时对应的光纤长度。

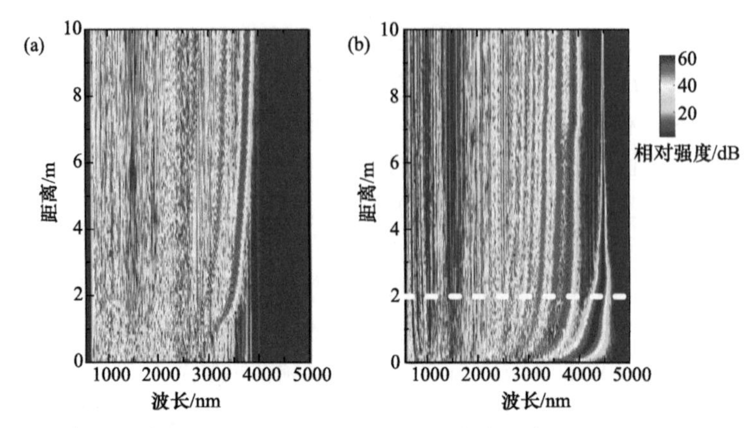

图 3-19　波长分别为(a)1550 nm 和(b)2000 nm 的脉冲泵浦 ZBLAN 光纤的频域演化

图 3-20(a)和(b)分别给出了泵浦波长分别为 1550 nm 和 2000 nm 时，ZBLAN 光纤产生的最大带宽超连续谱的光谱形状。图 3-20(a)为 EBLAN 光纤在长度 10 m 处产生的超连续谱光谱，图 3-20(b)为 ZBLAN 光纤在长度 2 m 处产生的超连续谱光谱。当波长为 1550 nm 泵浦时，孤子脉冲的最长中心波长仅达到了 3758 nm；而当波长为 2000 nm 泵浦时，孤子脉冲的最长中心波长则达到了 4400 nm。产生超连续谱的长波光谱成分主要由红移孤子脉冲构成。泵浦激光波长为 2000 nm 时，超连续谱的长波边更加向 ZBLAN 光纤的损耗区移动，这时波长为 3800 nm 以上的光谱成分和比例均得以加强。

利用高峰值功率脉冲泵浦 ZBLAN 光纤，也通过相位匹配产生了大量的 DW。由红移孤子与孤子诱捕 DW 效应可以知道，DW 的波长与通过拉曼 SSFS 效应的红移孤子脉冲的频移量有关。具体来讲，当红移孤子脉冲的中心波长为 4400 nm 时，相对于中心波长为 3758 nm 而言，其诱捕的 DW 波长应该更加靠近短波方向。图 3-21 给出了 ZBLAN 光纤输出端超连续谱的短波形状对比。泵浦波长为

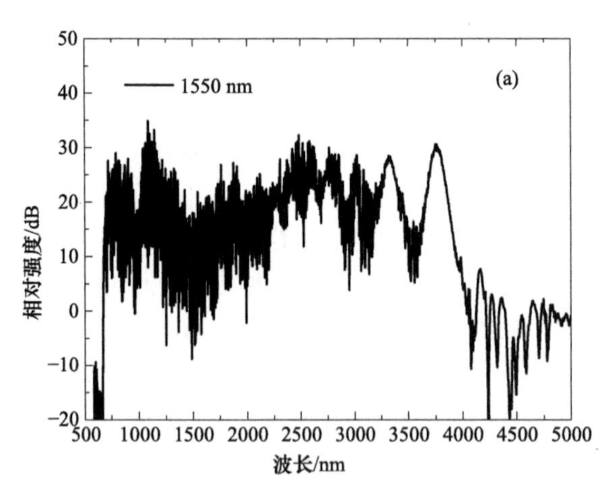

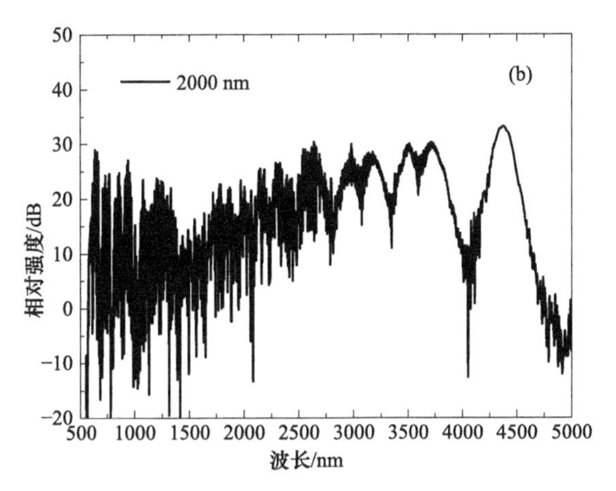

图 3-20　泵浦波长分别为(a)1550 nm 和(b)2000 nm 时最大带宽超连续谱的光谱形状

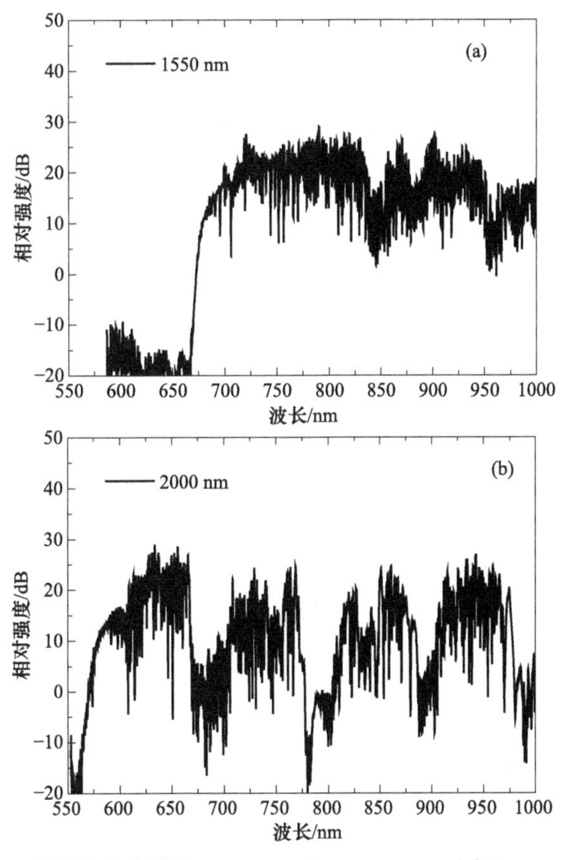

图 3-21　泵浦波长分别为(a)1550 nm 和(b)2000 nm 时产生 DW 的对比

1550 nm 时，短波方向的 DW 在 668 nm 附近，而当泵浦波长为 2000 nm 时，产生的 DW 波长进一步向短波移动了 100 nm 左右，甚至达到了 560 nm 附近。由于 ZBLAN 光纤在 500 nm 附近的损耗仍然很低，所以 DW 产生以后几乎可以无损耗地保留下来。

图 3-22 进一步给出了 ZBLAN 光纤的群速度曲线。群速度匹配是孤子诱捕 DW 过程中孤子能量不断向 DW 转移的必要条件。可以看出，当红移孤子脉冲的中心波长达到 3000 nm、3758 nm 和 4400 nm 时，其短波匹配的 DW 的中心波长分别为 836 nm、668 nm 和 560 nm。满足群速度匹配条件，孤子脉冲和 DW 在时域和空域上均可以同步传输，不断形成能量的非线性转移。通过改变 ZBLAN 光纤的群速度曲线，可以调控孤子和 DW 的匹配条件，从而影响超连续谱产生的非线性过程。

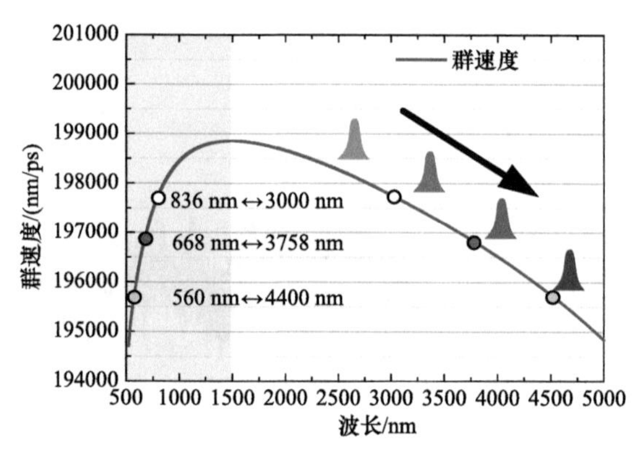

图 3-22 纤芯直径 7 μm 的 ZBLAN 光纤的群速度曲线

3.5 超连续谱产生的主要机理

光纤中超连续谱的产生不仅跟光纤参数有关，而且跟泵浦激光的参数密切相关。对于光纤参数，通常按正常 GVD 区和反常 GVD 区来介绍超连续谱的产生机理；对于泵浦激光参数，通常按飞秒脉冲和长脉冲来介绍超连续谱的产生机理。因为很多非线性相互作用产生的光谱会出现在 ZDW 的两边，所以本节按泵浦脉冲宽度来分别介绍超连续谱产生的主要机理。

3.5.1 飞秒脉冲泵浦产生超连续谱

首先考虑在光纤反常 GVD 区用飞秒脉冲泵浦产生超连续谱[81-83]，在这种情况下，与孤子有关的传输效应是光谱展宽的主要机制[8, 84-86]。主要过程依次为：高阶孤子传输演化、孤子分裂、SSFS、色散波产生、孤子俘获，其中还伴随有 XPM

和 FWM。

对于足够高峰值功率的入射脉冲所形成的高阶孤子，孤子阶数由式(3-93)决定。在传输的初始阶段，主要机制是高阶孤子的传输演化，如果忽略高阶色散和高阶非线性效应，则高阶孤子在时域和频谱上将进行周期性演化，周期由式(3-94)表示。但是，高阶色散和高阶非线性效应并不能忽略，事实上，在飞秒泵浦下，高阶色散和拉曼效应是两个扰动高阶孤子周期性演化的最重要因素。通过扰动使高阶孤子分裂，因此高阶孤子在传输中并不能周期性地恢复到初始状态，而是在经历初始阶段的时域压缩和频谱展宽后，脉冲分裂为一系列基态孤子[87, 88]，并且基态孤子数等于 $\bar{N}$。处于主导地位的扰动与入射脉冲宽度有关，脉宽超过 200 fs 的入射脉冲，带宽足够窄，通常拉曼扰动占主导地位；对于脉冲宽度小于 20 fs 的脉冲，主要是色散扰动引起脉冲分裂。

高阶孤子分裂发生的距离通常对应于其光谱达到最大带宽的位置。该距离称为分裂长度，经验表达式为 $L_{\text{fiss}} \approx L_{\text{D}} / N$。基态孤子从高阶孤子中一个个按次序分裂出来，产生的基态孤子的脉宽和峰值功率由式(3-95)和(3-96)决定。越早分裂出的孤子，其峰值功率越高，脉宽越短。由于孤子带宽与拉曼增益谱交叠，则 SSFS 使孤子不断地移向长波，频移速率由式(3-91)表示。结果，越早分裂出的孤子，其脉宽越短，在相同的传输距离上，频移量更大，红移速度更快。在时域上，由于位于反常 GVD 区，则最早产生的基态孤子因红移到长波，有更小的群速度，随着在光纤中的传输，延迟时间 T 不断增大。

由于在红移过程中经历不断变化的 β_2，则分裂的基态孤子将调节自身的脉冲宽度和峰值功率以保持 $N=1$。如前所述，在高阶色散扰动下，孤子将产生色散波。色散波的频率由式(3-99)决定。孤子捕获色散波，通过 XPM 和 FWM 来产生附加的频率成分，增加了超连续谱的光谱宽度[89, 90]。

在正常 GVD 区，光谱展宽主要来自于 SPM 和正常 GVD 的相互作用，正如 3.2.1 节所述，它们都在脉冲前沿产生负的频率啁啾，在脉冲后沿产生正的频率啁啾，使得脉冲在时域和频域同时得到展宽。脉冲宽度越短，非线性频谱展宽越宽。在光谱展宽的同时，脉冲宽度也变宽，使得峰值功率降低，限制了非线性光谱展宽。

如果在接近 ZDW 处的正常 GVD 区泵浦，则 SPM 展宽的部分光谱会进入反常色散区，此时，与孤子有关的一系列效应将在光谱展宽过程中起重要作用。除 SPM 外，FWM 和 SRS 也会使部分能量转移到反常 GVD 区。

3.5.2　长脉冲泵浦产生超连续谱

除了采用飞秒脉冲作为泵浦源来产生超连续谱外，还可以采用长脉冲光源作为泵浦源[91-94]，这里的长脉冲主要包括皮秒、纳秒甚至连续波。首先考虑在反常

GVD 区泵浦，对于飞秒泵浦脉冲，光谱展宽的主要机制是与孤子有关的高阶孤子分裂、SSFS 以及色散波产生等效应。然而对于长脉冲泵浦，由(3-93)式可知，在该脉冲宽度下的高峰值功率脉冲可以形成更高阶数的高阶孤子。但事实上，随着脉冲宽度的逐渐变宽，在传输的初始阶段，孤子分裂过程越来越不重要，这是因为分裂长度随脉冲宽度而增加，$L_{\text{fiss}} = L_{\text{D}} / N \propto T_0$。此外，长脉冲的光谱带宽远小于熔石英中的拉曼频移 13.2 THz，所以泵浦脉冲在初始阶段也不会受脉冲内拉曼散射的显著影响。

在相同的初始传输距离下，MI 在光谱展宽中起主要作用[95-98]。在反常 GVD 区的超连续谱产生中，MI 与传输不稳定性以及噪声有关，在时域上表现为对脉冲包络周期性调制，在传输足够的距离之后，入射脉冲分裂并演化为一系列的飞秒孤子脉冲[99-102]。在进一步的传输中，光谱展宽机制与飞秒泵浦的情况类似，主要效应包括孤子分裂、SSFS 以及色散波产生等[103-105]。

在正常 GVD 区泵浦时，初始阶段光谱展宽的主要机制不再是 SPM，而是相位匹配的 FWM 和 SRS[77, 97, 106]，因为 SPM 引起的光谱展宽与脉冲宽度成反比。考虑式(3-85)表示的相位匹配条件，如果级数求和在 GVD 项 β_2 处截断，则相位匹配要求 $\beta_2 < 0$，但是很多时候高阶色散不能忽略[107, 108]，在考虑高阶色散的情况下，光纤正常 GVD 区也能满足相位匹配条件，这在理论和实验上都得到了证实[109-111]。FWM 和 SRS 之间会相互影响[112-114]，因为相位匹配 FWM 增益比最大拉曼增益大得多，所以在满足相位匹配和群速度匹配的条件下，FWM 将起主要作用，否则 SRS 起主要作用。在远离 ZDW 的正常 GVD 区泵浦时，相位匹配的 FWM 边带相对于泵浦频率有很大的频移。因为能量的转移需要不同的频谱分量在时域上叠加，所以该条件下相位匹配的 FWM 受群速度失配的影响较大，降低了 FWM 效率[7, 37, 115]，因此在传输的初始阶段，光谱展宽主要是由级联 SRS[41] 引起。随着进一步传输，SPM 和 XPM 共同作用使各级拉曼光谱展宽，进而合并成连续谱，如果级联 SRS 所产生的斯托克斯光靠近 ZDW，斯托克斯光的 FWM 也会发挥作用[91, 92, 116]，使光谱得到进一步展宽。

在靠近 ZDW 的正常 GVD 区泵浦时[117]，相位匹配的 FWM 在初始阶段起主要作用。随着进一步传输，位于正常 GVD 区的 FWM 边带将发生 SRS，导致反斯托克斯光的光谱展宽。如果斯托克斯光处于反常 GVD 区，与孤子有关的一系列效应将在光谱展宽过程中起主要作用[118]。需要说明的是，输入脉冲在泵浦波长处的光谱也会展宽，当展宽的光谱扩展到反常 GVD 区时，也会通过孤子效应使光谱进一步展宽。

3.6　光纤中超连续谱产生

在上述理论基础上，本节给出四种典型的超连续谱产生过程的数值模拟结果：

无源光纤、有源光纤、级联光纤，以及渐变折射率多模光纤中超连续谱产生。

3.6.1　无源光纤中超连续谱产生

图 3-23 给出了在脉冲峰值功率 500 kW、脉冲宽度为 100 fs、中心波长为 2000 nm 的激光脉冲的泵浦下，长度为 5 m 的单模非掺杂 ZBLAN 光纤中的光谱演化图。单模 ZBLAN 光纤的纤芯直径为 7.5 μm，纤芯数值孔径为 0.26。由图 3-23 可知，由于泵浦脉冲的峰值功率很高，泵浦脉冲在 ZBLAN 光纤中发生了剧烈的光谱展宽，在 ZBLAN 光纤的前 0.5 m 处的超连续谱光谱甚至达到了 5 μm。但在此时，仅有第一个分裂出来的孤子的长波边达到了 5 μm 附近，仍有大量的能量残留在短波方向。因此，这时超连续谱光谱长波边虽然较长，但长波方向的功率比例却不高。随着脉冲在光纤中的传输，不断有孤子被分裂出来并通过拉曼 SSFS 向长波方向移动，长波功率比例升高；但由于首先分裂出来的孤子已经处于 ZBLAN 光纤的高损耗区，从而在 ZBLAN 光纤中不断受到衰减，在 ZBLAN 光纤长度为 5 m 处仅在 4.4 μm 附近残留一个较弱的峰。ZBLAN 光纤输出的超连续谱激光的带宽受限于 ZBLAN 光纤的传光窗口。要想获得更大带宽，如长波边覆盖至 5 μm 的中红外超连续谱激光，需要采用在 4～5 μm 波段传输损耗更低的非线性光纤。

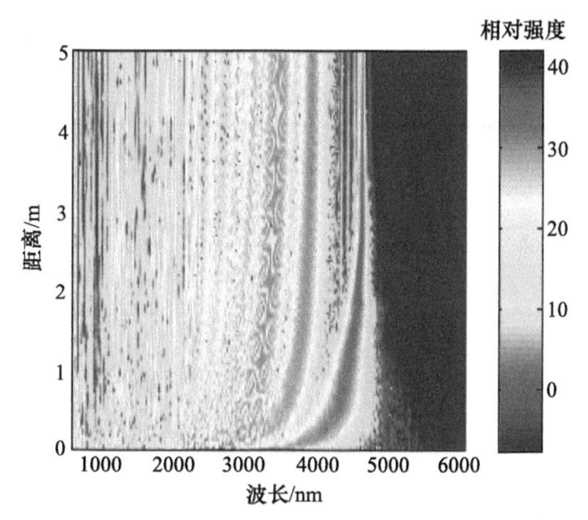

图 3-23　超短脉冲在单模非掺杂 ZBLAN 光纤中的光谱演化图。泵浦光中心波长为 2000 nm，脉冲宽度为 100 fs，脉冲峰值功率为 500 kW，ZBLAN 光纤长度为 5 m

InF_3 光纤具有与 ZBLAN 光纤相近的非线性和色散等特性，且在 4～5 μm 波段的传输损耗较 ZBLAN 光纤更低。图 3-24 给出了超短脉冲在单模非掺杂 InF_3 光纤中的光谱演化图。在仿真中 InF_3 光纤的纤芯直径为 7.5 μm，纤芯数值孔径为 0.30。泵浦脉冲宽度为 100 fs，中心波长为 2000 nm，InF_3 光纤长度为 10 m。在图 3-24(a)～(d)中，泵浦脉冲峰值功率依次为 50 kW、100 kW、200 kW 以及 300 kW。

当泵浦脉冲峰值功率分别为 50 kW 和 100 kW 时，超连续谱光谱在演化过程中均首先向长波方向移动然后趋于稳定(光谱长波边分别稳定于 4.3 μm 和 5.0 μm 附近)，未观察到明显的损耗所导致的光谱衰减。而当泵浦脉冲峰值功率分别为 200 kW 和 300 kW 时，不仅获得的超连续谱光谱长波边更长，而且在光谱演化过程中可以明显观察到光谱长波边先向长波方向拓展然后向短波方向“回缩”的过程，这一过程与图 3-23 所示的光谱演化过程具有相同的原因，即均由长波方向的强损耗导致。

图 3-25 给出了与图 3-24 对应的 InF_3 光纤的输出光谱。可以看到，峰值功率升高时，超连续谱光谱长波边向长波方向移动，且长波边越来越陡峭，这是强的非线性增益和长波方向高损耗共同导致的结果。当脉冲峰值功率分别为 50 kW、100 kW、200 kW 和 300 kW 时，超连续谱光谱的 20 dB 长波边分别为 4.20 μm、4.82 μm、5.00 μm 和 5.02 μm。

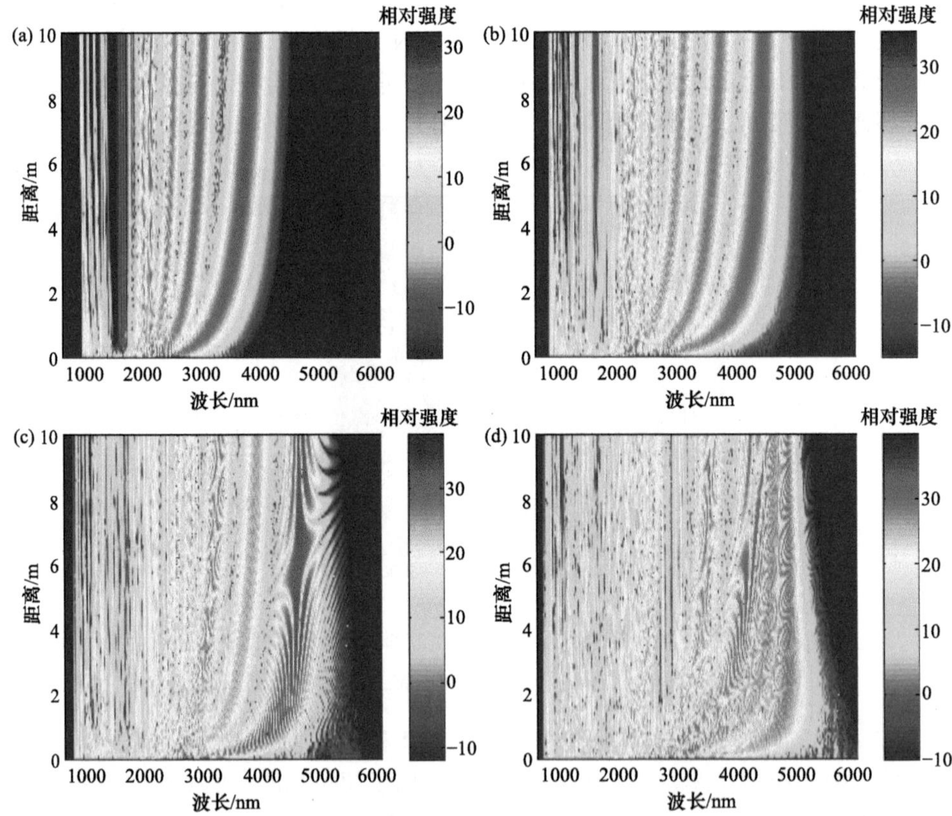

图 3-24　超短脉冲在单模非掺杂 InF_3 光纤中的光谱演化图。泵浦光中心波长为 2000 nm，脉冲宽度为 100 fs，InF_3 光纤长度为 10 m。脉冲峰值功率分别为(a)50 kW；(b)100 kW；(c)200 kW；(d)300 kW

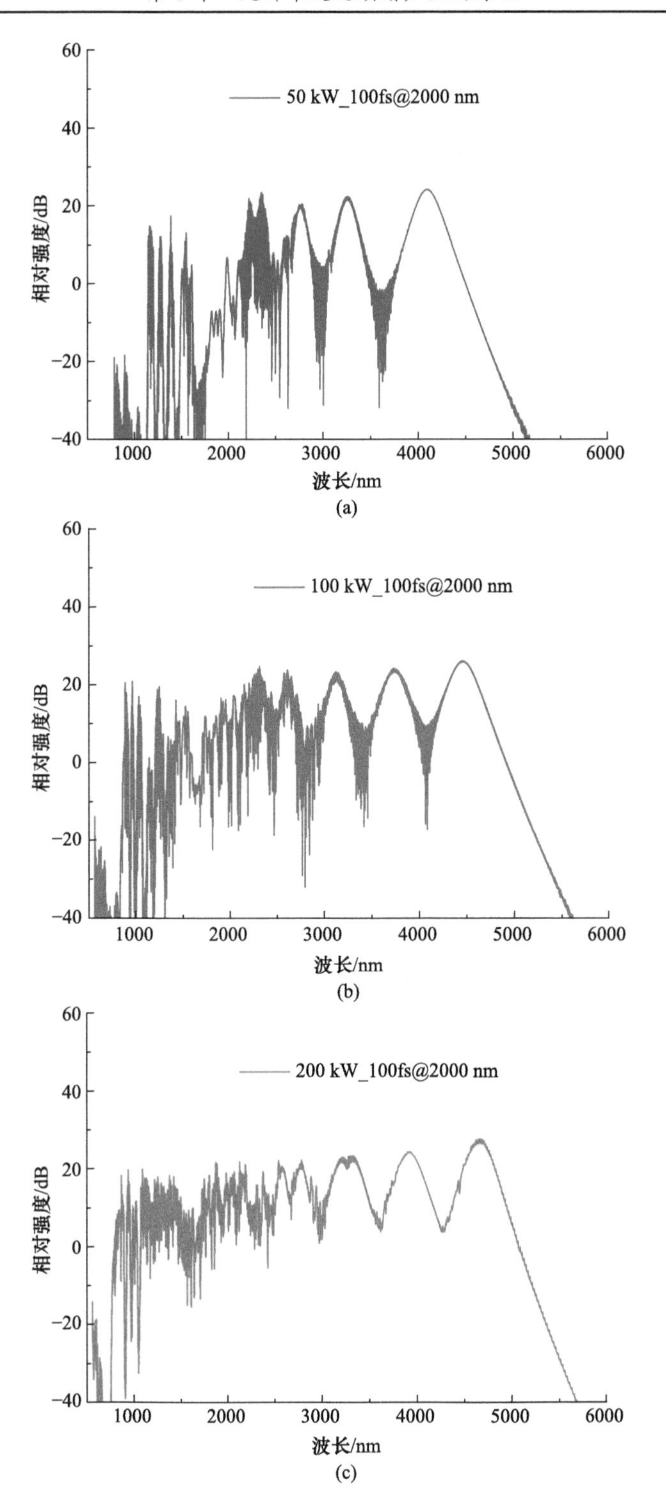
50 kW_100fs@2000 nm
相对强度/dB
波长/nm
100 kW_100fs@2000 nm
200 kW_100fs@2000 nm

(a)

(b)

(c)

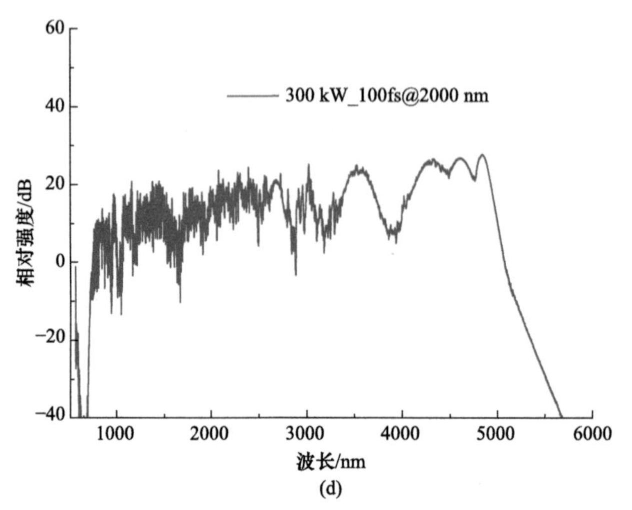

图 3-25　不同泵浦脉冲峰值功率条件下 InF_3 光纤输出光谱比较。泵浦光脉冲中心波长为 2000 nm，脉冲宽度为 100 fs，InF_3 光纤长度为 10 m，脉冲峰值功率分别为(a)50 kW；(b)100 kW；(c)200 kW；(d)300 kW

在相同泵浦脉冲参数(脉冲宽度、峰值功率等)条件下，采用长波长泵浦的情形更容易因光谱拓展至 InF_3 光纤的高损耗区而出现“光谱回缩”的现象。图 3-26 给出了当泵浦光中心波长为 2500 nm、脉冲峰值功率为 50 kW 和 100 kW(脉冲宽度仍均为 100 fs)时，InF_3 光纤中的光谱演化。与图 3-24 相比，图 3-26 中在脉冲峰值功率为 100 kW 时即出现明显的“光谱回缩”现象，而图 3-24 中直至脉冲峰值功率达到 300 kW 时才出现相当的现象。这主要是由于，当采用长波长泵浦脉冲时，泵浦波长与高损耗区波长相距较近，因而光谱拓展至高损耗区时脉冲峰值功率衰减少，在相同峰值功率条件下非线性效应更强。

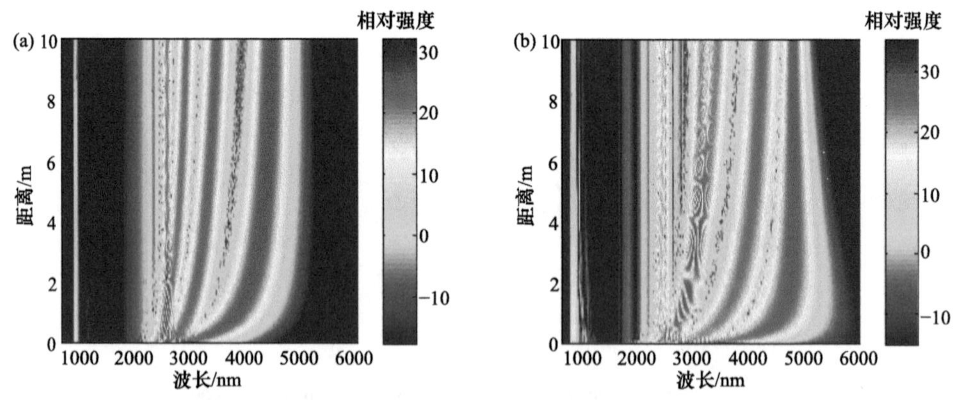

图 3-26　超短脉冲在单模非掺杂 InF_3 光纤中的光谱演化图。泵浦光中心波长为 2500 nm，脉冲宽度为 100 fs，InF_3 光纤长度为 10 m。脉冲峰值功率分别为(a)50 kW；(b)100 kW

图 3-27 给出了与图 3-26 对应的输出光谱。图 3-27(b)(泵浦峰值功率 100 kW)与图 3-27(a)(泵浦峰值功率 50 kW)相比，最先从泵浦脉冲分裂出来的孤子的光谱有进一步红移，长波边更长且光谱分布更陡峭。这两种情况下，光谱 20 dB 长波边分别为 4.78 μm 和 5.01 μm。比较图 3-27 与图 3-25 可知，当泵浦光脉冲中心波长为 2000 nm 时，20 dB 光谱长波边拓展到 5 μm 要求泵浦脉冲的峰值功率达到 200 kW，而当采用 2500 nm 飞秒脉冲泵浦 InF_3 光纤时，在脉冲峰值功率为 100 kW 时，20 dB 光谱长波边即拓展到 5 μm 以上。

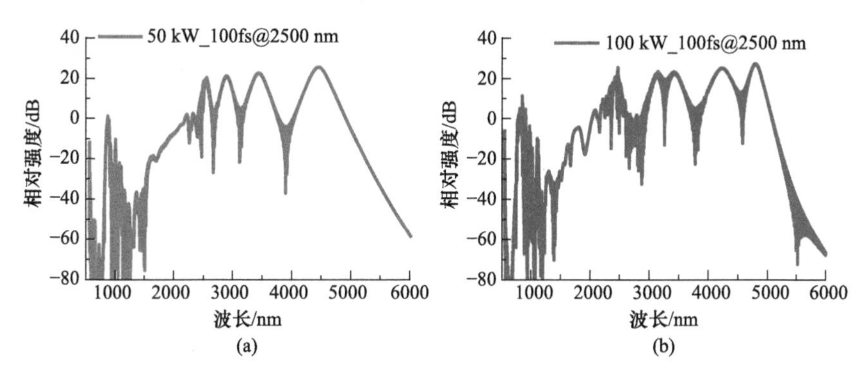

图 3-27　泵浦脉冲峰值功率分别为(a)50 kW 和(b)100 kW 时非掺杂 InF_3 光纤输出光谱比较。泵浦光脉冲中心波长为 2500 nm，脉冲宽度为 100 fs，InF_3 光纤长度为 10 m

3.6.2　有源光纤中超连续谱产生

本节以“1550 nm 纳秒脉冲+石英光纤+掺铥光纤”结构中超连续谱产生为例，数值研究超连续谱级联展宽的物理机制和时频演化过程。整个放大器结构如图 3-28 所示，1550 nm 纳秒脉冲作为种子激光，依次在单模光纤(SMF)中展宽和掺铥光纤(TDF)中放大、展宽，以实现超连续谱向长波方向的拓展。仿真中种子参数设置为双曲正割脉冲，脉冲宽度为 30 ps，峰值功率为 10 kW，噪声模型采用单模式单光子(one-photon-per-mode，OPPM)模型[22, 25]。光纤非线性折射率 n_2 取值和拉曼响应函数等见附录三，仿真中传输常数 $\beta(\omega)$ 和损耗 $\alpha(\omega)$ 均与频率相关。为避免脉冲演化在时域窗口发生折叠，采样点数设为 2^{19}，时域步长 $\mathrm{d}t = 2.8$ fs，满足奈奎斯特(Nyquist)取样法则，而且时间窗口宽达 2936 ps。

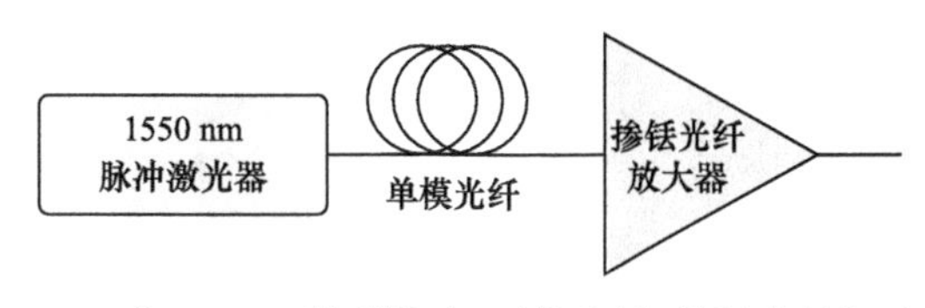

图 3-28　“1550 nm 纳秒脉冲+石英光纤+掺铥光纤”示意图

级联结构中 SMF 为 SMF 28e 光纤，纤芯/包层直径为 8 μm/125 μm，NA=0.14，

长度为 10 m。TDF 的纤芯/包层直径为 10 μm/130 μm，纤芯 NA=0.15，包层 NA = 0.46，长度为 3 m。图 3-29(a)给出了 SMF 和 TDF 的 GVD 曲线图，光纤的 ZDW 分别位于 1.28 μm 和 1.25 μm。TDF 小信号增益 $g(\omega)$可以表达为

$$g(\omega) \approx 4.34 N\Gamma\{n_{10}[\sigma_{\mathrm{a}}(\omega)+\sigma_{\mathrm{e}}(\omega)]-\sigma_{\mathrm{a}}(\omega)\} \tag{3-101}$$

式中，N 为光纤的掺杂粒子浓度；Γ 为信号光模场占纤芯面积的功率填充因子；$n_{10}=N_1/N_0$ 为归一化反转粒子数；σ_{a} 和 σ_{e} 分别为铥离子吸收和发射截面积[119, 120]。双包层光纤在波长 λ 处的包层吸收系数通常可以表示为[121]

$$\alpha(\lambda)=k_0 N\Gamma_{\mathrm{p}}\sigma_{\mathrm{a}}(\lambda) \tag{3-102}$$

式中，k_0 为 4.343；Γ_{p} 为双包层光纤纤芯与包层面积之比；铥离子吸收截面 σ_{a} 约为 $5.4\times10^{-25}\,\mathrm{m}^2$。若掺铥光纤在 793 nm 处的吸收系数为 3 dB/m，则掺杂粒子浓度 N 约为 $2.162\times10^{26}\ \mathrm{m}^{-3}$。为了简化分析过程，$n_{10}$ 取恒定值 0.04 且不考虑反转粒子沿光纤轴向分布变化。TDF 中的增益损耗分布如图 3-29(b)所示，可以看到，光纤在 1.85 μm 波段以下为光纤吸收区；1.9～2.1 μm 波段为光纤增益放大区；2.8 μm 以上波段为光纤高损耗区。

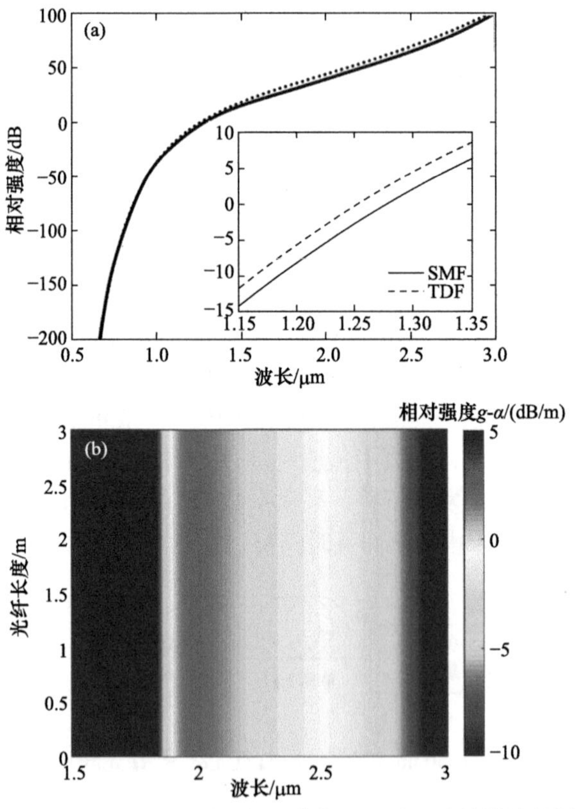

图 3-29　(a)SMF 和 TDF 的 GVD 曲线；(b)TDF 中的增益损耗分布

图 3-30(a)，(b)给出了 1550 nm 纳秒脉冲泵浦下，光谱在 SMF、TDF 中的展宽和放大过程。图 3-30(c)，(d)分别为对应光纤的输出光谱。图 3-30(a)中插图显示，脉冲在 SMF 初始演化过程中泵浦波长左右两边产生对称的边带，表明 SMF 中产生了 MI 效应。MI 导致脉冲分裂，形成一系列超短脉冲。这些超短脉冲在 SMF 中通过 SSFS 等非线性效应向长波方向扩展，最终在 SMF 输出端获得了光谱展宽至 2400 nm 以上的超连续谱，如图 3-30(c)所示。TDF 中的 Tm^{3+} 在 1.5～1.8 μm 波段具有较强的吸收，因此波长范围覆盖 1.5～2.4 μm 的孤子群进入 TDF 后，波长位于 Tm^{3+}吸收区域的短波成分被吸收，位于放大区域(1.9～2.1 μm)的长波能量在光纤中传输时被不断放大，如图 3-30(b)所示。峰值功率放大后的孤子群通过 SSFS 向长波方向进一步红移并最终到达 2.8 μm，如图 3-30(d)所示。

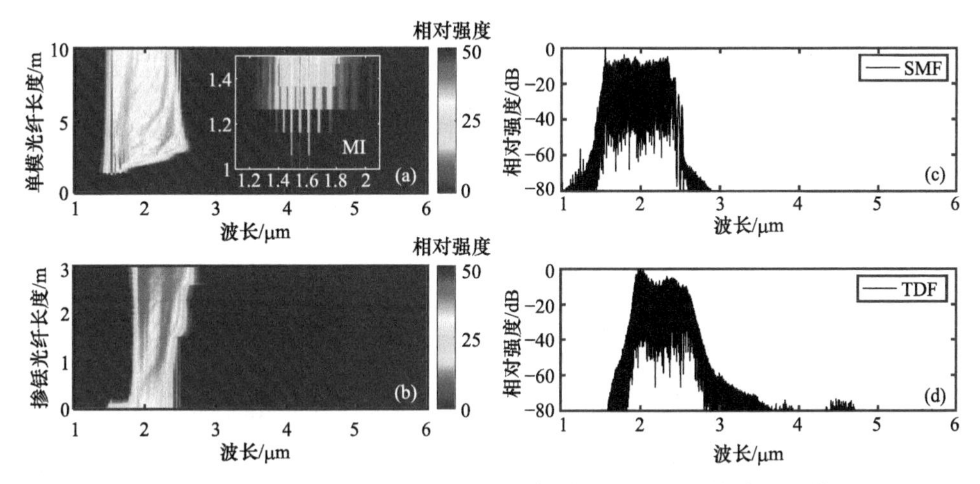

图 3-30　SMF、TDF 中的(a)，(b)光谱演化及(c)，(d)对应输出光谱

图 3-31(a)和(b)分别给出了 SMF 和 TDF 中孤子形成和放大过程的时域演化图。图 3-31(a)显示，纳秒脉冲进入 SMF 后首先经过 MI 分裂为一系列孤子；之后随着孤子群脉冲在 SMF 反常色散区中的传输，不同中心波长的孤子逐渐在时域上走离，其中长波孤子逐渐落后于短波孤子，位于整个脉冲包络的后沿部分，孤子脉冲之间的间隔随着传输距离的增加而增大。SMF 输出的孤子群脉冲进入 TDF 后，不同时间窗口内的孤子脉冲显示出了不同的演化特性，如图 3-31(b)所示。TDF 入射端位于时间窗口−100～0 ps 的脉冲成分，随光纤的传输而被吸收；位于 0～150 ps 时间窗口内的孤子群 B，随光纤传输的过程中，整体得到了有效的放大；而位于 150～300 ps 时间窗口内的孤子群 C 随光纤传输过程中未被有效地放大。

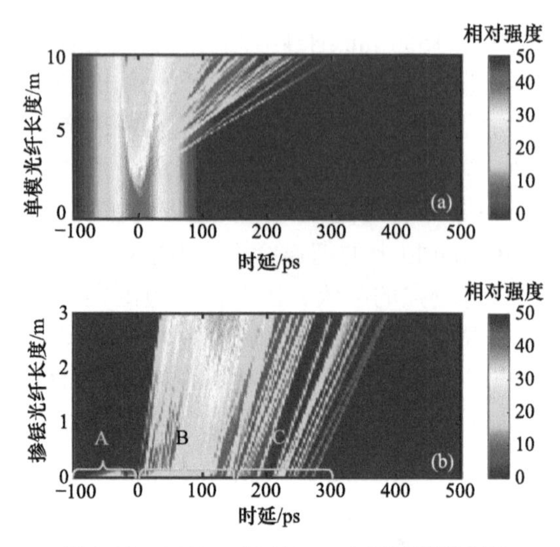

图 3-31　(a)SMF 和(b)TDF 中的时域演化图

通过对 TDF 入射脉冲时域滤波和傅里叶变换后，可以得到不同时间窗口内孤子群对应的光谱范围。图 3-32(a)～(c)分别给出了–100～0 ps、0～150 ps 以及 150～

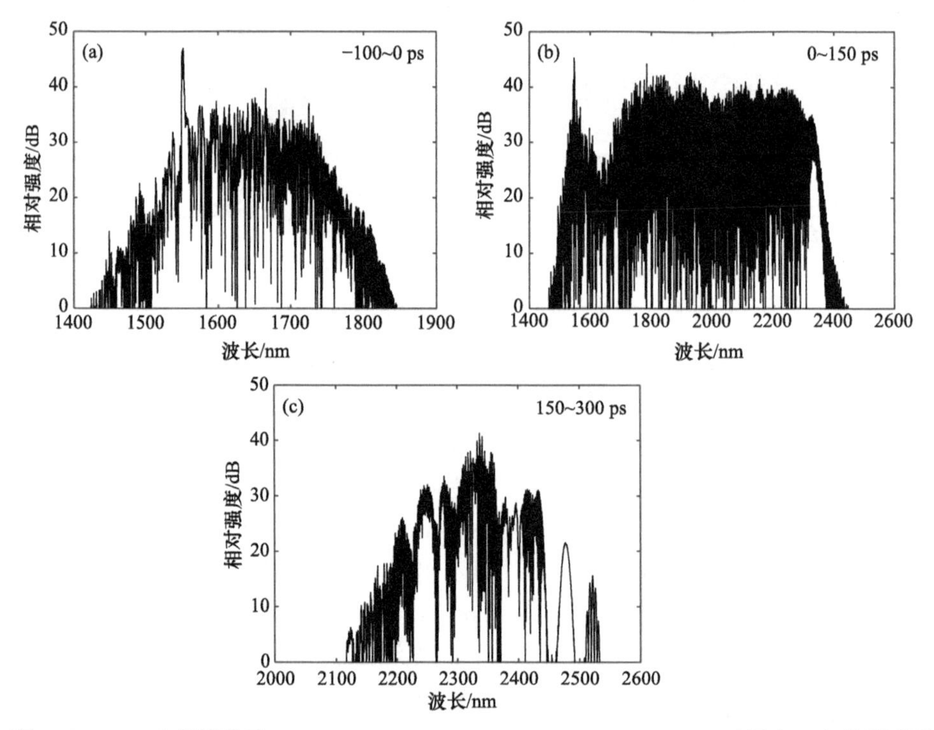

图 3-32　TDF 入射端位于(a)–100～0 ps、(b)0～150 ps、(c)150～300 ps 时间窗口内的孤子群脉冲对应的光谱范围

300 ps 时间窗口内孤子群脉冲对应的光谱范围。图 3-32(a)表明，TDF 入射端孤子群 A 对应的光谱成分位于 1850 nm 以下波段，处于 TDF 光纤的吸收区，因此会随着光纤的传输而被吸收。图 3-32(b)表明，TDF 入射端孤子群 B 对应的光谱成分覆盖 1500～2400 nm 波段，其中波长位于 TDF 光纤增益放大区(1.9～2.1 μm)之内的孤子可以随着光纤传输而被不断放大。图 3-32(c)表明，TDF 入射端孤子群 C 对应光谱位于 2100 nm 以上波段，处于 TDF 光纤增益放大区之外，因此在光纤的传输过程中没有被有效地放大。图 3-33(a)和(b)分别给出了 SMF 和 TDF 输出脉冲时域分布，可以看出，SMF 光纤输出的孤子群脉冲在经过 TDFA 放大后，峰值功率整体得到了有效的提升。

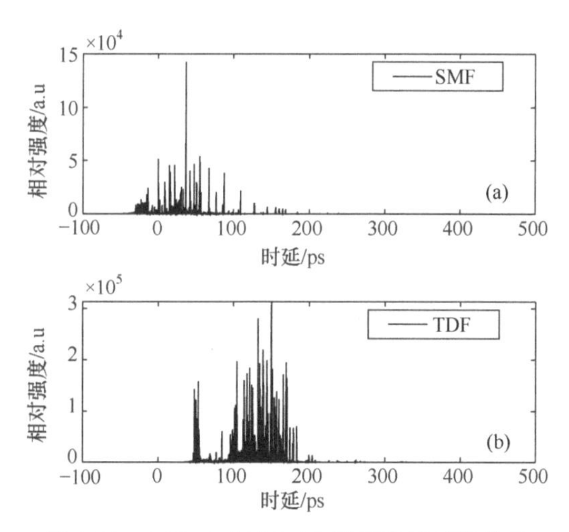

图 3-33　(a)SMF 和(b)TDF 输出脉冲时域分布

3.6.3　级联光纤中超连续谱产生

在 3.6.2 节“1550 nm 纳秒脉冲+石英光纤+掺铥光纤”的基础上，在 TDF 后级联中红外非线性光纤，可以实现中红外超连续谱激光的级联光谱拓展。

1. 掺铥光纤级联 ZBLAN 光纤

接续 3.6.2 节的仿真结果，孤子群脉冲进入 ZBLAN 光纤后的时域演化和输出脉冲时域分别如图 3-34(a)和(b)所示。TDF 输出的超短脉冲在进入光纤反常色散区后，高峰值功率的脉冲会在 ZBLAN 光纤中形成高阶孤子，并再次经历孤子分裂和 SSFS。中心波长不同的孤子群脉冲在 ZBLAN 光纤中进一步走离。总而言之，级联结构中 ZBLAN 光纤输出的 2～4.5 μm 超连续谱在本质上是一系列具有不同中心波长且时域上彼此分离的孤子群脉冲。图 3-35 给出了 SMF、TDF 和 ZBLAN 光纤中的光谱演化以及各光纤输出端的光谱曲线。

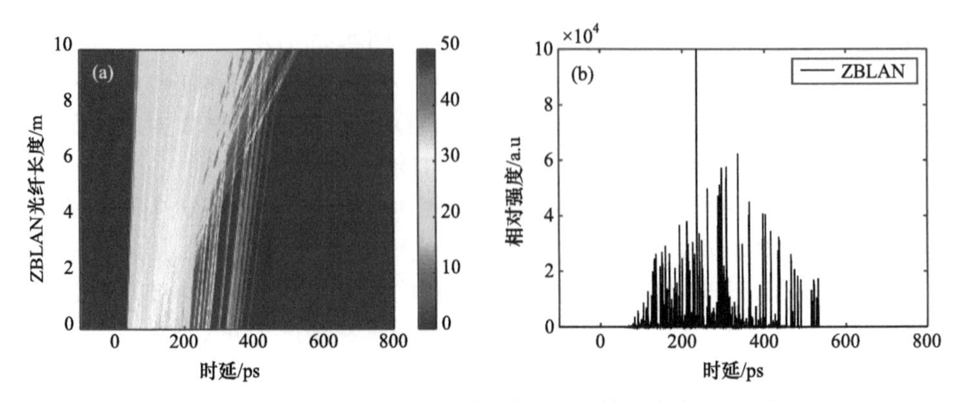

图 3-34　ZBLAN 光纤中(a)时域演化及(b)输出脉冲时域分布

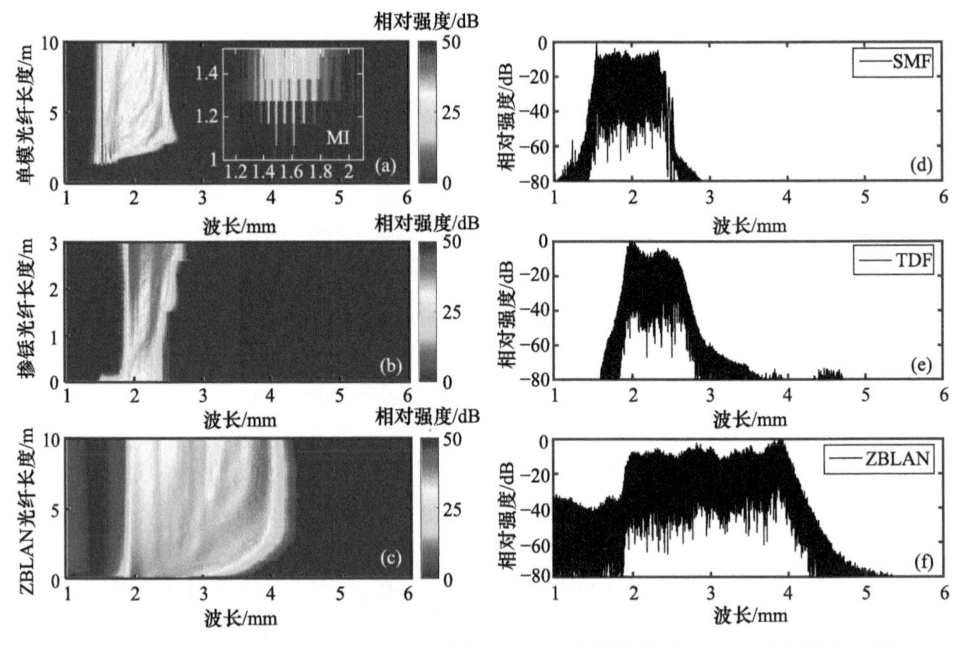

图 3-35　SMF、TDF 和 ZBLAN 光纤中的(a)～(c)光谱演化及(d)～(f)对应输出光谱

图 3-36(a)～(c)分别给出了 SMF、TDF 和 ZBLAN 光纤输出端光谱对应的时频图，时频图中可以更加清楚地分辨不同波长成分在时域上的分布。从图 3-36(a)可以看出，SMF 输出光成分包含中心波长位于 1.5～2.4 μm 的孤子群以及 1550 nm 波长处的泵浦脉冲残余。TDF 中波长在 1.8 μm 以下的超连续谱能量被吸收，同时长波波段内的孤子群峰值功率增强，如图 3-36(b)所示。峰值功率增强后的孤子在 ZBLAN 光纤中进一步向长波红移，短波部分出现微弱的 DW，如图 3-36(c)所示。

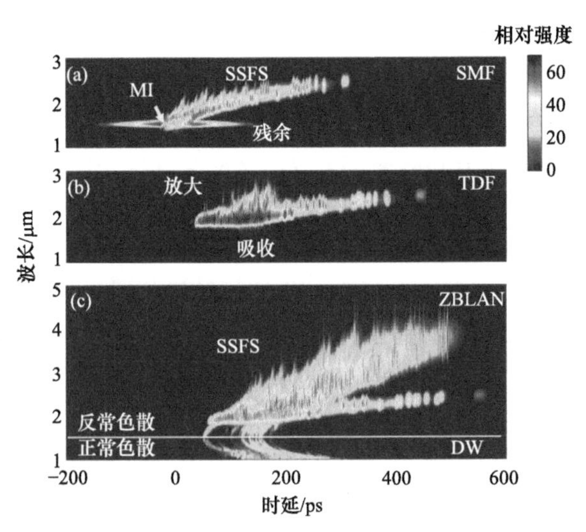

图 3-36　(a)SMF、(b)TDF、(c)ZBLAN 光纤输出脉冲时频图

2. 掺铥光纤级联 InF_3 光纤

InF_3 光纤相较于 ZBLAN 光纤具有更宽的传输窗口，可以产生长波拓展至 5 μm 的中红外超连续谱。

图 3-37 给出了与 3.6.3 节相同的级联泵浦条件下，InF_3 光纤和 ZBLAN 光纤中的光谱演化和时域演化图。通过对比图 3-37(a)和(b)可看出，InF_3 光纤中脉冲的演化和 ZBLAN 光纤中整体类似，孤子群脉冲入射进入 InF_3 光纤反常色散区后，SSFS 导致孤子群脉冲的能量红移，同时在短波方向产生了更为明显的色散波。在经历了约 7 m 的传输后，InF_3 光纤中超连续谱长波边已展宽至 5 μm 处。随着脉冲的进一步传输，光谱长波能量继续增强。对比图 3-37(c)和(d)可以看出，InF_3 光纤

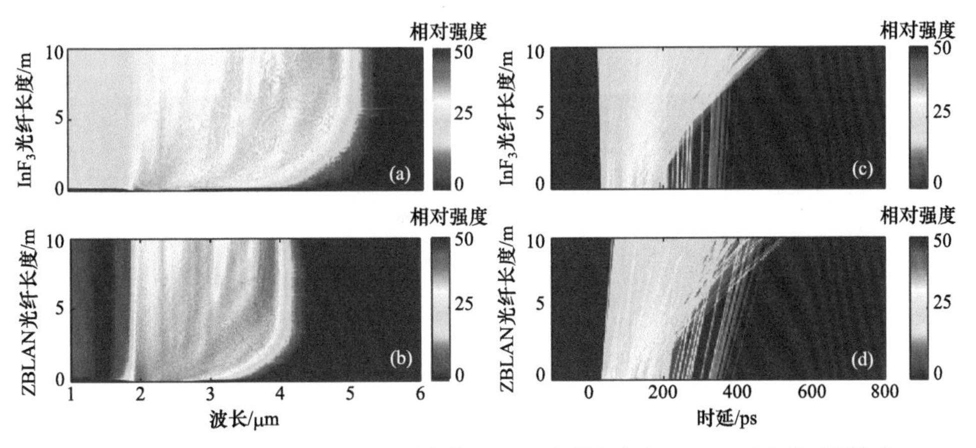

图 3-37　InF_3 光纤和 ZBLAN 光纤中的(a)，(b)光谱演化和(c)，(d)对应的时域演化

输出孤子群脉冲之间相对“紧凑”，孤子和孤子之间的间隔略小于在相同传输长度下 ZBLAN 光纤中的孤子间隔。这是由于，InF_3 光纤在 2～5 μm 波段内 GVD 系数较小，脉冲间的走离程度相对较弱。

图 3-38(a)和(b)分别为 InF_3 光纤和 ZBLAN 光纤输出脉冲时域分布，可以看出，在 InF_3 光纤输出端孤子群的峰值功率整体略低于在 ZBLAN 光纤输出端孤子群，这是由于相对于孤子群脉冲在 ZBLAN 光纤中频移至 4 μm，孤子群在 InF_3 光纤内完成了从 2～2.5 μm 到 2～5 μm 的波长转换，对应的量子亏损也较多。

图 3-39(a)和(b)分别给出了 InF_3 光纤和 ZBLAN 光纤输出脉冲对应的时频图，可以看出相对于 ZBLAN 光纤，InF_3 光纤短波部分更容易产生群速度匹配的色散波。InF_3 短波更容易产生色散波的原因是：仿真中 ZBLAN 光纤的 ZDW 位于 1.52 μm，而 InF_3 光纤的 ZDW 位于 1.64 μm，TDF 输出的 2～2.5 μm 的泵浦光距 InF_3 光纤的 ZDW 更近，因此红移孤子与色散波之间相位匹配条件更容易满足。

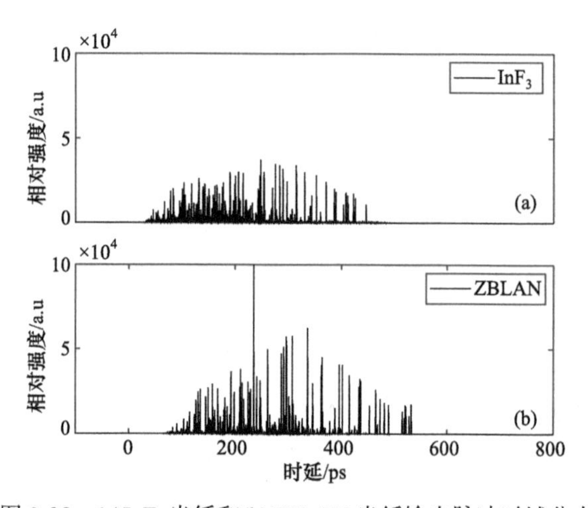

图 3-38 (a)InF_3 光纤和(b)ZBLAN 光纤输出脉冲时域分布

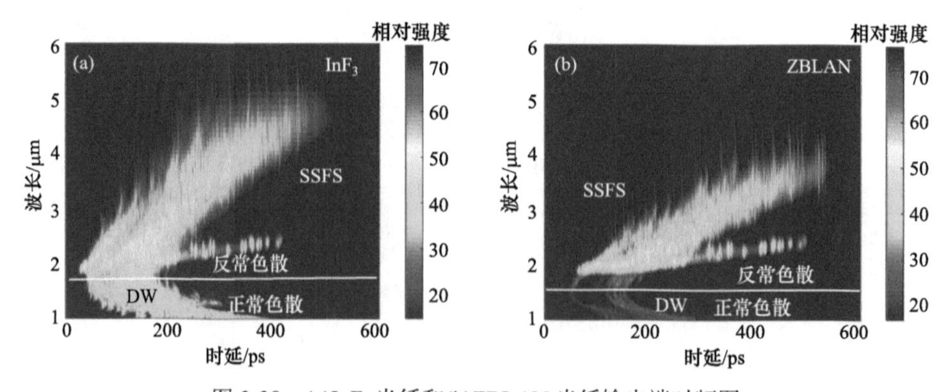

图 3-39 (a)InF_3 光纤和(b)ZBLAN 光纤输出端时频图

3.6.4 渐变折射率多模光纤中超连续谱产生

近年来，人们对复杂非线性动力学现象的研究热情越来越大，特别是对渐变折射率多模光纤(GRIN-MMF)中超连续谱的产生。与单模光纤相比，多模光纤的纤芯直径更大，所以，多模光纤(MMF)具有承载高功率的潜力。与阶跃折射率多模光纤相比，其抛物线形状的折射率分布使得模式间的色散更小[122]。此外，在探索新的非线性现象中，GRIN-MMF 具有一些特殊的优势。例如，克尔自清洁(Kerr beam self-cleaning, KBSC)[123]、几何参数不稳性(geometrical parameter instability, GPI)[124]、多模光孤子(multimode optical soliton, MMS)[125]等现象。其中前两种现象对多模光纤产生超连续谱的输出光束质量和光谱展宽范围尤为重要。

GRIN-MMF 中的克尔自清洁现象，源于 GRIN-MMF 周期性的折射率光栅引起强烈的周期振荡。这会导致高峰值功率脉冲在传输过程中能量从高阶模式向基模转移，即模式间的能量交换。在克尔自清洁过程中，高阶模成分向基模成分的能量转移不会一直发生；当基模的能量达到光场总能量的一定比例时，基模成分的能量将不再增长，能量稳定地保存在基模中，不发生逆向转移。在超连续谱的产生过程中，克尔效应和拉曼效应在 GRIN-MMF 中共同促使输出端光强呈现钟形分布[123]。对于准连续泵浦脉冲在光纤的正常色散区传输，非线性折射率光栅将导致在可见光和近红外区域产生一系列强的准相位匹配导致的四波混频边带，如图 3-40 所示，这称为 GPI 边带[124]。克尔自清洁和 GPI 现象使得 GRIN-MMF 成为产生高亮度、宽光谱范围、高输出功率超连续谱的研究热点。

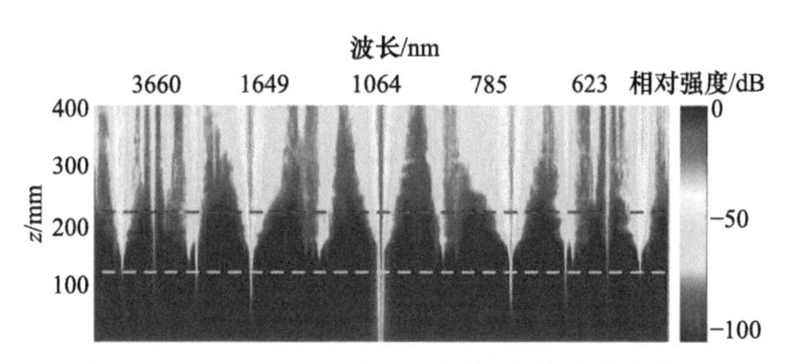

图 3-40 GRIN-MMF 中，不同长度的光谱演变[123]

多模光纤产生超连续谱的实验最早可以追溯到 2013 年，人们首次报道了在 GRIN-MMF 产生超连续谱的实验，获得了 523 nm 到 1750 nm 的光谱[126]。2015 年，在 GRIN-MMF 的反常色散区，用 1550 nm 的超短脉冲激光泵浦，在可见光区域观测到一系列间距不等的波峰，这是由时空孤子与色散波的相互作用所致[127]。随后，在 2016 年，人们在低差分群延迟 GRIN-MMF 的正色散区，用 1064 nm 激光泵浦时，产生了从 450～2500 nm 的宽度平坦的超连续谱，其中首次在实验上证实 GPI 效应是生成可见光超连续谱的主要机制[128]。

近年来，使用 GRIN-MMF 获得高功率超连续谱方面也已经有了较大的进展，2022 年，中国科学院西安光学精密机械研究所[129]报道了基于全光纤结构放大泵浦 GRIN-MMF 的方案，使用中心波长为 1064 nm 的脉冲，通过放大来获得足够高的峰值功率去泵浦 20 m 的 GRIN-MMF，获得了 2 W 输出功率，获得光谱范围为 450～2400 nm 的超连续谱。同年，北京大学[130]使用中心波长为 1030 nm 的脉冲，通过逐级放大来获得足够高的峰值功率去泵浦不同长度的 GRIN-MMF，输出端获得 25 W 平均功率，光谱展宽范围为 480～2440 nm。2023 年，国防科技大学为了优化放大级的输出功率，使用了更大纤芯直径的掺杂光纤作为放大级，其结构如图 3-41 所示，在输出功率上获得了 204 W 的输出，其光谱展宽范围是 580～2400 nm[131]。

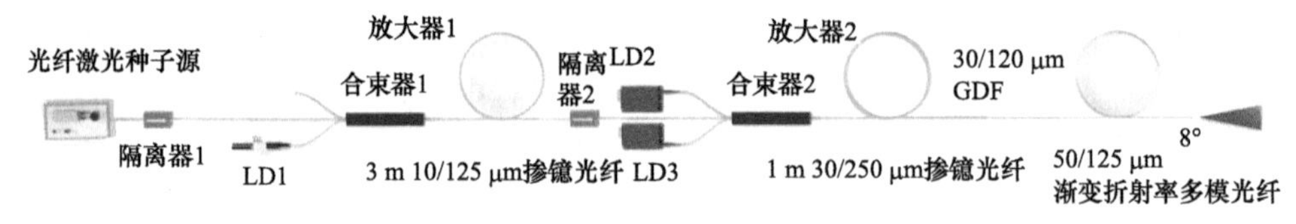

图 3-41　基于 GRIN-MMF 的可见–近红外–短波红外超连续谱实验结构示意图[130]

参 考 文 献

[1] Hult J. A fourth-order Runge-Kutta in the interaction picture method for simulating supercontinuum generation in optical fibers [J]. Journal of Lightwave Technology, 2007, 25(12): 3770-3775.

[2] Liu L, Qin G, Tian Q, et al. Numerical investigation of mid-infrared supercontinuum generation up to 5 μm in single mode fluoride fiber [J]. Opt. Express, 2011, 19(11): 10041-10048.

[3] Laegsgaard J. Mode profile dispersion in the generalised nonlinear Schrödinger equation [J]. Opt. Express, 2007, 15(24): 16110-16123.

[4] Dudley J M, Taylor J R. Supercontinuum Generation in Optical Fibers [M]. Cambridge: Cambridge Univ. Pr., 2010.

[5] Agrawal G P. Nonlinear Fiber Optics [M]. 5th ed. San Diego: Academic Press, 2013.

[6] Alfano R R. The Supercontinuum Laser Source: The Ultimate White Light [M]. 4th ed. New York: Springer, 2016.

[7] Agrawal G P. Nonlinear Fiber Optics [M]. 4th ed. San Diego: Academic Press, 2007.

[8] Dudley J M, Genty G, Coen S, et al. Supercontinuum generation in photonic crystal fiber [J]. Reviews of Modern Physics, 2006, 78(4): 1135.

[9] Shen Y R. The Principles of Nonlinear Optics [M]. NewYork: Wiley-Interscience, 2003.

[10] Hasegawa A, Tappert F. Transmission of stationary nonlinear optical pulses in dispersive dielectric fibers. I. Anomalous dispersion [J]. Applied Physics Letters, 1973, 23(3): 142-144.

[11] Fisher R A, Bischel W K. Numerical studies of the interplay between self-phase modulation and dispersion for intense plane-wave laser pulses [J]. Journal of Applied Physics, 1975, 46(11): 4921-4934.

[12] Fisher R A, Bischel W. The role of linear dispersion in plane-wave self-phase modulation [J]. Applied Physical Letters, 1973, 23(12): 661-663.

[13] Weiss G H, Maradudin A A. The Baker-Hausdorff formula and a problem in crystal physics [J]. J. Math. Phys., 1962, 3(4): 771-777.

[14] Fleck J, Morris J, Feit M. Time-dependent propagation of high energy laser beams through the atmosphere [J]. Applied Physics A: Materials Science & Processing, 1976, 10(2): 129-160.

[15] Lax M, Batteh J H, Agrawal G P. Channeling of intense electromagnetic beams [J]. Journal of Applied Physics, 1981, 52(1): 109-125.

[16] Sinkin O V, Holzlöhner R, Zweck J, et al. Optimization of the split-step fourier method in modeling optical-fiber communications systems [J]. J. Lightwave Technol., 2003, 21(1): 61-68.

[17] Gear C W. Numerical Initial Value Problems in Ordinary Differential Equations [M]. New Jersey: Prentice Hall PTR, 1971.

[18] Heidt A. Efficient adaptive step size method for the simulation of supercontinuum generation in optical fibers [J]. J. Lightwave Technol., 2009, 27(18): 3984-3991.

[19] Mamyshev P V, Chernikov S V. Ultrashort-pulse propagation in optical fibers [J]. Opt. Lett., 1990, 15(19): 1076-1078.

[20] Smith R G. Optical power handling capacity of low loss optical fibers as determined by stimulated Raman and Brillouin scattering [J]. Appl. Opt., 1972, 11(11): 2489-2494.

[21] Goodman J W. Statistical Optics [M]. NewYork: Wiley, 2000.

[22] Frosz M H. Validation of input-noise model for simulations of supercontinuum generation and rogue waves [J]. Opt. Express, 2010, 18(14): 14778-14787.

[23] Frosz M H, Bang O, Bjarklev A. Soliton collision and Raman gain regimes in continuous-wave pumped supercontinuum generation [J]. Opt. Express, 2006, 14(20): 9391-9407.

[24] Cavalcanti S B, Agrawal G P, Yu M. Noise amplification in dispersive nonlinear media [J]. Physical Review A, 1995, 51(5): 4086-4092.

[25] Mussot A, Lantz E, Maillotte H, et al. Spectral broadening of a partially coherent CW laser beam in single-mode optical fibers [J]. Opt. Express, 2004, 12(13): 2838-2843.

[26] Agrawal G P. Modulation instability in erbium-doped fiber amplifiers [J]. IEEE Photonics Technology Letters, 1992, 4(6): 562-564.

[27] Lei C, Song R, Jin A, et al. Low-threshold broadband spectrum generation by amplification of cascaded stimulated raman scattering in an ytterbium-doped fiber amplifier [J]. Chinese Physics Letters, 2015, 32(7): 074202.

[28] Agrawal G P. Effect of gain dispersion and stimulated Raman scattering on soliton amplification in fiber amplifiers [J]. Opt. Lett., 1991, 16(4): 226.

[29] Serkin V N, Hasegawa A. Exactly integrable nonlinear Schrödinger equation models with varying dispersion, nonlinearity and gain: application for soliton dispersion [J]. IEEE Journal of Selected Topics in Quantum Electronics, 2002, 8(3): 418-431.

[30] Kulkarni O P. Single mode optical fiber based devices and systems for mid-infrared light generation, communication and metrology [D]. Ann Arbor: The University of Michigan, 2011.

[31] 靳爱军. 基于光纤放大器的超连续谱光源研究[D]. 长沙: 国防科学技术大学, 2015.

[32] Lin S F, Lin G R. Dual-band wavelength tunable nonlinear polarization rotation mode-locked Erbium-doped fiber lasers induced by birefringence variation and gain curvature alteration [J]. Opt. Express, 2014, 22(18): 22121.

[33] Lucas E, Lombard L, Jaouën Y, et al. 1 kW peak power, 110 ns single-frequency thulium doped fiber amplifier at 2050 nm [J]. Appl. Opt., 2014, 53(20): 4413-4419.

[34] Grischkowsky D, Balant A C. Optical pulse compression based on enhanced frequency chirping [J]. Applied Physical Letters, 1982, 41(1): 1-3.

[35] Frosz M H, Sørensen T, Bang O. Nanoengineering of photonic crystal fibers for supercontinuum spectral shaping [J]. J. Opt. Soc. Am. B, 2006, 23(8): 1692-1699.

[36] Golovchenko E A, Pilipetskii A N. Unified analysis of four-photon mixing, modulational instability, and stimulated Raman scattering under various polarization conditions in fibers [J]. J. Opt. Soc. Am. B, 1994, 11(1): 92-101.

[37] Stolen R H, Bjorkholm J E. Parametric amplification and frequency conversion in optical fibers [J]. IEEE Journal of Quantum Electronics, 1982, 18(7): 1062-1072.

[38] Stolen R H, Gordon J P, Tomlinson W J, et al. Raman response function of silica-core fibers [J]. J. Opt. Soc. Am. B, 1989, 6(6): 1159-1166.

[39] Coen S, Wardle D A, Harvey J D. Observation of non-phase-matched parametric amplification in resonant nonlinear optics [J]. Physical Review Letters, 2002, 89(27): 273901.

[40] Vanholsbeeck F, Emplit P, Coen S. Complete experimental characterization of the influence of parametric four-wave mixing on stimulated Raman gain [J]. Opt. Lett., 2003, 28(20): 1960-1962.

[41] Stolen R H, Lee C, Jain R K. Development of the stimulated Raman spectrum in single-mode silica fibers [J]. J. Opt. Soc. Am. B, 1984, 1(4): 652-657.

[42] Blow K J, Wood D. Theoretical description of transient stimulated Raman scattering in optical fibers [J]. IEEE Journal of Quantum Electronics, 1989, 25(12): 2665-2673.

[43] Lin Q, Agrawal G P. Raman response function for silica fibers [J]. Opt. Lett., 2006, 31(21): 3086-3088.

[44] Hollenbeck D, Cantrell C D. Multiple-vibrational-mode model for fiber-optic Raman gain spectrum and response function [J]. J. Opt. Soc. Am. B, 2002, 19(12): 2886-2892.

[45] Zhang W Q, Afshar V S, Monro T M. A genetic algorithm based approach to fiber design for high coherence and large bandwidth supercontinuum generation [J]. Opt. Express, 2009, 17(21): 19311-19327.

[46] Gordon J P. Theory of the soliton self-frequency shift [J]. Opt. Lett., 1986, 11(10): 662-664.

[47] Herrmann J, Nazarkin A. Soliton self-frequency shift for pulses with a duration less than the period of molecular oscillations [J]. Opt. Lett., 1994, 19(24): 2065-2067.

[48] Frosz M H. Supercontinuum generation in photonic crystal fibres: Modelling and dispersion engineering for spectral shaping [D]. Lyngby: University of Denmark, 2006.

[49] Voronin A A, Zheltikov A M. Soliton self-frequency shift decelerated by self-steepening [J]. Opt. Lett., 2008, 33(15): 1723-1725.

[50] Beaud P, Hodel W, Zysset B, et al. Ultrashort pulse propagation, pulse breakup, and fundamental soliton formation in a single-mode optical fiber [J]. IEEE Journal of Quantum Electronics, 1987,

23(11): 1938-1946.

[51] Lucek J K, Blow K J. Soliton self-frequency shift in telecommunications fiber [J]. Physical Review A, 1992, 45(9): 6666-6674.

[52] Kodama Y, Hasegawa A. Nonlinear pulse propagation in a monomode dielectric guide [J]. IEEE Journal of Quantum Electronics, 1987, 23(5): 510-524.

[53] Chen C M, Kelley P L. Nonlinear pulse compression in optical fibers: scaling laws and numerical analysis [J]. J. Opt. Soc. Am. B, 2002, 19(9): 1961-1967.

[54] Gordon J P. Dispersive perturbations of solitons of the nonlinear Schrödinger equation [J]. J. Opt. Soc. Am. B, 1992, 9(1): 91-97.

[55] Elgin J N, Brabec T, Kelly S M J. A perturbative theory of soliton propagation in the presence of third order dispersion [J]. Optics Communications, 1995, 114(3-4): 321-328.

[56] Wai P K A, Menyuk C R, Lee Y C, et al. Nonlinear pulse propagation in the neighborhood of the zero-dispersion wavelength of monomode optical fibers [J]. Opt. Lett., 1986, 11(7): 464-466.

[57] Erkintalo M, Genty G, Dudley J M. Soliton collision induced dispersive wave generation[C]. Proceedings of the CLEO/QELS, 2010, San Jose, CA, United states: Association for Computing Machinery, 2010.

[58] Erkintalo M, Genty G, Dudley J M. Experimental signatures of dispersive waves emitted during soliton collisions [J]. Opt. Express, 2010, 18(13): 13379-13384.

[59] Tartara L, Cristiani I, Degiorgio V. Blue light and infrared continuum generation by soliton fission in a microstructured fiber [J]. Applied Physics B: Lasers and Optics, 2003, 77(2): 307-311.

[60] Cristiani I, Tediosi R, Tartara L, et al. Dispersive wave generation by solitons in microstructured optical fibers [J]. Opt Express, 2004, 12(1): 124-135.

[61] Akhmediev N, Karlsson M. Cherenkov radiation emitted by solitons in optical fibers [J]. Physical Review A, 1995, 51(3): 2602-2607.

[62] Nishizawa N, Goto T. Characteristics of pulse trapping by ultrashort soliton pulse in optical fibers across zerodispersion wavelength [J]. Opt. Express, 2002, 10(21): 1151-1160.

[63] Roy S, Bhadra S K, Saitoh K, et al. Dynamics of Raman soliton during supercontinuum generation near the zero-dispersion wavelength of optical fibers [J]. Opt. Express, 2011, 19(11): 10443.

[64] Yulin A V, Skryabin D V, Russell P S J. Four-wave mixing of linear waves and solitons in fibers with higher-order dispersion [J]. Opt. Lett., 2004, 29(20): 2411-2413.

[65] Skryabin D V, Yulin A V. Theory of generation of new frequencies by mixing of solitons and dispersive waves in optical fibers [J]. Physical Review E, 2005, 72(1): 016619.

[66] Frosz M H, Moselund P M, Rasmussen P D, et al. Increasing the blue-shift of a supercontinuum by modifying the fiber glass composition [J]. Opt. Express, 2008, 16(25): 21076-21086.

[67] Fleming J W. Material dispersion in lightguide glasses [J]. Electronics Letters, 1978, 14(11): 326-328.

[68] Kudlinski A, Bouwmans G, Vanvincq O, et al. White-light CW-pumped supercontinuum generation in highly GeO_2-doped-core photonic crystal fibers [J]. Opt. Lett., 2009, 34(23): 3631-3633.

[69] Zhang X, Wei H, Zhu X, et al. A hollow beam supercontinuum generation in a GeO_2 doped triangular-core photonic crystal fiber, 2013 [C]. Optical Society of America, 2013.

[70] Tombelaine V, Buy-Lesvigne C, Leproux P, et al. Optical poling in germanium-doped microstructured optical fiber for visible supercontinuum generation [J]. Opt. Lett., 2008, 33(17): 2011-2013.

[71] Cascante-Vindas J, Torres-Peiró S, Diez A, et al. Supercontinuum generation in highly Ge-doped core Y-shaped microstructured optical fiber [J]. Appl. Phys. B-Lasers Opt., 2010, 98(2-3): 371-376.

[72] Barviau B, Vanvincq O, Mussot A, et al. Enhanced soliton self-frequency shift and CW supercontinuum generation in GeO_2-doped core photonic crystal fibers [J]. J. Opt. Soc. Am. B-Opt. Phys., 2011, 28(5): 1152-1160.

[73] Modotto D, Manili G, Minoni U, et al. Ge-doped microstructured multicore fiber for customizable supercontinuum generation [J]. Photonics Journal, IEEE, 2011, 3(6): 1149-1156.

[74] Anashkina E, Andrianov A, Koptev M Y, et al. Generating tunable optical pulses over the ultrabroad range of 1.6～2.5 μm in GeO_2-doped silica fibers with an Er: fiber laser source [J]. Opt. Express, 2012, 20(24): 27102-27107.

[75] Domachuk P, Wolchover N A, Cronin-Golomb M, et al. Over 4000 nm bandwidth of mid-IR supercontinuum generation in sub-centimeter segments of highly nonlinear tellurite PCFs[J]. Opt. Express, 2008, 16(10): 7161-7168.

[76] Heidt A M. Novel coherent supercontinuum light sources based on all-normal dispersion fibers [D]. Stellenbosch: University of Stellenbosch, 2011.

[77] Coen S, Chau A H L, Leonhardt R, et al. Supercontinuum generation by stimulated Raman scattering and parametric four-wave mixing in photonic crystal fibers [J]. Journal of the Optical Society of America B, 2002, 19(4): 753-764.

[78] Cheng T, Zhang L, Xue X, et al. Broadband cascaded four-wave mixing and supercontinuum generation in a tellurite microstructured optical fiber pumped at 2 μm [J]. Opt. Express, 2015, 23(4): 4125-4134.

[79] Zhang L, Jiang H, Cui S, et al. Versatile Raman fiber laser for sodium laser guide star [J]. Laser & Photonics Reviews, 2014, 8(6): 889-895.

[80] Jiang H, Zhang L, Feng Y. Silica-based fiber Raman laser at >2.4 μm [J]. Opt. Lett., 2015, 40(14): 3249-3252.

[81] Fedotov A B, Naumov A N, Zheltikov A M, et al. Frequency-tunable supercontinuum generation in photonic-crystal fibers by femtosecond pulses of an optical parametric amplifier [J]. J. Opt. Soc. Am. B, 2002, 19(9): 2156-2164.

[82] Price J, Belardi W, Monro T, et al. Soliton transmission and supercontinuum generation in holey fiber, using a diode pumped Ytterbium fiber source [J]. Opt. Express, 2002, 10(8): 382-387.

[83] Reeves W H, Skryabin D V, Biancalana F, et al. Transformation and control of ultra-short pulses in dispersion-engineered photonic crystal fibres [J]. Nature, 2003, 424(6948): 511-515.

[84] Hilligsøe K M, Paulsen H N, Thøgersen J, et al. Initial steps of supercontinuum generation in photonic crystal fibers [J]. J. Opt. Soc. Am. B, 2003, 20(9): 1887-1893.

[85] Moeser J T, Wolchover N A, Knight J C, et al. Initial dynamics of supercontinuum generation in highly nonlinear photonic crystal fiber [J]. Opt. Lett., 2007, 32(8): 952-954.

[86] Sakamaki K, Nakao M, Naganuma M, et al. Soliton induced supercontinuum generation in photonic crystal fiber [J]. IEEE Journal of Selected Topics in Quantum Electronics, 2004, 10(5): 876-884.

[87] Husakou A V, Herrmann J. Supercontinuum generation of higher-order solitons by fission in photonic crystal fibers [J]. Physical Review Letters, 2001, 87(20): 203901.

[88] Herrmann J, Griebner U, Zhavoronkov N, et al. Experimental evidence for supercontinuum generation by fission of higher-order solitons in photonic fibers [J]. Physical Review Letters, 2002, 88(17): 173901.

[89] Genty G, Lehtonen M, Ludvigsen H. Effect of cross-phase modulation on supercontinuum generated in microstructured fibers with sub-30 fs pulses [J]. Opt. Express, 2004, 12(19): 4614-4624.

[90] Driben R, Mitschke F, Zhavoronkov N. Cascaded interactions between Raman induced solitons and dispersive waves in photonic crystal fibers at the advanced stage of supercontinuum generation [J]. Opt. Express, 2010, 18(25): 25993.

[91] Coen S, Chau A H, Leonhardt R, et al. White-light supercontinuum generation with 60-ps pump pulses in a photonic crystal fiber [J]. Opt. Lett., 2001, 26(17): 1356-1358.

[92] Provino L, Dudley J M, Maillotte H, et al. Compact broadband continuum source based on microchip laser pumped microstructured fibre [J]. Electronics Letters, 2001, 37(9): 558.

[93] Avdokhin A V, Popov S V, Taylor J R. Continuous-wave, high-power, Raman continuum generation in holey fibers [J]. Opt. Lett., 2003, 28(15): 1353-1355.

[94] Schreiber T, Limpert J, Zellmer H, et al. High average power supercontinuum generation in photonic crystal fibers [J]. Optics Communications, 2003, 228(1-3): 71-78.

[95] Seefeldt M, Heuer A, Menzel R. Compact white-light source with an average output power of 2.4 W and 900 nm spectral bandwidth [J]. Optics Communications, 2003, 216(1-3): 199-202.

[96] González-Herráez M, Martín-López S, Corredera P, et al. Supercontinuum generation using a continuous-wave Raman fiber laser [J]. Optics Communications, 2003, 226(1-6): 323-328.

[97] Nicholson J W, Abeeluck A K, Headley C, et al. Pulsed and continuous-wave supercontinuum generation in highly nonlinear, dispersion-shifted fibers [J]. Applied Physics B: Lasers and Optics, 2003, 77(2): 211-218.

[98] Abeeluck A K, Headley C. Supercontinuum growth in a highly nonlinear fiber with a low-coherence semiconductor laser diode [J]. Journal Article, 2004, 85(21): 4863-4865.

[99] Nakazawa M, Suzuki K, Kubota H, et al. High-order solitons and the modulational instability [J]. Physical Review A, 1989, 39(11): 5768-5776.

[100] Kutz J N, Lyngå C, Eggleton B. Enhanced supercontinuum generation through dispersion-management [J]. Opt. Express, 2005, 13(11): 3989-3998.

[101] Raja R V J, Porsezian K, Nithyanandan K. Modulational-instability-induced supercontinuum generation with saturable nonlinear response [J]. Physical Review A-Atomic, Molecular, and Optical Physics, 2010, 82(1): 013825.

[102] Vanholsbeeck F, Martin-Lopez S, González-Herráez M, et al. The role of pump incoherence in continuous-wave supercontinuum generation [J]. Opt. Express, 2005, 13(17): 6615-6625.

[103] Stone J M, Knight J C. Visibly "white" light generation in uniform photonic crystal fiber using a

microchip laser [J]. Opt. Express, 2008, 16(4): 2670-2675.

[104] Korneev N, Kuzin E A, Ibarra-Escamilla B, et al. Initial development of supercontinuum in fibers with anomalous dispersion pumped by nanosecond-long pulses [J]. Opt. Express, 2008, 16(4): 2636-2645.

[105] Kobtsev S, Smirnov S. Modelling of high-power supercontinuum generation in highly nonlinear, dispersion shifted fibers at CW pump [J]. Opt. Express, 2005, 13(18): 6912-6918.

[106] Abeeluck A K, Headley C. Continuous-wave pumping in the anomalous- and normal-dispersion regimes of nonlinear fibers for supercontinuum generation [J]. Opt. Lett., 2005, 30(1): 61-63.

[107] Cavalcanti S B, Cressoni J C, da Cruz H R, et al. Modulation instability in the region of minimum group-velocity dispersion of single-mode optical fibers via an extended nonlinear Schrödinger equation [J]. Physical Review A, 1991, 43(11): 6162.

[108] Abdullaev F K, Darmanyan S A, Bischoff S, et al. Modulational instability in optical fibers near the zero dispersion point [J]. Optics Communications, 1994, 108(1-3): 60-64.

[109] Pitois S, Millot G. Experimental observation of a new modulational instability spectral window induced by fourth-order dispersion in a normally dispersive single-mode optical fiber [J]. Optics Communications, 2003, 226(1-6): 415-422.

[110] Harvey J D, Leonhardt R, Coen S, et al. Scalar modulation instability in the normal dispersion regime by use of a photonic crystal fiber [J]. Opt. Lett., 2003, 28(22): 2225-2227.

[111] Demircan A, Bandelow U. Supercontinuum generation by the modulation instability [J]. Optics Communications, 2005, 244(1-6): 181-185.

[112] Golovchenko E A, Mamyshev P V, Pilipetskii A N, et al. Mutual influence of the parametric effects and stimulated Raman scattering in optical fibers [J]. IEEE Journal of Quantum Electronics, 1990, 26(10): 1815-1820.

[113] Pavlov L I, Kovachev L M, Dakova D Y, et al. Effect of parametric processes on the stimulated Raman scattering in fibers[C]. Proceedings of the 14th International School on Quantum Electronics: Laser Physics and Applications, Sunny Beach, Bulgaria: SPIE, 2007.

[114] Silva N A, Muga N J, Pinto A N. Influence of the stimulated raman scattering on the four-wave mixing process in birefringent fibers [J]. J. Lightwave Technol., 2009, 27(22): 4979-4988.

[115] Chen A Y H, Wong G K L, Murdoch S G, et al. Widely tunable optical parametric generation in a photonic crystal fiber [J]. Opt. Lett., 2005, 30(7): 762-764.

[116] Dudley J M, Provino L, Grossard N, et al. Supercontinuum generation in air-silica microstructured fibers with nanosecond and femtosecond pulse pumping [J]. J. Opt. Soc. Am. B, 2002, 19(4): 765-771.

[117] Genty G, Ritari T, Ludvigsen H. Supercontinuum generation in large mode-area microstructured fibers [J]. Opt. Express, 2005, 13(21): 8625-8633.

[118] Golovchenko E A, Mamyshev P V, Pilipetskii A N, et al. Numerical analysis of the Raman spectrum evolution and soliton pulse generation in single-mode fibers [J]. J. Opt. Soc. Am. B, 1991, 8(8): 1626-1632.

[119] Peterka P, Faure B, Blanc W, et al. Theoretical modelling of S-band thulium-doped silica fibre amplifiers [J]. Optical and Quantum Electronics, 2004, 36(1): 201-212.

[120] Truong V G, Jurdyc A M, Jacquier B, et al. Optical properties of thulium-doped chalcogenide glasses and the uncertainty of the calculated radiative lifetimes using the Judd-Ofelt approach [J]. Journal of the Optical Society of America B, 2006, 23(12): 2588.

[121] 肖虎. 掺镱光纤激光级联泵浦技术研究 [D]. 长沙: 国防科学技术大学, 2012.

[122] Wright L, Ziegler Z, Lushnikov P, et al. Multimode nonlinear fiber optics: massively parallel numerical solver, tutorial, and outlook [J]. IEEE Journal of Selected Topics in Quantum Electronics, 2018, 24(3): 1-16.

[123] Krupa K, Tonello A, Shalaby B M, et al. Spatial beam self-cleaning in multimode fibres [J]. Nature Photonics, 2017, 11: 237-241.

[124] Krupa K, Tonello A, Barthélémy A, et al. Observation of geometric parametric instability induced by the periodic spatial self-imaging of multimode waves [J]. Physical Review Letters, 2016, 116(18): 183901.

[125] Renninger W H, Wise F W. Optical solitons in graded-index multimode fibres [J]. Nature Communications, 2013, 4: 1719.

[126] Pourbeyram H, Agrawal G P, Mafi A. Stimulated Raman scattering cascade spanning the wavelength range of 523 to 1750 nm using a graded-index multimode optical fiber [J]. Journal Article, 2013, 102(20): 201107(201101-201104).

[127] Wright L G, Wabnitz S, Christodoulides D N, et al. Ultrabroadband dispersive radiation by spatiotemporal oscillation of multimode waves [J]. Physical Review Letters, 2015, 115(22): 223902.

[128] Lopez-Galmiche G, Eznaveh Z S, Eftekhar M A, et al. Visible supercontinuum generation in a graded index multimode fiber pumped at 1064 nm [J]. Opt. Lett., 2016, 41(11): 2553-2556.

[129] Zhang T, Zhang W, Hu X, et al. All fiber structured supercontinuum source based on graded-index multimode fiber [J]. Laser Physics Letters, 2022, 19(3): 035101-035104.

[130] Zhang H, Zu J, Liu X, et al. High power all-fiber supercontinuum system based on graded-index multimode fibers [J]. Applied Sciences, 2022, 12(11): 5564.

[131] Jiang L, Song R, Hou J. Hundred-watt level all-fiber visible supercontinuum generation from a graded-index multimode fiber [J]. Chinese Opt. Lett., 2023, 21(5): 051403.

第 4 章　基于锗氧化物和碲酸盐光纤的超连续谱产生

氧化物玻璃光纤是最早进入应用的玻璃光纤，并以石英(二氧化硅)玻璃为主要代表。但由于石英材料声子能量较高，石英光纤 2.4 μm 以上波段损耗急剧增加，所以无法用于中红外波段激光产生及传输。研究人员对其他氧化物玻璃开展了研究，并基于如氧化锗(GeO_2)、碲酸盐等玻璃材料实现了光纤拉制，并应用于中红外超连续谱激光研究中。

4.1　基于氧化锗玻璃光纤的超连续谱产生

氧化锗材料具有与石英材料相似的物理性质，但前者的声子能量(约 820 cm^{-1})[1]比后者(1100 cm^{-1})更低，因此氧化锗光纤(GCF)比石英光纤具有更长的透光窗口。此外，氧化锗材料的非线性折射率是石英材料非线性折射率的 4.5 倍[2]，因此氧化锗光纤是一种良好的非线性介质。近年来，高掺杂氧化锗光纤被应用于基于非线性效应的光纤激光器中，如近红外波段[3]和短波红外波段[4]的拉曼光纤激光器，以及超连续谱激光光源等[5, 6]。

氧化锗材料的 ZDW 位于 1.7 μm 附近。根据超连续谱产生的特点，通过在非线性光纤的反常色散区且靠近其 ZDW 处泵浦，可实现光谱向长波和短波方向均有明显拓展的宽带超连续谱激光；若泵浦波长位于非线性光纤的反常色散区且距离 ZDW 较远，则光谱将主要向长波方向拓展，因此可以通过设计不同的泵浦方案(1.55 μm、2 μm、2～2.5 μm 等)，基于氧化锗光纤，获得不同输出特性的超连续谱激光。国内外基于氧化锗光纤的超连续谱激光主要研究成果如表 4-1 所示。随着脉冲光纤激光技术的发展，以氧化锗光纤为载体实现的超连续谱激光在光谱、平均功率等方面均实现了明显的进步。

表 4-1　基于氧化锗光纤的超连续谱激光研究主要文献总结

泵浦源参数*	非线性光纤纤芯直径	超连续谱激光特性		参考文献
		光谱范围	平均功率	
35 ns, 4 kHz, 1.5 μm, 850 mW	5.5 μm	1.5～2.8 μm	—	[5]
1 ns, 100 kHz, 1.55 μm, 506 mW	3 μm	0.6～3.2 μm	350 mW	[7]

续表

泵浦源参数*	非线性光纤纤芯直径	超连续谱激光特性		参考文献
		光谱范围	平均功率	
1 ns, 1 MHz, 1.55 μm, —	3.5 μm	0.7～3.2 μm	1.44 W	[8]
1 ns, 2 MHz, 2.0～2.5 μm, 8.58 W	3.5 μm	1.9～3.6 μm	6.12 W	[9]
850 fs, 6.1MHz, 1.95 μm, 62.2 mW	—	1.9～3.0 μm	—	[6]
2 ps, 44 MHz, 1.95～2.5 μm, 5 W	9 μm	1.93～3.18 μm (−10 dB)	3.82 W	[10]
22 ps, 35.3 MHz, 1951 nm, 19.5 W	2.4 μm	1.9～3.1 μm	11.62 W	[11]
30 ps, 44.3 MHz, 2.0 μm, 60 W	6 μm	1.97～3.04 μm (−10 dB)	21.34 W	[12]
250 ps, 115.4 MHz, 1.9～2.5 μm, 41.6 W	8 μm	1.95～3.0 μm	30.1 W	[13]
30 ps, 44.3 MHz, 2.0 μm, 39.0 W	12 μm	1.8～3.0 μm	33.6 W	[14]
12 ns, 3 MHz, 1.9～2.5 μm, 58.7W	8 μm	1.9～3.47 μm	44.9 W	[15]

*泵浦源参数格式为：脉冲宽度，重复频率，波长，平均功率。

4.1.1　1.5 μm 波段泵浦氧化锗光纤实现超连续谱激光

1.55 μm 波段脉冲激光器发展较早、成熟度高，且 1.55 μm 波段位于氧化锗光纤的 ZDW 附近，利用其泵浦氧化锗光纤，可实现大带宽的超连续谱激光。

2015 年，俄罗斯科学院利用 1550 nm 波段调 Q 纳秒脉冲(脉冲宽度为 35 ns、脉冲峰值功率为 6 kW)泵浦一段纤芯氧化锗掺杂浓度为 64 mol %、纤芯直径为 5.5 μm 的光纤，获得了光谱范围为 1.5～2.8 μm 的超连续谱激光[5]，光谱如图 4-1 所示。

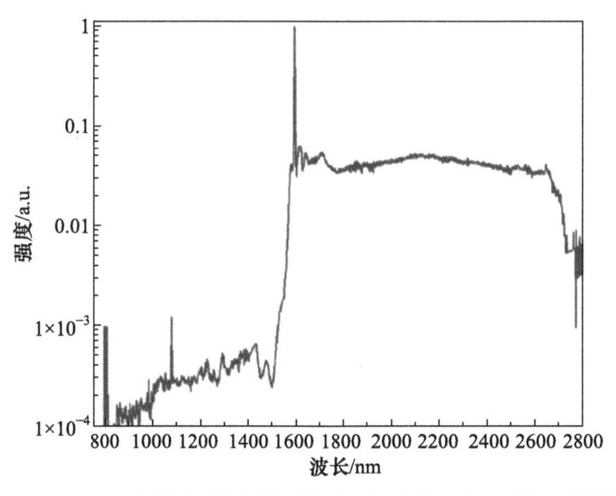

图 4-1　1550 nm 纳秒脉冲泵浦高掺氧化锗光纤实现的超连续谱光谱[5]

2016 年，国防科技大学以 1550 nm 纳秒脉冲泵浦一段纤芯直径为 3 μm、纤芯为纯氧化锗的光纤，实现了超宽带的超连续谱激光，实验装置示意图如图 4-2 所示。该超连续谱光源包括 1550 nm 的脉冲种子源、铒镱共掺光纤放大器(EYDFA)和一段氧化锗光纤。种子脉冲重复频率为 100 kHz，脉冲宽度约为 1 ns，经过 EYDFA 放大，功率被提升至 506 mW，对应的峰值功率为 5.06 kW。

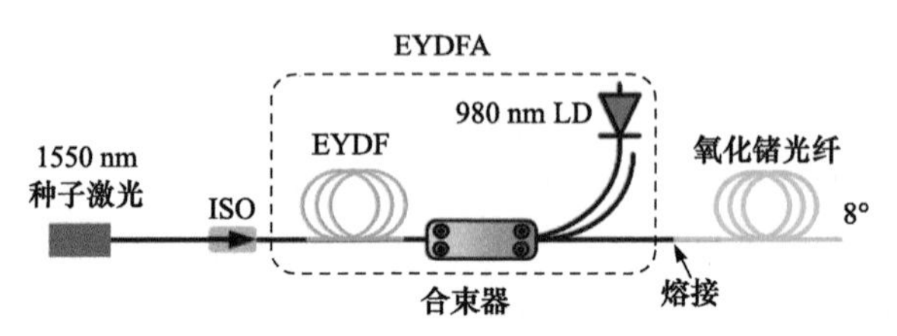

图 4-2　基于氧化锗光纤的超连续谱激光光源结构示意图[7]

ISO：隔离器；EYDF：铒镱共掺光纤；EYDFA：铒镱共掺光纤放大器；LD：激光二极管

所使用的氧化锗光纤的纤芯为二氧化锗，包层为石英材料，芯层/包层直径为 3 μm/125 μm，纤芯数值孔径约为 0.65。得益于二氧化锗材料的高非线性折射率和该氧化锗光纤小的纤芯直径，该光纤在 1550 nm 处具有高的非线性系数 ($11.8\ W^{-1}\cdot km^{-1}$)。图 4-3(a)给出了数值计算的氧化锗光纤的群速度色散(GVD)和群速度(GV)曲线，受波导正色散的影响，相比于块状氧化锗材料的 ZDW(约 1.7 μm)[16]，该氧化锗光纤的 ZDW 会向短波移至 1426 nm。当采用 1550 nm 脉冲泵浦该氧化锗光纤时，其独特的色散特性有利于长波和短波两个方向的超连续谱产生。计算得到的该氧化锗光纤的基模截止波长约为 2.55 μm。群速度曲线上的两个点(3020 nm 和 700 nm)标记了具有相等群速度的两个典型波长。

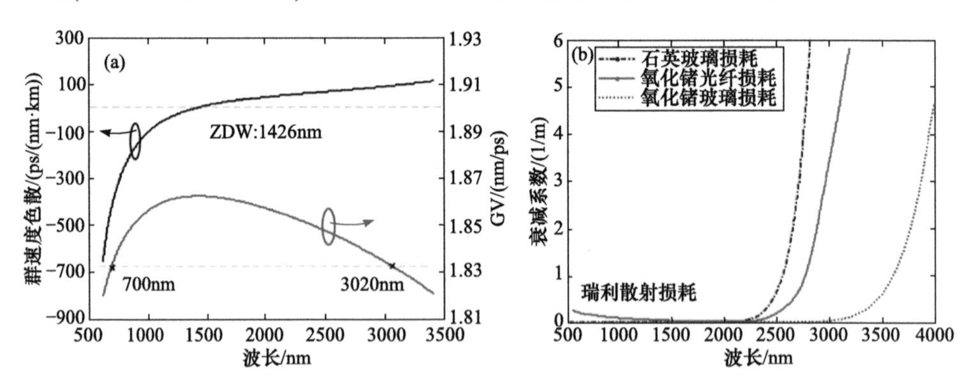

图 4-3　(a)氧化锗光纤的群速度色散曲线与群速度曲线；(b)氧化锗光纤的损耗曲线以及计算得到的块状石英材料和块状氧化锗材料的损耗曲线[7]

图 4-3(b)为在实验中测得的氧化锗光纤的光谱损耗曲线，以及理论计算的块状石英[17]和氧化锗[18]的损耗曲线。与纯石英相比，氧化锗纤芯的引入大大降低了

2.2 μm 以上波长的传输损耗。但是，由于氧化锗光纤的纤芯直径仅为 3 μm，其对长波光谱成分的约束能力受到一定的限制，一部分长波长的光将泄漏到氧化锗光纤的石英包层中并被损耗掉。因此，氧化锗光纤的长波长透射率低于氧化锗材料的长波长透射率。氧化锗光纤对于超过 3.0 μm 的波段传输损耗迅速增加，表明在实验中设置最佳的氧化锗光纤长度对于非线性增益和吸收损耗的平衡至关重要。

在实验中，将泵浦脉冲峰值功率固定，研究氧化锗光纤的长度对超连续谱光谱和功率特性的影响。氧化锗光纤的初始长度为 4.0 m，逐步减小长度以优化超连续谱的性能。不同长度氧化锗光纤输出的超连续谱光谱在 2600 nm 以上波段的强度如图 4-4(a)所示。当氧化锗光纤长度从 4.0 m 减小到 0.1 m 时，超连续谱光谱在 10 dB 处的长波边首先从小于 2900 nm 增加到大于 3000 nm，然后又减小到约 2900 nm。若氧化锗光纤长度较短，泵浦脉冲在氧化锗光纤中传输时，非线性增益比传输损耗带来的影响更明显，因此，随着氧化锗光纤长度的增加，光谱 10 dB 长波边向长波长区域延伸。随着氧化锗光纤长度的增加，光纤的传输损耗逐渐增大，但损耗尚不及非线性效应带来的增益，这时超连续谱光谱长波边仍进一步向长波拓展；当氧化锗光纤长度为 0.8 m 时，超连续谱长波光谱得到最明显的增强。随着氧化锗光纤长度进一步增加至 2.4 m 和 4.0 m 时，光纤的传输损耗大于非线性效应带来的增益，因此超连续谱光谱长波边向短波移动(回缩)。图 4-4(b)为不同光纤长度下的超连续谱激光平均功率和 10 dB 光谱长波边。随着氧化锗光纤长度的增加，超连续谱激光平均功率逐渐降低，这主要是由氧化锗光纤的长波传输损耗导致的。氧化锗光纤长度从 0.1 m 增大到 4.0 m 时，超连续谱光源的输出功率从 430 mW 逐渐减小到 280 mW。随着氧化锗光纤长度的增加，光谱−10 dB 长波长边首先增大，然后减小，并在 0.8 m 的氧化锗光纤长度处达到峰值。这时，超连续谱功率为 350 mW。

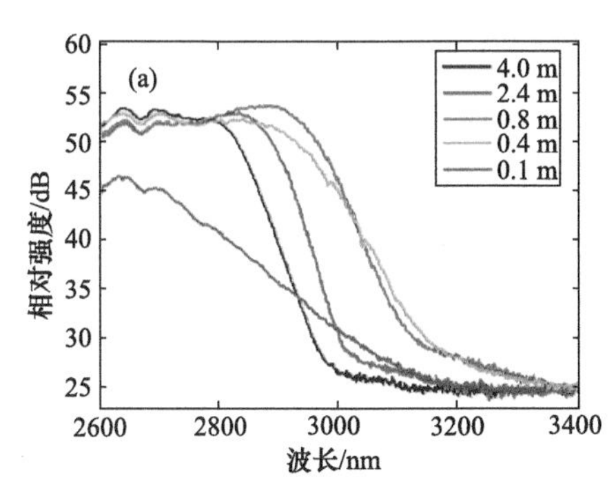

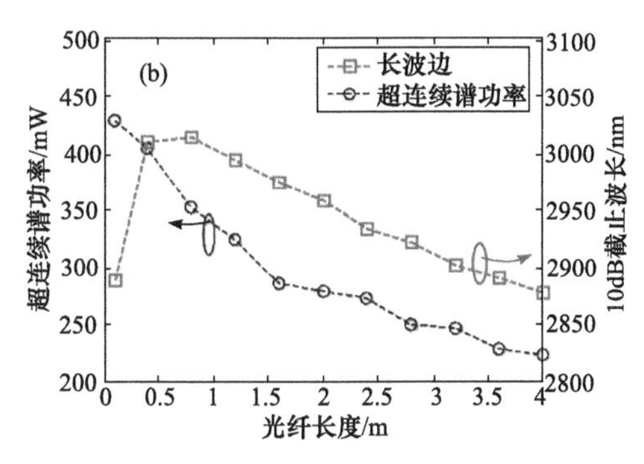

图 4-4　(a)不同长度氧化锗光纤条件下获得的超连续谱光谱在 2600 nm 以上波段的强度，以及(b)超连续谱功率和−10 dB 光谱长波边随氧化锗光纤长度的变化[7]

图 4-5(a)为 EYDFA 的输出光谱。由于 EYDFA 中的非线性效应，则输出光谱与种子光相比有所展宽，30 dB 光谱带宽约为 83 nm(1525～1608 nm)。图 4-5(b)为超连续谱激光光源在光纤长度为 4.0 m 和 0.8 m 时测得的全范围光谱。在这两种情况下，产生的超连续谱激光的光谱范围分别为 0.6～2.9 μm(带宽 2300 nm)和 0.6～3.2 μm(带宽 2600 nm)。具体而言，当氧化锗光纤长度为最优值 0.8 m 时，获得的超连续谱的 10 dB 光谱带宽(不包括泵浦残留)为 2281 nm(717～2998 nm)。光谱向长波拓展主要源于拉曼 SSFS，而光谱向短波方向拓展的主要原因是色散波诱捕。图 4-5(c)和(d)分别给出了由电荷耦合器件(CCD)相机和 InAs 面阵探测器测量的光斑形态，波长为 700 nm 和大于 2700 nm，表明超连续谱光源的输出光束具有近高斯分布的特性。光谱积分表明，当氧化锗光纤长度为 0.8 m 时，超连续谱光谱中 1545～1555 nm(以 1550 nm 为中心的 10 nm 带宽)范围内的泵浦光残余仅约占 8.6%。

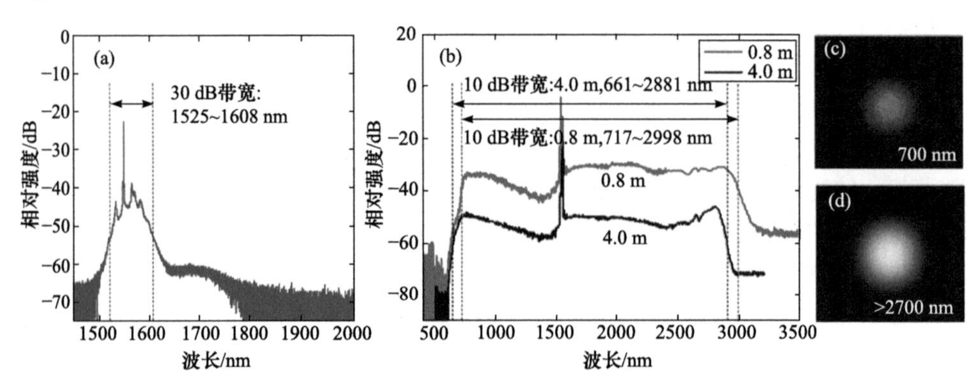

图 4-5　(a)EYDFA 的输出光谱；(b)氧化锗光纤长度分别为 4.0 m(下)和 0.8 m(上)时的超连续谱光谱以及(c)700 nm 处(可见光 CCD 相机拍摄)和(d)2700 nm 以上波段(InAs 面阵探测器)近场光斑图[7]

获得的超连续谱激光的光谱范围覆盖了红外区域中许多气体和分子的吸收线，因此可用于光谱学相关研究。在实验室中进行了水蒸气吸收实验，空气相对湿度约为 60%。首先通过 CaF_2 透镜对输出超连续谱激光进行准直，然后通过基于光栅的光谱分析仪在 3 m 距离处进行测量，1300～2000 nm，呈现两个清晰的吸收带。图 4-6(a)和(b)分别显示了在 1.4 μm 波段和 1.9 μm 波段，HITRAN 数据库[19]的水蒸气吸收光谱和该实验测量数据。为实现更直观的对比，这里将 HITRAN 数据和实验数据在同一坐标系中画图，并将测量数据关于 X 轴作镜像。由于大气中其他气体成分(例如 CO_2、O_2)的吸收光谱在 1.4 μm 和 1.9 μm 波段几乎不与水蒸气的吸收光谱重叠[19]，因此受其他气体成分的吸收干扰很小。测量数据与 HITRAN 模拟数据之间具有很高的相似度。

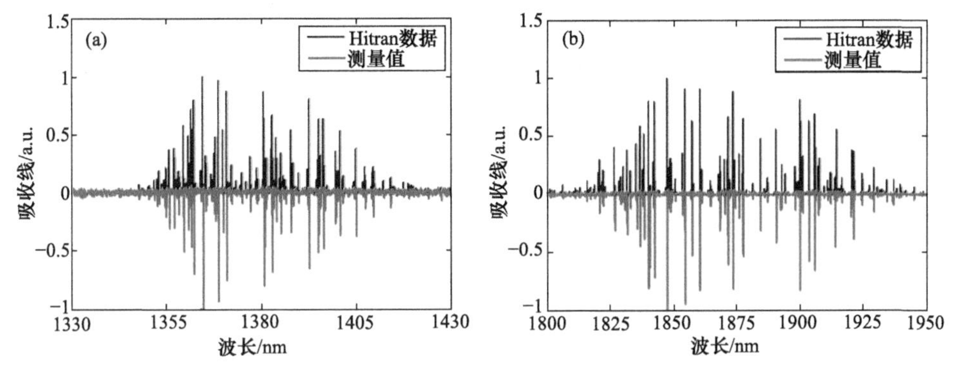

图 4-6　HITRAN 数据库中(上半部分)以及利用该超连续谱光源测量得到的(下半部分)水分子吸收线。(a)1.4 μm 和(b)1.9 μm 波段；为清晰起见，实测数据进行了镜像对称[7]

2016 年，丹麦科技大学也开展了基于 1550 nm 纳秒脉冲泵浦高掺锗光纤产生超连续谱激光的研究，实现了最大输出功率 1.44 W、光谱范围 0.7～3.2 μm 的宽带超连续谱产生[8]。

4.1.2　2 μm 波段泵浦氧化锗光纤实现超连续谱激光

随着光纤激光技术的进步，2 μm 波段脉冲光纤激光光源性能日益提升，成为获得中红外超连续谱激光的重要泵浦源。本节介绍利用 2 μm 波段脉冲光纤激光泵浦氧化锗光纤获得高功率超连续谱激光的研究。

2014 年，挪威科技大学采用 2 μm 波段锁模脉冲激光器泵浦纤芯直径为 9 μm 的氧化锗光纤，实现了−10 dB 光谱范围为 1.93～3.18 μm、平均功率为 3.82 W 的中红外超连续谱激光，泵浦脉冲宽度为 2 ps，脉冲重复频率为 44 MHz，峰值功率为 56.8 kW。

2018 年，国防科技大学报道了基于 2 μm 波段皮秒脉冲光纤激光泵浦氧化锗光纤的中红外超连续谱激光器[13]。图 4-7 给出了实验装置示意图。泵浦源基于 2 μm 锁模光纤激光器和啁啾脉冲放大器实现，在一段石英光纤与一段氧化锗光纤组成的级联光纤组合中产生高功率 2～3 μm 波段超连续谱激光。采用一个非线性偏振旋转(NPR)锁模掺铥光纤激光器作为种子源。种子激光首先被耦合进一段长 300 m 的脉冲展宽器中进行啁啾补偿。该光纤在 2 μm 波段附近具有正常色散，群速度色散值为−80 ps/(nm · km)。随后，激光脉冲在两级双包层单模掺铥光纤放大器中依次实现功率提升。两级掺铥光纤放大器均采用纤芯/包层直径为 10 μm/130 μm 的双包层掺铥光纤作为增益光纤，该光纤在 793 nm 的包层吸收系数为 3.5 dB/m。掺铥光纤色散值为 43 ps/(nm · km)，因而种子激光在经过掺铥光纤放大器时，不仅可以实现脉冲能量的提升，同时还可以经历一定的脉宽压缩过程。第二级掺铥光纤放大器与一段 12 m 长的单模光纤(SMF)相连接，该光纤纤芯直径为 7 μm，纤芯数值孔径为

0.20，在 1960 nm 的群速度色散值为 39 ps/(nm · km)。放大器输出的脉冲在 SMF 中实现进一步脉冲压缩，并在非线性效应的作用下实现光谱“预展宽”。

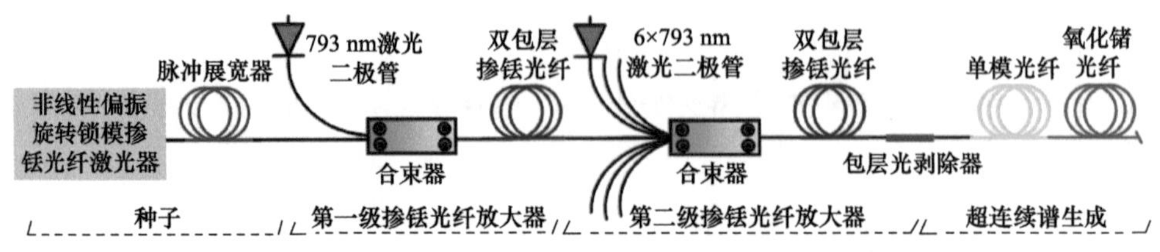

图 4-7　基于 2 μm 波段泵浦源和氧化锗光纤的高功率超连续谱激光结构图[13]

NPR 锁模种子源的结构如图 4-8 所示。激光脉冲中心波长为 1960 nm，光谱半高全宽值为 6.1 nm，实测脉冲宽度为 1.09 ps。根据锁模激光器的输出光谱带宽和脉冲宽度，可以计算输出脉冲的时间带宽积为 0.52，表示在谐振腔整体色散为反常色散条件下，输出脉冲带有一定的负啁啾量。

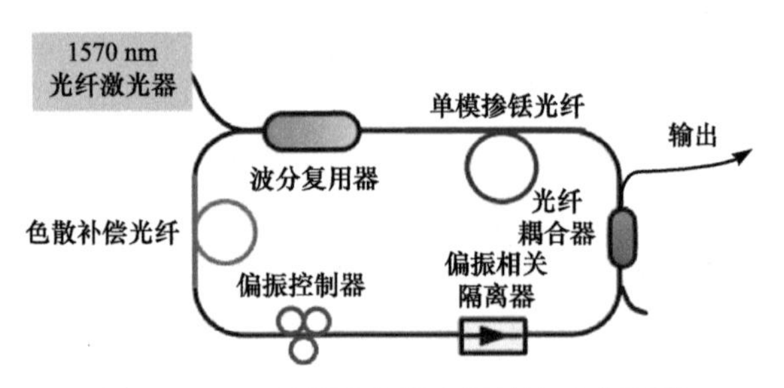

图 4-8　NPR 锁模光纤激光器结构示意图[13]

超短脉冲被耦合进入脉冲展宽器后，在正常色散机制下会迅速发生自相位调制效应[20]，并表现为光谱上的对称性展宽。图 4-9(a)给出经过脉冲展宽器后测量到的光谱，可以看出，经过脉冲展宽器后种子激光脉冲的光谱宽度被拓展为 16 nm。在脉冲展宽器之后测量脉冲形状，可以发现激光脉冲宽度被拉伸至 250 ps，如图 4-9(b)所示。

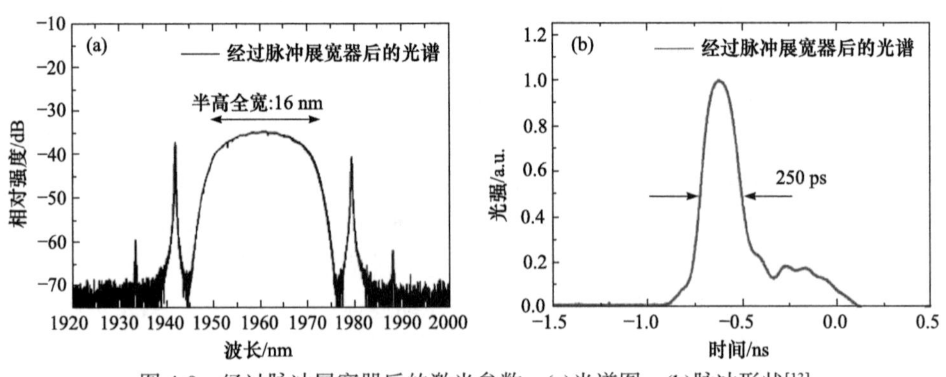

图 4-9　经过脉冲展宽器后的激光参数：(a)光谱图；(b)脉冲形状[13]

第一级掺铥光纤放大器可以为激光脉冲提供 27 dB 的增益，平均功率仅为 10 mW 的种子信号激光经过该级放大器后平均功率被放大到了 6.15 W，对应泵浦光到信号激光的功率转换效率约为 27.9 %。第二级放大器后泵浦光到信号激光的斜率效率约为 49.8%，最大输出功率为 61.9 W。图 4-10(a)给出了放大器的输出光谱随脉冲输出功率的演化。可以看出，随着输出功率的不断提高，放大器输出激光的光谱宽度逐渐变宽。在输出脉冲光功率低于 44.2 W 时，输出光谱几乎呈现频率上的对称展宽，这主要是放大器内部仅发生了自相位调制效应。而当输出功率为 56.1 W 和 61.9 W 时，输出光谱的长波拓展更加明显，分别移动到了 2350 nm 和 2400 nm 附近，主要原因是，此时脉冲在放大器内部已经获得了较高的脉冲能量，反常色散机制下的脉冲分裂、孤子脉冲形成和脉冲内受激拉曼散射效应等非线性效应过程[20, 21]开始出现，少量的孤子红移过程增强了长波的光谱成分。图 4-10(b)给出了输出光谱演化结果，可以看到当输出功率为 36.8 W 时，输出激光已经被变换为 2～2.5 μm 的超连续谱。进一步增大泵浦功率，输出光谱的拓展变得不显著，仅可在一定程度上提升输出超连续谱光源的光谱平坦度和长波功率比例。随着泵浦脉冲功率的增加，非线性光纤内部功率转换效率逐渐下降，主要原因是非线性光纤内部非线性变换产生的损耗和石英光纤吸收损耗过程。尤其是当最高功率为 61.9 W 激光泵浦时，非线性光纤输出功率仅为 41.6 W，与输入光功率的比值已经下降到了 67.2%。这与光谱演化过程一致，都是由超连续谱光谱已经拓展到了石英光纤的高损耗区域导致的。在最高功率泵浦时，获得了平均功率为 41.6 W，10 dB 光谱带宽覆盖 1940～2440 nm 的短波红外超连续谱激光。

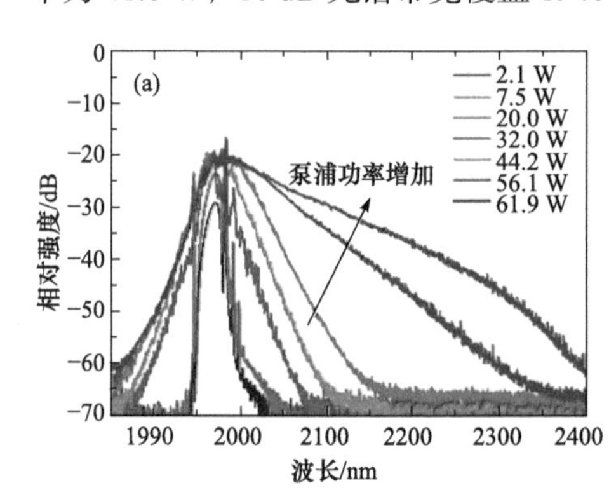

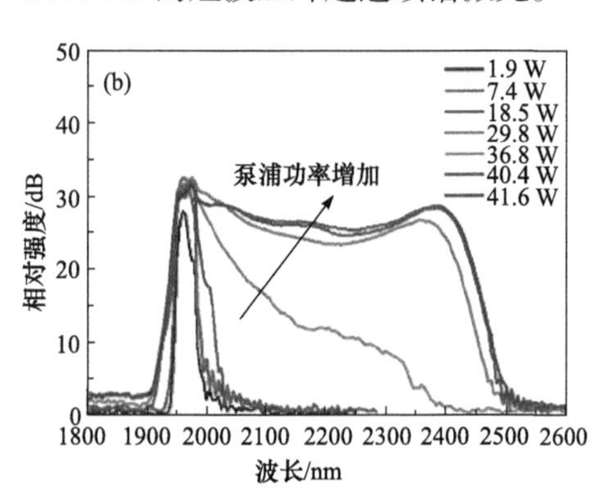

图 4-10　(a)第二级掺铥光纤放大器输出的光谱演化；(b)单模光纤输出的光谱演化[13]

上述 2～2.5 μm 波段超连续谱激光被耦合进后续的氧化锗光纤中实现进一步的光谱展宽。所用的氧化锗光纤的纤芯/包层直径为 8 μm/125 μm，纤芯数值孔径为 0.65，长度为 1.0 m。图 4-11 给出了数值模拟得到的氧化锗光纤的色散曲线以及采用截断法实测的传输损耗谱，插图为显微镜下的光纤截面图。如图 4-11 所

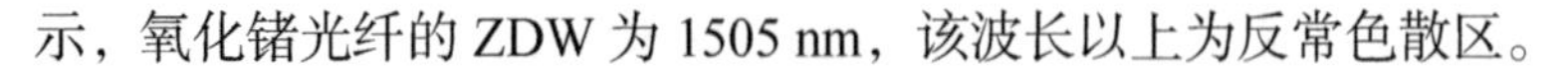
示，氧化锗光纤的 ZDW 为 1505 nm，该波长以上为反常色散区。

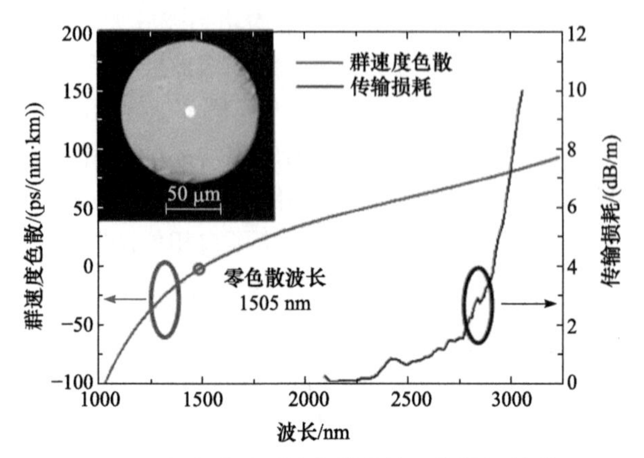

图 4-11　氧化锗光纤的色散曲线和传输损耗谱[13]

在氧化锗光纤中，前述 SMF 输出的 2～2.5 μm 波段超连续谱(图 4-10(b))继续向长波方向拓展。由于在 SMF 中激光脉冲已经演化为大量超短脉冲，且 2～2.5 μm 波段位于氧化锗光纤的反常色散区，则在氧化锗光纤中，起主导作用的非线性效应是拉曼 SSFS 等孤子效应。图 4-12(a)给出了最大泵浦功率下 SMF 与氧化锗光纤输出的光谱比较。图 4-12(a)表明，2～2.5 μm 波段的泵浦光在氧化锗光纤中进一步向长波区移动，最终形成了 10 dB 光谱范围为 1.95～3.0 μm(带宽 1050 nm)的超连续谱激光输出。

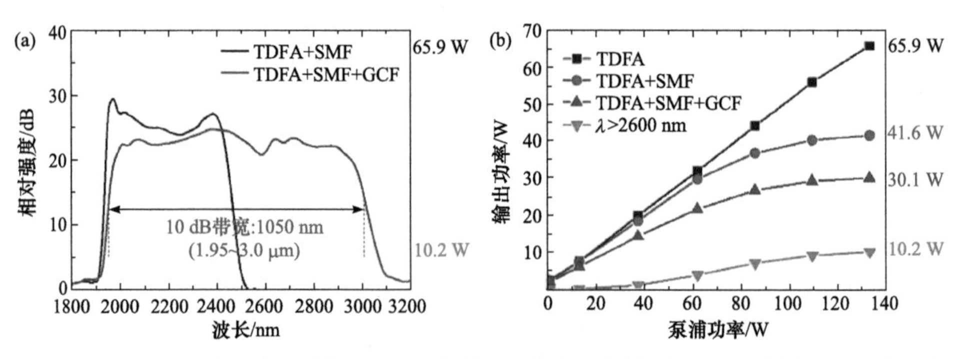

图 4-12　(a)最大泵浦功率下单模光纤与氧化锗光纤输出的光谱比较；(b)不同位置处的输出功率随泵浦功率的变化[13]

图 4-12(b)给出了 TDFA 后、SMF 后、氧化锗光纤后的输出功率和氧化锗光纤输出端 2600 nm 以上波段的功率随 TDFA 的泵浦功率变化的曲线。可以看出，相对于注入的 793 nm 泵浦功率，在 TDFA 后测得的输出功率几乎呈线性增加，对应于约 50.7%的斜率效率。该数值表明，没有明显的光谱展宽引起的损耗，与

图 4-10(a)中的光谱演化过程一致。当泵浦功率大于 80 W 时，对于 SMF 的输出激光的斜率效率下降表明出现了明显的功率损耗，这与光谱在石英 SMF 中已经被扩展到大于 2.4 μm 的高损耗区域是一致的。在 SMF 后，所获得的 1.9～2.5 μm 超连续谱的最大输出功率为 41.6 W。氧化锗光纤输出激光的斜率效率比 SMF 后的斜率效率低得多，这不仅是由于光谱展宽引起的损耗，还包括氧化锗光纤的传输损耗。在最大泵浦强度下，获得的 2～3 μm 超连续谱的输出功率为 30.1 W，2600 nm 以上波段的功率为 10.2 W，占全部超连续谱功率的 34.2%。

综上所述，通过将脉冲宽度约为 1 ps 的锁模激光种子拉伸至百皮秒以上，可有效地抑制放大器内部的非线性效应，提高放大器工作的斜率效率；在 TDFA 后获得了输出功率为 61.9 W、重复频率为 115.4 MHz、单脉冲能量为 0.5 μJ 的啁啾脉冲，斜率效率为 49.8 %；利用输出激光再泵浦一段级联的石英单模光纤和氧化锗光纤，单模光纤的反常色散机制实现了对泵浦脉冲的时间压缩和进一步的非线性变换，氧化锗光纤的高非线性和较低的长波损耗使得光谱进一步拓展到 3 μm 波段。最终在氧化锗光纤中获得了平均功率为 30.1 W，10 dB 光谱覆盖范围为 1.95～3.0 μm 的短波红外超连续谱激光。

2019 年，深圳大学采用 1950 nm 皮秒脉冲激光泵浦一段高掺氧化锗光纤，实现了光谱范围为 1.9～3.1 μm、平均功率为 11.62 W 的超连续谱激光[11]；泵浦波长为 1951 nm，脉冲重复频率为 35.3 MHz，脉冲宽度为 22 ps。2021 年，北京工业大学采用 2 μm 波段锁模皮秒脉冲光纤激光器，泵浦纤芯直径为 6 μm 的高掺氧化锗光纤(94 mol%)，获得了−10 dB 光谱范围为 1.97～3.04 μm、平均功率为 21.34 W 的中红外超连续谱激光[12]；以该锁模皮秒脉冲光纤激光器泵浦一段纤芯直径为 12 μm 的高掺氧化锗光纤(64 mol%)，实现了光谱范围为 1.8～3.0 μm、平均功率为 33.6 W 的超连续谱激光输出[14]。

4.1.3 2～2.5 μm 波段泵浦氧化锗光纤实现超连续谱激光

尽管采用 2 μm 波段泵浦源可以将氧化锗光纤产生的超连续谱光谱集中在 2 μm 以上，但受限于脉冲泵浦源的脉冲峰值功率，4.1.2 节实验中产生的高功率超连续谱激光的长波边被限制在 3 μm 左右。这里介绍以波长更长、峰值功率更高的 2～2.5 μm 波段超连续谱光源作为泵浦源，以获得长波光谱增强的中红外超连续谱激光的工作。

图 4-13 给出了实验装置结构示意图[9]，包含一个 1.5～2.3 μm 波段的超连续谱激光种子源、一个 TDFA 和一段氧化锗非线性光纤。1.55 μm 波段的纳秒脉冲首先在两级铒镱共掺光纤放大器中放大，脉冲峰值功率被提升至数千瓦量级；然后在石英 SMF 中发生强烈的非线性效应，即在反常色散机制下，首先在 MI 作用下发生脉冲分裂，然后通过孤子分裂、拉曼 SSFS 等效应产生光谱展宽与红移，

形成由众多超短脉冲组成的 1.5～2.3 μm 波段超连续谱激光。上述 1.5～2.3 μm 波段超连续谱激光中，1.5～1.8 μm 波段的信号光成分被吸收，1.9～2.1 μm 波段的信号光成分被放大；这些放大的信号脉冲的光谱进一步红移，但其长波边受到石英玻璃高损耗区的限制，最终获得的超连续谱激光的光谱范围为 1.9～2.7 μm。最后，利用该 1.9～2.7 μm 的超连续谱激光泵浦氧化锗光纤，将超连续谱激光的光谱拓展至 3 μm 以上的中红外波段。

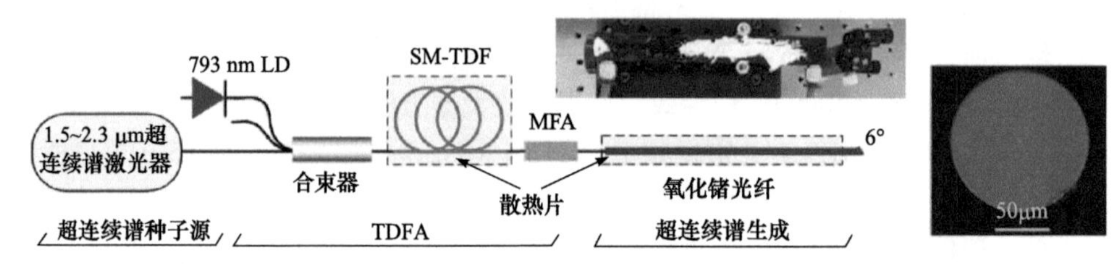

图 4-13　基于氧化锗光纤的全光纤超连续谱激光光源实验结构示意图[9]

LD：激光二极管；SM-TDF：单模掺铥光纤；TDFA：掺铥光纤放大器；MFA：模场适配器

实验中泵浦源的 TDF 纤芯直径为 10 μm，通过一个输出尾纤纤芯直径为 7 μm、纤芯数值孔径为 0.20 的模场适配器(MFA)与氧化锗光纤连接。氧化锗光纤的纤芯直径分别为 3 μm，纤芯数值孔径为 0.65。由于该氧化锗光纤具有很高的非线性系数(8.6 $W^{-1}\cdot km^{-1}$@2 μm)，且泵浦激光的峰值功率较高、波长较长，所以在实验中仅使用了 12 cm 长的氧化锗光纤。MFA 与氧化锗光纤的熔接损耗约为 0.3 dB，其中包括氧化锗光纤的传输损耗。

首先将种子超连续谱激光器的脉冲重复频率设置为 2 MHz。图 4-14(a)给出了不同泵浦功率下超连续谱的光谱演化。即使在 793 nm 泵浦光功率为 0 的情况下，输出超连续谱光谱的长波长边缘成功地展宽到了约 3400 nm，这主要得益于泵浦源较高的峰值功率和氧化锗光纤的高非线性。增加泵浦光功率，则不仅长波长侧的光谱强度大大增强，而且输出超连续谱也向长波方向拓展了。然而，超连续谱激光的长波边最终受氧化锗光纤的传输损耗限制。尽管如此，获得的超连续谱光谱覆盖范围为 1.9～3.6 μm，平均功率为 6.12 W。在 2600～2800 nm 范围内的光谱下降主要是由激光在自由空间传输时水蒸气的吸收引起的。图 4-14(b)给出了 MFA 和氧化锗光纤后在最大输出功率(8.58 和 6.12 W)时测得的超连续谱光谱，还给出了石英光纤和氧化锗光纤的理论损耗曲线。可以清楚地看到，石英光纤输出光谱的 20 dB 光谱范围为 1965～2656 nm，这主要受石英光纤的传输损耗限制。同样，氧化锗光纤输出超连续谱光谱的 20 dB 范围为 1944～3450 nm，对应的带宽为 1506 nm，这也与氧化锗光纤的传输损耗曲线相符。但是，由于氧化锗光纤的纤芯直径小，从而在 3.5 μm 纤芯中约束长波长激光的能力受到限制。因此，一部分长波长激光泄漏到光纤包层中并被衰减。

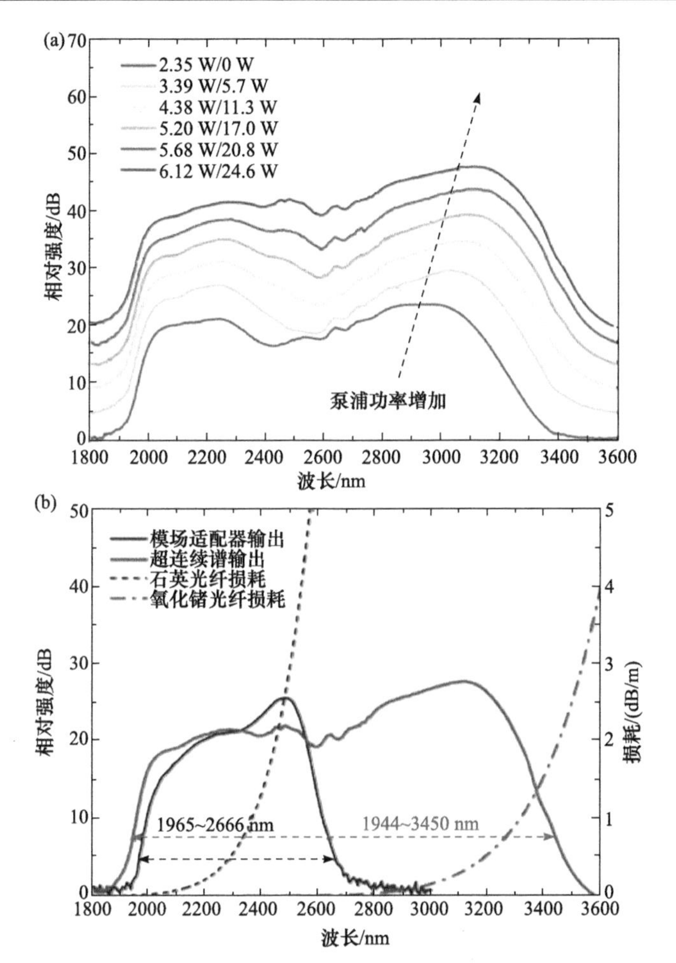

图 4-14　(a)信号光重复频率为 2 MHz 时超连续谱光谱随泵浦功率的变化，图例为超连续谱功率和 793 nm 泵浦光功率；(b)氧化锗光纤之前和之后的光谱以及石英和氧化锗光纤的长波损耗谱[9]

图 4-15(a)给出了超连续谱输出功率、TDFA 输出功率和 MFA 输出功率相对于 793 nm 泵浦功率的关系。当泵浦功率较低时，TDFA 具有 37.1%的高斜率效率；当泵浦功率较高时，斜率效率下降到 24.2%。当 TDFA 的输出功率达到最大值 11.25 W 时，MFA 的输出功率为 8.58 W，对应的功率转换效率为 76.3%。氧化锗光纤输出的超连续谱的最大功率为 6.12W，转换效率为 71.3%。相对于最大耦合泵浦功率，所获得的超连续谱激光源的斜率效率为 15.3%。效率下降的原因主要有两个：首先，石英光纤和氧化锗光纤中超连续谱激光源的非线性展宽带来了不可避免的量子亏损；其次，石英光纤和氧化锗光纤带来的长波损耗也会降低转换效率。而且，随着泵浦功率不断增加，这两种损耗越来越明显。

为了研究超连续谱激光器的长期稳定性，对输出功率进行了时长为 1 h 的测量，结果如图 4-15(b)所示。为了量化功率稳定性，根据功率数据计算得到均方根(RMS)值为 0.116 W，对应 RMS 功率变化约为 1.88%。在测量过程中未观察到功率降低现象，表明了该超连续谱激光器功率稳定性较高。输出功率的小波动主要归因于多模激光二极管的功率波动。

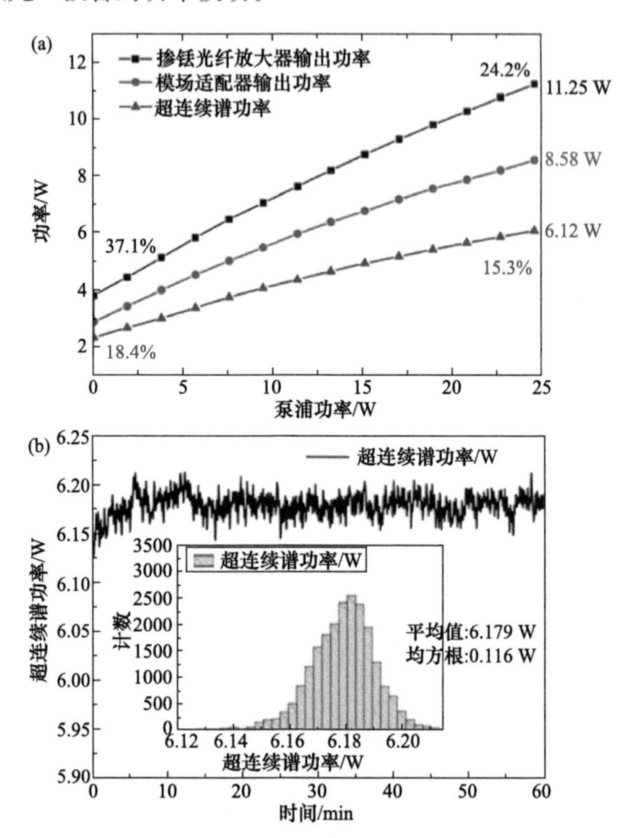

图 4-15　(a)不同位置处的输出功率随泵浦功率的变化；(b)超连续谱激光功率稳定性[9]

此外，还研究了不同脉冲重复频率下输出超连续谱激光的特性。在实验中，793nm 泵浦光的最大功率保持恒定。在不同的重复率下，观察到超连续谱光谱和功率具有相似的演化规律。图 4-16(a)给出了测得的输出超连续谱光谱。可以看出，所有这些超连续谱光谱的范围都在 1.9～3.6 μm，并且差异很小。当脉冲重复频率为 1 MHz 和 1.5 MHz 时，2～2.5 μm 波段的超连续谱光谱不平坦性更明显；当脉冲重复频率为 2.5 MHz 和 3 MHz 时，2～2.5 μm 处的光谱变得平坦得多。这主要是由于，当脉冲重复频率较低时，在 TDFA 中放大的脉冲具有更高的脉冲能量，由于拉曼 SSFS 的非线性，它们中的大多数都可以转移到长波长一侧。

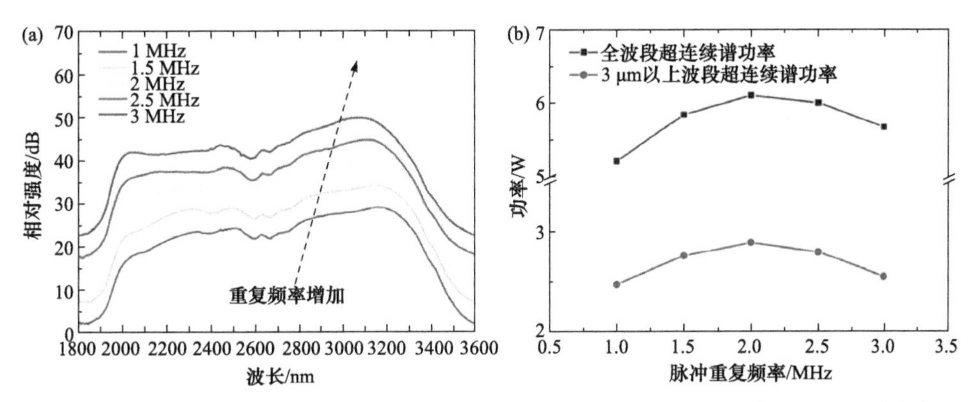

图 4-16　(a)不同重复频率下超连续谱激光光谱对比；(b)不同脉冲重复频率下超连续谱功率和波长大于 3 μm 的激光功率对比[9]

图 4-16(b)为不同脉冲重复频率时超连续谱功率和通过光谱积分计算得到的波长大于 3 μm 的激光功率。从该图可以看出，从 1 MHz 到 3 MHz，超连续谱功率都高于 5 W，而最大输出功率为 2 MHz 时达到了 6.12 W，3 μm 以上波段功率为 2.9 W，功率占比 47.4%。

基于上述结构，进一步提升 TDFA 的输出功率，2022 年实现了最大输出功率为 44.9 W、光谱范围为 1.90～3.47 μm 的超连续谱激光[15]。

4.2　基于碲酸盐玻璃光纤的超连续谱产生

碲酸盐玻璃在氧化物玻璃中有较低声子能量(约 750 cm^{-1})[22]、高线性折射率和非线性折射率(比石英材料高一个数量级)，其拉曼增益系数比石英材料大 30 倍，而且碲酸盐玻璃光纤在 0.35～5 μm 范围内有较高的透过率。由于碲酸盐玻璃材料的研究比较迟滞[23]，有关光纤激光和光纤超连续谱的研究报道较少。碲酸盐玻璃材料的 ZDW 都在 2 μm 以上，早期的光纤激光器的波长(主要位于 1.0 μm 和 1.5 μm 波段)难以与其匹配。碲酸盐玻璃微结构光纤(MOF)可以获得更加灵活的色散设计，将光纤的 ZDW 移到 2 μm 以下，甚至 1.55 μm 以下[24]，这样便可利用 2 μm 或 1.55 μm 光源泵浦碲酸盐 MOF，产生中红外超连续谱激光。此外，拉制普通光纤要求包层材料和纤芯材料的热、力学、化学和光学性质匹配，而拉制 MOF 仅需要一种材料，因此对于碲酸盐玻璃而言，拉制 MOF 更加容易，所以早期的碲酸盐玻璃光纤均为 MOF。例如，2008 年，英国巴斯大学采用组分为 $75TeO_2$-12ZnO-5PbO-$3PbF_2$-$5Nb_2O_5$ 的碲酸盐玻璃拉制出高非线性 MOF，ZDW 为 1380 nm[25]。利用波长为 1550 nm 的光学参量振荡器泵浦 8 mm 长碲酸盐 MOF。泵浦脉冲宽度为 110 fs，峰值功率为 7954 W。实验原理如

图 4-17(a)所示。碲酸盐 MOF 的非线性长度 L_{NL} = 0.21 mm，色散长度 L_D = 38 mm，孤子阶数 N = 14，孤子分裂长度为 3 mm，孤子周期为 60 mm。光纤的参数表明，高阶非线性效应出现在传输开始的很短距离内，光谱的展宽主要与高阶孤子分裂有关。产生的超连续谱如图 4-17(b)所示，光谱范围为 789～4870 nm，输出平均功率为 90 mW。

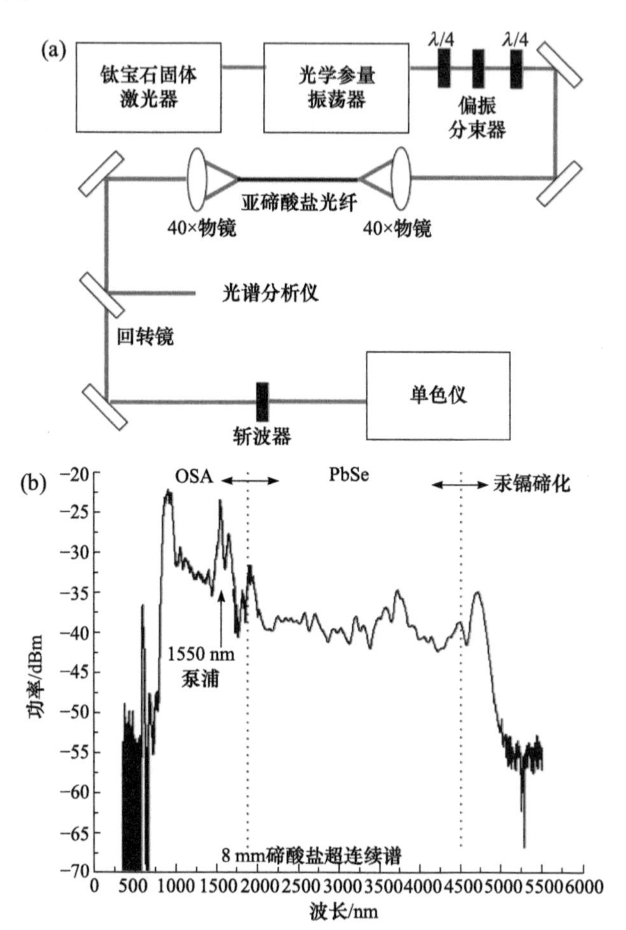

图 4-17　中红外超连续谱的(a)实验原理图和(b)光谱[25]

随着光纤制备技术的发展，研究人员也开展了阶跃折射率碲酸盐玻璃光纤色散调控研究。2013 年，美国 NP Photonics 公司研究了 W 型结构阶跃折射率碲酸盐光纤，其 ZDW 被移动到 1.9 μm 附近。使用波长 1.92 μm 皮秒锁模光纤激光脉冲泵浦，获得了平均功率为 1.2 W、光谱覆盖 1～5 μm 的超连续谱激光输出，输出光谱如图 4-18 所示[26]。

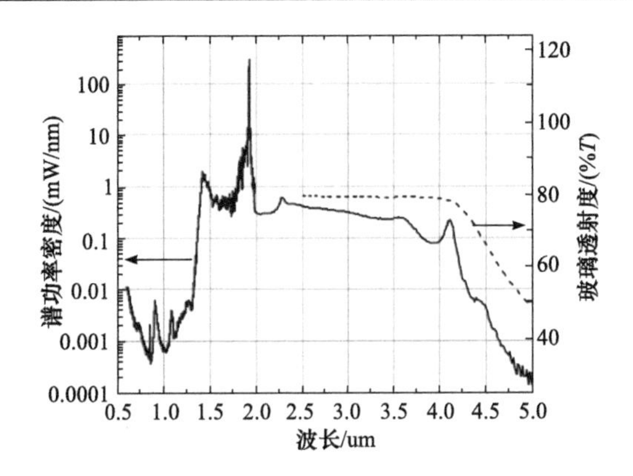

图 4-18　1.92 μm 皮秒锁模光纤激光脉冲泵浦下，W 型折射率碲酸盐光纤中产生的超连续谱光谱[26]

2016 年，德国斯图加特大学利用波长在 1.7～4.1 μm 范围内可调的固体超快脉冲激光器泵浦有两个 ZDW 的 W 型折射率碲酸盐光纤，研究了纤芯直径、泵浦波长、光纤长度和泵浦功率对超连续谱激光光谱的影响[27]。利用 3.2 μm 飞秒激光脉冲泵浦纤芯直径为 5 μm、ZDW 位于～1.9 μm 的 W 型折射率碲酸盐光纤，获得了光谱范围为 2.6～4.6 μm 的中红外超连续谱激光输出，平均功率为 160 mW，光谱如图 4-19 所示。光谱长波边主要受碲酸盐玻璃透射窗口的长波边的限制。当将第二个 ZDW 移动到接近 5 μm 以下的波长时，得益于红移色散波的产生，光谱长波边可展宽到 5.1 μm。

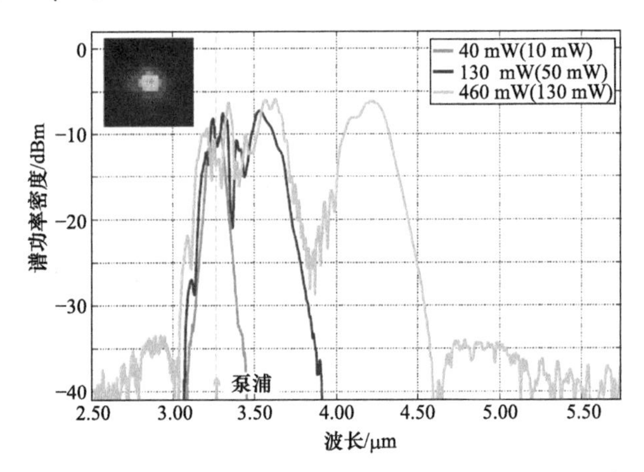

图 4-19　3.2 μm 固体激光泵浦 W 型折射率碲酸盐光纤产生超连续谱的光谱图[27]

同年，北京工业大学利用阶跃折射率碲酸盐玻璃($70TeO_2$-20ZnO-10BaO)光纤，实现了中红外超连续谱激光[28]。为减小传输损耗，在拉制光纤之前，该碲酸盐玻璃经过特殊的脱水工艺处理。该研究中，碲酸盐玻璃非线性光纤纤芯直径为

12 μm、数值孔径为 0.21，ZDW 位于 2.2 μm。泵浦源为基于 1550 nm 纳秒脉冲激光器和拉曼 SSFS 原理的 TDFA 系统，输出光谱范围为 1.9～2.7 μm。泵浦光通过机械对接方式耦合进碲酸盐玻璃光纤中。在最大泵浦功率 9.6 W 条件下，实现了光谱范围为 1.92～3.08 μm、平均功率为 2.1 W 的中红外超连续谱输出。超连续谱光束光斑和光谱分别如图 4-20(a)和(b)所示。

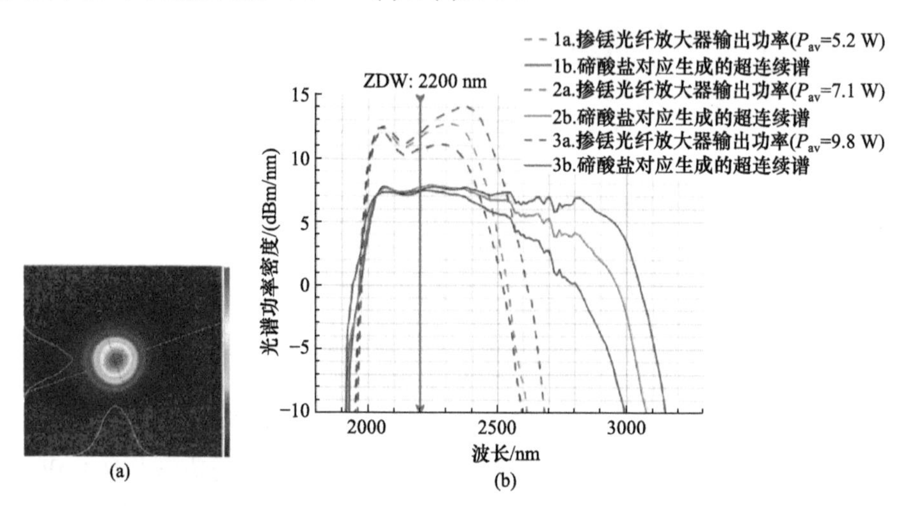

图 4-20　1.9～2.7 μm 超连续谱激光泵浦碲酸盐玻璃非线性光纤输出的超连续谱。(a)光斑和(b)光谱演化[28]

2017 年，德国斯图加特大学对文献[27]中的泵浦源进行了优化，进行了中红外飞秒激光泵浦阶跃折射率碲酸盐光纤的进一步研究[29]。利用波长 2.4 μm 的超短激光脉冲泵浦长为 9 cm、纤芯直径为 3.5 μm 的色散调控碲酸盐(纤芯材料为 $80TeO_2$-$5ZnO$-$10Na_2O$-$5ZnF_2$，TZNF)光纤，实现了光谱范围为 1.3～5.3 μm、平均功率为 150 mW 的中红外超连续谱激光[29]。超连续谱光谱如图 4-21 所示。该研究中光纤较小的色散值以及平坦的色散曲线被认为是该超宽带超连续谱实现的前提。进一步的光谱展宽受到碲酸盐玻璃透光窗口的限制。

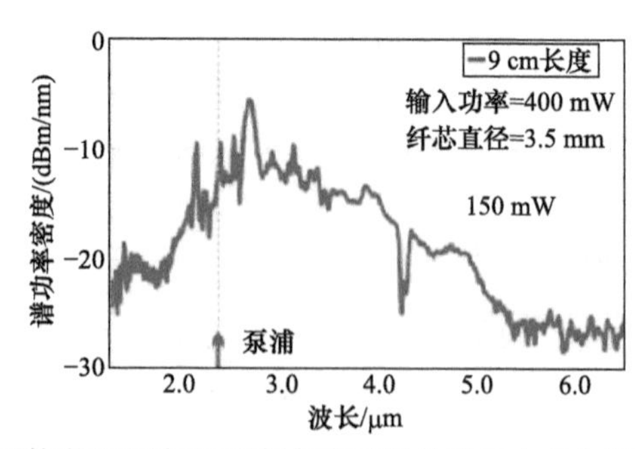

图 4-21　2.4 μm 固体激光泵浦 W 型折射率碲酸盐光纤中产生超连续谱的光谱图[29]

吉林大学研制了一种在二氧化碲(TeO_2)材料中掺杂 BaF_2、Y_2O_3 等材料实现改性的一种中红外玻璃($70TeO_2$-$20BaF_2$-$10Y_2O_3$, TBY)[30]，称为氟碲酸盐玻璃，并用于微结构光纤拉制和激光研究。该玻璃中主体材料为 TeO_2，因此该玻璃的特性主要由 TeO_2 的特性决定。2018 年，吉林大学使用 TBY 玻璃实现了阶跃折射率光纤的拉制，并基于拉锥光纤实现了光谱范围为 0.4～5.0 μm 的超连续谱激光[31]。在该单位另一工作[32]中，利用 2 μm 波段飞秒光纤激光器泵浦一段拉锥阶跃折射率 TBY 玻璃光纤，锥形光纤芯径为 6 μm、锥腰纤芯直径为 1.4 μm，总长度为 3.05 cm、锥区长度为 1.05 cm。当泵浦激光的平均功率增大至约 1.57 W 时，获得了光谱范围为 0.6～5.4 μm 的超连续谱激光输出，平均功率为 0.85 W，光–光转换效率为 54.1%。该研究中超连续谱光谱和功率演化分别如图 4-22(a)和(b)所示。

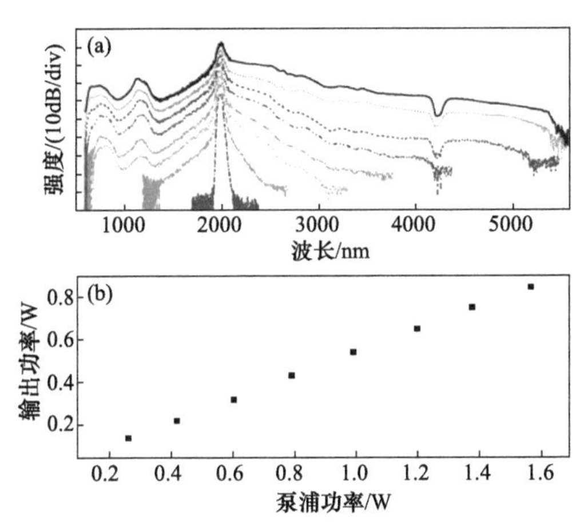

图 4-22　2 μm 飞秒光纤激光泵浦锥形 TBY 光纤产生的超连续谱的(a)光谱和(b)功率特性[32]

同年，吉林大学利用脉冲峰值功率高达 1.96 MW 的 1.98 μm 飞秒脉冲，通过透镜耦合的方式，泵浦一段 TBY 玻璃光纤，实现了平均功率 10.4 W 的超连续谱输出[33]，产生的超连续谱光谱覆盖范围为 0.9～3.9 μm，–20 dB 光谱覆盖范围为 1.8～3.3 μm。该实验中，泵浦源为一个 2 μm 波段啁啾脉冲放大(chirped pulse amplification, CPA)系统。所用的 TBY 光纤长 0.6 m、纤芯直径为 6.8 μm、纤芯数值孔径为 1.11，其最低损耗波长为 3.8 μm，对应的传输损耗为 0.4 dB/m。超连续谱光谱随泵浦功率的演化如图 4-23 所示。作者通过将不同模式产生超连续谱的数值模拟结果与实验获得的超连续谱光谱进行比较分析，认为获得的超连续谱光谱中，基模占主要成分[33]。2019 年，该课题组通过提升泵浦源的最大输出功率至 32.8 W，并采用纤芯直径更大的光纤，获得了最大平均功率为 19.6 W、光谱覆盖范围为 1～3.8 μm 的超连续谱输出，–20 dB 光谱覆盖范围为 1.3～3.4 μm(不考虑 2 μm 处的泵浦光残余尖峰)，相应的光-光转换效率约为 60%[32]。

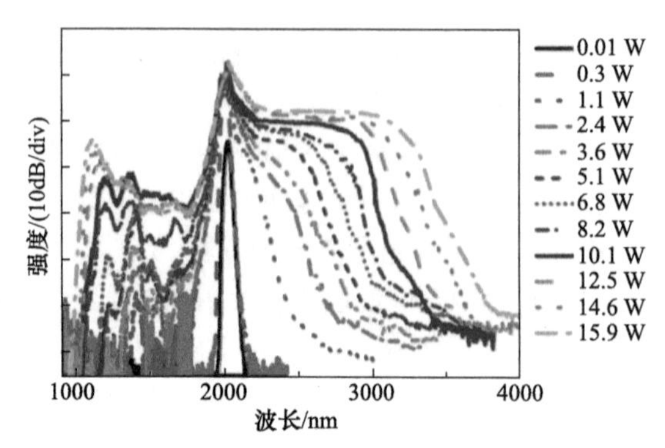

图 4-23　1.98 μm 飞秒光纤激光泵浦阶跃折射率 TBY 光纤产生的超连续谱的光谱演化特性[33]

2020 年，吉林大学报道了在更大芯径 TBY 阶跃折射率玻璃光纤中实现超连续谱激光的研究结果。所用的 TBY 非线性光纤纤芯直径为 11 μm、纤芯数值孔径为 1.14，长度为 0.6 m。泵浦源为基于 1560 nm 锁模光纤激光种子源和拉曼孤子自频移效应的 TDFA 系统，光谱范围为 1.9～2.7 μm。将泵浦源的石英尾纤和非线性 TBY 光纤置于五维调节架上，泵浦光通过端面对接的方式耦合进入氟碲酸盐玻璃光纤。产生的超连续谱光谱随输出功率的演化如图 4-24 所示。在最大泵浦功率为 39.7 W 时，实现了 22.7 W、光谱范围为 0.93～3.95 μm 的超连续谱激光输出，10 dB 光谱范围为 1.89～3.52 μm。超连续谱光谱随输出功率的演化如图 4-24 所示[34]。2022 年，通过将泵浦源的石英尾纤与 TBY 光纤进行熔接，吉林大学进一步将超连续谱激光的最大输出功率提升到 25.8 W，对应光谱范围为 0.93～3.99 μm，实现的中红外超连续谱激光的光谱和功率特性分别如图 4-25(a)和(b)所示[35]。该研究所用的 TBY 光纤长为 0.56 m、纤芯直径为 11 μm、纤芯数值孔径为 1.14，石英光纤与 TBY 光纤熔接点的熔接损耗为 0.34 dB@2000 nm。

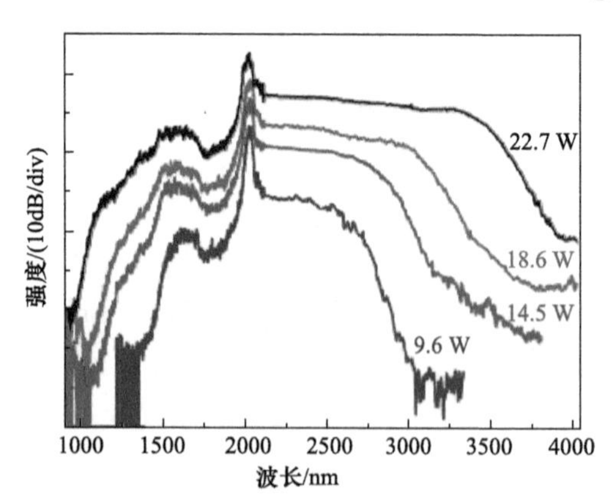

图 4-24　1.9～2.7 μm 光纤超连续谱激光泵浦阶跃折射率 TBY 光纤产生的超连续谱的光谱演化特性[34]

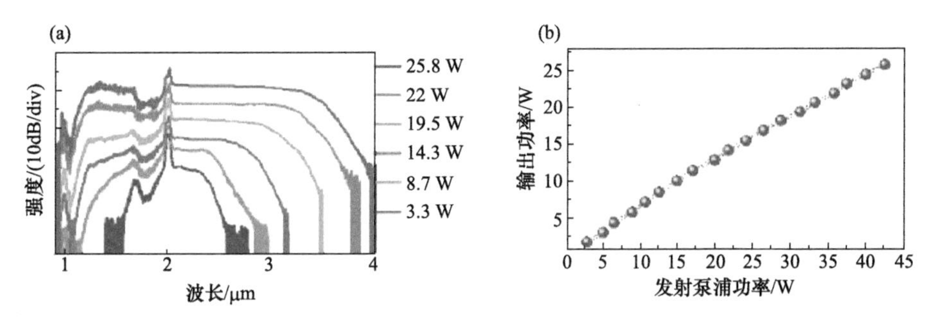

图 4-25　基于阶跃折射率 TBY 光纤的全光纤结构中红外超连续谱激光的(a)光谱和(b)功率特性[35]

近年来基于氧化锗光纤和碲酸盐玻璃光纤的中红外超连续谱激光取得了一定进展，最大输出功率分别已达到 44.9 W 和 20 W，对应的光谱范围分别达到 1.90～3.47 μm 和 0.93～3.99 μm。另外，值得注意的是，由于氧化锗光纤在 3 μm 以上波段、碲酸盐光纤在 4 μm 以上波段传输损耗急剧增加，因此利用这两种光纤，难以实现光谱长波边突破 4 μm 且长波光谱功率密度高的高功率中红外超连续谱激光。因此，为实现光谱更宽、功率更高的中红外超连续谱激光，提升泵浦脉冲峰值功率、研制声子能量更低的非线性光纤至关重要。

参 考 文 献

[1] Zou X, Izumitani T. Spectroscopic properties and mechanisms of excited state absorption and energy transfer upconversion for Er^{3+}-doped glasses [J]. J. Non-cryst. Solids, 1993, 162(1): 68-80.

[2] Kato T, Suetsugu Y, Nishimura M. Estimation of nonlinear refractive index in various silica-based glasses for optical fibers [J]. Opt. Lett., 1995, 20(22): 2279-2281.

[3] Dianov E M, Mashinsky V M. Germania-based core optical fibers [J]. J. Lightwave Technol., 2005, 23(11): 3500.

[4] Cumberland B A, Popov S V, Taylor J R, et al. 2.1 μm continuous-wave Raman laser in GeO_2 fiber [J]. Opt. Lett., 2007, 32(13): 1848-1850.

[5] Kamynin V A, Bednyakova A E, Fedoruk M P, et al. Supercontinuum generation beyond 2 μm in GeO_2 fiber: comparison of nano- and femtosecond pumping [J]. Laser Phys. Lett., 2015, 12(6): 065101.

[6] Zhang M, Kelleher E, Runcorn T, et al. Mid-infrared Raman-soliton continuum pumped by a nanotube-mode-locked sub-picosecond Tm-doped MOPFA [J]. Opt. Express, 2013, 21(20): 23261-23271.

[7] Yang L, Zhang B, Yin K, et al. 0.6-3.2 μm supercontinuum generation in a step-index germania-core fiber using a 4.4 kW peak-power pump laser [J]. Opt. Express, 2016, 24(12): 12600-12606.

[8] Jain D, Sidharthan R, Moselund P M, et al. Record power, ultra-broadband supercontinuum source based on highly GeO_2 doped silica fiber [J]. Opt. Express, 2016, 24(23): 26667-26677.

[9] Yin K, Zhang B, Yao J, et al. 1.9-3.6 μm supercontinuum generation in a very short highly nonlinear germania fiber with a high mid-infrared power ratio [J]. Opt. Lett., 2016, 41(21): 5067-5070.

[10] Dvoyrin V V, Sorokina I T. All-fiber optical supercontinuum sources in 1.7-3.2 μm range[C]. Proceedings of the Proc. of SPIE, Vol 8961, 89611C-2, 2014.

[11] Zheng Z, Ouyang D, Wang J, et al. Supercontinuum generation by using a highly germania-doped fiber with a high-power proportion beyond 2400 nm [J]. IEEE Photonics Journal, 2019, 11(6): 1-8.

[12] Wang X, Yao C, Li P, et al. All-fiber high-power supercontinuum laser source over 3.5 μm based on a germania-core fiber [J]. Opt. Lett., 2021, 46(13): 3103-3106.

[13] Yin K, Zhang B, Yang L, et al. 30 W monolithic 2-3 μm supercontinuum laser [J]. Photon Res., 2018, 6(2): 123-126.

[14] Wang X, Yao C, Li P, et al. High-Power all-fiber supercontinuum laser based on germania-doped fiber [J]. IEEE Photonics Technology Letters, 2021, 33(23): 1301-1304.

[15] Yang L, Yang Y, Zhang B, et al. Record-power and efficient mid-infrared supercontinuum generation in germania fiber with high stability [J]. High Power Laser Science and Engineering, 2022, 10(e36): 1-5.

[16] Fleming J W. Dispersion in GeO_2-SiO_2 glasses [J]. Appl. Opt., 1984, 23(24): 4486-4493.

[17] Lægsgaard J, Tu H. How long wavelengths can one extract from silica-core fibers? [J]. Opt. Lett., 2013, 38(21): 4518-4521.

[18] Sakaguchi S, Todoroki S. Optical properties of GeO_2 glass and optical fibers [J]. Appl. Opt., 1997, 36(27): 6809-6814.

[19] Zhou X, Chen Z, Chen H, et al. Study on thermally expanded core technique in single-mode fibers [J]. Guangxue Xuebao/Acta Optica Sinica, 2012, 32: 1-5.

[20] Agrawal G P. Nonlinear Fiber Optics [M]. 5th ed. San Diego: Academic Press, 2013.

[21] Dudley J M, Taylor J R. Supercontinuum Generation in Optical Fibers [M]. Cambridge: Cambridge University Press, 2010.

[22] Falconi M, Laneve D, Prudenzano F. Advances in mid-IR fiber lasers: tellurite, fluoride and chalcogenide [J]. Fibers, 2017, 5(2): 23.

[23] Frosz M H. Validation of input-noise model for simulations of supercontinuum generation and rogue waves [J]. Opt. Express, 2010, 18(14): 14778-14787.

[24] 张斌, 侯静, 姜宗福. 碲酸盐微结构光纤应用于中红外超连续谱的产生[J]. 红外与激光工程, 2011, 40(2): 4.

[25] Domachuk P, Wolchover N A, CRONIN-GOLOMB M, et al. Over 4000 nm bandwidth of mid-ir supercontinuum generation in sub-centimeter segments of highly nonlinear tellurite PCFs [J]. Opt. Express, 2008, 16(10): 7161-7168.

[26] Thapa R, Rhonehouse D, Nguyen D, et al. Mid-IR supercontinuum generation in ultra-low loss, dispersion-zero shifted tellurite glass fiber with extended coverage beyond 4.5 μm [C]. SPIE Conference on Technologies for Optical Countermeasures, 2013.

[27] Kedenburg S, Steinle T, Mörz F, et al. Solitonic supercontinuum of femtosecond mid-IR pulses in W-type index tellurite fibers with two zero dispersion wavelengths [J]. APL Photonics, 2016, 1(8): 086101.

[28] Shi H, Feng X, Tan F, et al. Multi-watt mid-infrared supercontinuum generated from a dehydrated

large-core tellurite glass fiber [J]. Opt. Mater Express, 2016, 6(12): 3967-3976.

[29] Kedenburg S, Strutynski C, Kibler B, et al. High repetition rate mid-infrared supercontinuum generation from 1.3 to 5.3 μm in robust step-index tellurite fibers [J]. Journal of the Optical Society of America B, 2017, 34(3): 601-607.

[30] Yao C, He C, Jia Z, et al. Holmium-doped fluorotellurite microstructured fibers for 2.1 μm lasing [J]. Opt. Lett., 2015, 40(20): 4695-4698.

[31] Jia Z X, Yao C F, Jia S J, et al. Supercontinuum generation covering the entire 0.4-5 μm transmission window in a tapered ultra-high numerical aperture all-solid fluorotellurite fiber [J]. Laser Physics Letters, 2018, 15(2): 025102.

[32] 贾志旭, 姚传飞, 李真睿, 等. 新型高功率中红外光纤激光材料与超连续谱激光研究进展 [J]. 中国激光, 2019, 46(5): 0508006.

[33] Yao C, Jia Z, Li Z, et al. High-power mid-infrared supercontinuum laser source using fluorotellurite fiber [J]. Optica, 2018, 5(10): 1264-1270.

[34] Li Z, Jia Z, Yao C, et al. 22.7 W mid-infrared supercontinuum generation in fluorotellurite fibers [J]. Opt. Lett., 2020, 45(7): 1882-1885.

[35] Guo X, Jia Z, Jiao Y, et al. 25.8 W all-fiber mid-infrared supercontinuum light sources based on fluorotellurite fibers [J]. IEEE Photonics Technology Letters, 2022, 34(7): 367-370.

第 5 章　基于非掺杂 ZBLAN 光纤的中红外超连续谱产生

5.1　概　　述

ZBLAN 光纤的典型损耗谱如图 5-1(a)所示。ZBLAN 光纤的传输损耗在 3.5 μm 以上增长较快，在 4 μm 处的传输损耗上升到 0.2 dB/m 左右。尽管超过 4 μm 后 ZBLAN 光纤的传输损耗逐渐增加，但在 ZBLAN 光纤中产生长波边突破 4 μm 的中红外超连续谱激光仍是可行的。图 5-1(b)给出了 ZBLAN 玻璃的折射率曲线。ZBLAN 材料的折射率比石英材料的折射率略高。ZBLAN 光纤的其他主要理化参数在第 2 章中已有介绍，其色散特性和非线性系数曲线在第 3 章中有所介绍，在此不再赘述。

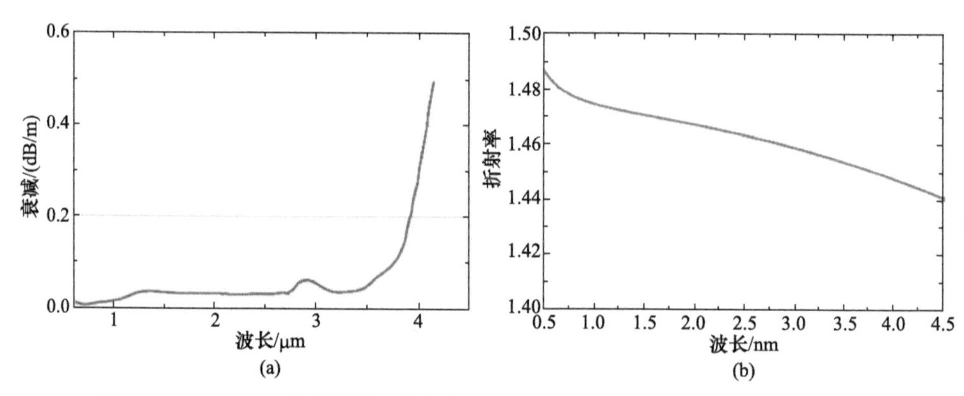

图 5-1　(a)ZBLAN 光纤的典型传输损耗曲线[1]和(b)块状 ZBLAN 的折射率曲线

受光纤材料的影响，ZBLAN 光纤的非线性系数远小于碲酸盐光纤、氧化锗光纤等，与石英光纤的非线性系数相当。因此，在采用 ZBLAN 光纤作为非线性介质产生中红外超连续谱激光时，往往采用高峰值功率超短脉冲激光器作为泵浦源，或者采用长度较长(10 m 量级)的光纤。

在非掺杂 ZBLAN 光纤中产生超连续谱的研究最早在 2006 年见诸报道[2]。至今，基于无源软玻璃光纤的中红外超连续谱激光得到了长足的发展，输出功率不断提升。国内外多个单位报道了基于软玻璃光纤的 10 W 级中红外超连续谱激光光源。图 5-2 给出了基于非掺杂 ZBLAN 光纤的高功率(输出功率大于 10 W)

中红外超连续谱的发展趋势。

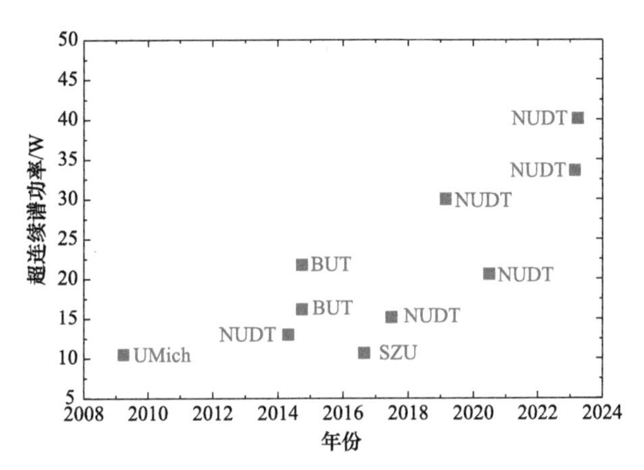

图 5-2　基于非掺杂氟化物光纤的高功率超连续谱研究情况

UMich：美国密歇根大学；NUDT：国防科技大学；BUT：北京工业大学；SZU：深圳大学

由于非掺杂 ZBLAN 光纤中不含用于产生受激辐射的稀土离子，属于无源光纤，因而当利用其作为非线性介质产生中红外超连续谱激光时，需要泵浦源为其提供激光能量。图 5-3 给出了基于非掺杂 ZBLAN 光纤的高功率超连续谱光源的简化示意图，包括一个泵浦源和一段 ZBLAN 非线性光纤。泵浦源尾纤与 ZBLAN 光纤通过机械连接(即端面对接)或熔融连接(熔接)的方式连接，ZBLAN 光纤输出端切斜角，以防止端面的菲涅耳反射对泵浦源造成影响。

图 5-3　非掺杂 ZBLAN 光纤中中红外超连续谱产生结构示意图

在泵浦激光方面，发展初期主要为光参量振荡器(OPO)、光参量放大器(OPA)等固体激光器系统和 1.55 μm 波段光纤光源，此后掺铥光纤激光器的发展使得泵浦源拓展到 2 μm 波段成为可能；以孤子群脉冲激光(1.5～2.3 μm 波段超连续谱激光)为种子源的方案使泵浦源进入 2～2.5 μm 波段的新阶段，成为目前基于非掺杂 ZBLAN 光纤的高功率中红外超连续谱光源的主流泵浦源。泵浦光耦合方式方面，起初泵浦光均通过透镜等空间器件耦合进 ZBLAN 光纤，随着石英光纤激光技术和软玻璃光纤处理技术的发展，逐步过渡到泵浦源尾纤和 ZBLAN 光纤端面对接(即机械连接)，最终发展为目前主流的石英-ZBLAN 光纤低损耗熔融连接(熔接)。

表 5-1 给出了与图 5-2 对应的高功率中红外超连续谱光源的参数指标，包含

超连续谱光源的主要结构特点(泵浦源参数、耦合方式、耦合效率等)、光谱和功率特性等参数。

表 5-1　基于非掺杂氟化物光纤的输出功率大于 10 W 的超连续谱文献总结

泵浦源参数*	耦合方式	耦合效率	超连续谱激光特性			研究单位
			光谱范围/μm	平均功率/W	转换效率/%	
1550 nm, 400 ps, 3.33 MHz, EYDFA, 20.2 W	对接	小于 2 dB	0.8～4.0	10.5	52.0	密歇根大学[3]
1960 nm, 26.7 ps, 29.4 MHz, LMA-TDFA, 31.5 W	对接	0.45 dB @1.2 W 1.8 dB @31 W	1.9～4.3	13.0	41.3	国防科技大学[4]
2.0～2.5 μm, —, —, SM-TDFA, —	对接	约 1 dB	1.9～3.5	16.2	—	北京工业大学[5]
1963 nm, 24 ps, 93.6 MHz, SM-TDFA, 42 W	对接	1～1.5 dB	1.9～3.8	21.8	51.9	北京工业大学[6]
1950 nm, 12.6 ps, 75.4 MHz, LMA-TDFA, 16.3 W	熔接	0.96 dB	1.9～4.1	10.7	65.3	深圳大学[7]
2.0～2.7 μm, 1 ns, 6 MHz, LMA-TDFA, 30.1 W	熔接	N/A	1.9～4.25	15.2	50.5	国防科技大学[8]
1.9～2.6 μm, 3 ns, 3 MHz, SM-TDFA, 41 W	熔接	0.25 dB	1.9～3.35	30.0	73.1	国防科技大学[9]
1.9～2.6 μm, 1 ns, 1.5 MHz, SM-TDFA, 37.9 W	熔接	0.26 dB	1.92～4.29	20.6	54.3	国防科技大学[10]
1.95～2.65 μm, 3.2 ns, 4.08 MHz, SM-TDFA, 44.1 W	熔接	0.366 dB	1.9～3.68	33.1	75.1	国防科技大学[11]
1.9～2.7 μm, 4 ns, 3 MHz, SM-TDFA, 55.5 W	熔接	0.22 dB	1.9～3.95	40.1	72.2	国防科技大学[12]

*泵浦源参数的格式为：种子源中心波长，脉冲宽度，脉冲重复频率，放大器类型，放大器输出功率。

5.2　基于 1.5 μm 泵浦源的中红外超连续谱产生

2006 年，美国威斯康星大学麦迪逊分校首次报道了在非掺杂 ZBLAN 光纤中实现中红外超连续谱激光的研究成果[2]。该研究使用 1550 nm 飞秒光纤激光器为泵浦源。由于泵浦波长(1550 nm)小于 ZBLAN 光纤 ZDW(1630 nm)，孤子难以在正常色散区形成，所以，该研究在泵浦源和 ZBLAN 光纤之间引入一段单模石英光纤，以将激光脉冲的光谱先行频移至 ZBLAN 光纤的 ZDW 以上波段，如图 5-4 所示。该研究借助石英光纤和 ZBLAN 光纤中的拉曼孤子自频移(SSFS)效应，实现了平均功率为 5 mW、光谱范围为 1.8～3.4 μm 的超连续谱激光，光谱如图 5-5 所示。

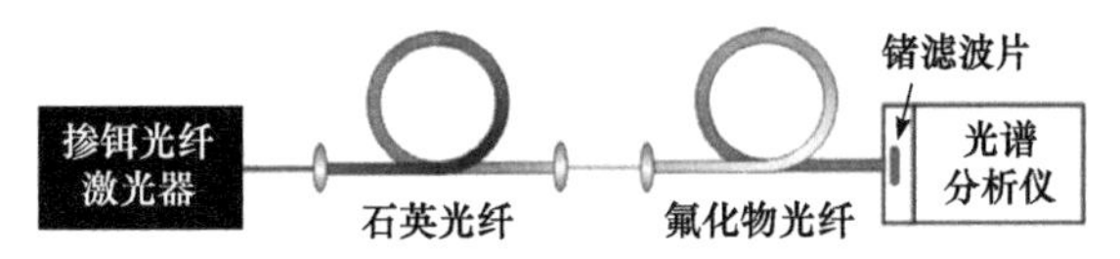

图 5-4　基于 1.55 μm 飞秒泵浦源和 ZBLAN 光纤的超连续谱光源实验结构示意图[2]

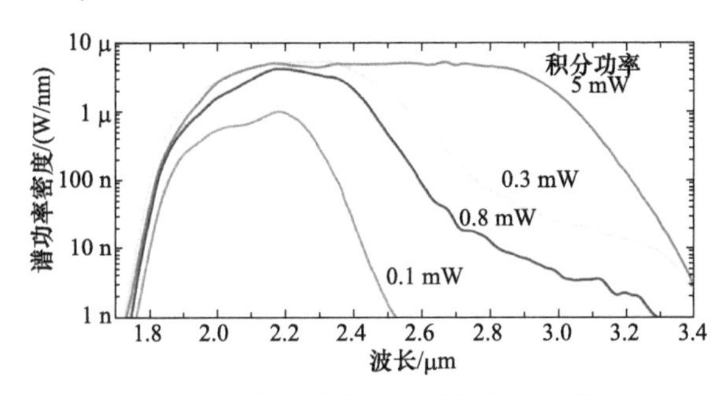

图 5-5　超连续谱激光光谱演化图[2]

随后，美国密歇根大学以 1.55 μm 纳秒激光脉冲泵浦 ZBLAN 光纤，实现了中红外超连续谱激光输出[13]。泵浦源为一个主振荡功率放大器(MOPA)系统，主要包含一个 1553 nm 电调制半导体激光器，三级 EDFA，以及一段单模石英光纤，如图 5-6 所示。种子光脉冲宽度为 2 ns，重复频率为 5 kHz。为了减弱低重复频率下 EDFA 的放大自发辐射(ASE)，第一级放大器后采用电光调制器(EOM)进行时域斩波，第二级放大器后连接一个带通滤波器实现光谱滤波。第三级光纤放大器的输出功率为 40 mW，对应脉冲的峰值功率为 4 kW，单模光纤长度为 1 m。

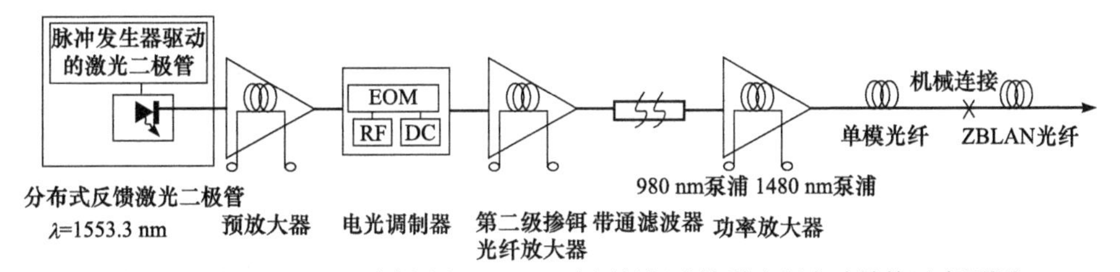

图 5-6　基于 1.55 μm 泵浦源和 ZBLAN 光纤的超连续谱光源实验结构示意图[13]

通过端面对接(机械连接)的方式实现从单模石英光纤到 ZBLAN 光纤之间的光束耦合，耦合损耗为 1.5 dB。所用的 ZBLAN 光纤在 4 μm 以下波段的损耗小于 1 dB/m。在该实验中，超连续谱通过两个级联的过程产生，第一步，被放大的 1.55 μm 纳秒脉冲激光在一段普通的石英单模光纤(SMF)中在 MI 的作用下分裂为飞秒脉冲，并在自相位调制(SPM)的作用下发生光谱展宽；第二步，光谱在 ZBLAN 光纤中进一步展宽，形成超连续谱输出[14]。该工作实验研究了纤芯直径分别为 5.7 μm、8.5 μm、7 μm 的 ZBLAN 光纤(单模截止波长分别为 1.25 μm、1.75 μm、2.75 μm)对于超连续谱光谱长波边的影响，并最终在 7 m 长的纤芯直径为 7 μm 的

ZBLAN 光纤中，在脉冲峰值功率 4 kW 的条件下，获得了 20 dB 光谱范围为 0.8～4.3 μm、平均功率约为 23 mW 的超连续谱激光输出，其光谱如图 5-7 所示。由于泵浦波长小于 ZBLAN 光纤的 ZDW，故产生的超连续谱激光向长波与短波两个方向均有明显扩展。

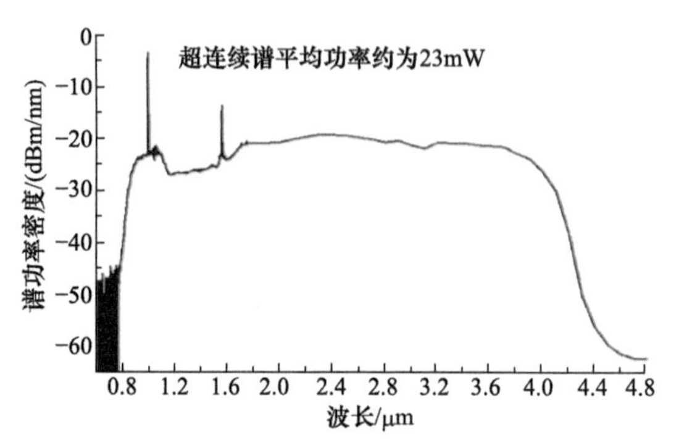

图 5-7　ZBLAN 光纤长度为 7 m 时的超连续谱光谱[13]

2009 年，该研究小组利用脉冲重复频率更高的 1.55 μm 波段纳秒脉冲激光器泵浦 ZBLAN 光纤激光器，实现了 10 W 量级的中红外超连续谱激光。三级光纤放大器将 1550 nm 脉冲的平均功率提升至 20 W 量级(脉冲峰值功率为 6.1 kW)，经由一段单模石英光纤泵浦一段 ZBLAN 光纤，获得的超连续谱光谱覆盖范围为 0.8～4.0 μm[3]，平均功率为 10.5 W，超连续谱光谱如图 5-8 所示。

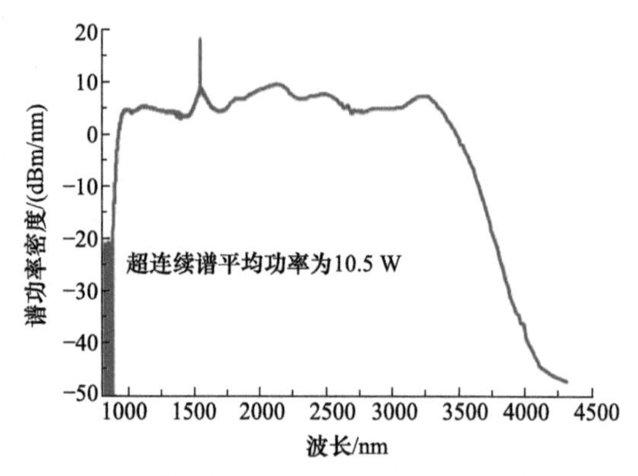

图 5-8　平均功率为 10.5 W 时的超连续谱光谱[3]

5.3　基于 2 μm 泵浦源的中红外超连续谱产生

掺铥石英光纤脉冲激光系统具有平均功率高、脉冲峰值功率高、斜效率较高、可实现全光纤化等优点，另外，掺铥石英光纤激光系统的工作波长位于 2 μm 波段或 2～2.5 μm 波段，位于 ZBLAN 光纤的反常色散区，采用掺铥石英光纤激光系统泵浦 ZBLAN 光纤有利于输出大带宽的超连续谱。

2014 年 4 月，国防科技大学基于 2 μm 波段泵浦源，在 ZBLAN 光纤中实现了平均功率为 13 W、光谱覆盖范围为 1.9～4.3 μm 的中红外超连续谱光源[4]。图 5-9 给出了该研究的实验装置示意图。使用一个 2 μm 波段皮秒脉冲光纤 MOPA 系统作为泵浦源，泵浦源的尾纤与 ZBLAN 光纤之间通过机械连接(亦即端面对接)的方式实现泵浦光的耦合。泵浦源的种子源为半导体可饱和吸收镜(SESAM)锁模的脉冲掺铥光纤激光器(TDFL)，脉冲中心波长为 1960 nm，脉冲宽度为 26.7 ps，重复频率为 29.39 MHz。最后一级 TDFA 中，较高的脉冲峰值功率诱导产生了非线性效应，光谱出现了一定的展宽，形成了光谱覆盖范围为 1.9～2.7 μm 的短波红外超连续谱。为了在主放大器中尽可能地提升脉冲的峰值功率，实验中采用了纤芯直径为 25 μm 的大模面积掺铥光纤(LMA-TDF)作为增益介质；引入一个输入尾纤纤芯直径为 25 μm、输出尾纤纤芯直径为 8 μm 的模场匹配器，以提高泵浦源尾纤与 ZBLAN 光纤的耦合效率。ZBLAN 光纤纤芯直径和数值孔径分别为 9 μm 和 0.2，长度为 8.4 m。超连续谱光谱随输出功率的演化如图 5-10 所示。当模场适配器输出功率达到最大值 31.5 W 时，产生的超连续谱的长波边延伸到了 4.3 μm，平均功率为 13.0 W。

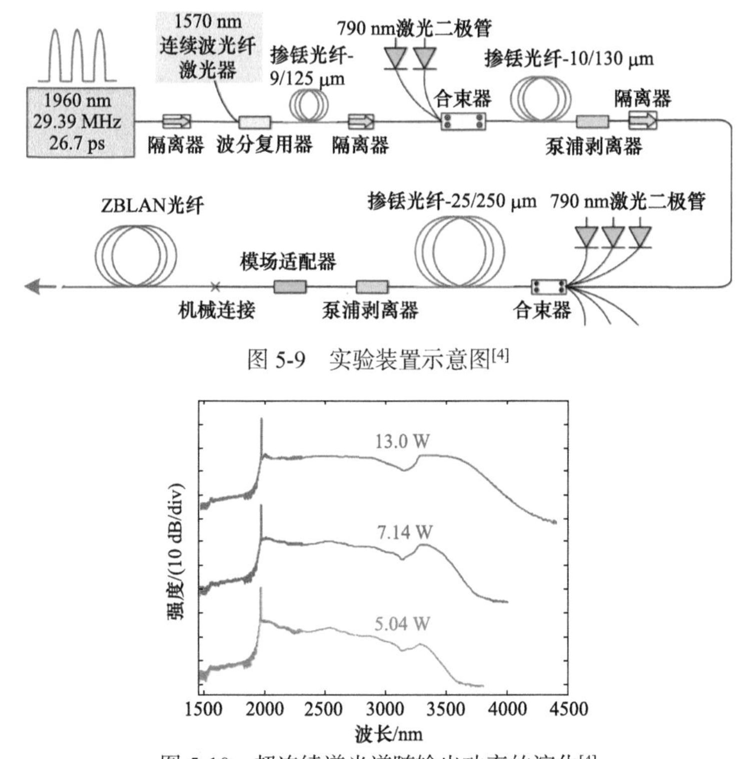

图 5-9　实验装置示意图[4]

图 5-10　超连续谱光谱随输出功率的演化[4]

2014 年，北京工业大学也利用类似的 2 μm 波段(SESAM)锁模皮秒 MOPA 结构，实现了高功率中红外超连续谱激光输出[6]。在最大泵浦功率为 42 W 时，获得的中红外超连续谱的平均功率为 21.8 W，光谱覆盖范围为 1.9～3.8 μm，−10 dB 光谱范围约 1.95～3.5 μm[6]，不同输出功率下的超连续谱光谱演化如图 5-11 所示。

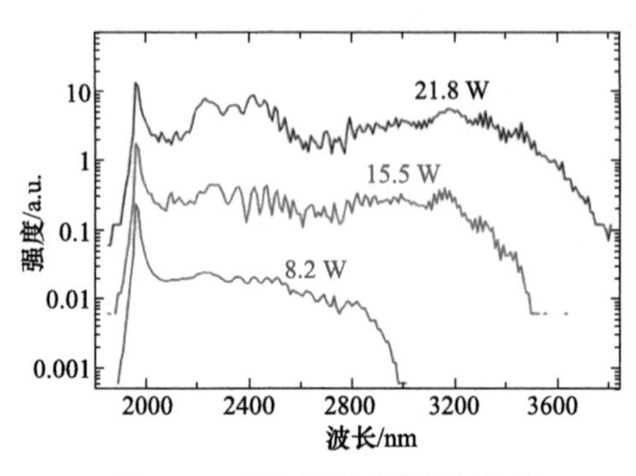

图 5-11　超连续谱光谱演化图[6]

上述报道中，泵浦源与 ZBLAN 光纤均通过机械连接的方式实现连接。随着软玻璃光纤后处理技术的成熟，石英光纤与 ZBLAN 光纤的熔融连接(亦即熔接)技术被突破。2016 年，国防科技大学攻克了石英光纤与 ZBLAN 光纤的低损耗熔接技术，熔接损耗可低至约 0.1 dB，首次报道了基于 ZBLAN 光纤的全光纤化中红外超连续谱激光[15]。随后，深圳大学通过将石英光纤与 ZBLAN 光纤熔接(熔接损耗为 0.96 dB)，在长度为 8 m 的 ZBLAN 光纤(纤芯直径和数值孔径分别为 9 μm 和 0.2)中实现了平均功率为 10.7 W、光谱覆盖范围为 1.9～4.1 μm 的超连续谱输出[7]。泵浦源为一个基于 2 μm 波段 SESAM 锁模光纤激光器和多级 TDFA 的 MOPA 系统，输出功率为 16.3 W。ZBLAN 光纤输出的超连续谱光谱随功率的演化如图 5-12 所示。

为了在 ZBLAN 光纤中获得足够的非线性积累和模式数量的控制，在泵浦功率有限的情况下，往往采用纤芯直径较小(如纤芯直径为 7 μm[3]到 9 μm[4, 6-8]范围内)的 ZBLAN 光纤作为非线性光纤。相对应地，为与 ZBLAN 光纤实现较好的模场匹配、减小泵浦光的耦合损耗，泵浦源的输出尾纤一般为较小芯径的单模光纤。随着超连续谱光源输出功率的提高，ZBLAN 光纤纤芯所承受的功率密度也越来越高，易于出现光纤损坏；同时泵浦源尾纤较小的纤芯直径也在一定程度上限制了泵浦源输出功率的提高。采用纤芯直径更大的 ZBLAN 光纤，将有利于缓解 ZBLAN 光纤纤芯功率密度过高、容易损伤的问题，并且支持泵浦源更大芯径的尾纤输出，从而有利于提升中红外超连续谱激光的平均功率。

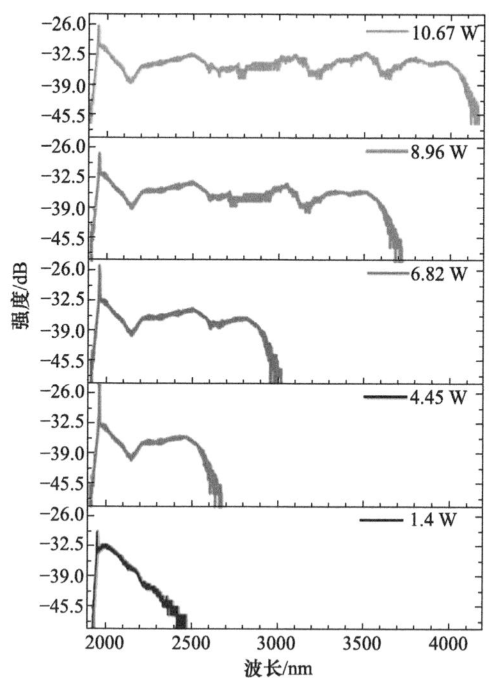

图 5-12　超连续谱光谱演化图[7]

如图 5-13 所示，采用一个 SESAM 锁模的 2 μm 波段脉冲光纤 MOPA 系统泵浦一段长度为 2 m、纤芯直径为 10 μm、纤芯数值孔径为 0.2 的 ZBLAN 光纤，实现高功率中红外超连续谱激光。泵浦源尾纤通过一段单模光纤与 ZBLAN 光纤之间以熔接方式进行连接。种子源中心波长为 1957 nm，脉冲重复频率为 51.8 MHz，单脉冲宽度为 140 ps。采用两级 TDFA 对种子脉冲进行功率提升。主放大器的输出功率可达 50.8 W。在 TDFA 后引入的单模石英光纤(SMF)不仅被用作传输光纤，而且具有对泵浦脉冲进行光谱预展宽的作用。

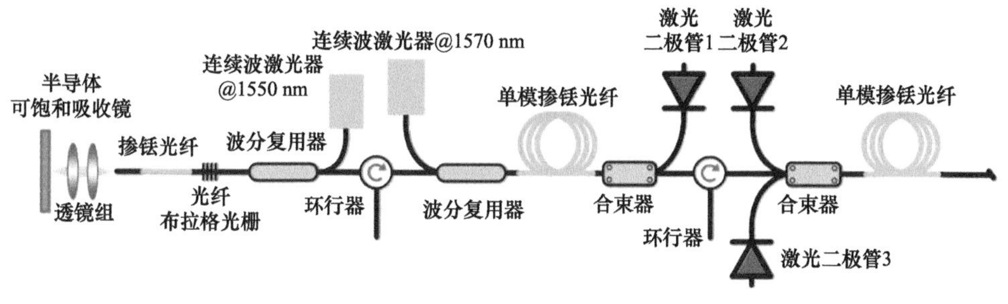

图 5-13　皮秒脉冲激光泵浦源结构示意图

由于 SMF 具有对脉冲的预展宽作用，因而 SMF 长度对皮秒脉冲泵浦 ZBLAN

光纤获得的超连续谱激光的光谱存在明显影响。图 5-14 给出了不同 SMF 长度条件下 ZBLAN 光纤的输出光谱。可以看到，当 TDFA 输出功率一定时，随着 SMF 长度的增加，产生的超连续谱的长波区域(大于 2.6 μm)的光谱成分先增强，后减弱，且以 SMF 长度为 5 m 时的超连续谱光谱为最佳，即光谱长波边最长(达 3.41 μm)且光谱长波区域最强。

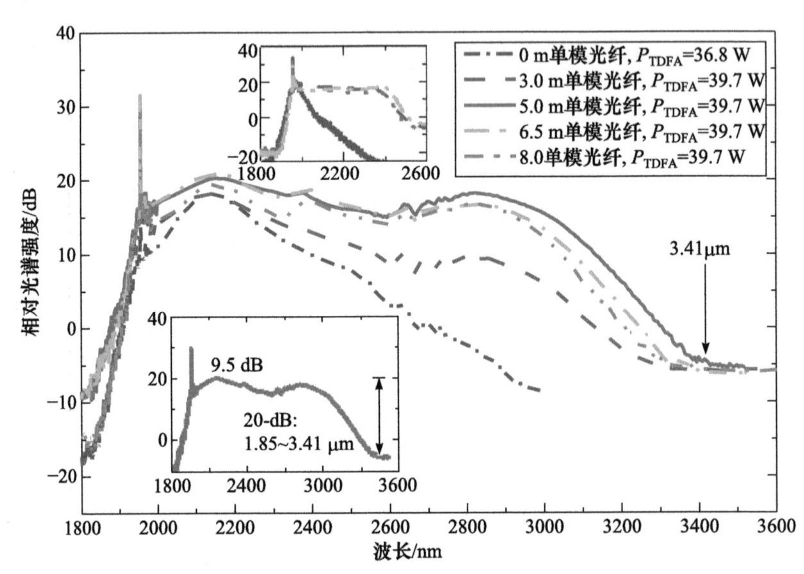

图 5-14　不同 SMF 长度、TDFA 输出功率为 39.7 W 时 ZBLAN 光纤的输出光谱对比。插图为相应长度 SMF 的输出光谱

图 5-15(a)给出了 ZBLAN 输出功率随 TDFA 输出功率的变化曲线。在一定 SMF 长度下，当 TDFA 输出功率较低时，ZBLAN 光纤输出的功率随 TDFA 输出功率近乎呈线性增长；当 TDFA 输出功率较高时，ZBLAN 光纤输出功率的斜率开始下降，且 SMF 越长，斜率下降越明显，这主要是由 SMF 的损耗导致的。图 5-15(b)给出了不同 SMF 长度时，以 TDFA 输出功率为横坐标的超连续谱功率转换效率曲线，插图给出了以 SMF 输出功率为横坐标的超连续谱功率转换效率曲线。由图 5-15(b)也可以看出，虽然超连续谱功率转换效率随 TDFA 输出功率的增长存在较明显的下降(尤其当 SMF 长度为 5 m 和 8 m 时)，但随 SMF 输出功率的增长下降不明显，甚至当 SMF 输出功率增加至大于 15 W 后保持稳定。这说明 SMF 带来的损耗是限制超连续谱功率转换效率提升的主要因素。尽管如此，由图 5-15(a)，在 SMF 长度分别为 3 m 和 5 m 时，分别获得了平均功率为 30.3 W 和 30.2 W 的超连续谱输出。此时 TDFA 输出功率分别为 42.6 W 和 44.0 W。

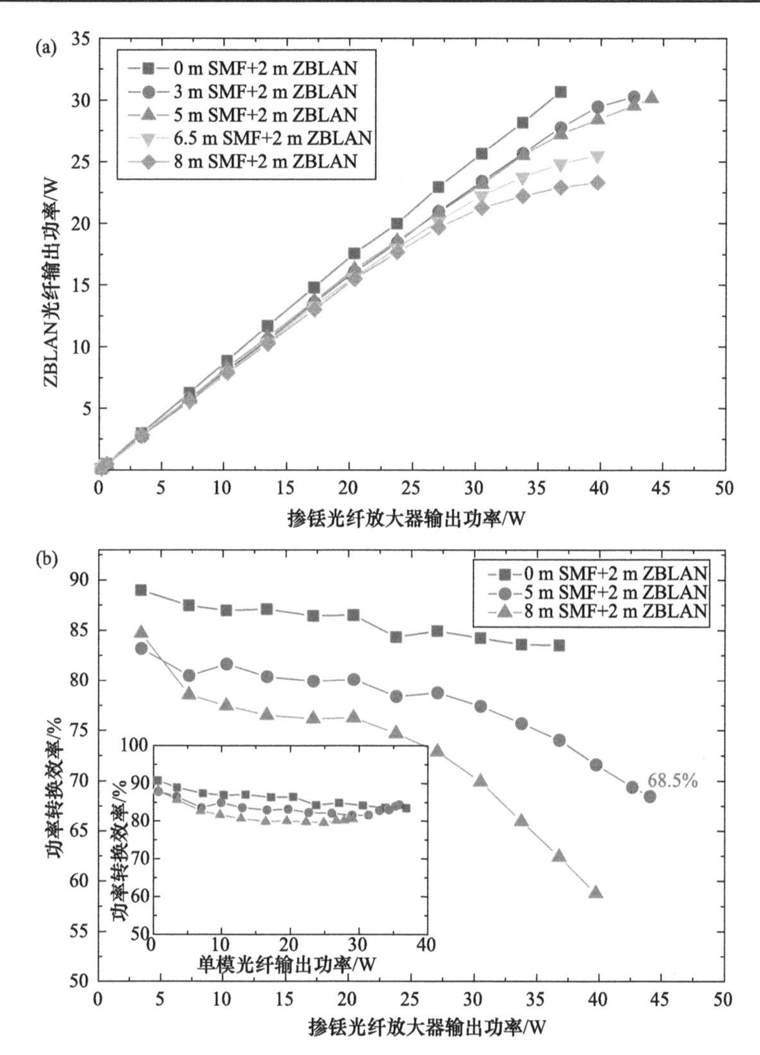

图 5-15　不同 SMF 长度(a)ZBLAN 光纤的输出功率曲线；(b)TDFA 输出功率为 39.7 W 时 ZBLAN 光纤的输出功率曲线，插图为相应长度 SMF 的输出功率曲线

2023 年，国防科技大学采用一个 2 μm 波段类噪声脉冲光纤 MOPA 系统泵浦一段长度为 13 m、纤芯直径为 13.5 μm、纤芯数值孔径为 0.23 的 ZBLAN 光纤，实现高功率中红外超连续谱激光[16]。2 μm 波段类噪声脉冲种子采用“8”字腔非线性放大环形镜结构，如图 5-16(a)所示。通过调节腔内偏振控制器，依次获得 3.2 ns、2.3 ns、1.5 ns 的脉冲状态，三种状态下的种子源中心波长分别为 1999.6 nm、1998.1 nm 以及 1997.3 nm，脉冲重复频率为 4.08 MHz。采用两级 TDFA 对种子脉冲进行功率提升，如图 5-16 所示。主放大器的输出功率分别达 44.1 W、42.2 W 以及 39 W，直接输出光谱范围为 1900～2650 nm。泵浦源尾纤与 ZBLAN 光纤之间

采用了低损耗熔接方式，熔接点显微图见图 5-16(b)插图。

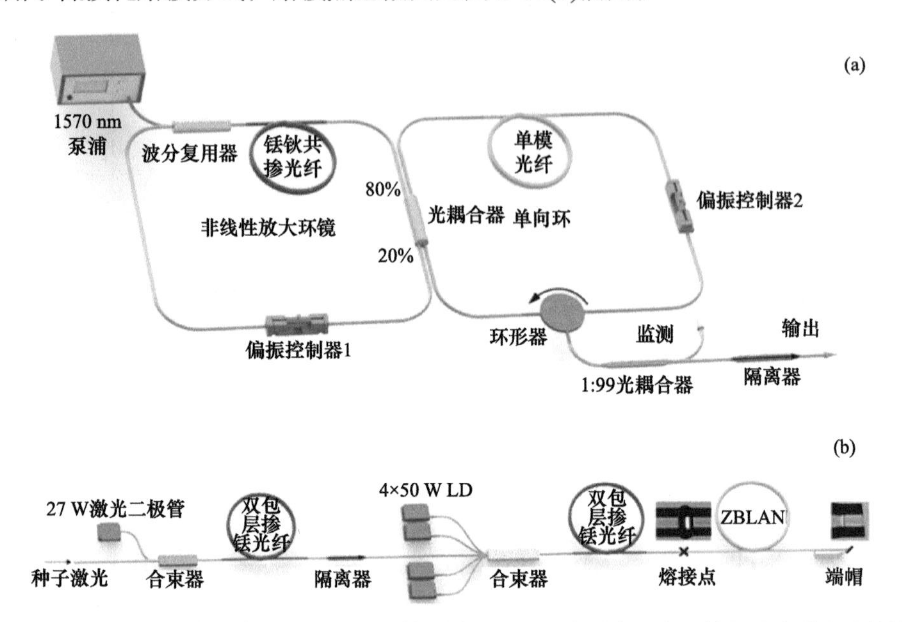

图 5-16　2 μm 类噪声脉冲光纤 MOPA 系统泵浦 ZBLAN 光纤产生中红外超连续谱实验结构图。(a)种子结构；(b)放大及级联 ZBLAN 光纤结构

图 5-17(a)给出了 ZBLAN 输出功率随 TDFA 输出功率的变化曲线，图 5-17(b)给出了 ZBLAN 输出转换效率随 TDFA 输出功率的变化曲线。在脉冲宽度分别为 3.2 ns、2.3 ns 和 1.5 ns 状态下，分别获得了平均功率为 33.1 W、29.8 W 和 25.9 W 的超连续谱输出，功率转换效率分别为 75.06%、70.62%和 66.41%。

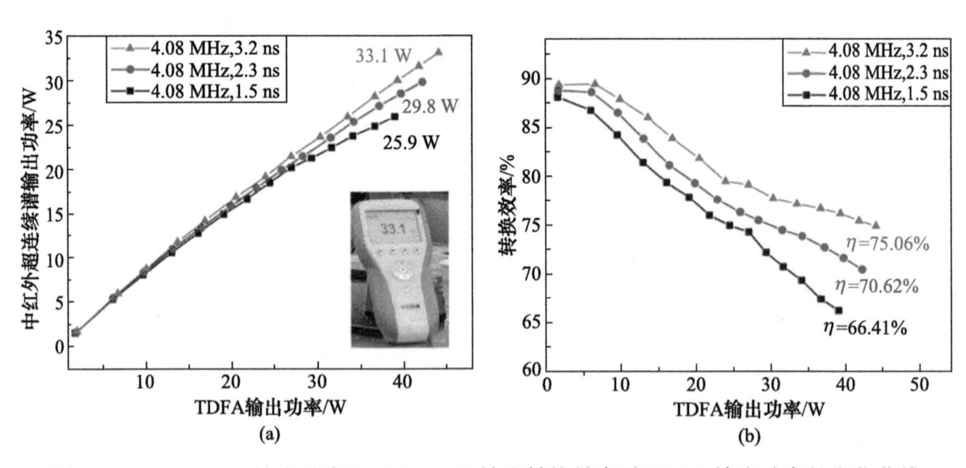

图 5-17　(a)ZBLAN 输出功率和(b)ZBLAN 输出转换效率随 TDFA 输出功率的变化曲线

图 5-18 给出了三种脉冲状态下 ZBLAN 光纤的输出光谱。可以看到，随着脉冲宽度的变宽，光谱展宽程度依次减弱，这是由峰值功率决定的。对于 1.5 ns 脉冲状态，其放大后的峰值功率最高，计算出的脉冲包络峰值功率为 6.37 kW，因此光谱展宽程度最强，从 1900 nm 覆盖到了 4020 nm。对于 2.3 ns 脉冲状态，其放大后的脉冲包络峰值功率为 4.5 kW，低于 1.5 ns 脉冲，光谱展宽程度略有下降，从 1900 nm 展宽至 3840 nm。对于 3.2 ns 脉冲状态，其放大后的脉冲包络峰值功率为 3.38 kW，进而其光谱展宽程度也最弱，仅从 1900 nm 覆盖到了 3680 nm。该方案获得的三种结果均为相同光谱范围下的最高输出功率，证明了类噪声脉冲泵浦产生中红外超连续谱方面具有光谱平坦、结构简化、转换效率高的优势。

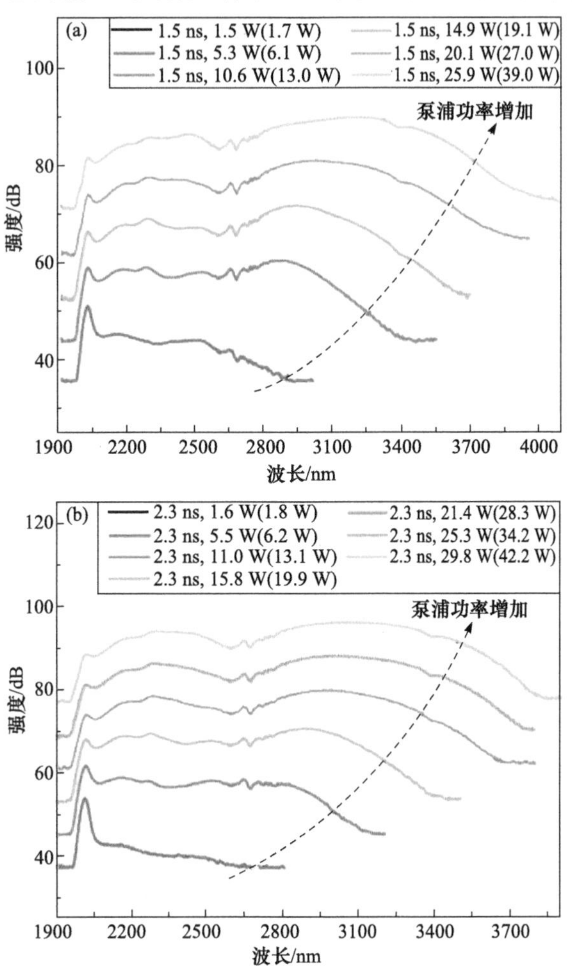

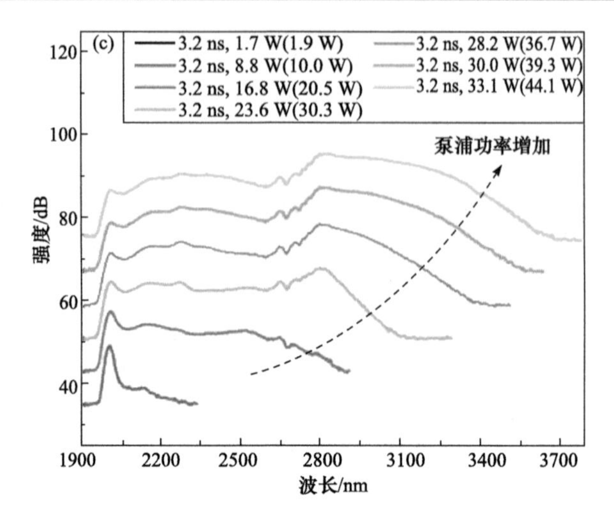

图 5-18　(a)1.5 ns、(b)2.3 ns 和(c)3.2 ns 脉冲状态下的 ZBLAN 输出光谱

5.4　基于 2～2.5 μm 孤子群脉冲的中红外超连续谱产生

对于中红外超连续谱激光而言，泵浦源的工作波长往往位于短波侧，在产生超连续谱的过程中光子能量主要从短波长光子转化为长波长光子。研究人员通过提升泵浦脉冲峰值功率、增大泵浦光波长等方法，可在一定程度上拓展 ZBLAN 光纤产生的中红外超连续谱激光的长波边，同时增加长波光谱成分占超连续谱激光总功率的比例。将泵浦波长从 1.55 μm 波段移至 2 μm 波段，有助于将高功率中红外超连续谱激光的长波边进一步拓展，但效果有限[4, 13]。主要原因是，在 1.55 μm 波段泵浦源方案中，宽度为纳秒量级的泵浦脉冲在进入非线性光纤之前即已在调制不稳定性(MI)和拉曼孤子自频移效应(SSFS)的作用下演化为大量高峰值功率的孤子脉冲，光谱长波边可达 2.2 μm[13]。

为进一步提升泵浦源的脉冲峰值功率、拓展泵浦源的波长范围，研究人员充分挖掘石英基光纤的潜力，提出一种基于 TDFA 的 2～2.5 μm 波段高峰值功率脉冲实现方案[17]，典型结构和光谱演化过程分别如图 5-19 和图 5-20 所示：首先基于 1.5 μm 波段脉冲激光器和铒镱共掺光纤放大器(EYDFA)获得 1.55 μm 波段高峰值功率激光脉冲；然后，由 MI、SPM、SSFS 等非线性效应诱导，激光脉冲在无源石英光纤中发生脉冲分裂及光谱展宽、红移，获得光谱覆盖 2 μm 波段 Tm^{3+}增益带的光谱成分(典型光谱范围为 1.5～2.3 μm)；最终在 TDFA 中，凭借 Tm^{3+}对于 1.5～1.8 μm 波段的吸收和 1.9～2.1 μm 波段的增益，实现 2 μm 波段光谱成分的放大，并且在 TDFA 中实现激光脉冲光谱的进一步红移，获得典型光谱范围为 2～2.5 μm 的短波红外超连续谱激光输出(光谱长波边受石英光纤传输损耗的限制)。

这时输出脉冲不再是单一脉冲，而变为由种子激光波长附近的残余信号包络和频率红移后的拉曼孤子群脉冲组成，产生超连续谱激光的长波方向主要由这些红移孤子群脉冲构成。实际上，采用这种方式得到的泵浦源的光谱长波边可达 2.6～2.7 μm，但习惯上仍称其为“2～2.5 μm”波段光源。由于该方案得到的 2～2.5 μm 超连续谱激光脉冲实际上为大量高峰值功率的孤子脉冲，且其波长较传统的 2 μm 波段窄谱激光脉冲的波长更长，因而在用作中红外超连续谱激光的泵浦源时具有明显的优势。另外，研究也表明，这种 2～2.5 μm 超连续谱激光的功率稳定性也较高[18]，同时得益于软玻璃光纤熔接技术带来的光束耦合的高稳定性，用这种 2～2.5 μm 泵浦源实现的全光纤化超连续谱也具有很高的功率稳定性，典型功率不稳定度可达 0.59%[15]和 0.37%[19]。

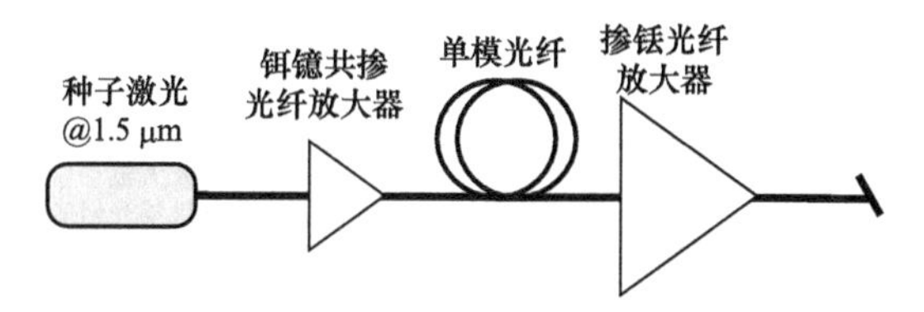

图 5-19　2～2.5 μm 波段高峰值功率泵浦源结构示意图[15]

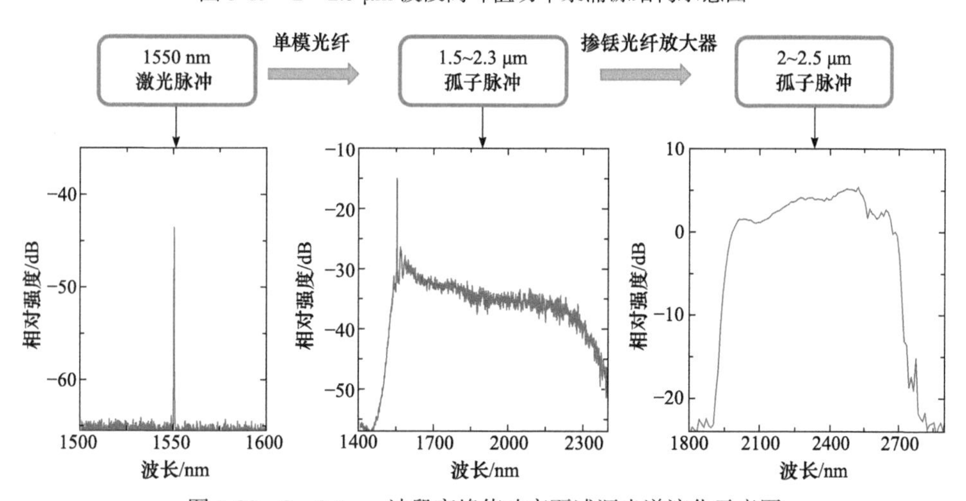

图 5-20　2～2.5 μm 波段高峰值功率泵浦源光谱演化示意图

5.4.1　大模面积 TDFA 泵浦的瓦量级中红外超连续谱激光

2011 年，密歇根大学首次报道了以 2～2.5 μm 波段泵浦源泵浦非线性光纤实现中红外超连续谱激光的研究成果[20]。从图 5-21 给出的实验装置可以看出，具体实验过程分为两个阶段：第一阶段，1.5 μm 的种子激光经过两级光纤放大器(EDFA 和 EYDFA)后，利用长度 25 m 的单模石英光纤(SMF)对其进行频率变换，获得了光谱扩展到 2 μm 以上的种子超连续谱；第二阶段，种子超连续谱中 2 μm 附近的光脉冲经过 TDFA 后实现功率放大，并被用来泵浦 ZBLAN 光纤产生新的中红外超连续谱。图 5-22 给出了当 1.5 μm 种子重复频率为 500 kHz，TDFA 的泵浦光功率为 30 W 时，获得超连续谱的光谱图。可以看出，最终输出超连续谱的光谱范围为 1.9～4.5 μm。对应平均功率为 2.6 W，其中波长 3.8 μm 以上功率为 0.7 W，占总输出功率的 26.9%。由于引入了 2 μm 的 TDFA，改进的实验方案产生的超连续谱长波光谱扩展了 270 nm，3.8 μm 以上的光转换效率相比于以前实验结果[3, 13]提高了 2.5 倍。该研究中 TDFA 输出光纤到 ZBLAN 光纤的耦合方式为光纤端面对接耦合。

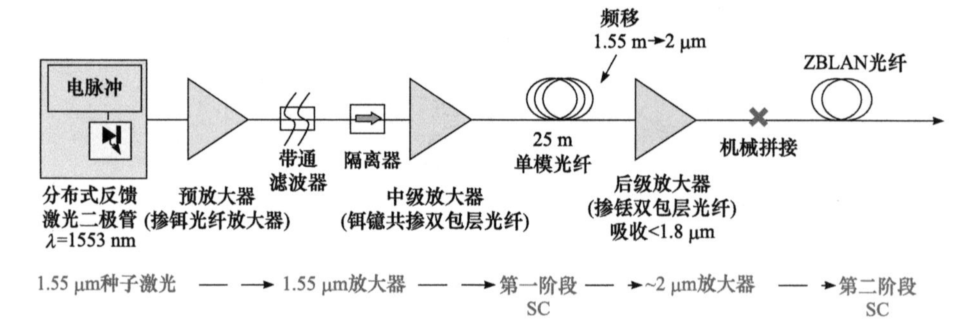

图 5-21　TDFA 泵浦 ZBLAN 光纤产生超连续谱的实验装置图[20]

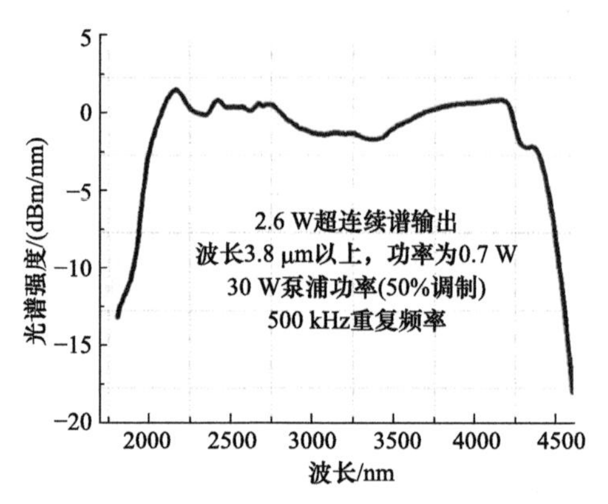

图 5-22　ZBLAN 光纤产生超连续谱的光谱图[20]

2016 年，国防科技大学首次将石英光纤与氟化物光纤的熔接技术应用于中红外超连续谱激光研究领域。通过将石英光纤与 ZBLAN 光纤进行熔融连接，实现了高可靠性的光束耦合，以 2～2.5 μm 波段超连续谱激光器为泵浦源，实现了高稳定、光谱平坦型超连续谱激光[15]。

实验装置如图 5-23 所示。为提高泵浦脉冲的峰值功率，该研究采用的 TDFA 由大模面积 TDF(纤芯直径 25 μm)构建，且种子脉冲的占空比很低(100 kHz，1 ns)。ZBLAN 光纤纤芯直径为 7 μm，纤芯数值孔径为 0.27，长度约 11 m。石英光纤与

ZBLAN 光纤的熔接损耗为 0.1 dB。

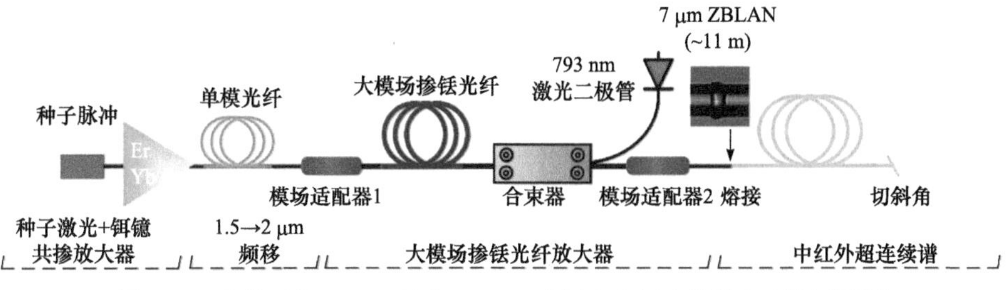

图 5-23　大模面积 TDFA 泵浦 ZBLAN 光纤产生超连续谱实验装置图[15]

图 5-24 给出了利用大模面积 TDFA 泵浦 ZBLAN 光纤时获得的超连续谱的光谱形状，图例中所示为平均输出功率与泵浦功率。超连续谱的最高功率值为 550 mW，光谱长波边可达 4.5 μm。由于采用的 ZBLAN 光纤的单模截止波长在 2.7 μm 附近，所以获得的超连续谱的绝大部分光是严格单模的。图 5-24 中插图给出了超连续谱的远场光斑形状，其近似高斯分布的特征也可以证明产生超连续谱激光主要为 LP_{01} 模式。

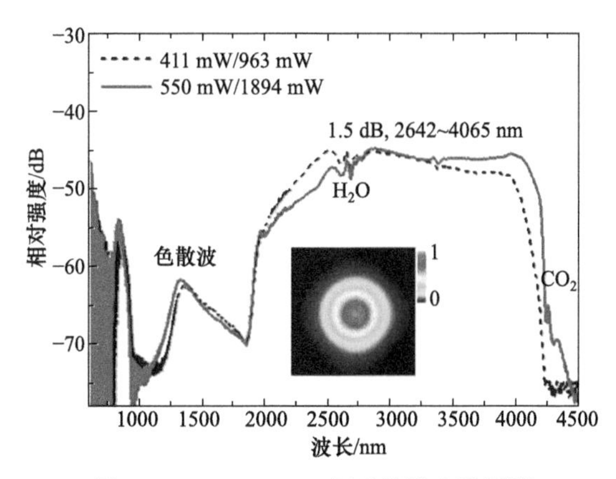

图 5-24　0.8～4.5 μm 超连续谱光谱图[15]

图 5-25 给出了超连续谱激光的功率特性。随着泵浦功率的增加，产生超连续谱激光的输出功率、波长 2400 nm 以上功率、波长 3800 nm 以上功率也一直处于增加状态。图 5-25(b)给出了对应的功率转换效率。最高输出功率条件下，波长 2400 nm 以上功率为 412 mW、波长 3800 nm 以上功率为 116 mW，占超连续谱激光总功率(550 mW)的比例分别为 74.8 %和 21.1 %。

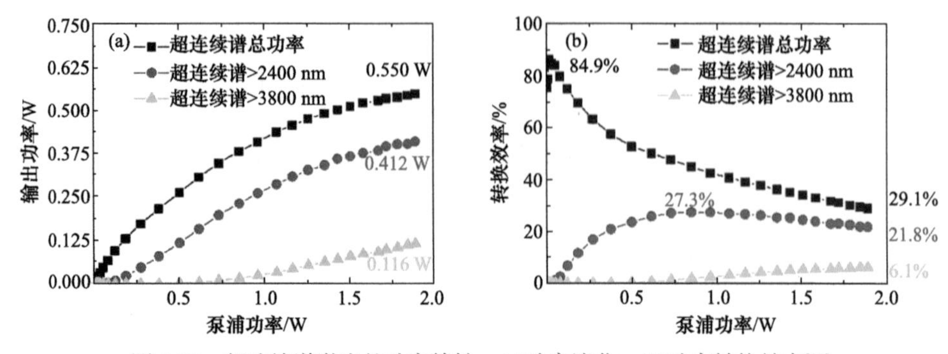

图 5-25 超连续谱激光的功率特性。(a)功率演化；(b)功率转换效率[15]

该研究还展示了该全光纤结构 ZBLAN 光纤超连续谱激光的功率稳定性，图 5-26 给出了相应的测试结果，测量时间为 12 h。测量功率值的均方根误差(RMSE)约为 3.34 mW，占平均功率的比例仅为 0.6 %，表明采用熔接方式搭建的全光纤超连续谱激光光源具有非常好的时间稳定性，也有力地证明了熔接点的可靠性。图 5-26(b)给出了测量功率值的直方分布图，可以看出功率测量值呈较好的正态分布。

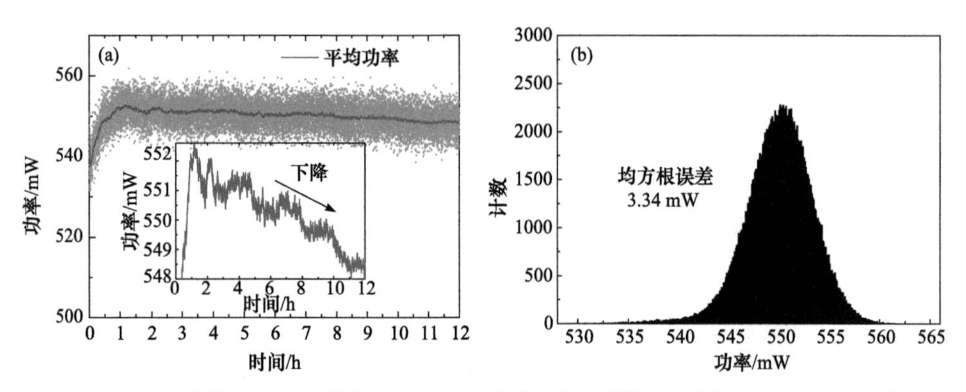

图 5-26 超连续谱激光的(a)功率稳定性和(b)功率直方分布图[15]，插图为功率稳定性小范围图

5.4.2 大模面积 TDFA 泵浦的十瓦量级中红外超连续谱激光

采用纤芯直径更大的 ZBLAN 光纤作为非线性介质，并采用更高平均功率的 2～2.5 μm 超连续谱作为泵浦源，是提升全光纤结构中红外超连续谱激光光源功率水平的重要途径。

图 5-27 给出了采用 2～2.5 μm 波段大模面积 TDFA(LMA-TDFA)泵浦 ZBLAN 光纤产生高功率超连续谱的实验装置示意图[8]。为实现高峰值功率的泵浦脉冲，该研究仍采用纤芯直径 25 μm 的 TDF 作为主放大器的增益介质。制备了从 LMA-TDF 到单模石英光纤的低插入损耗 MFA(2 μm 处通过率为 91.2%)，以降低两种光

纤模场适配所导致的损耗。ZBLAN 光纤的纤芯直径和纤芯数值孔径分别为 9 μm 和 0.27，长度为 10 m。MFA 的输出光纤(纤芯直径为 7 μm，纤芯数值孔径为 0.20)与 ZBLAN 光纤之间通过熔接实现泵浦光光束耦合。

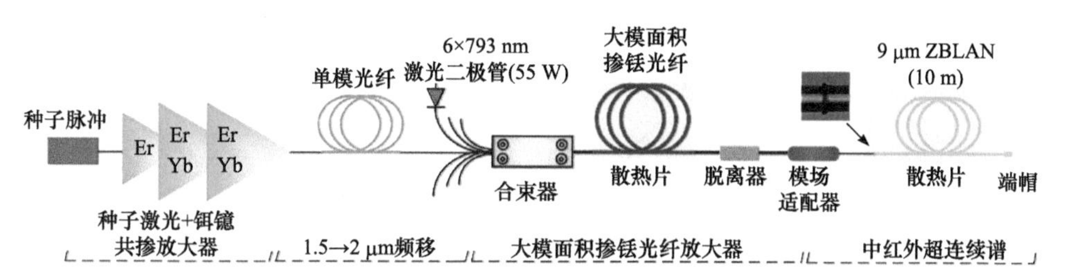

图 5-27　高功率大模面积 TDFA 泵浦 ZBLAN 光纤产生超连续谱实验装置图[8]

TDFA 的 793 nm 泵浦光功率最大为 104.8 W，MFA 后的最高输出功率为 30.1 W，ZBLAN 光纤后最高输出功率为 15.2 W。由于 ZBLAN 光纤的红外吸收损耗和非线性损耗的共同作用，ZBLAN 光纤的功率转换效率从低功率时的 72 %逐渐下降至 50.5 %。

图 5-28(a)给出了在 MFA 后测量的输出光谱随输出功率的演化过程。可以看出，随着输出功率的不断提高，输出激光逐渐演化为光谱覆盖 2～2.8 μm 的超连续谱。图 5-28(b)给出了 ZBLAN 光纤后测量的光谱演化，图例中功率值为 ZBLAN 光纤后输出超连续谱功率。可以看出，随着输出功率的增加，ZBLAN 光纤后输出超连续谱的光谱范围也不断增加，光谱平坦度越来越高。当输出功率达到 9.1 W 以上时，ZBLAN 光纤产生超连续谱在波长 3800 nm 以上的光谱成分变得越来越多。由于 ZBLAN 光纤的红外吸收损耗限制，频率红移的拉曼孤子脉冲被限制在了 4250 nm 以下，形成了超连续谱的长波边。

图 5-29 给出了最高输出功率为 15.2 W 时的超连续谱光谱形状。可以看出，此时超连续谱的最高光谱峰位于 3650 nm，光谱的长波边达到了 4250 nm。超连

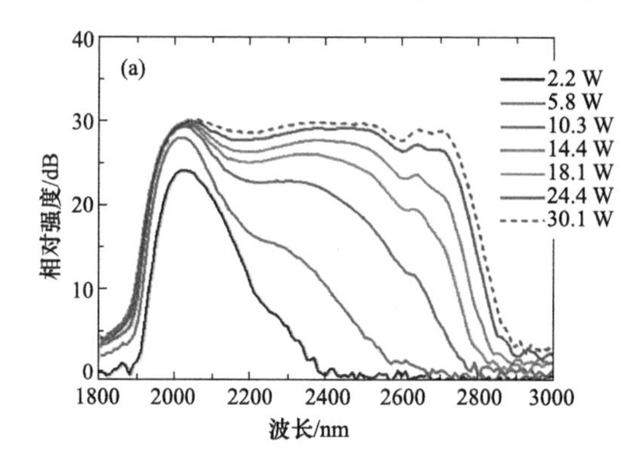

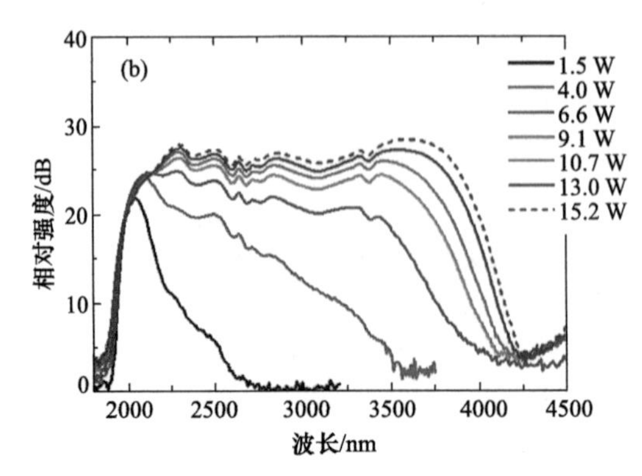

图 5-28　(a)MFA 后输出激光光谱演化；(b)ZBLAN 光纤输出超连续谱光谱演化[8]

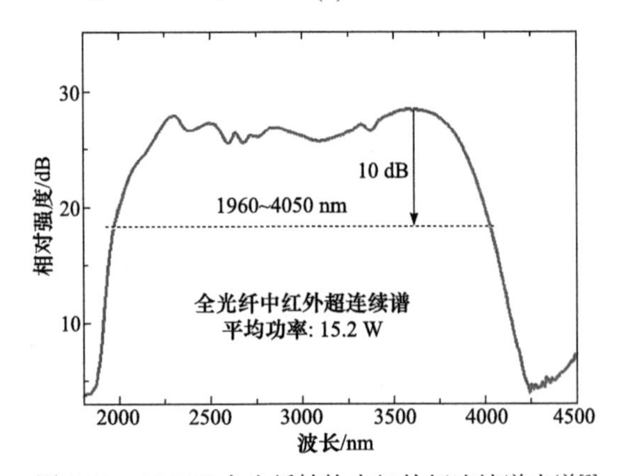

图 5-29　15.2 W 全光纤结构中红外超连续谱光谱[8]

续谱在短波红外和中红外波段具有很好的光谱平坦度，10 dB 光谱带宽为 2090 nm，对应波长范围为 1960～4050 nm。

5.4.3　单模 TDFA 泵浦的高功率中红外超连续谱激光

尽管单模 TDFA 无法提供与 LMA-TDFA 比肩的高峰值功率脉冲，但单模 TDF 与 ZBLAN 光纤耦合损耗相对较低，且系统中无需发热严重的 MFA 器件，因此，基于单模 TDFA 的 2～2.5 μm 波段泵浦源也颇受研究者欢迎。

单模 TDFA 泵浦的高功率中红外超连续谱激光实验装置示意图如图 5-30 所示[9]。泵浦源主放大器的增益是纤芯直径 10 μm 的单模 TDF，泵浦源的尾纤直接与后续的 ZBLAN 光纤熔接。

当信号光脉冲设置为数 MHz，脉冲宽度为纳秒量级时，TDFA 的斜率效率在 30%～40%变化。TDFA 输出的激光脉冲主要是以孤子群形式存在的、光谱范围在 2～2.5 μm 范围内的超短脉冲，这些孤子脉冲在 ZBLAN 光纤中主要通过反常色散

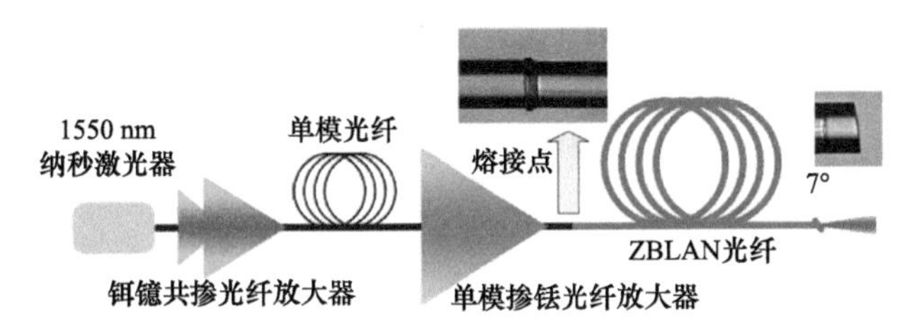

图 5-30　单模 TDFA 泵浦的高功率中红外超连续谱激光结构示意图[9]

机制下的拉曼 SSFS 效应向长波方向展宽。图 5-31(a)给出了信号光脉冲参数为 3 MHz、1 ns 时，超连续谱光谱随泵浦功率增长的演化曲线。随着泵浦功率的增加，超连续谱光谱逐渐向长波方向不断拓展，而在短波方向几乎没有拓展。当最高泵浦功率达到 39 W 时，纤芯直径为 10 μm、长为 2 m 的 ZBLAN 光纤输出的超连续谱光谱长波边展宽到 3.63 μm，对应的−20 dB 长波边为 3.47 μm。图 5-31(b)给出了不同信号光参数条件下 ZBLAN 光纤最高输出功率时的超连续谱光谱。可见，因光谱尚未拓展至 ZBLAN 光纤的高损耗区，通过降低泵浦脉冲占空比的方式提高泵浦脉冲峰值功率，可以有效将 ZBLAN 光纤输出的超连续谱光谱的长波边进一步拓展。当泵浦脉冲参数为 3 MHz、6 ns 时，超连续谱光谱的长波边拓展至 3.3 μm，超连续谱平均功率为 30.4 W；当泵浦脉冲参数为 1 MHz、1 ns 时，超连续谱光谱的长波边拓展至 3.9 μm，−20 dB 长波边为 3.7 μm，超连续谱平均功率为 17.8 W。

为进一步提升与单模 TDFA 输出尾纤的模场适配度以及减小热管理压力，以提升 ZBLAN 光纤输出的超连续谱的光谱覆盖范围，这里对阶跃折射率 ZBLAN 光纤的参数进行了设计。通过数值模拟，对不同参数(纤芯直径、纤芯数值孔径)的 ZBLAN 光纤的基模色散曲线以及基模有效模场面积和非线性系数等参数进行了计算(见 3.3 节和 3.4 节的数值模拟结果)。设计的 ZBLAN 光纤的纤芯/包层直径为

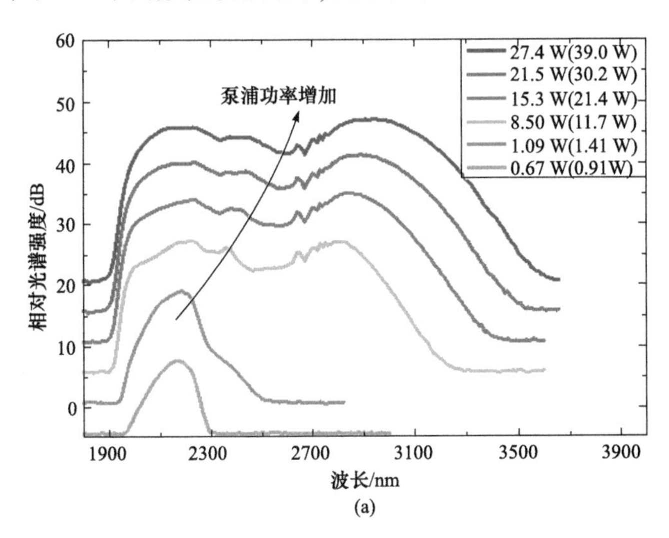

(a)

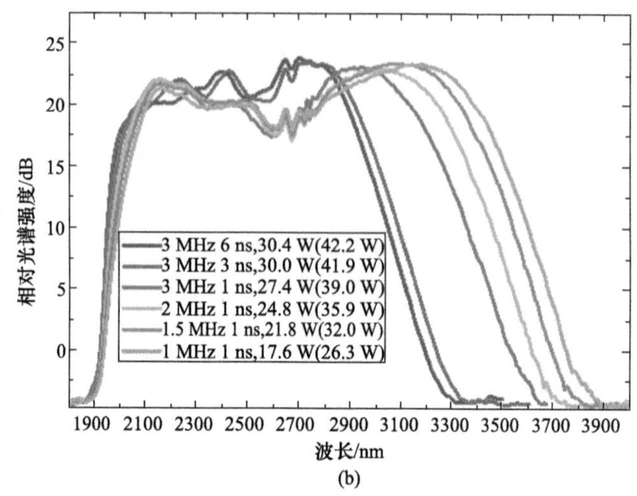

(b)

图 5-31　(a)信号光脉冲参数为 3 MHz、1 ns 时的超连续谱光谱演化曲线；(b)不同信号光参数条件下 ZBLAN 光纤最高输出功率时的超连续谱光谱[9]

13.5 μm/125 μm，纤芯数值孔径为 0.23。在 1.5～2.8 μm 范围内，该 ZBLAN 光纤与 TDFA 输出尾纤的理论耦合效率均不低于 98%，在 2.1～2.3 μm 范围内的理论耦合效率甚至达到 99.9%以上[10]。由于该光纤基模 ZDW 位于 1536 nm，因而，当利用 2～2.5 μm 的超连续谱光源作为泵浦源时，该 ZBLAN 光纤中发生的非线性光谱展宽也将主要受反常色散条件下的拉曼 SSFS 等主导。

当泵浦源信号光参数为 3 MHz、1 ns，TDFA 的输出功率为 37.9 W 时，长度为 20 m 的 ZBLAN 光纤输出的超连续谱的光谱覆盖范围为 1.92～4.29 μm，20-dB、−10 dB 光谱覆盖范围分别为 1.95～4.2 μm 和 2.01～4.08 μm，超连续谱平均功率为 20.6 W[10]。光谱演化如图 5-32 所示。

图 5-33(a)给出了超连续谱功率随 TDFA 输出功率的变化曲线。随着泵浦功率的增加，超连续谱功率逐渐增长，但其斜率逐渐下降，导致功率转换效率也下降。这是因为，光纤中超连续谱产生过程中的主要非线性效应拉曼 SSFS 和超连续谱在 ZBLAN 光纤中的传输过程均为损耗性过程；当泵浦脉冲峰值功率增大时，一方面，非线性效应更加剧烈，非线性效应导致的功率损耗增加，另一方面，光谱展宽到 4 μm 以上的 ZBLAN 光纤高损耗区时，超连续谱承受的传输损耗也越来越大。超连续谱功率转换效率曲线如图 5-33(b)所示。超连续谱功率转换效率随泵浦功率的增加逐渐下降，在最高输出功率时功率转换效率为 54.3%(20.6 W/37.9 W)。

2023 年，课题组对如图 5-30 所示的实验装置进行了改进，通过提高脉冲占空比，将泵浦光的平均功率提升至 55.5 W，泵浦纤芯/包层直径为 13.5 μm/125 μm，纤芯数值孔径为 0.23、长度为 20 m 的 ZBLAN 光纤，实现了平均功率为 40.1 W 的中红

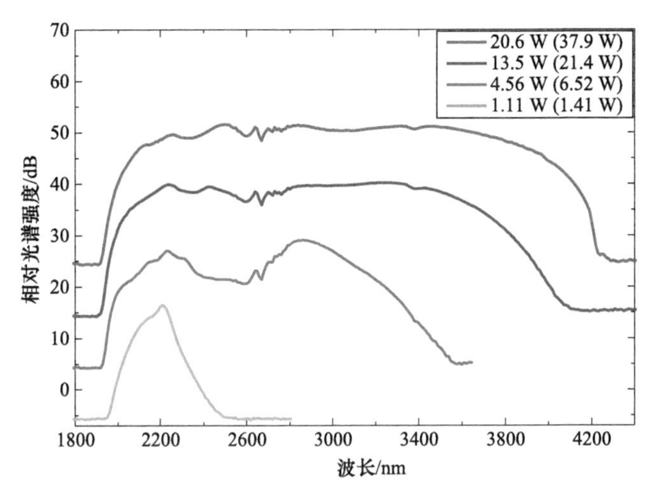

图 5-32　泵浦源信号光参数为 3 MHz、1 ns 时的超连续谱光谱演化图[10]

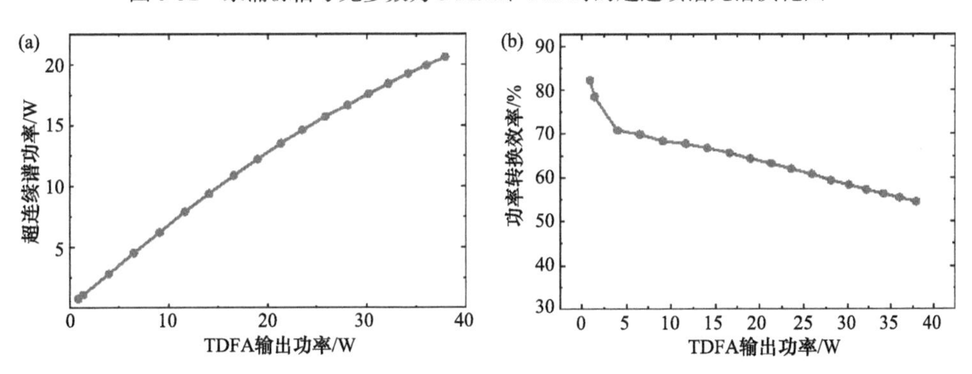

图 5-33　超连续谱激光的(a)功率特性曲线和(b)功率转换效率曲线[10]

外超连续谱激光输出，光谱范围为 1.9～3.95 μm。图 5-34(a)和(b)分别给出了超连续谱激光光谱和功率特性曲线。

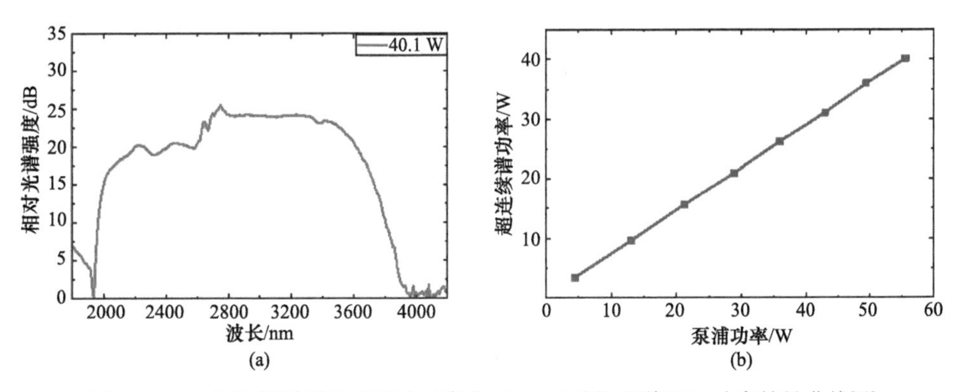

图 5-34　(a)超连续谱激光在平均功率为 40.1 W 时的光谱和(b)功率特性曲线[12]

参 考 文 献

[1] Kudlinski A, Pureur V, Bouwmans G, et al. Experimental investigation of combined four-wave mixing and Raman effect in the normal dispersion regime of a photonic crystal fiber [J]. Opt. Lett., 2008, 33(21): 2488-2490.

[2] Hagen C L, Walewski J W, Sanders S T. Generation of a continuum extending to the midinfrared by pumping ZBLAN fiber with an ultrafast 1550-nm source [J]. IEEE Photonics Technology Letters, 2006, 18(1): 91-93.

[3] Xia C, Xu Z, Islam M N, et al. 10.5 W time-averaged power mid-IR supercontinuum generation extending beyond 4 μm with direct pulse pattern modulation [J]. IEEE Journal of Selected Topics in Quantum Electronics, 2009, 15(2): 422-434.

[4] Yang W, Zhang B, Xue G, et al. Thirteen watt all-fiber mid-infrared supercontinuum generation in a single mode ZBLAN fiber pumped by a 2 μm MOPA system [J]. Opt. Lett., 2014, 39(7): 1849-1852.

[5] Liu J, Liu K, Shi H, et al. High-power all-fiber mid-infrared supercontinuum laser source [J]. Chinese Journal of Lasers, 2014, 41(9): 21-25.

[6] Liu K, Liu J, Shi H, et al. High power mid-infrared supercontinuum generation in a single-mode ZBLAN fiber with up to 21.8 W average output power [J]. Opt. Express, 2014, 22(20): 24384-24391.

[7] Zheng Z, Ouyang D, Zhao J, et al. Scaling all-fiber mid-infrared supercontinuum up to 10 W-level based on thermal-spliced silica fiber and ZBLAN fiber [J]. Photon Res., 2016, 4(4): 135-139.

[8] Yin K, Zhang B, Yang L, et al. 15.2 W spectrally flat all-fiber supercontinuum laser source with >1 W power beyond 3.8 μm [J]. Opt. Lett., 2017, 42(12): 2334-2337.

[9] Yang L, Li Y, Zhang B, et al. 30-W supercontinuum generation based on ZBLAN fiber in an all-fiber configuration [J]. Photon Res., 2019, 7(9): 1061-1065.

[10] Yang L, Zhang B, He X, et al. 20.6 W mid-infrared supercontinuum generation in ZBLAN fiber with spectrum of 1.9-4.3 μm [J]. J. Lightwave Technol., 2020, 38(18): 5122-5127.

[11] Zhu X, Zhao D, Zhang B, et al. Spectrally flat mid-infrared supercontinuum pumped by a high power 2 μm noise-like pulse [J]. Opt. Express, 2023, 31(8): 13182-13194.

[12] 杨林永, 朱晰然, 张斌, 等. 高功率全光纤中红外超连续谱激光器 [J]. 中国激光, 2023, 50(11): 1116002.

[13] Xia C, Kumar M, Kulkarni O P, et al. Mid-infrared supercontinuum generation to 4.5 μm in ZBLAN fluoride fibers by nanosecond diode pumping [J]. Opt. Lett., 2006, 31(17): 2553-2555.

[14] Xia C, Kumar M, Cheng M Y, et al. Supercontinuum generation in silica fibers by amplified nanosecond laser diode pulses [J]. IEEE Journal of Selected Topics in Quantum Electronics, 2007, 13(3): 789-797.

[15] Yin K, Zhang B, Yao J, et al. Highly stable, monolithic, single-mode mid-infrared supercontinuum source based on low-loss fusion spliced silica and fluoride fibers [J]. Opt. Lett., 2016, 41(5): 946-949.

[16] Zhu X R, Zhao D, Zhang B, et al. Spectrally flat mid-infrared supercontinuum pumped by a high power 2 μm noise-like pulse [J]. Opt. Express, 2023, 31(8): 13182.

[17] Swiderski J, Michalska M. Mid-infrared supercontinuum generation in a single-mode thulium-doped fiber amplifier [J]. Laser Physics Letters, 2013, 10(3): 390-392.

[18] Alexander V V, Shi Z N, Islam M N, et al. Power scalable >25 W supercontinuum laser from 2 to 2.5 μm with near-diffraction-limited beam and low output variability [J]. Opt. Lett., 2013, 38(13): 2292-2294.

[19] Yang L, Zhang B, Jin D, et al. All-fiberized, multi-watt 2-5-μm supercontinuum laser source based on fluoroindate fiber with record conversion efficiency [J]. Opt. Lett., 2018, 43(21): 5206-5209.

[20] Kulkarni O P, Alexander V V, Kumar M, et al. Supercontinuum generation from similar to 1.9 to 4.5 um in ZBLAN fiber with high average power generation beyond 3.8 um using a thulium-doped fiber amplifier [J]. Journal of the Optical Society of America B, 2011, 28(10): 2486-2498.

第 6 章　基于掺杂 ZBLAN 光纤的中红外超连续谱产生

6.1　概　　述

6.1.1　3～5 μm 波段常见增益离子发射谱特性

掺杂稀土离子的氟化物光纤是氟化物光纤放大器的增益介质和非线性介质，其中激活离子是掺杂光纤中提供增益的载体。3～5 μm 波段常见增益离子有 Er^{3+}、Ho^{3+}、Dy^{3+}、Pr^{3+}等。表 6-1 给出了中红外波段常见增益离子的辐射跃迁特性参数，其中 Er^{3+}的发射谱覆盖 2.6～3.0 μm[1-3]和 3.3～3.8 μm[4-7]等波段，Ho^{3+}的发射谱覆盖 2.7～3.05 μm[8]和 3.84～4.02 μm[9]等波段，Dy^{3+}的发射谱覆盖 2.6～3.3 μm[10-14]和 4.12～4.53 μm[15-17]等波段，Pr^{3+}的发射谱范围为 4～5.6 μm[18-20]。

表 6-1　中红外波段常见增益离子的辐射跃迁特性参数

掺杂离子	跃迁能级	泵浦波长/μm	发射谱特性			典型激射波长/μm	典型参考文献
			发射谱范围/μm	中心波长/μm	发射截面峰值/(10^{-25} m²)		
Er^{3+}	$^4I_{11/2}\to{}^4I_{13/2}$	0.976	2.6～3.0	2.75	5.7	2.82/ 2.94	[1]～[3]
Ho^{3+}	$^5I_6\to{}^5I_7$	1.15	2.7～3.05	2.85	4.9	2.90	[8], [22]
Dy^{3+}	$^6H_{13/2}\to{}^6H_{15/2}$	1.1/1.7/2.8	2.6～3.3	2.9	2.8	3.1	[10]～[14]
Er^{3+}	$^4F_{9/2}\to{}^4I_{9/2}$	0.976+1.9	3.3～3.8	3.45	0.82	3.44/ 3.55	[4]～[7]
Ho^{3+}	$^5I_5\to{}^5I_6$	0.89	3.84～4.02	3.92	3.4	3.92	[9]
Dy^{3+}	$^6H_{11/2}\to{}^6H_{13/2}$	1.7/约 2.8	4.12～4.53	4.4	5.6	4.4	[15]～[17]
Pr^{3+}	$^3H_5\to{}^3H_4$	4.1	4～5.6	4.7	13.5	4.7/5.28	[18]～[20]

掺杂离子在氟化物光纤中的溶解度比在硫系玻璃光纤中的溶解度要大得多，因此利用氟化物材料作为光纤基质材料时，离子的掺杂浓度能够做得很高，目前最高可达 10^6 ppm(即 10 mol%)[9]，而受硫系玻璃光纤制造工艺以及稀土离子在硫系玻璃中的溶解度的限制，目前硫系玻璃光纤的掺杂浓度往往不超过

1000 ppmw(即 0.1 wt%)上下[19, 21]，因而氟化物材料是中红外掺杂光纤的首选基质材料。目前 4 μm 以下的中红外激光辐射主要依托氟化物基质光纤实现，受氟化物光纤声子能量的限制，氟化物基质的光纤难以实现波长大于 4.5 μm 的激光输出。所以，4.5 μm 以上的中红外辐射目前主要在硫系玻璃掺杂光纤中观察到[18-21]，而对于 4～4.5 μm 波段的稀土离子发射带，利用 InF_3 光纤和硫系玻璃光纤来实现激射均有报道[15-17]。

在上述多种稀土离子掺杂的软玻璃光纤中，目前技术较为成熟、已经商用的主要是掺杂离子发射谱在 2.6～4.0 μm 范围内的掺杂光纤，这些掺杂离子的受激发射截面如图 6-1 所示。在这些发射谱段中，2.6～3.0 μm 波段的掺杂光纤最为成熟，这个波段的激光输出功率也远高于其他波段；3.0～4.5 μm 波段的掺杂光纤商品化较晚，目前研究人员的关注点主要在各种参数的光纤振荡器上，如连续波、脉冲(如基于调 Q、增益开关、锁模技术等)光纤激光器，以及波长可调谐光纤激光器等。在 2.6～3.0 μm 波段，主要有 Er^{3+}、Ho^{3+}、Dy^{3+}三个发射带，其中，Er^{3+}的发射截面最大，但辐射的中心波长较短(λ_c～2.75 μm)；Ho^{3+}的发射截面次之，但辐射的中心波长较长(λ_c～2.85 μm)；Dy^{3+}的辐射中心波长最长(λ_c～2.9 μm)，但发射截面最小，仅约为 Er^{3+}的一半。目前报道的高功率中红外光纤激光器，绝大多数为基于 Er^{3+}:ZBLAN 光纤或掺 Ho^{3+}:ZBLAN 光纤的 3 μm 波段激光器[1-3, 8]。

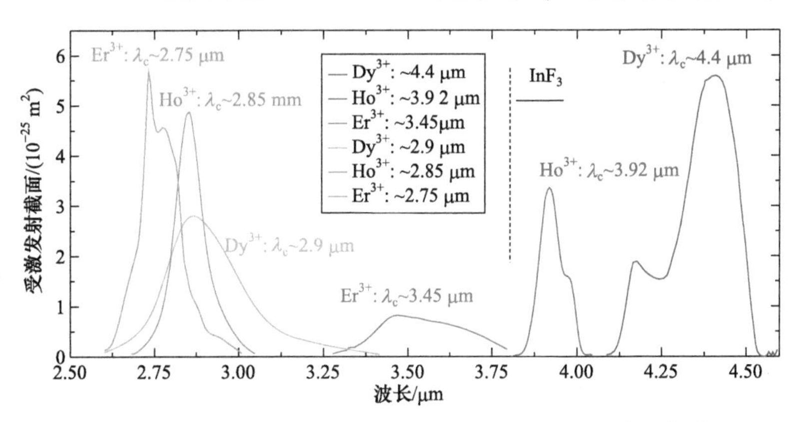

图 6-1　Er^{3+}、Ho^{3+}、Dy^{3+}位于 3 μm 附近(2.6～4.5 μm)的受激发射谱[9, 12, 15]

6.1.2　Er^{3+}在 ZBLAN 光纤中的激光特性

图 6-2 给出了 Er^{3+}在 ZBLAN 光纤中的能级跃迁示意图。如不考虑其他作用，则当泵浦波长为 975 nm 时，2.8 μm 激光辐射的上能级和下能级的能级寿命分别为 6.9 ms、9 ms，即 2.8 μm 的辐射跃迁是自终止的，无法形成有效的激光辐射。为了克服激光自终止，研究人员提出了四种方案。

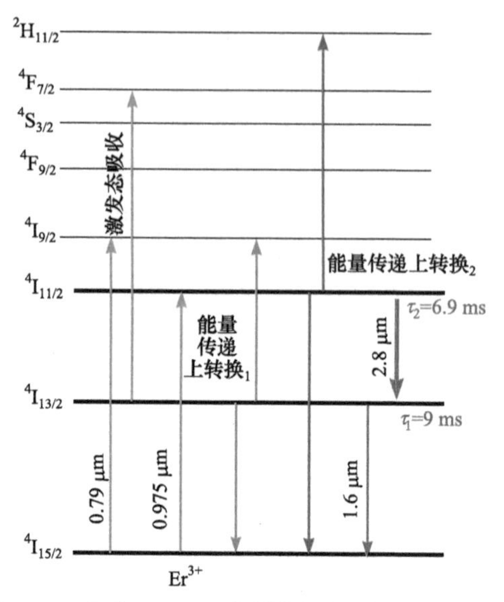

图 6-2　Er^{3+}在 ZBLAN 光纤中的能级结构示意图[23]

方案一，重掺杂。当 Er^{3+}为重掺杂时，2.8 μm 激光下能级($^4I_{13/2}$)和上能级($^4I_{11/2}$)上的激发态离子均易于发生能量传递上转换(ETU)过程，即两个处于相同能级的离子相互碰撞，其中一个离子跃迁至更高能级，一个离子跃迁至基态能级，且激光下能级的 ETU 过程(ETU_1)的速率远高于激光上能级的 ETU 过程(ETU_2)的速率。例如，对于 6 mol%掺杂浓度的 Er^{3+}:ZBLAN 光纤，前者的速率可达后者速率的 8～9 倍[24]。因此，可以通过在光纤中重掺杂 Er^{3+}来实现 2.8 μm 波段激光上能级和下能级之间的粒子数反转，从而实现激光输出。目前已经商用的 Er^{3+}:ZBLAN 光纤的掺杂浓度最高可达 8 mol%[25]。基于重掺杂 Er^{3+}:ZBLAN 光纤的振荡器的最高输出功率为 41.6 W[2]。有趣的是，由于重掺杂 Er^{3+}:ZBLAN 光纤中的上述 ETU 过程极限上可以实现“1 个 976 nm 泵浦光光子产生 2 个 2.8 μm 波段信号光光子”[26]，即达到量子效率 200%的效果。这是一种极限情况，所有处于 $^4I_{13/2}$ 能级上的离子均通过 ETU_1 被消耗掉，且所有处于 $^4I_{11/2}$ 能级上的离子均不通过 ETU_2 过程跃迁到其他能级。在适当条件下重掺杂的 Er^{3+}:ZBLAN 光纤的斜率效率将有望超过从泵浦光光子到信号光光子的斯托克斯效率。数值模拟显示，当 Er^{3+}:ZBLAN 光纤掺杂浓度为 6 mol%时，Er^{3+}:ZBLAN 光纤激光系统的斜率效率可达约 30%；当掺杂浓度提升到 8 mol%时，斜率效率可提升至 40%[25]。实际上，基于掺杂浓度为 7 mol%的 Er^{3+}:ZBLAN 光纤，已经在实验中实现了斜率效率为 35.4%的连续波 Er^{3+}:ZBLAN 光纤激光器[27]，超过其斯托克斯效率(34.3%)。

方案二，双波长级联辐射。在较低掺杂浓度(例如 0.5 mol%)的 Er^{3+}:ZBLAN 光纤中实现双波长级联辐射，即通过 2.8 μm 激光下能级与基态能级之间形成激光辐射(激光波长为 1.5～1.6 μm)，从而实现 2.8 μm 激光下能级粒子数的迅速减少，2.8 μm 激光上下能级之间形成粒子数反转，最终实现 2.8 μm 激光辐射[28]。但是，为减少 ETU 过程发生，本方案要求离子掺杂浓度较低，因此吸收系数较低，目前仅有少量报道[29-31]。基于此种光纤实现的激光器与基于重掺杂光纤实现的激光器相比，输出功率较低，例如，2.84 μm 连续波激光最高平均功率为 8.2 W[30]。该激光器同时输出了平均功率为 6.5 W 的 1.6 μm 的级联激光辐射。

方案三，共掺敏化离子。在 Er^{3+}:ZBLAN 光纤中掺杂敏化离子如 Pr^{3+}等[32]，可以通过处于 $^4I_{13/2}$ 能级的 Er^{3+}与 Pr^{3+}之间的能量传递(ET)来实现 $^4I_{13/2}$ 能级粒子快速清除和 2.8 μm 激光上下能级之间的粒子数反转，从而实现激光输出[32, 33]。但在 Er^{3+}-Pr^{3+}共掺方案中，出于抑制 ETU 过程的考虑，Er^{3+}的掺杂浓度也不能很高，典型掺杂浓度为 Er^{3+} 3.5 mol%，Pr^{3+} 0.3 mol%[33]。

方案四，强制级联辐射与信号光激光下能级激发态吸收(ESA)。2018 年，研究人员还报道了一种提高 Er^{3+}:ZBLAN 光纤激光器泵浦光光子能量转换效率的新方法[26]。如图 6-3 所示，在 2.8 μm 激光谐振腔内建立一个 1.6 μm 波段的低耦合输出比的谐振腔，通过使 1.6 μm 波段的激光在腔内建立振荡，消耗一部分处于 $^4I_{13/2}$ 能级的粒子，同时 1.6 μm 波段的激光光子又被 $^4I_{13/2}$ 能级上残余的 Er^{3+}吸收(ESA1)，使处于 $^4I_{13/2}$ 能级的 Er^{3+}跃迁至 $^4I_{9/2}$ 能级，然后经无辐射跃迁至 $^4I_{11/2}$ 能级，最后辐射一个 2.8 μm 波段信号光光子回到 $^4I_{13/2}$ 能级。通过在掺杂浓度为 1 mol%的 2.8 μm Er^{3+}:ZBLAN 光纤振荡器中建立一个 1.6 μm 的低耦合输出比的谐振腔，实现了斜率效率为 49.5%、最大平均功率为 13 W 的 2.8 μm 连续波激光输出[26]。该方案为提高 3 μm 波段 Er^{3+}:ZBLAN 光纤激光器的斜率效率和输出功率提供了一种高效、经济的方案。

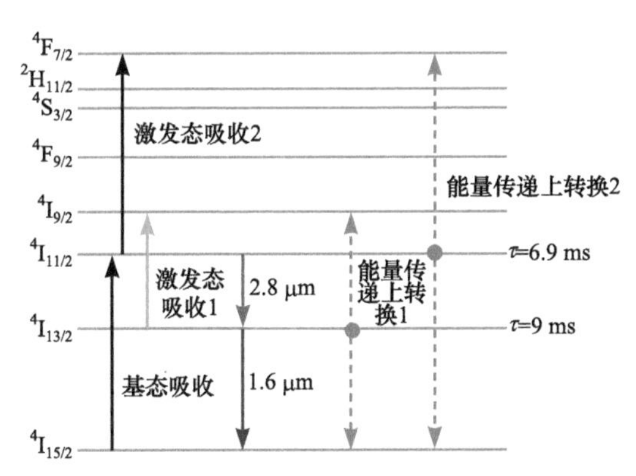

图 6-3　Er^{3+}:ZBLAN 光纤中提高泵浦光光子能量转换效率的能级结构示意图[26]

目前来看，方案一是目前较为经济、易得、高效的 Er^{3+}:ZBLAN 光纤激光实现方案，目前也是受研究最多的方案；方案四是高功率 Er^{3+}:ZBLAN 光纤激光系统在斜率效率和平均功率方面的“挑战者”，但技术门槛很高，实现难度很大；方案二和方案三由于掺杂浓度低，需要用更长的掺杂光纤，对光纤制备工艺要求高、成本高，且在输出功率和斜率效率方面不占优势，因此基于方案二和方案三的研究较少。目前基于 Er^{3+}:ZBLAN 光纤放大器的中红外超连续谱激光，均基于方案一实现。

Er^{3+}在 3.3～3.8 μm 波段也存在发射带，对应于 $^4F_{9/2}\rightarrow{}^4I_{9/2}$ 辐射跃迁。要想获得该波段激射，目前主要采用“976 nm+1976 nm”双波段泵浦方案。目前，基于该方案的连续波激光器已实现最大功率 15 W 的激光输出[34]。

6.1.3　Ho^{3+}在 ZBLAN 光纤中的激光特性

图 6-4 给出了 Ho^{3+}在 ZBLAN 光纤中 2.9 μm 附近激光辐射跃迁的能级图。Ho^{3+}的能级结构与 Er^{3+}的能级结构很相似，其 2.9 μm 激光辐射的上能级寿命(3.5 ms)也短于下能级寿命(12 ms)，在不作特殊处理的情况下，2.9 μm 激光辐射也是自终止的。为了实现 2.9 μm 激光输出，研究人员也提出了以下方案。

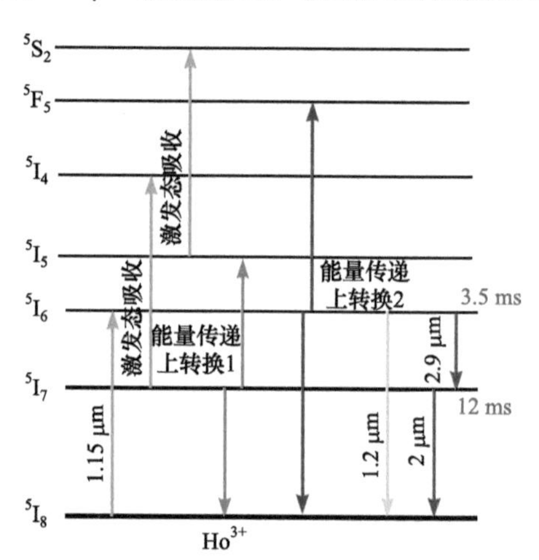

图 6-4　Ho^{3+}在 ZBLAN 光纤中的能级结构示意图[28]

方案一，共掺敏化离子。与 Er^{3+}-Pr^{3+}共掺的方案相同，将 Ho^{3+}与 Pr^{3+}共掺[32]，可以通过处于激光下能级($^5I_7$)的 Ho^{3+}与 Pr^{3+}的能量传递，大大减小 Ho^{3+}在 $^5I_7$ 能级的能级寿命，从而有利于激光上下能级之间实现粒子数反转和激光振荡的建立[35]。利用 Ho^{3+}-Pr^{3+}共掺方案目前已经实现的最大平均功率为 7.2 W[8]、最大斜率效率为 32%[36]。

方案二，双波长级联辐射。与 Er^{3+}相似，在掺杂 Ho^{3+}的激光系统中，也可以通过在 2.9 μm 激射时将 2.9 μm 激光下能级($^5I_7$)与基态能级($^5I_8$)之间的辐射跃迁级联起来，使得激光器同时输出 2.9 μm 和 2.1 μm 的信号光，快速消耗掉积累在 $^5I_7$

能级上的粒子，从而保证 2.9 μm 激光的持续振荡[22, 37, 38]。目前在双包层 Ho^{3+}:ZBLAN 光纤中利用双波长级联方案实现的激光器的 3 μm 波段最大输出功率为 0.9 W，其斜率效率为 12.7%[38]。

方案三，在高泵浦强度下通过 ESA 来实现激光运转。与重掺杂 Er^{3+}:ZBLAN 中的跃迁速率 $ETU_1 \gg ETU_2$ 相反，重掺杂条件下 Ho^{3+}:ZBLAN 光纤中的 ETU_1 和 ETU_2 过程的速率关系为 $ETU_2 \gg ETU_1$，因此不能通过重掺杂 Ho^{3+} 来实现粒子数反转。由于激发态吸收过程速率 $ESA_1 \gg ESA_2$[39]，因此，ESA 在强泵浦条件下可以作为实现粒子数反转的手段[40, 41]，且可以实现最高达 43%的斜率效率(最高平均功率为 650 mW)[40]。但强泵浦条件多出现在纤芯泵浦情形中，由于目前广泛使用的双包层光纤中泵浦强度较低，所以难以利用 ESA 来实现较高的斜率效率。目前在双包层 Ho^{3+}:ZBLAN 光纤中实现的单波长激光输出的最高斜率效率不足 14%[42]。

在上述方案中，方案一(Ho^{3+}-Pr^{3+}共掺方案)是目前基于 Ho^{3+} 实现 3 μm 波段激光辐射最有效、最常用、输出功率最高的手段；方案二(双波长级联辐射)主要用于实现 2 μm 波段和 3 μm 波段双波长输出；方案三主要用于纤芯泵浦的场合，输出功率较低。目前基于 Ho^{3+}:ZBLAN 光纤放大器的中红外超连续谱激光，均基于方案一实现。

另外，Ho^{3+} 还存在一个位于 3.9 μm 附近的发射峰，对应于跃迁 $^5I_5 \rightarrow {}^5I_6$。ZBLAN 光纤的声子能量较高，因此无法在室温下观察到 Ho^{3+}:ZBLAN 光纤的 3.9 μm 波段激光，仅在液氮冷却条件下实现了 3.9 μm 波段激光[43]。近期，借助于声子能量更低的 InF_3 光纤，研究人员实现了室温下的 3.9 μm 波段激光[9]，但功率较低，仅为 200 mW。目前基于 Ho^{3+} 位于 3.9 μm 附近增益带的光纤放大器未见报道。

6.1.4　Dy^{3+} 在 ZBLAN 光纤中的激光特性

如 6.1.1 节所述，Dy^{3+} 在 ZBLAN 光纤中存在两个辐射带，分别为：①2.6～3.3 μm，对应于跃迁 $^6H_{13/2} \rightarrow {}^6H_{15/2}$，采用 1.1 μm 或 1.7 μm 或 2.8 μm 波长激光泵浦；②4.12～4.53 μm，对应于跃迁 $^6H_{11/2} \rightarrow {}^6H_{13/2}$，采用 1.7 μm 或 2.8 μm 波长激光泵浦。目前利用 2.6～3.3 μm 辐射带已实现了最大 10 W 的连续波激光输出[14]，但尚未观察到 4.12～4.53 μm 辐射带的激光运转。目前基于 Dy^{3+}:ZBLAN 光纤的中红外超连续谱激光器未见报道。

6.1.5　基于掺杂 ZBLAN 光纤的中红外超连续谱光源的基本结构

基于掺杂 ZBLAN 光纤的放大器的典型结构如图 6-5 所示，包含种子源、光纤放大器泵浦源、光束耦合组件、掺杂氟化物光纤以及包层模式滤除器。受限于软玻璃光纤材料技术和软玻璃光纤制造技术的发展，目前用于产生中红外波段光纤激光的稀土离子的增益波长一般为 2.7～4.0 μm，且以发射波长位于 2.7～3.0 μm 的 Er^{3+}、Ho^{3+}、Dy^{3+}最为成熟；另外，受限于软玻璃光纤较低的转变温度以及软玻璃光纤后处理技术的发展，目前以光纤合束器、光纤耦合器等为代表的软玻璃光纤器件的发展仍处于起步阶段，目前尚无商用的软玻璃光纤器件。因而，早期报道的氟化物光纤 MOPA 系统均具有两大特征：一是光纤放大器的增益波长均位于 2.7～3.0 μm 波段，二是光束耦合装置均为“透镜-二色镜-透镜”组件。由于双包层软玻璃光纤制造技术日臻成熟，且包层泵浦技术相较于纤芯泵浦技术具有泵浦功率高、掺杂光纤纤芯局部热负荷小、对泵浦源光束质量要求低等优势，所以双包层掺杂 ZBLAN 光纤越来越成为 3 μm 波段光纤激光研究的主流增益光纤。近年来，随着光纤处理技术的进步，全光纤结构的 ZBLAN 光纤放大器得到报道，并实现了平均功率近 5 W 的中红外超连续谱激光[44]。

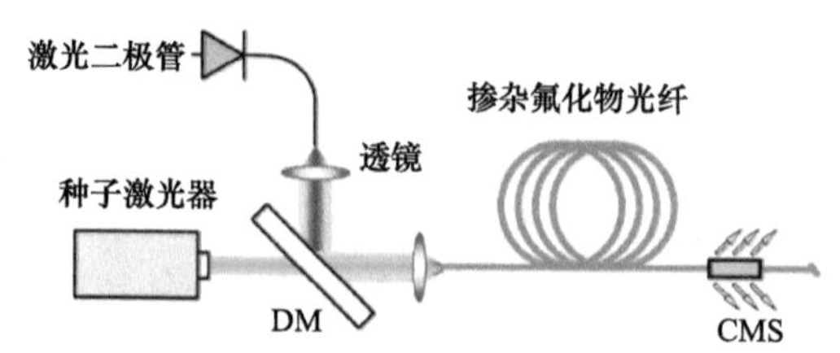

图 6-5　氟化物光纤放大器典型结构示意图
DM：二色镜；CMS：包层模式滤除器

6.2　基于掺铒 ZBLAN 光纤放大器的中红外超连续谱激光

在光纤放大器中直接产生超连续谱与在无源光纤中产生超连续谱不同，需要将光纤的增益、色散以及非线性效应综合起来考虑，即，根据目标光谱范围，对光纤零色散点、信号光波长、光谱形状及宽度、信号光峰值功率、掺杂光纤中的稀土离子种类及浓度(与吸收谱中心波长、吸收系数、增益中心波长、增益系数等有关)、掺杂光纤的非线性系数等进行综合考虑与设计。

2015 年 11 月，加拿大拉瓦尔大学利用一个掺镱调 Q 光纤激光器泵浦的光参量产生器(OPG)输出的中心波长为 2.75 μm、脉冲宽度为 400 ps、脉冲重复频率为 2 kHz、平均功率为 2 mW 的激光脉冲作为信号光，在一个前向 Er^{3+}:ZBLAN 光纤放大器中进行放大，获得了 2.6～4.1 μm 的中红外超连续谱激光输出[45]。图 6-6(a)和(b)分别给出了其实验结构示意图以及光谱演化图。该研究获得的中红外超连续谱平均功率为 154 mW，斜率效率为 4.5%。

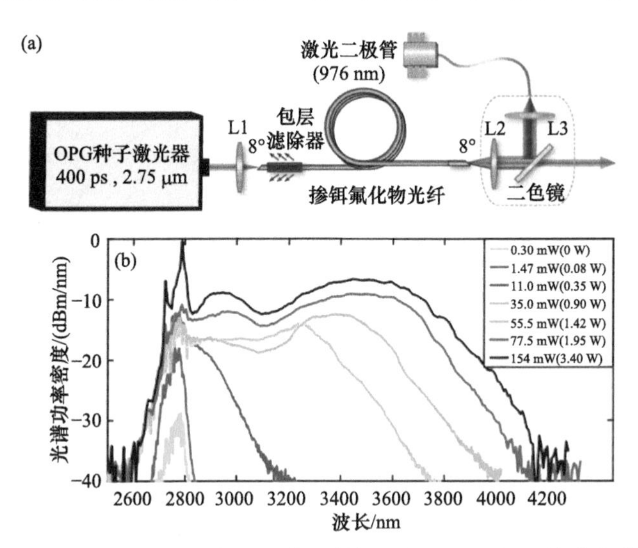

图 6-6　Er^{3+}:ZBLAN 光纤放大器(a)装置结构示意图和(b)超连续谱光谱特性[45]

2016 年 4 月，该研究小组将 Er^{3+}:ZBLAN 放大器的泵浦方式由后向泵浦改为前向泵浦，并用该 Er^{3+}:ZBLAN 光纤输出的 2.5～3.2 μm 超连续谱激光泵浦一段约 15 m 长的 InF_3 光纤，获得了光谱覆盖范围为 2.4～5.4 μm 的中红外超连续谱输出[46]。受限于 ZBLAN 光纤放大器的输出功率，InF_3 光纤最终输出的超连续谱的平均功率仅为 8 mW。2016 年 10 月，又通过在 Er^{3+}:ZBLAN 光纤放大器后级联一段 As_2Se_3 光纤，获得了光谱范围为 3～8 μm 的超连续谱输出，平均功率为 1.5 mW[47]。这些报道说明，除了直接输出中红外超连续谱，ZBLAN 光纤放大器还可以作为其他软玻璃光纤的泵浦源，以实现长波边突破 5 μm 的中红外超连续谱输出。

2018 年，该研究小组通过换用重复频率更高的种子源，分别研究了泵浦方向、种子光参数、掺杂光纤长度对 Er^{3+}:ZBLAN 光纤放大器输出的影响。在该实验中，利用 Er^{3+}:ZBLAN 光纤实现了斜率效率最高为 28.7%、光谱覆盖范围为 2.7～4.2 μm 的中红外超连续谱输出，最高平均功率为 485 mW[48]。图 6-7 给出了种子光脉冲重复频率为 20 kHz 的前向 Er^{3+}:ZBLAN 光纤放大器输出的超连续谱最佳光谱随 Er^{3+}:ZBLAN 光纤长度的变化。可见对于 2.7 m、4.0 m、5.8 m 这三个长度而言，光纤太短时斜率效率较低、光谱过窄；光纤长度适中时斜率效率最高，光谱覆盖范围有所拓展；光纤长度最长时，斜率效率最低但超连续谱光谱覆盖范围最宽，光谱也最平坦。在该实验中，超连续谱平均功率的提升和光谱展宽仍然受限于 ZBLAN 光纤放大器的自激，与文献[45]相似。

2018 年，国防科技大学也开展了基于 Er^{3+}:ZBLAN 光纤的中红外超连续谱激光研究[49]。与拉瓦尔大学不同的是，该研究组采用了一种基于孤子群脉冲宽谱信号光的中红外超连续谱产生方案。图 6-8(a)，(b)分别给出了该方案光源中的典型

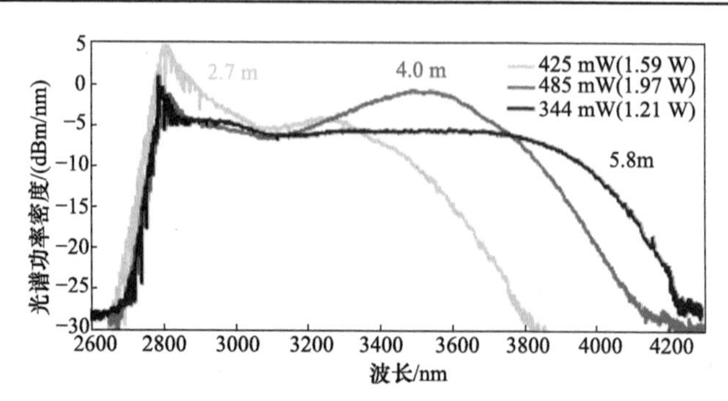

图 6-7　种子光脉冲重复频率为 20 kHz 的前向 Er^{3+}:ZBLAN 光纤放大器输出的超连续谱最佳光谱随 Er^{3+}:ZBLAN 光纤长度的变化[48]

结构设计以及不同位置的光谱范围，即整个超连续谱光源在理论上的光谱演化过程。在该技术方案中，以 1.55 μm 纳秒脉冲为初始信号光，采用三级“放大–频移”方案，即分别在 EYDFA、TDFA、ZBLAN 光纤放大器中实现三级放大，在 EYDF 与 SMF、TDF 与非石英光纤、ZBLAN 光纤中实现三级频移，最终将 1550 nm 的激光脉冲展宽并频移至波长大于 3 μm 的波段，形成中红外超连续谱激光输出。激光脉冲在光纤中的光谱演化过程具体如下：种子激光为 1550 nm 的纳秒激光脉冲，经过 EYDFA 后峰值功率被提升至数千瓦量级；而后在单模石英光纤中通过 MI 分裂为孤子脉冲并通过拉曼 SSFS 等孤子动力学过程向长波区移动，形成光谱覆盖范围为 1.5～2.3 μm 波段的孤子群脉冲，即该宽谱光谱由众多中心波长位于 1.5～2.3 μm 内的孤子脉冲形成；进而，在 TDFA 中，1.5～1.9 μm 波段的种子光成分被吸收，1.9～2.1 μm 波段的种子光成分被放大，放大后的孤子脉冲通过拉曼 SSFS 机制向长波区移动并受阻于石英的红外损耗限，此时光谱长波边约为 2.5 μm；进一步地，石英光纤输出的 2～2.5 μm 波段孤子脉冲在非石英光纤中继续红移，形成光谱覆盖范围为 2～3 μm 波段的孤子群脉冲，该波段覆盖了 Er^{3+}、Ho^{3+}、Dy^{3+}等离子位于 2.7～3 μm 范围内的发射峰；最终，该宽谱孤子群脉冲中波长位于掺杂离子增益带的光谱成分在掺杂 ZBLAN 光纤中被放大，并进一步通过拉曼 SSFS 向长波区移动，最终形成光谱范围为 3～4 μm 波段的中红外超连续谱输出。由于耦合进 ZBLAN 光纤放大器中的信号光为大量不同中心波长、不同峰值功率的宽谱孤子脉冲，因而在放大器中，不同孤子脉冲所经历的增益和非线性过程也不尽相同，最终获得的光谱是大量不同中心波长的孤子的平均结果，即具有高度光谱平坦性的超连续谱光谱。

上述用于将种子光从 2～2.5 μm 波段拓展至 2～3 μm 波段的非石英光纤，为氧化锗光纤、氟化物光纤等支持 3 μm 波段激光低损耗传输的光纤。

该研究的实验装置示意图如图 6-9(a)所示。整个超连续谱光源由一个基于氧化锗光纤的超连续谱种子源和一个 Er^{3+}:ZBLAN 光纤放大器(EDZFA)组成。EDZFA 包

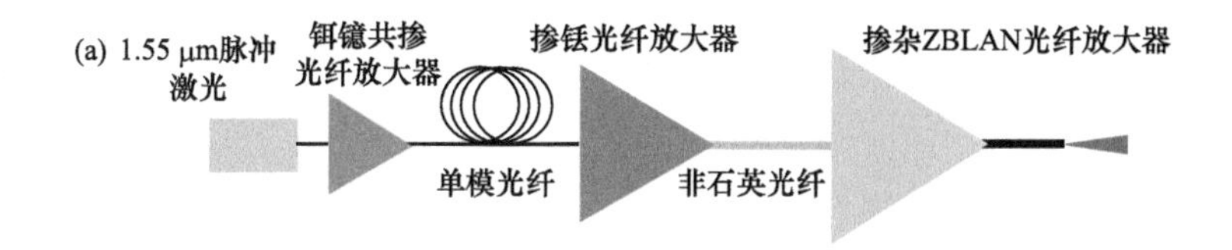

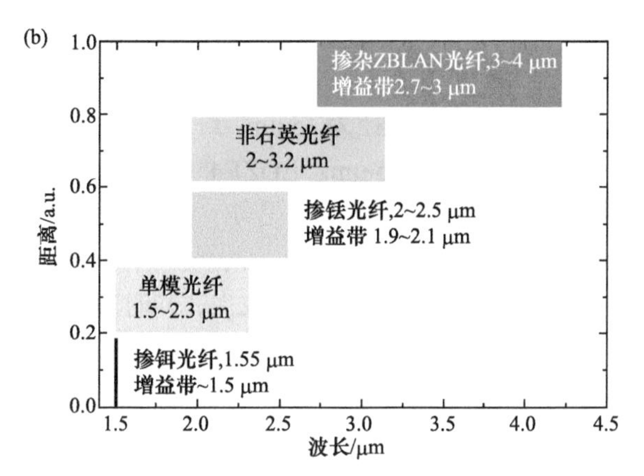

图 6-8　基于孤子群脉冲宽谱信号光的中红外超连续谱激光方案的(a)典型结构设计和(b)不同位置的光谱范围

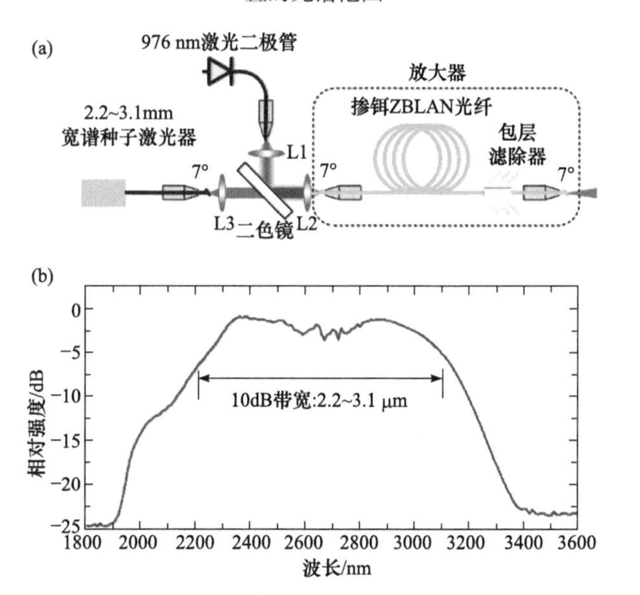

图 6-9　基于 EDZFA 的中红外超连续谱光源的(a)实验装置示意图和(b)经二色镜透射的典型种子光谱[49]

含一个 976 nm 多模激光二极管，一个“透镜-二色镜-透镜”光束耦合系统，以及

一段 Er^{3+}:ZBLAN 光纤(EDZF)。基于氧化锗光纤的超连续谱种子源是利用一个 2～2.5 μm 的超连续谱光源泵浦一段氧化锗光纤来实现的，包含一个工作波长为 1550 nm、带尾纤输出的电调制分布反馈(DFB)激光器，一个 EYDFA，一段普通单模光纤 SMF1，一个单模双包层 TDFA，一段单模光纤 SMF2，以及一段氧化锗光纤。二色镜对(976 ± 5) nm 波段范围内的光高反，对于 2.7～3.0 μm 波段内的光高透。图 6-9(b)给出了种子源透过二色镜的光谱曲线。该种子源的−10 dB 光谱范围覆盖了 2.2～3.1 μm 波段，其中落在 Er^{3+}:ZBLAN 光纤净增益带内的光谱成分即为有效信号光成分。EDZF 的纤芯直径为 15 μm，纤芯数值孔径为 0.12，内包层数值孔径为 0.40，单模截止波长为 2.35 μm。EDZF 的零色散波长位于 1.6 μm 附近，因此信号光波长位于 EDZF 的反常色散区。另外，由于种子光为众多孤子脉冲，EDZF 中的超连续谱产生过程由拉曼 SSFS 等孤子效应主导。宽谱种子光在 EDZF 中传输时，2.8 μm 波段的光谱成分被 EDZFA 放大，同时激光脉冲的光谱在 SSFS 等非线性效应的作用下进一步向长波区拓展并最终受限于 ZBLAN 光纤的吸收损耗，在 EDZF 输出端形成光谱覆盖 2.8～4.2 μm 波段的超连续谱激光。

图 6-10(a)和(b)分别给出了信号光重复频率为 100 kHz 和 70 kHz 时 EDZFA 输出的超连续谱的光谱功率密度曲线，图 6-10(c)为两种情况下有效泵浦功率(即耦合进 EDZF 的泵浦光功率)为最大值 8.5 W 时的光谱功率密度比较。由图 6-10(a)可知，被耦合进 EDZF 的宽种子光中，只有 2.75～2.85 μm 范围内的光谱成分能够被有效放大。在产生有效的光谱展宽之前，信号光的强度首先被放大了 20 dB，这主要是由耦合进 EDZF 的信号光脉冲的峰值功率较低以及 EDZF 的纤芯直径较大、纤芯数值孔径较小(因而非线性系数较小)导致的。当泵浦功率为 2.8 W，输出功率为 0.64 W 时，超连续谱的光谱长波边开始向长波区移动，长波边为 3.5 μm；增加泵浦功率至 4.7 W，超连续谱的长波边继续向长波方向扩展至 3.85 μm；进一步增加泵浦功率，超连续谱光谱进一步向长波方向拓展，但 2.8 μm 附近的光谱成分几乎不再出现明显的强度增加，同时 3.3～3.7 μm 范围内的光谱成分逐渐增强。当泵浦功率增加至 8.5 W 时，超连续谱的光谱长波边约为 4.1 μm，−20 dB 长波边为 4μm。

为了提高脉冲的峰值功率、实现带宽更宽的超连续谱输出，设置信号光脉冲重复频率为 70 kHz，脉冲宽度不变。如图 6-10(b)所示，随泵浦功率的增长，超连续谱光谱的演化规律与 100 kHz 时相似。不同之处在于，由于脉冲重复频率降低了 30%，且在相等泵浦功率的条件下平均功率并未等比例减小，因而脉冲峰值功率有所提高，故超连续谱光谱的长波边更长。图 6-10(c)中，通过比较在 100 kHz 和 70 kHz 条件下泵浦功率为 8.5 W 时的超连续谱光谱功率密度，可以清楚地看出将信号光脉冲重复频率降低至 70 kHz 使得波长大于 3.6 μm 的光谱成分的强度得到明显提升。

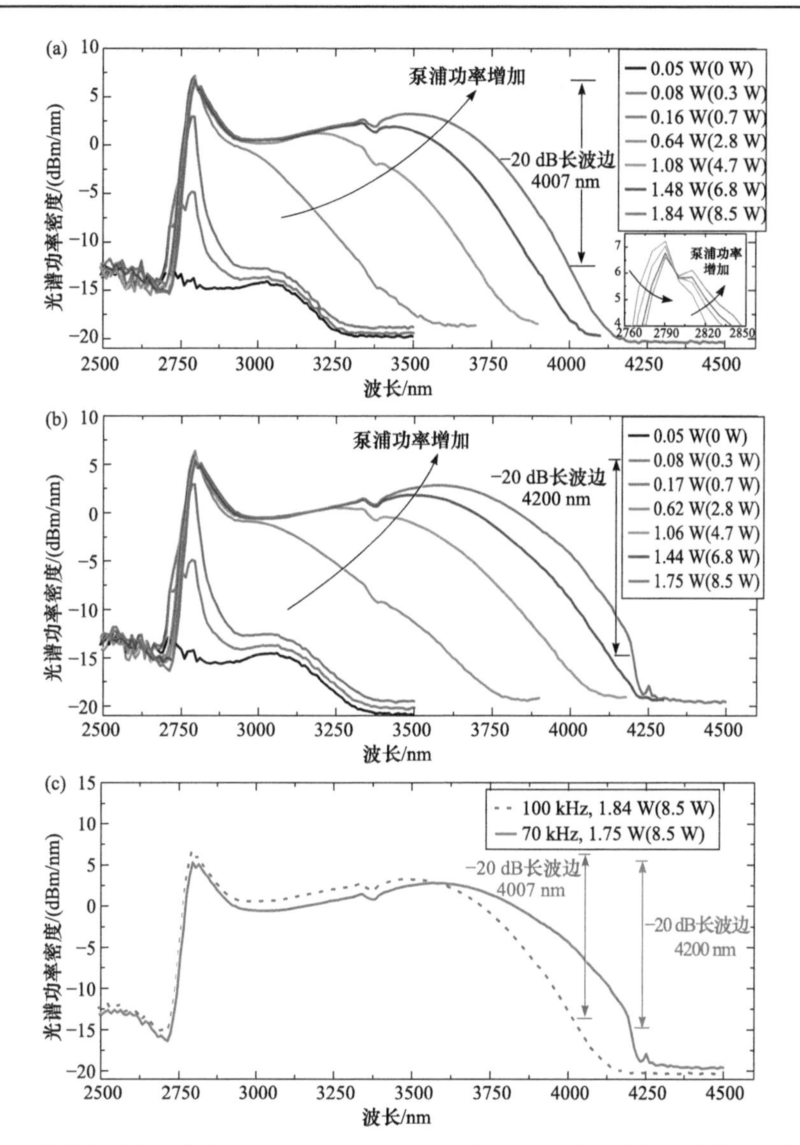

图 6-10　信号光重复频率为(a)100 kHz 和(b)70 kHz 时 EDZFA 输出的超连续谱的光谱，以及(c)两种情况下最高泵浦功率时的光谱比较[49]

图 6-11(a)给出了 EDZFA 输出的超连续谱的功率特性曲线。随泵浦功率的增加，EDZFA 输出的超连续谱功率逐步增长，但斜率效率均有一定下降：在 100 kHz 条件下，EDZFA 的斜率效率在泵浦功率较低时为 22.0%，在泵浦功率较高时下降到 20.3%；在 70 kHz 条件下，EDZFA 的斜率效率从低泵浦功率时的 21.4%下降到高泵浦功率时的 16.8%。在 100 kHz 和 70 kHz 这两种条件下，EDZFA 的光−光转换效率分别为 21.1%和 20.0%。分析斜率效率下降的主要原因是超连续谱光谱非

线性频率变换过程导致的能量损耗。由于从 2.8 μm 到 4 μm 左右的非线性频率变换过程的量子亏损较为有限，所以，EDZFA 斜率效率的下降幅度并不明显。

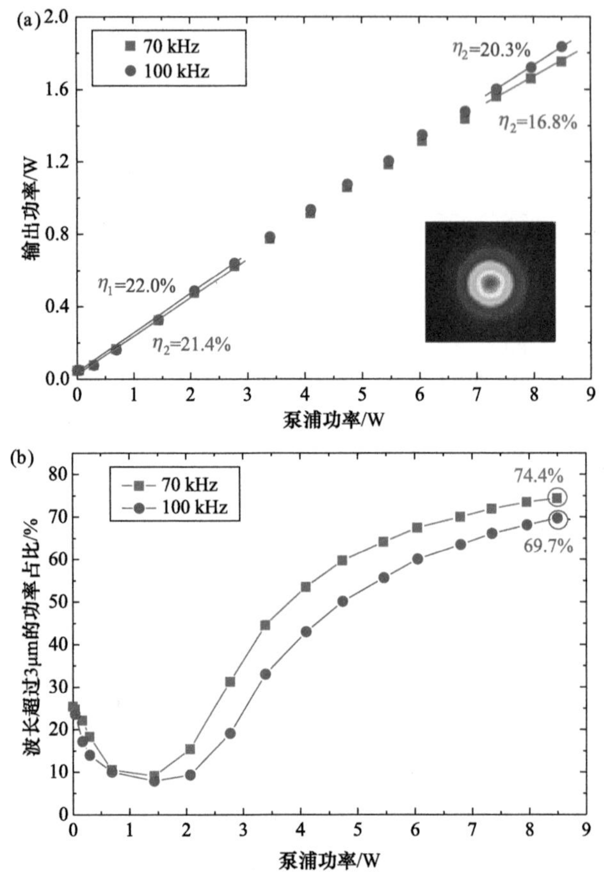

图 6-11　EDZFA 输出的超连续谱的(a)功率特性曲线，(b)波长大于 3 μm 的光谱成分占超连续谱总功率的比例[49]

由功率曲线可以推测，仅通过提升泵浦功率仍可在一定程度上提升超连续谱平均功率，但 EDZFA 的斜率效率无疑会进一步下降；同时，随着超连续谱光谱拓展到 ZBLAN 光纤的高损耗区，传输损耗带来的斜率效率下降也会逐渐显现。

2020 年，国防科技大学针对目前氟化物光纤放大器无法实现全光纤化的现状，提出一种 ZBLAN 光纤放大器的方案，并实现中红外超连续谱激光输出。技术方案如图 6-12 所示[44]。氟化物光纤放大器系统的种子源为一个光谱覆盖 2.7～3.0 μm 波段的超连续谱激光光源，来源于 2～2.5 μm 超连续谱激光脉冲泵浦一段非掺杂双包层 ZBLAN 光纤获得的超连续谱；光纤放大器包括一个石英光纤信号-

泵浦合束器、一段双包层非掺杂 ZBLAN 光纤、一段 Er^{3+}:ZBLAN 光纤，放大器的泵浦源为带尾纤输出的多模激光二极管(LD)，工作波长为 976 nm。与已有的空间结构 ZBLAN 光纤放大器相比，该方案通过巧妙的设计，将双包层非掺杂 ZBLAN 光纤作为过渡光纤，既作为信号光成分的产生介质，同时也作为泵浦光从石英光纤合束器向掺杂 ZBLAN 光纤的耦合渠道，结合石英-ZBLAN 光纤熔接技术、不同直径 ZBLAN 光纤之间的熔接技术，实现 ZBLAN 光纤放大器的全光纤化。

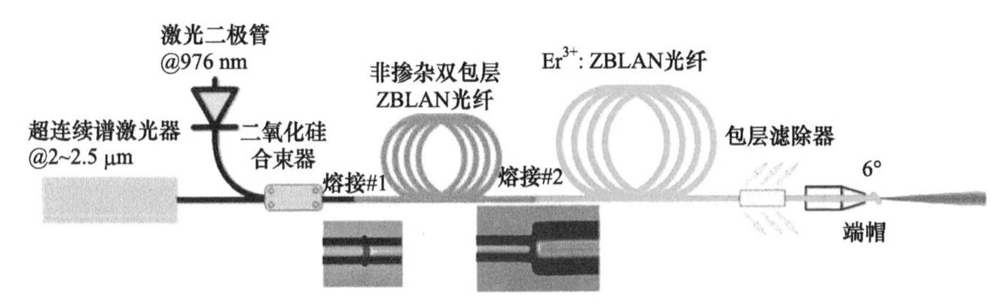

图 6-12　基于全光纤 EDZFA 的中红外超连续谱光源实验结构示意图[44]

如图 6-12 所示，该 2～2.5 μm 波段超连续谱光源的输出尾纤与一个石英光纤泵浦-信号合束器连接，TDFA 的尾纤与合束器的尾纤均为双包层光纤，合束器的输出光纤与非掺杂 ZBLAN 光纤、非掺杂 ZBLAN 光纤与 EDZF 之间均通过熔接的方法实现低损耗连接。

2～2.5 μm 超连续谱激光器中，1550 nm 脉冲宽度为 1 ns、脉冲重复频率分别为 300 kHz 与 500 kHz，不同的泵浦功率下的超连续谱光谱演化规律分别如图 6-13(a)和(b)所示。由图 6-13(a)可知，种子光的光谱范围为 2～3.5 μm，覆盖了 EDZF 位于 2.7～2.9 μm 波段的增益带。当开启泵浦源时，2.5～2.75 μm 范围内出现一个光谱凹陷，这是由在 976 nm 光子的泵浦作用下，部分 Er^{3+}被泵浦至 $^4I_{13/2}$ 能级上，发生了激发态吸收($^4I_{13/2}$→$^4I_{13/2}$，吸收波长对应于 2.7 μm 附近)所致。随着 EDZFA 泵浦功率的逐渐增大，EDZF 输出的超连续谱的光谱逐渐向长波方向拓展：当泵浦功率为 4.6 W 时，超连续谱光谱长波边(LWE)即拓展到 3.8 μm；当泵浦功率增加至 9.4 W 时，光谱 LWE 拓展至 4 μm。继续增加泵浦功率，光谱 LWE 还会向长波方向出现拓展，但与低泵浦功率时相比，光谱展宽明显减弱。当泵浦功率达到 23 W 时，超连续谱光谱 LWE 约为 4.2 μm。脉冲重复频率为 500 kHz 时的超连续谱光谱演化的主要规律与 300 kHz 时相似，区别在于，由于脉冲重复频率的增加，在相同输出功率时脉冲峰值功率有所下降，因此 EDZFA 中的非线性效应有所减弱，表现为超连续谱光谱 LWE 向短波方向出现轻微移动，以及长波(大于 3.9 μm)波段光谱功率密度略有下降。

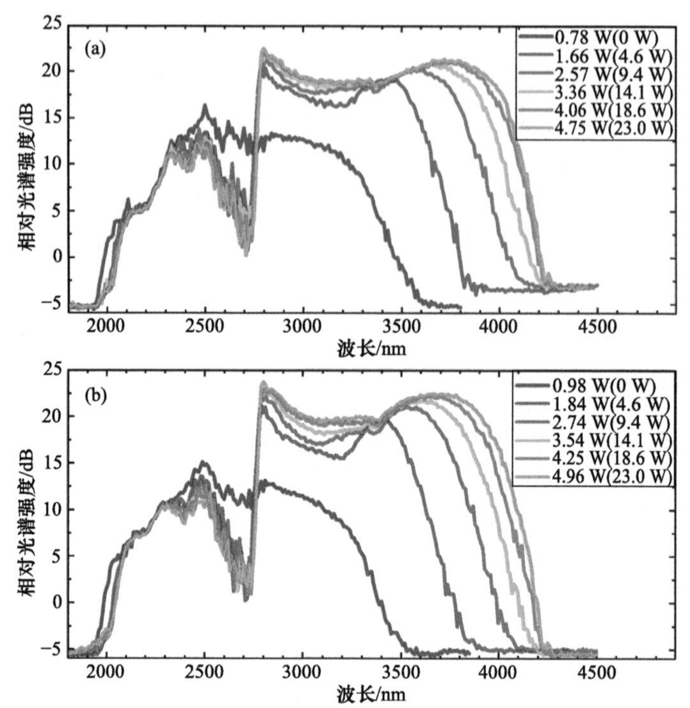

图 6-13　种子光重复频率分别为(a)300 kHz 和(b)500 kHz 时超连续谱的光谱特性[44]

图 6-14 给出了上述两种情况下的 EDZFA 输出功率特性。当脉冲重复频率分别为 300 kHz 和 500 kHz 时，EDZFA 的斜率效率分别为 17.2%和 17.3%；随着泵浦功率的持续增加，EDZFA 的斜率效率并未出现明显的下降。在 500 kHz、泵浦功率 23 W 的条件下，EDZFA 的输出功率为 4.96 W。

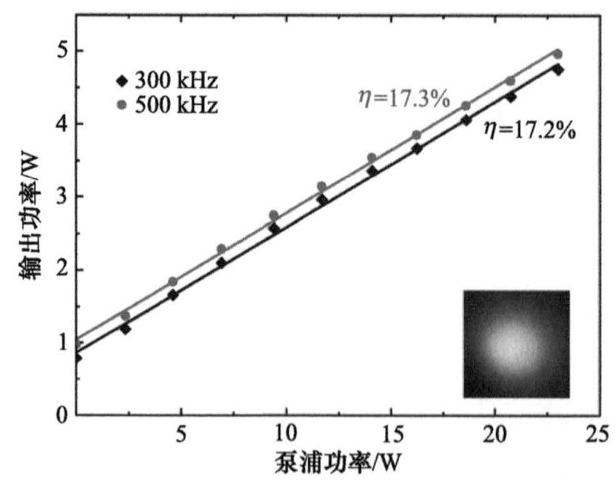

图 6-14　种子光重复频率分别为 300 kHz 和 500 kHz 时超连续谱的功率特性[44]

利用一个截止波长为 3 μm 的低通滤波器(LPF)对 EDZFA 输出的超连续谱进行滤波，并对透射功率进行测量。图 6-15 给出了 300 kHz 和 500 kHz 时，EDZFA

的输出功率中 3 μm 以上波段功率比例随泵浦功率的变化。可以看到，当泵浦功率为 0 时，3 μm 以上波段功率比例最低，仅为 10%～20%，这主要是由于种子光中有相当大的光谱成分位于 3 μm 以下。当泵浦功率增加(低于 23 W)时，随着泵浦功率的增加，3 μm 以上功率比例持续增加，这得益于脉冲峰值功率提升引起的光谱向长波方向的展宽。当泵浦功率为 23 W 时，300 kHz 和 500 kHz 条件下，3 μm 以上波段功率比例分别为 70.9%和 69.2%。值得注意的是，随着泵浦功率进一步增加，放大器中自激振荡的出现，则 ASE 与脉冲信号光之间出现竞争。由于信号光为脉冲光，难以竞争过 ASE，所以，3 μm 以上功率比例出现下降。

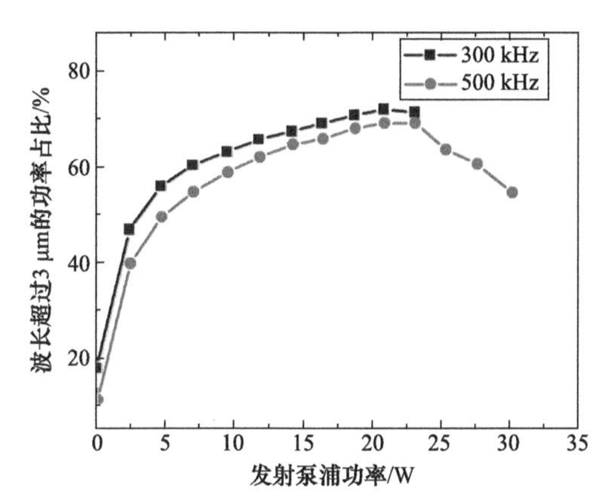

图 6-15　种子光重复频率分别为 300 kHz 和 500 kHz 时超连续谱的长波功率比例特性[44]

2023 年，深圳大学也报道了基于超连续谱种子源和 EDZFA 的中红外超连续谱激光光源[50]。该研究的实验装置示意图如图 6-16 所示。该系统包含一个 2 μm 波段“9”字形类噪声脉冲光纤激光器、一个 TDFA、一段 InF_3 光纤，以及一个 EDZFA。其中最后一级光纤放大器(即 EDZFA)的信号光和泵浦光是通过一个自研的 3 μm 波段光纤信号-泵浦合束器耦合进 EDZF 的。种子源结构与文献[51]中的种子源相似。该 3 μm 波段光纤信号-泵浦合束器，是将拉锥后的多模石英光纤贴合到 InF_3 光纤和 EDZF 的熔接点处实现的。在合束器处，一部分多模 976 nm 泵浦光通过

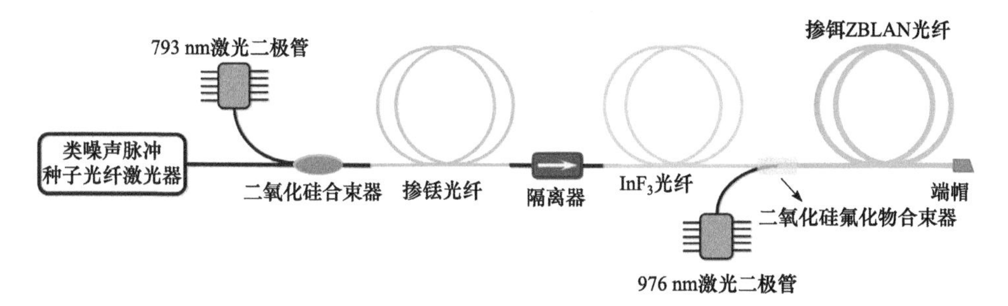

图 6-16　基于超连续谱种子源和 EDZFA 的中红外超连续谱激光器实验装置结构示意图[50]

拉锥光纤与 EDZF 光纤之间贴合的端面耦合进 EDZF，另一部分则通过拉锥光纤与 InF_3 光纤的贴合区耦合进 InF_3 光纤。该合束器的整体耦合效率约为 75%。

类噪声脉冲光纤激光器输出脉冲的重复频率为 486.4 kHz，脉冲宽度为 6 ps，脉冲的尖峰为 254 fs，平均功率约为 42 mW。脉冲经过一级 TDFA 放大，在一段 InF_3 光纤中产生光谱覆盖 3 μm 波段的中红外超连续谱激光，光谱长波边约为 3.8 μm，如图 6-17(a)所示。最后，脉冲激光在 EDZFA 中实现功率的提升和光谱的进一步拓展。最大输出功率为 1.36 W、输出光谱范围为 1.95～4.2 μm，光谱和功率演化过程分别如图 6-17(b)和(c)所示。

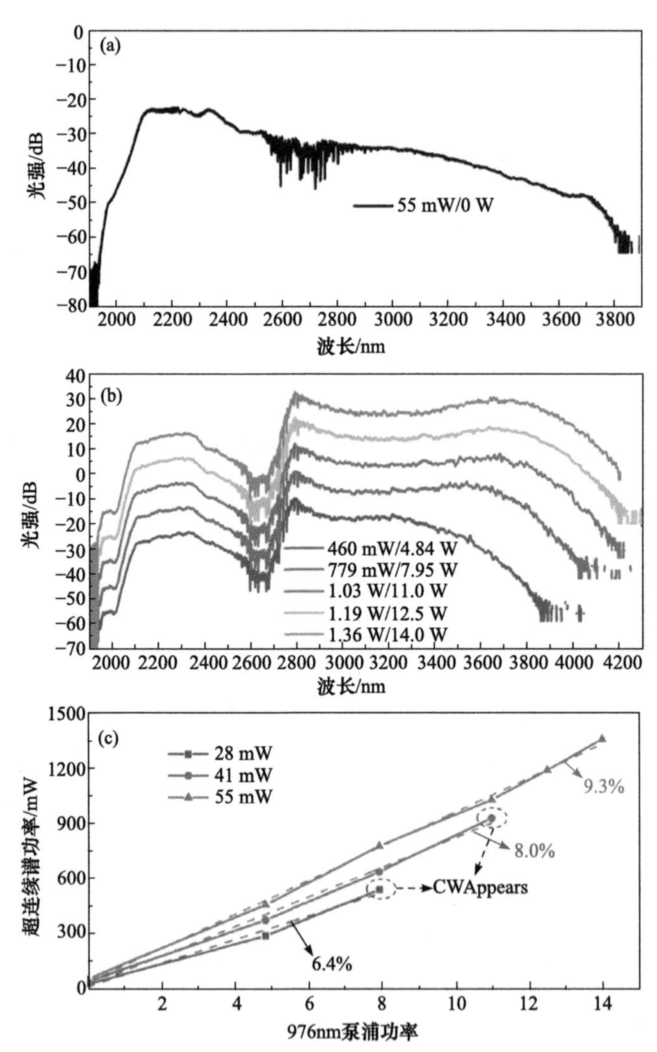

图 6-17　(a)种子光谱；(b) 超连续谱光谱随 EDZFA 泵浦功率的变化；(c)不同种子光平均功率条件下超连续谱激光的功率随泵浦功率的变化[50]

2023 年，国防科技大学在如图 6-12 所示的实验装置[44]基础上进行了改进，利用高非线性光纤取代无源 ZBLAN 光纤，实现了全光纤 ZBLAN 放大器功率提升，在 EDZFA 中获得了平均功率为 10.1 W、光谱范围为 1.6～4.2 μm 且主要能量位于 2.8～4.2 μm 的中红外超连续谱激光输出，其光谱如图 6-18 所示。

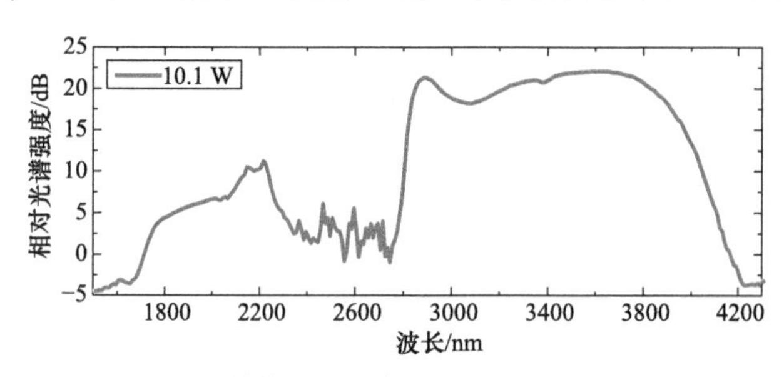

图 6-18　基于 EDZFA 结构平均功率 10.1 W 的中红外超连续谱激光光谱

6.3　基于掺钬 ZBLAN 光纤放大器的中红外超连续谱激光

Ho^{3+}位于 3 μm 波段的发射谱波长范围为 2.7～3.0 μm，发射谱中心波长位于 2850 nm。在 2.6～3.0 μm 波段，与 Er^{3+}相比，Ho^{3+}具有较长的发射波长；与 Dy^{3+}相比，Ho^{3+}具有较大的受激发射截面，因此利用 Ho^{3+}的发射带有利于在 ZBLAN 光纤放大器中获得较高的增益系数和较长的增益中心波长，从而有利于提高 ZBLAN 光纤放大器直接输出的超连续谱的长波部分(例如，大于 3.0 μm)比例。2018 年，国防科技大学也对基于 Ho^{3+}:ZBLAN 光纤的中红外超连续谱激光开展了研究，实现了平均功率为 440 mW、光谱范围为 2.8～3.9 μm 的中红外超连续谱激光。

基于 Ho^{3+}:ZBLAN 光纤放大器的光谱平坦型中红外超连续谱实验装置的结构如图 6-19 所示。整个实验装置包含一个宽谱种子源和一个 Ho^{3+}：ZBLAN 光纤放大器(HDZFA)。该研究中的种子源与图 6-9 所示的种子源相同。HDZFA 包含一个工作波长为 1150 nm 的连续波光纤激光器，一个由三个透镜(L1、L3 为 CaF_2 球面透镜；L2 为非球面透镜、1～3 μm 增透)和一个二色镜组成的光束耦合系统，以及一段 Ho^{3+}:ZBLAN 光纤(HDZF)。

图 6-20 给出了基于 HDZFA 的超连续谱光源中不同位置处的实测光谱。从图中可以清楚地看到，放大–频移过程被级联起来，用于将信号激光从近红外的 1550 nm 频移至中红外的 3～4 μm 波段，其中用到的增益离子分别为 Er^{3+}、Tm^{3+}、Ho^{3+}，用到的非线性光纤材料分别为石英、GeO_2、ZBLAN。

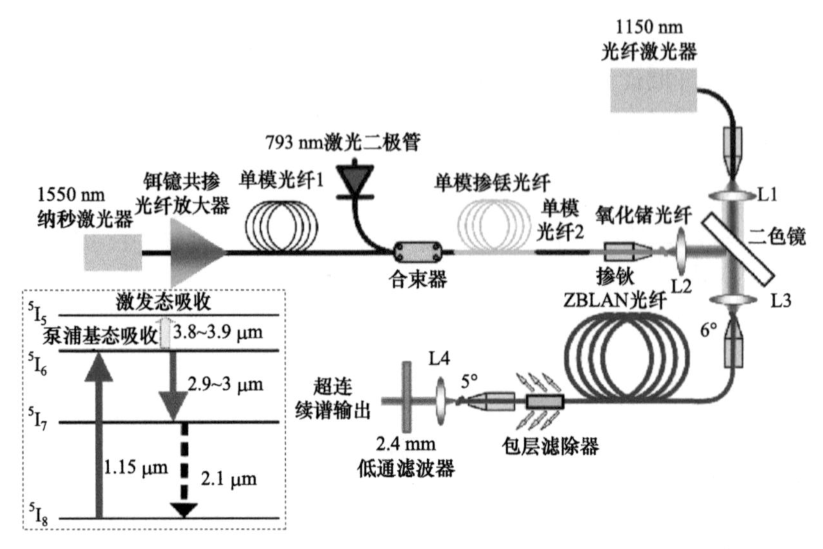

图 6-19　基于 Ho^{3+}:ZBLAN 光纤放大器的光谱平坦型中红外超连续谱实验装置示意图[52]

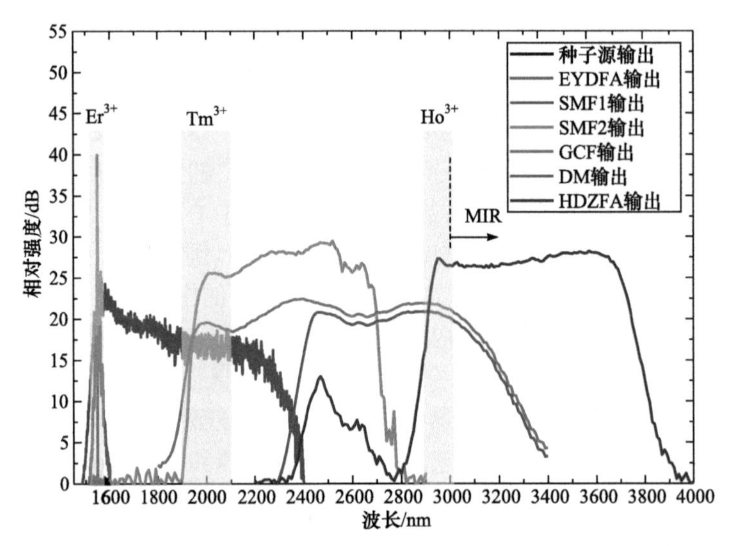

图 6-20　基于 HDZFA 的超连续谱光源中不同位置处的实测光谱[52]

图 6-21(a)～(c)分别给出了脉冲宽度均为 1.6 ns，脉冲重复频率分别为 40 kHz、50 kHz、100 kHz 条件下 HDZFA 的输出光谱功率密度演化特性，图例中的功率值为耦合进 HDZF 的泵浦功率。图 6-21(d)给出了最高泵浦功率下不同脉冲重复频率下的光谱比较。由图可知，尽管耦合进 HDZF 的信号光的光谱范围为 2.4～3.2 μm，但被 HDZF 有效放大的部分为 2.9～3.0 μm 波段的光谱成分；2.60～2.85 μm 波段出现的光谱凹陷为 Ho^{3+}激发态吸收(ESA)跃迁 $^5I_7 \to {}^5I_6$ 所导致的。随着泵浦功率的增加，2.9～3.0 μm 波段的放大首先被观察到，然后，超连续谱光谱在拉曼 SSFS

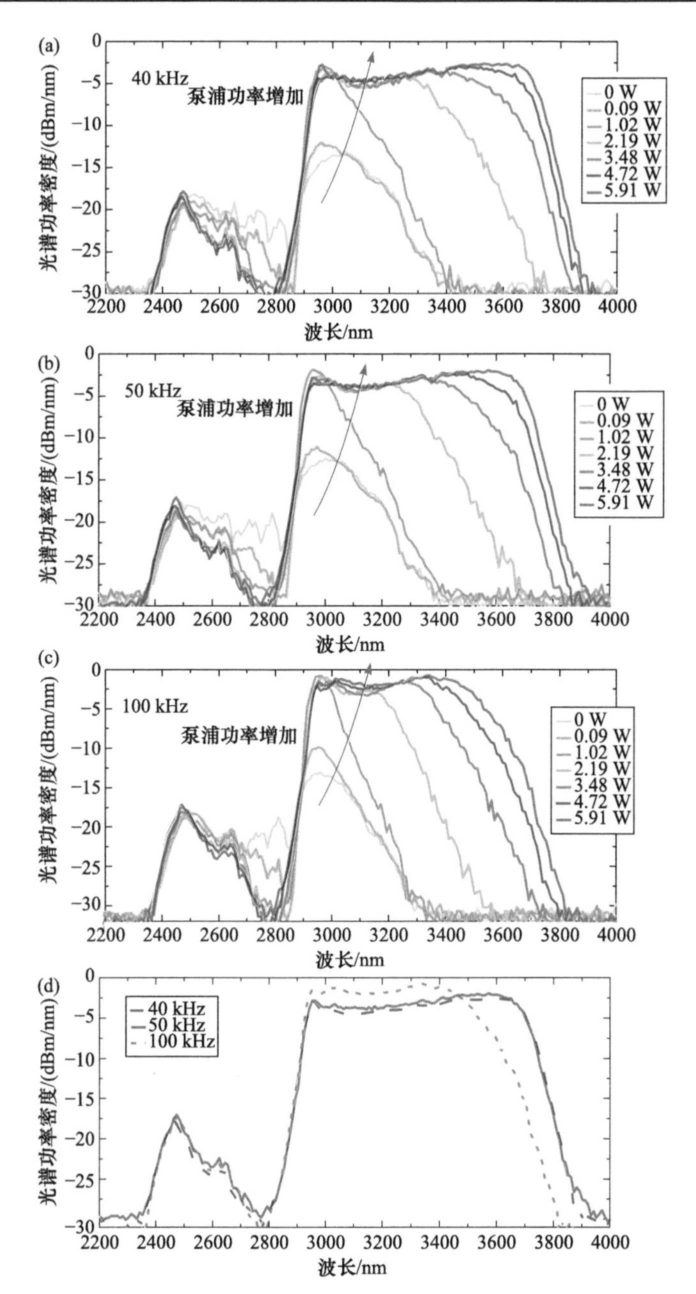

图 6-21　(a)40 kHz、(b)50 kHz、(c)100 kHz 条件下 HDZFA 的输出光谱功率密度特性，以及(d)最高泵浦功率下不同脉冲重复频率下的光谱比较[52]

等非线性效应的作用下逐渐向长波方向拓展；随着泵浦功率的继续增加，光谱长波边的拓展逐渐变缓直至几乎停滞。超连续谱光谱长波边未进一步拓展至 4 μm 以上，主要是由于被 1150 nm 的泵浦光激励到 $^5I_6$ 能级上的 Ho^{3+}的 ESA 过程($^5I_6 \rightarrow {}^5I_5$)对 3.8～3.9 μm 波段的光谱成分具有很强的吸收(参见图 6-19 的插图)。实际上目前已经有利用 Ho^{3+}的辐射跃迁过程 $^5I_5 \rightarrow {}^5I_6$ 来实现 3.9 μm 波段激光的研究报道[9, 43]。当种子源脉冲重复频率为 50 kHz 时，获得的−3 dB 超连续谱光谱范围为 2.93～3.70 μm，平均功率为 411 mW。

图 6-22(a)给出了脉冲重复频率分别为 40 kHz、50 kHz、100 kHz 时的超连续谱功率特性曲线。在脉冲重复频率一定的情况下，随着泵浦功率的增加，斜率效率略有下降，这主要是由光谱逐渐展宽以及 Ho^{3+}的激发态吸收带来的损耗导致的。将脉冲重复频率从 40 kHz 增加至 100 kHz，HDZFA 的斜率效率有提升，但不明显。对于 40 kHz、50 kHz、100 kHz 这三种情况，输出功率相对于泵浦功率的斜率效率分别为 6.3%、7.1%、7.5%。

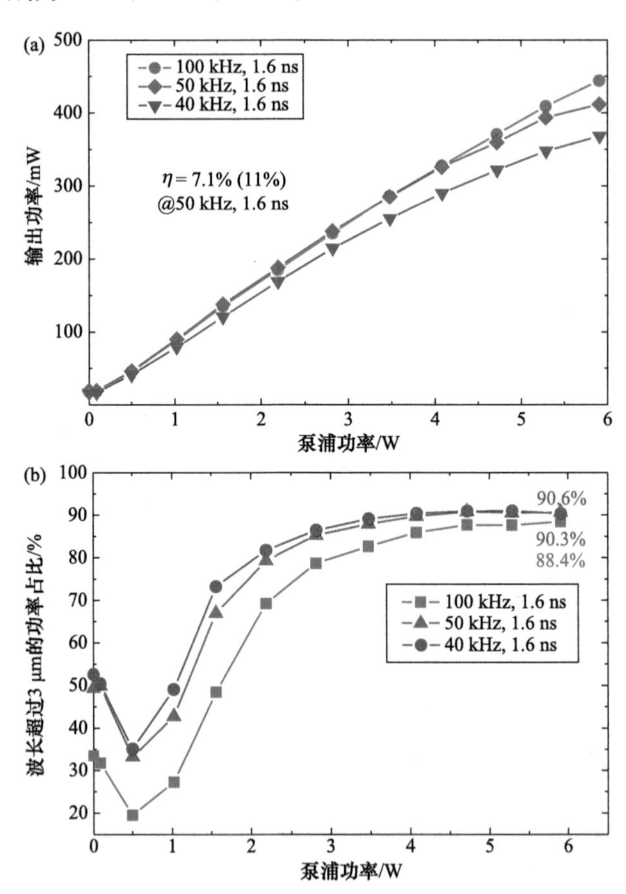

图 6-22 (a) 超连续谱功率特性曲线；(b)波长大于 3 μm 的光谱成分功率占比随泵浦功率变化曲线[52]

为了研究超连续谱中波长大于 3 μm 波段的光谱成分的功率比例，对超连续谱光谱做光谱积分，得到的功率比例曲线如图 6-22(b)所示。以脉冲重复频率为 50 kHz 为例，当泵浦功率从 0 增加至 0.5 W 时，3 μm 以上波段功率比例从 50%下降至 35%，这是因为较低的泵浦功率主要使 2.9～3.0 μm 波段的放大而未出现光谱展宽。随着泵浦功率增加到 2.5 W，3 μm 以上波段功率比例迅速地增长至 80%，这期间光谱主要向长波方向发生了剧烈的非对称展宽。随着泵浦功率进一步从 2.5 W 增加至 4.0 W，3 μm 以上波段功率比例缓慢增加至 90%。在 4 W 以上，3 μm 以上波段功率比例几乎保持不变。在最大泵浦功率 5.91 W 时，3 μm 以上波段功率比例为 90.6%，平均功率为 372 mW。

参 考 文 献

[1] Fortin V, Bernier M, Bah S T, et al. 30 W fluoride glass all-fiber laser at 2.94 μm [J]. Opt. Lett., 2015, 40(12): 2882-2885.

[2] Aydin Y O, Fortin V, Vallée R, et al. Towards power scaling of 2.8 μm fiber lasers [J]. Opt. Lett., 2018, 43(18): 4542-4545.

[3] Paradis P, Fortin V, Aydin Y O, et al. 10 W-level gain-switched all-fiber laser at 2.8 μm [J]. Opt. Lett., 2018, 43(13): 3196-3199.

[4] Fortin V, Maes F, Bernier M, et al. Watt-level erbium-doped all-fiber laser at 3.44 μm [J]. Opt. Lett., 2016, 41(3): 559-562.

[5] Jobin F, Fortin V, Maes F, et al. Gain-switched fiber laser at 3.55 μm [J]. Opt. Lett., 2018, 43(8): 1770-1773.

[6] Maes F, Fortin V, Bernier M, et al. 5.6 W monolithic fiber laser at 3.55 μm [J]. Opt. Lett., 2017, 42(11): 2054-2057.

[7] Qin Z, Xie G, Ma J, et al. Mid-infrared Er:ZBLAN fiber laser reaching 3.68 μm wavelength [J]. Chinese Optics Letters, 2017, 15(11): 111402.

[8] Crawford S, Hudson D D, Jackson S D. High-power broadly tunable 3-μm fiber laser for the measurement of optical fiber loss [J]. IEEE Photonics Journal, 2015, 7(3): 1-9.

[9] Maes F, Fortin V, Poulain S, et al. Room-temperature fiber laser at 3.92 μm [J]. Optica, 2018, 5(7): 761-764.

[10] Majewski M R, Woodward R I, Jackson S D. Dysprosium-doped ZBLAN fiber laser tunable from 2.8 μm to 3.4 μm, pumped at 1.7 μm [J]. Opt. Lett., 2018, 43(5): 971-974.

[11] Woodward R I, Majewski M R, MacAdam N, et al. Q-switched Dy:ZBLAN fiber lasers beyond 3 μm: comparison of pulse generation using acousto-optic modulation and inkjet-printed black phosphorus [J]. Opt. Express, 2019, 27(10): 15032-15045.

[12] Woodward R I, Majewski M R, Bharathan G, et al. Watt-level dysprosium fiber laser at 3.15 μm with 73% slope efficiency [J]. Opt. Lett., 2018, 43(7): 1471-1474.

[13] Luo H, Li J, Gao Y, et al. Tunable passively Q-switched Dy^{3+}-doped fiber laser from 2.71 to 3.08 μm using PbS nanoparticles [J]. Opt. Lett., 2019, 44(9): 2322-2325.

[14] Fortin V, Jobin F, Larose M, et al. 10-W-level monolithic dysprosium-doped fiber laser at 3.24 μm

[J]. Opt. Lett., 2019, 44(3): 491-494.

[15] Majewski M R, Woodward R I, Carreé J Y, et al. Emission beyond 4 μm and mid-infrared lasing in a dysprosium-doped indium fluoride (InF_3) fiber [J]. Opt. Lett., 2018, 43(8): 1926-1929.

[16] Falconi M, Laneve D, Prudenzano F. Advances in mid-IR fiber lasers: tellurite, fluoride and chalcogenide [J]. Fibers, 2017, 5(2): 23.

[17] Falconi M C, Palma G, Starecki F, et al. Dysprosium-doped chalcogenide master oscillator power amplifier (MOPA) for mid-IR emission [J]. J. Lightwave Technol., 2017, 35(2): 265-273.

[18] Shen M, Furniss D, Tang Z, et al. Modeling of resonantly pumped mid-infrared Pr^{3+}-doped chalcogenide fiber amplifier with different pumping schemes [J]. Opt. Express, 2018, 26(18): 23641-23660.

[19] Shen M, Furniss D, Farries M, et al. Experimental observation of gain in a resonantly pumped Pr^{3+}-doped chalcogenide glass mid-infrared fibre amplifier notwithstanding the signal excited-state absorption [J]. Scientific Reports, 2019, 9(1): 11426.

[20] Sojka L, Tang Z, Jayasuriya D, et al. Ultra-broadband mid-infrared emission from a Pr^{3+}/Dy^{3+} co-doped selenide-chalcogenide glass fiber spectrally shaped by varying the pumping arrangement [Invited] [J]. Opt. Mater Express, 2019, 9(5): 2291-2306.

[21] Starecki F, Braud A, Abdellaoui N, et al. Infrared emissions around 8 μm in rare-earth doped chalcogenide fibers[C]. Proceedings of the Laser Congress 2018 (ASSL) , Boston, Massachusetts: Optical Society of America, 2018.

[22] Sumiyoshi T, Sekita H, Arai T, et al. High-power continuous-wave 3- and 2-μm cascade Ho^{3+}:ZBLAN fiber laser and its medical applications [J]. IEEE Journal of Selected Topics in Quantum Electronics, 1999, 5(4): 936-943.

[23] Zhu X, Zhu G, Wei C, et al. Pulsed fluoride fiber lasers at 3 μm [Invited] [J]. Journal of the Optical Society of America B, 2017, 34(3): A15-A28.

[24] Li J, Jackson S D. Numerical modeling and optimization of diode pumped heavily-erbium-doped fluoride fiber lasers [J]. IEEE Journal of Quantum Electronics, 2012, 48(4): 454-464.

[25] Wei C, Zhang H, Shi H, et al. Over 5-W passively Q-switched mid-infrared fiber laser with a wide continuous wavelength tuning range [J]. IEEE Photonics Technology Letters, 2017, 29(11): 881-884.

[26] Aydın Y O, Fortin V, Maes F, et al. Diode-pumped mid-infrared fiber laser with 50% slope efficiency [J]. Optica, 2017, 4(2): 235-238.

[27] Faucher D, Bernier M, Androz G, et al. 20 W passively cooled single-mode all-fiber laser at 2.8 μm [J]. Opt. Lett., 2011, 36(7): 1104-1106.

[28] Li J, Luo H, Liu Y, et al. Modeling and optimization of cascaded erbium and holmium doped fluoride fiber lasers [J]. IEEE Journal of Selected Topics in Quantum Electronics, 2014, 20(5): 15-28.

[29] Jackson S D. High-power erbium cascade fibre laser [J]. Electronics Letters, 2009, 45(16): 830-832.

[30] Jackson S D, Pollnau M, Li J. Diode pumped erbium cascade fiber lasers [J]. IEEE Journal of Quantum Electronics, 2011, 47(4): 471-478.

[31] Ghisler C, Pollnau M, Bunea G, et al. Up-conversion cascade laser at 1.7 μm with simultaneous 2.7 μm lasing in erbium ZBLAN fibre [J]. Electronics Letters, 1995, 31(5): 373-374.
[32] Golding P S, Jackson S D, King T A, et al. Energy transfer processes in Er^{3+}-doped and Er^{3+},Pr^{3+}-codoped ZBLAN glasses [J]. Physical Review B, 2000, 62(2): 856-864.
[33] Coleman D J, King T A, Ko D K, et al. Q-switched operation of a 2.7 μm cladding-pumped Er^{3+}/Pr^{3+} codoped ZBLAN fibre laser [J]. Optics Communications, 2004, 236(4): 379-385.
[34] Lemieux-Tanguay M, Fortin V, Boilard T, et al. 15 W monolithic fiber laser at 3.55 μm [J]. Opt. Lett., 2022, 47(2): 289-292.
[35] Hu T, Hudson D D, Jackson S D. Actively Q-switched 2.9 μm $Ho^{3+}Pr^{3+}$-doped fluoride fiber laser [J]. Opt. Lett., 2012, 37(11): 2145-2147.
[36] Jackson S D. High-power and highly efficient diode-cladding-pumped holmium-doped fluoride fiber laser operating at 2.94 μm [J]. Opt. Lett., 2009, 34(15): 2327-2329.
[37] 董淑福, 陈国夫, 王贤华, 等. 医用 3 μm 与 2 μm 级联振荡钬光纤激光器的工作原理与初步设计 [J]. 光子学报, 2002, 31(12): 1453-1457.
[38] Li J, Hu T, Jackson S D. Q-switched induced gain switching of a two-transition cascade laser [J]. Opt. Express, 2012, 20(12): 13123-13128.
[39] Li J, Gomes L, Jackson S D. Numerical modeling of holmium-doped fluoride fiber lasers [J]. IEEE Journal of Quantum Electronics, 2012, 48(5): 596-607.
[40] Talavera D V, Mejía E B. Holmium-doped fluoride fiber laser at 2950 nm pumped at 1175 nm [J]. Laser Physics, 2006, 16(3): 436-440.
[41] Jackson S D. Singly Ho^{3+}-doped fluoride fibre laser operating at 2.92 μm [J]. Electronics Letters, 2004, 40(22): 1400-1401.
[42] Iwanus N, Hudson D D, Hu T, et al. Aim at the bottom: directly exciting the lower level of a laser transition for additional functionality [J]. Opt. Lett., 2014, 39(5): 1153-1156.
[43] Schneider J, Carbonnier C, Unrau U B. Characterization of a Ho^{3+}-doped fluoride fiber laser with a 3.9-μm emission wavelength [J]. Appl. Opt., 1997, 36(33): 8595-8600.
[44] Deng K, Yang L, Zhang B, et al. Mid-infrared supercontinuum generation in an all-fiberized Er-doped ZBLAN fiber amplifier [J]. Opt. Lett., 2020, 45(23): 6454-6457.
[45] Gauthier J C, Fortin V, Duval S, et al. In-amplifier mid-infrared supercontinuum generation[J]. Opt. Lett., 2015, 40(22): 5247-5250.
[46] Gauthier J C, Fortin V, Carrée J Y, et al. Mid-IR supercontinuum from 2.4 to 5.4 μm in a low-loss fluoroindate fiber [J]. Opt. Lett., 2016, 41(8): 1756-1759.
[47] Robichaud L R, Fortin V, Gauthier J C, et al. Compact 3-8 μm supercontinuum generation in a low-loss As_2Se_3 step-index fiber [J]. Opt. Lett., 2016, 41(20): 4605-4608.
[48] Gauthier J C, Robichaud L R, FORTIN V, et al. Mid-infrared supercontinuum generation in fluoride fiber amplifiers: current status and future perspectives [J]. Applied Physics B, 2018, 124(6): 122.
[49] Yang L, Zhang B, Wu T, et al. Watt-level mid-infrared supercontinuum generation from 2.7 to 4.25 μm in an erbium-doped ZBLAN fiber with high slope efficiency [J]. Opt. Lett., 2018, 43(13): 3061-3064.

[50] Tang Y, Luo X, Dong F, et al. All-fiber mid-infrared enhanced supercontinuum generation in an erbium-doped ZBLAN fiber amplifier [J]. J. Lightwave Technol., 2023, 41(9): 2855-2861.
[51] Luo X, Tang Y, Dong F, et al. All-fiber mid-infrared supercontinuum generation pumped by ultra-low repetition rate noise-like pulse mode-locked fiber laser [J]. J. Lightwave Technol., 2022, 40(14): 4855-4862.
[52] Yang L, Zhang B, Yin K, et al. Spectrally flat supercontinuum generation in a holmium-doped ZBLAN fiber with record power ratio beyond 3 μm [J]. Photon Res., 2018, 6(5): 417-421.

第 7 章　基于非掺杂 InF_3 光纤的中红外超连续谱产生

7.1　概　　述

与 ZBLAN 玻璃一样，以氟化铟(InF_3)为基质的多组分玻璃也是一种常用的中红外光纤材料。但 InF_3 玻璃材料的声子能量更低，因此在中红外透光性能方面，InF_3 光纤比 ZBLAN 光纤性能更佳。

7.1.1　InF_3 光纤的色散特性

这里对不同纤芯直径(5～15 μm)、纤芯数值孔径(NA=0.26、0.30)的 InF_3 光纤的特性(色散和非线性系数)进行计算。图 7-1 给出了 InF_3 光纤的基模色散参量曲线。图 7-1 显示，当 InF_3 光纤的纤芯数值孔径一定时，随着纤芯直径由 15 μm 减小至 7 μm，2～5 μm 范围内的色散值逐渐减小，且色散参量曲线呈现出越来越平坦的特点。这是由于波导色散对整体色散的贡献为正，且随着纤芯直径的减小，波导色散的贡献越来越大。当纤芯 NA 为 0.26 时，且随着纤芯直径从 15 μm 减小到 5 μm，基模 ZDW 先由 1728 nm 向短波方向移动至 1702 nm，并在长波产生第二个零色散点；实际上，色散参量曲线在纤芯直径为 7 μm 时存在三个 ZDW，即 1920 nm、3194 nm、3502 nm。当纤芯 NA 为 0.30 时，基模 ZDW 先由 1709 nm 向短波方向移动至 1633 nm，而后逐渐向长波方向移动至 1833 nm 和 4630 nm；与 NA 为 0.26、纤芯直径为 7 μm 的情形相似，色散参量曲线在纤芯直径为 6 μm 时也出现三个 ZDW，即 1833 nm、2523 nm、4784 nm。三个 ZDW 使得从短波到长波区域的色散特性交替变化，即，随波长增加依次分别属于正常色散区、反常色散区、正常色散区、反常色散区。色散特性的复杂化将使光谱展宽受到一定的影响，不利于宽带超连续谱的产生。例如，当超连续谱光谱从反常色散区向长波展宽至下一个正常色散区时，主要通过色散波向长波拓展，而无法通过 SSFS 等机制向长波方向继续高效拓展，因而在靠近第二个 ZDW 的反常色散区一侧出现光谱成分的“堆积”，如文献[1]所报道的光谱演化过程。

上述关于 InF_3 光纤色散特性的数值模拟表明，InF_3 光纤的 ZDW(仅讨论仅有一个基模 ZDW 的情形)多落在 1.6～1.8 μm 范围内，因而利用 2 μm 波段的泵浦源

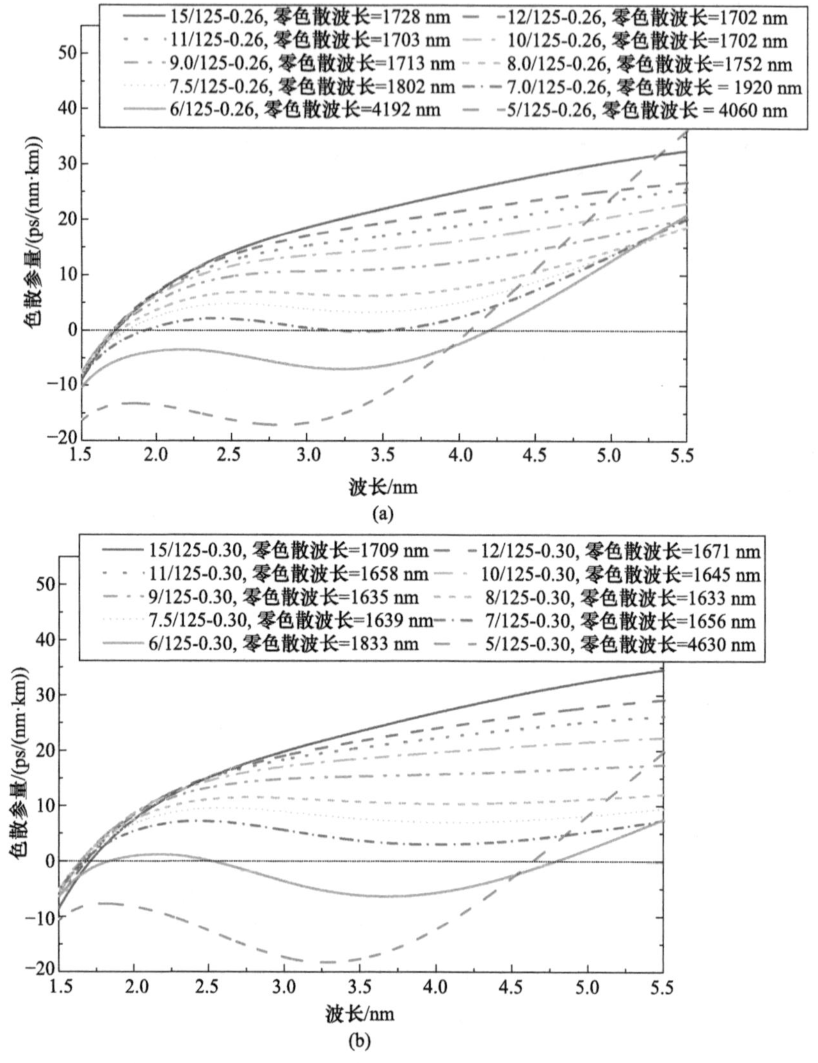

图 7-1　不同纤芯直径、纤芯 NA 为(a)0.26 与(b)0.30 的 InF_3 光纤的色散特性

泵浦 InF_3 光纤，光谱将在反常色散机制下非对称性地向长波区展宽，产生宽带的超连续谱输出。

7.1.2　InF_3 光纤的非线性特性

图 7-2 给出了纤芯直径范围为 5～15 μm、数值孔径分别为 0.26 与 0.30 的 InF_3 光纤的基模有效模场面积随波长变化的曲线。图 7-2(a)与(b)对比可知，一般而言，纤芯 NA 为 0.30 的 InF_3 光纤具有比纤芯 NA 为 0.26、同纤芯直径的 InF_3 光纤更小的基模有效模场面积和更强的纤芯光约束能力。在一定的纤芯 NA 下，当波长

较短时，较大的纤芯直径对应着较大的有效模场面积；当波长较长(对于 NA 为 0.26，波长大于 3.5 μm 的情形以及 NA 为 0.30，波长大于 4.0 μm 的情形)时，较小的纤芯直径难以将光有效约束在纤芯范围内，导致基模有效模场面积明显增大。由于非线性系数与有效模场面积成反比，上述有效模场面积的特性反映在非线性系数上，即小芯径的 InF_3 光纤的非线性系数在波长增长到一定程度时，将低于大芯径的 InF_3 光纤的非线性系数。

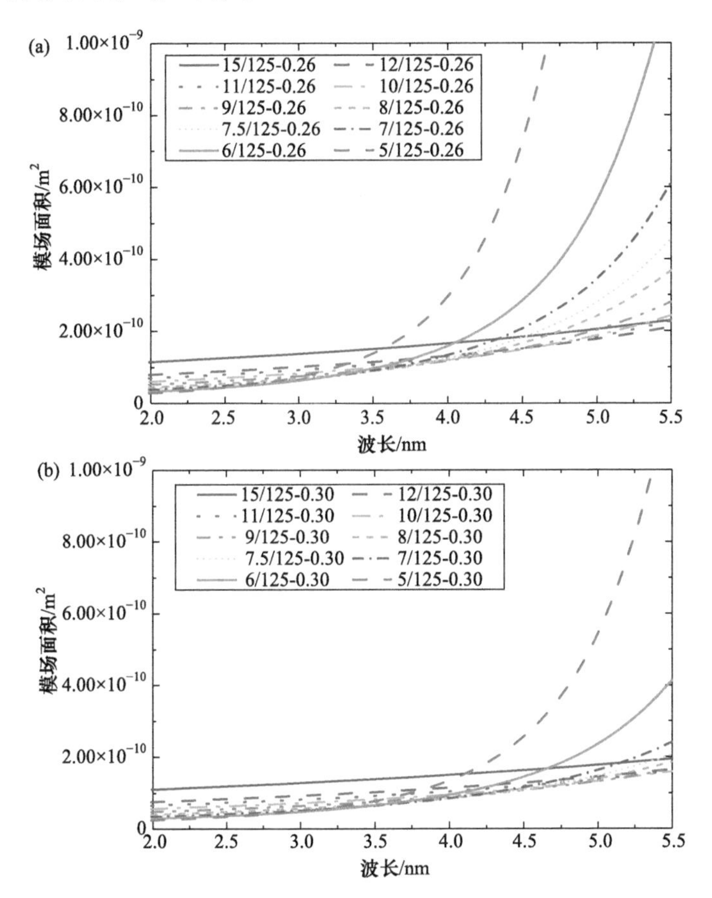

图 7-2　不同纤芯直径、纤芯 NA 分别为(a)0.26 与(b)0.30 的 InF_3 光纤基模有效模场面积随波长变化曲线

图 7-3 给出了纤芯直径范围为 5～15 μm、数值孔径分别为 0.26 与 0.30 的 InF_3 光纤的非线性系数随波长变化的曲线。可以明显地看到，当纤芯直径和纤芯 NA 一定时，InF_3 光纤的非线性系数随波长的增加而逐渐减小。这主要是由基模有效模场面积随波长的增加而逐渐增大导致的。在波长较短(对于 NA 为 0.26、波长小于 3.5 μm 的情形，以及 NA 为 0.30、波长小于 4.0 μm 的情形)时，较小的纤芯直

径对应于较大的非线性系数。

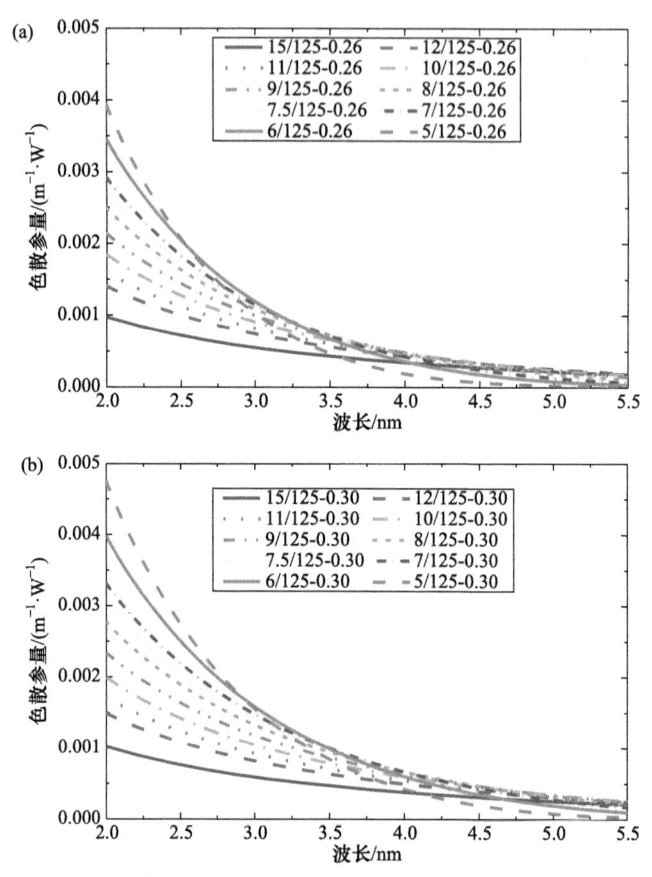

图 7-3　不同纤芯直径、数值孔径分别为(a)0.26 与(b)0.30 的 InF_3 光纤非线性系数随波长变化曲线

从 InF_3 光纤的基模有效模场面积与非线性系数随纤芯直径、纤芯 NA、波长的变化特性来看，纤芯 NA 为 0.30 的 InF_3 光纤具有稍大的非线性系数及更平坦的色散曲线，更有利于宽谱超连续谱的产生。进一步地，非线性系数与基模有效模场面积分别与超连续谱光谱展宽和功率承载能力密切相关，而这两个参数，在纤芯 NA 一定的情况下，又仅与 InF_3 光纤的纤芯直径有关。

7.1.3　基于 InF_3 光纤的中红外超连续谱光源研究现状

由于 InF_3 光纤与 ZBLAN 光纤相比具有相似的理化性质以及更低的 3～5 μm 波段传输损耗、更平坦的色散曲线，所以，自从 2013 年首次见诸用于中红外超连续谱激光产生的报道，InF_3 光纤就一直受到中红外光纤激光领域研究人员的广泛关注。

图 7-4 给出了目前基于无源 InF_3 光纤的超连续谱光源的功率发展过程。早期，InF_3 光纤制备困难，加之 2 μm 波段泵浦源发展不成熟，主要采用空间结构的固体激光器[2, 3]或光纤激光器[4]作为泵浦源，通过空间光学器件实现光束耦合，输出功率较低。随着技术进步，泵浦源逐步向光纤光源发展，耦合方式逐步从空间耦合向机械耦合(端面对接耦合)和熔接耦合发展。2018 年以来，基于 InF_3 光纤的超连续谱光源的指标实现了突飞猛进的发展，相继突破 100 mW、1 W、10 W 三个关口，目前最大输出功率已达 11.8 W[5]，光谱长波边也已达到 4.9 μm[5]；光谱长波边突破 5 μm 的超连续谱平均功率也已超 4 W[6]。

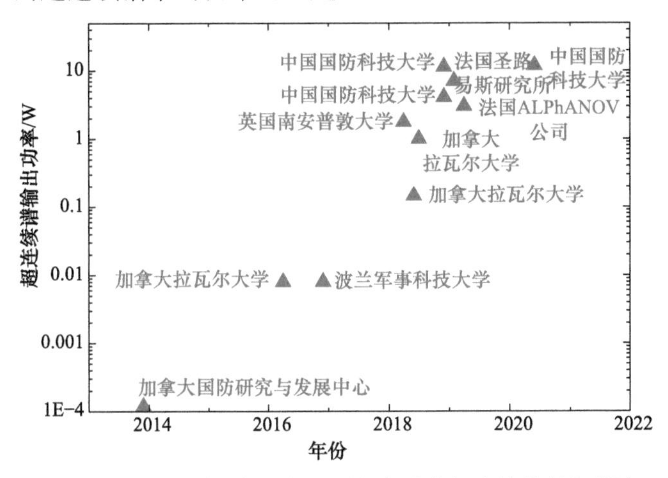

图 7-4　基于非掺杂氟化物光纤的高功率超连续谱研究进展

表 7-1 给出了目前基于非掺杂 InF_3 光纤的主要超连续谱光源的结构特点和功率、光谱特性参数。从 2013 年到 2016 年，InF_3 光纤中产生的超连续谱的光谱覆盖范围均未达到 5 μm[2, 7-10]。2016 年以后，随着高峰值功率、高平均功率泵浦源的出现以及低损耗 InF_3 光纤的出现，InF_3 光纤输出的超连续谱的长波边被拓展至 5 μm 以上。目前，这类中红外超连续谱激光在保持光谱长波边达到 4.5 μm 以上的基础上，正向着更高输出功率不断发展。

表 7-1　基于非掺杂 InF_3 光纤的主要超连续谱文献总结

泵浦源参数*	纤芯直径/μm	耦合方式	超连续谱特性			研究单位
			−20 dB 光谱范围/μm	平均功率/W	转换效率/%	
70 fs, —, OPA, 3.4 μm, —, —	16	透镜	2.6～4.8	0.0001	—	加拿大国防研究中心[2]
400 ps, 2 kHz, EDZFA, 2.7～3.1 μm, 21.8 mW	13.5	透镜-熔接	2.5～5.3	0.008	37.4%	加拿大拉瓦尔大学[4]

续表

泵浦源参数*	纤芯直径/μm	耦合方式	超连续谱特性			研究单位
			−20 dB光谱范围/μm	平均功率/W	转换效率/%	
70 ps, 1 kHz, OPG, 2.02 μm, —	9	透镜	1.9～5.3	0.008	—	波兰军事科技大学[3]
400 ps, 20 kHz, EDZFA, —, —	10	透镜-熔接	2.75～5.4	0.145	—	加拿大拉瓦尔大学[1]
50 ps, 1 MHz, TDFA, 1.9～2.7 μm, 2.3 W	9.5	对接	1.7～4.9	1.0	43.5%	加拿大国防研究中心[11]
35 ps, 1 MHz, TDFA, 1950 nm, 6.36 W	9	透镜	0.75～4.9	1.76	27.7%	英国南安普顿大学[12]
1 ns, 100 kHz/1 MHz, TDFA, 1.9～2.7 μm, —	7.5	熔接	1.5～5.07 2～4.8	1.35 4.06	59.5% 63.3%	国防科技大学[6]
400 ps, 200 kHz, TDFA, 1960 nm, 4.9 W	7.5	透镜	1.9～4.65	3	60%	法国 ALPhANOV 公司[13]
50 ns, 50 kHz, TDFA, 2 μm, 14 W	7.5	透镜	2.0～3.9	7	50%	法国圣路易斯研究所[14]
60 ps, 33 MHz, TDFA, 1956 nm, 17 W	7.5	熔接	1.85～4.53	11.3	66.5%	国防科技大学[15]
1 ns, 1.5 MHz, TDFA, 1.9～2.7 μm, 18.3 W	7.5	熔接	1.96～4.77	11.8	64.4%	国防科技大学[5]

*泵浦源参数的格式为：种子光脉冲宽度，脉冲重复频率，放大器类型，泵浦光波长，放大器输出功率。

7.2　2 μm 波段泵浦 InF_3 光纤实现中红外超连续谱激光

2015 年，美国 Thorlabs 公司报道了利用 2 μm 波段高峰值功率固体飞秒脉冲激光泵浦 InF_3 光纤产生超连续谱的研究结果，在长度 55 cm 的 InF_3 光纤中获得超连续谱的输出光谱被拓展到了 4.6 μm[8]，其实验装置结构和实现的超连续谱光谱如图 7-5 所示。

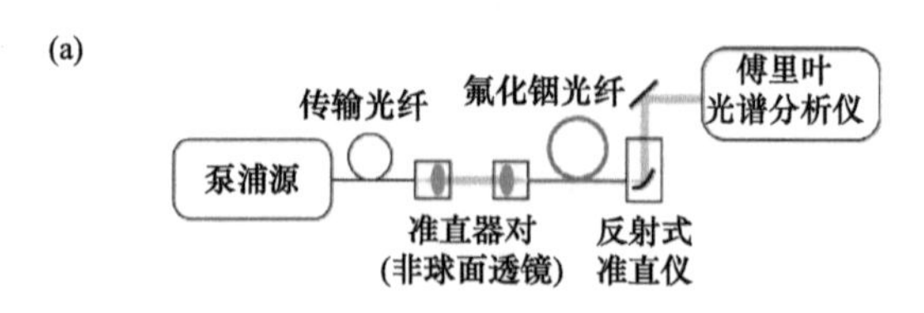

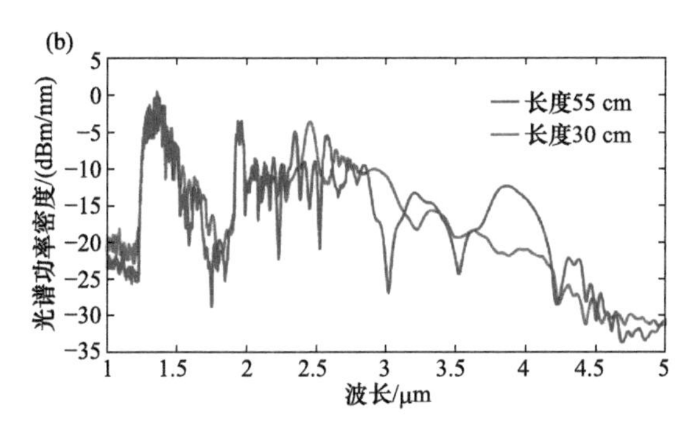

图 7-5　高峰值功率飞秒脉冲泵浦 InF_3 光纤(a)实验装置图；(b)中红外超连续谱激光光谱[8]

2016 年，波兰军事科技大学利用一个中心波长为 2.02 μm 的光参量产生器(optical parametric generator, OPG)泵浦一段 9 m 长的 InF_3 光纤，获得了光谱覆盖范围为 1.9～5.25 μm 的中红外超连续谱输出[3]，输出光谱如图 7-6 所示。OPG 输出激光的脉冲重复频率为 1 kHz、脉冲能量和脉冲宽度分别为 8.3 μJ 和 70 ps。由于所用的 OPG 的平均功率为 mW 级，则产生的超连续谱的平均功率也仅为 7.8 mW。

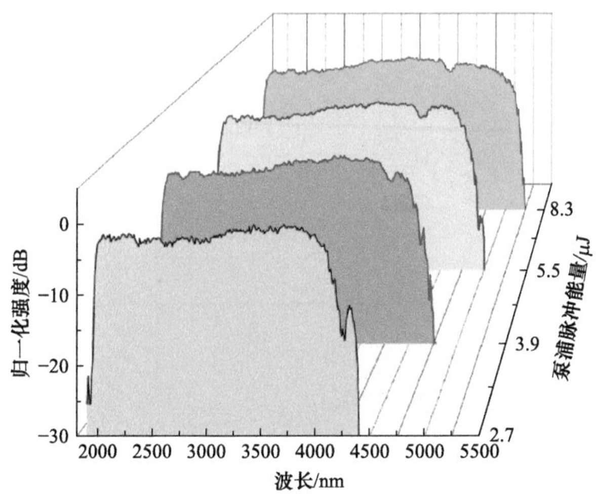

图 7-6　高峰值功率飞秒脉冲泵浦 InF_3 光纤的中红外超连续谱激光光谱[8]

随着脉冲光纤激光技术的发展，结合 InF_3 光纤的色散特性，2 μm 波段光纤激光器成为重要的泵浦源。

2018 年，英国南安普敦大学利用一个工作波长为 1953 nm、脉冲峰值功率为 295 kW 的皮秒光纤 MOPA 系统，泵浦一段 10 m 长、纤芯/包层直径为 9 μm/125 μm、纤芯 NA 为 0.26 的 InF_3 光纤，获得了宽带中红外超连续谱输出[12]。泵浦源的结构和超连续谱光谱随输出功率的演化分别如图 7-7(a)和(b)所示。该泵浦源包括一个带尾纤的增益开关 LD、四级 TDFA，以及为实现小信号高增益放大而引入的滤波组件。种子源输出的脉冲激光的重复频率和脉冲宽度分别为 1 MHz 和 100 ps，经四级放大器后平均功率被提升至 10.34 W，脉冲宽度被压缩至 35 ps，对应脉冲峰值功率为 295 kW。泵浦光脉冲通过透镜耦合的方式进入 InF_3 光纤中进行光谱展宽，在泵浦功率为 6 W 时，实现的超连续谱光谱覆盖范围为 0.75～5.0 μm，平均功率为 1.76 W，其中波长大于 2900 nm 的光谱成分的功率为 0.56 W，波长大于 3500 nm 的光谱成分的功率为 0.33 W。当泵浦功率为 6.36 W 时，InF_3 光纤的泵浦端出现损伤。

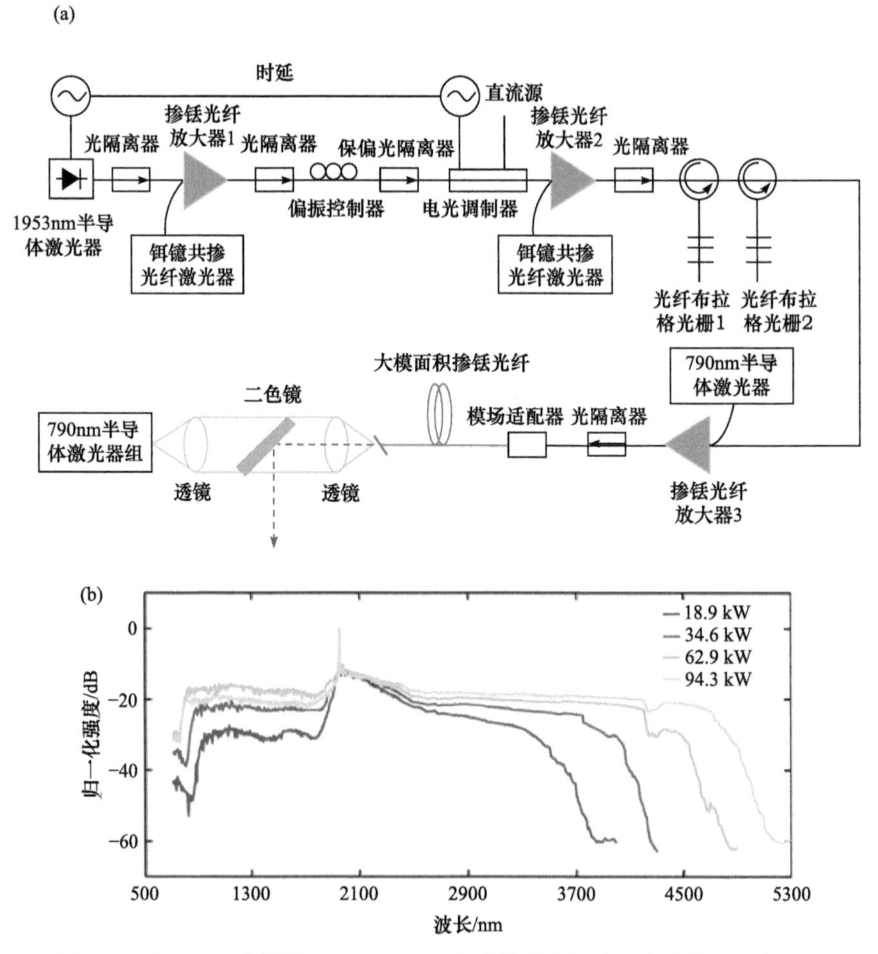

图 7-7 基于 InF_3 光纤的 0.75～5.0 μm 超连续谱光源的(a)实验装置示意图；(b)超连续谱光谱的演化[12]

2019 年 1 月，法国 ALPhANOV 公司以 1960 nm 电调制 LD 为种子源的 MOPA

系统泵浦一段 60 m 长的 InF_3 光纤，获得了−20 dB 光谱范围为 1.9～4.65 μm、平均功率为 3 W 的超连续谱输出，功率转换效率为 60%[13]。在该报道中，泵浦脉冲的脉冲宽度和重复频率分别为 400 ps 和 200 kHz，泵浦源最大平均功率为 4.9 W，通过透镜将泵浦光耦合进 InF_3 光纤。获得的超连续谱光谱如图 7-8 所示。

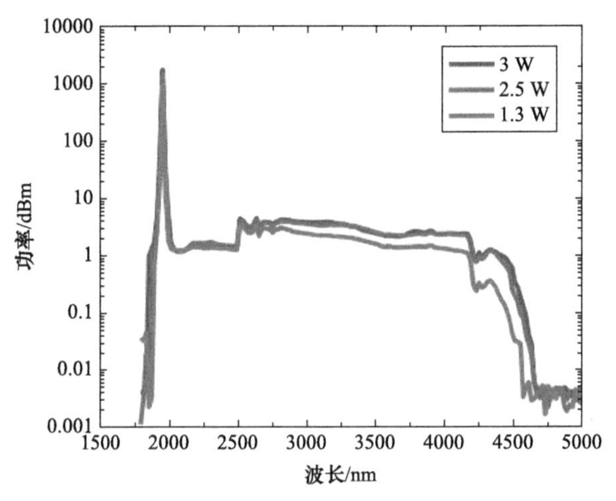

图 7-8　InF_3 光纤输出的超连续谱光谱随泵浦功率的变化[13]

2019 年 3 月，法国圣路易斯研究所以最大输出功率为 15 W 的 2 μm 波段调 Q 锁模激光器为泵浦源，在 InF_3 光纤中产生了平均功率为 7 W、光谱长波边为 4.7 μm 的超连续谱输出[14]。其中，超连续谱的−20 dB 光谱长波边为 4.5 μm，位于 2 μm 以上波段光谱成分的光谱功率密度随泵浦功率的变化如图 7-9 所示。该实验的泵浦脉冲的调 Q 包络宽度为 50 ns，重复频率为 50 kHz，调 Q 包络中的锁模子脉冲宽度约为 30 ps。在该实验中，也是通过透镜组实现泵浦光的耦合。

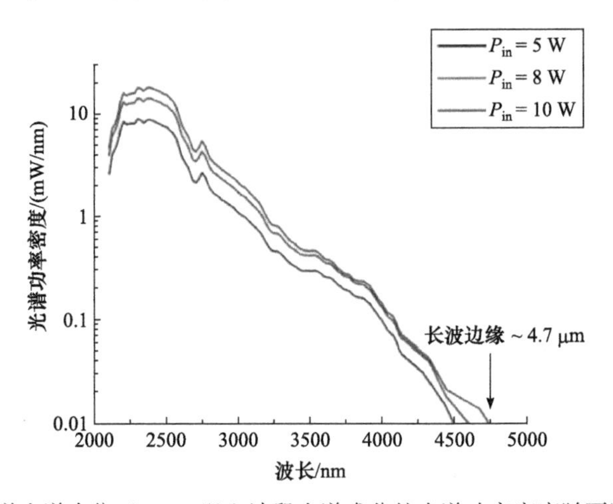

图 7-9　超连续谱光谱中位于 2 μm 以上波段光谱成分的光谱功率密度随泵浦功率的变化[14]

2019 年，国防科技大学采用 2 μm 波段高功率皮秒锁模脉冲激光泵浦 InF_3 光纤[15]，率先实现了基于该类光纤的 10 W 级中红外超连续谱激光光源的演示。实验装置示意图如图 7-10 所示。该超连续谱光源由一个 2 μm 波段皮秒锁模 MOPA 系统、一个模场匹配器(MFA)以及一段 10.5 m 长的 InF_3 光纤组成。2 μm 波段皮秒锁模 MOPA 系统基于一个半导体可饱和吸收镜(SESAM)锁模的光纤激光器和两级双包层单模 TDFA 实现。种子脉冲重复频率为 33 MHz，脉冲宽度为 60 ps，中心波长为 1956.45 nm，光谱半峰全宽为 0.28 nm，平均功率为 15 mW，经两级放大可以在 MFA 后实现 17 W 输出。MFA 的输出尾纤与 InF_3 光纤之间通过熔接技术实现熔接，熔接点的熔接损耗为 0.12 dB@2000 nm。为提升超连续谱激光光源工作的可靠性，还在 InF_3 光纤的输出端制备了 AlF_3 光纤端帽。

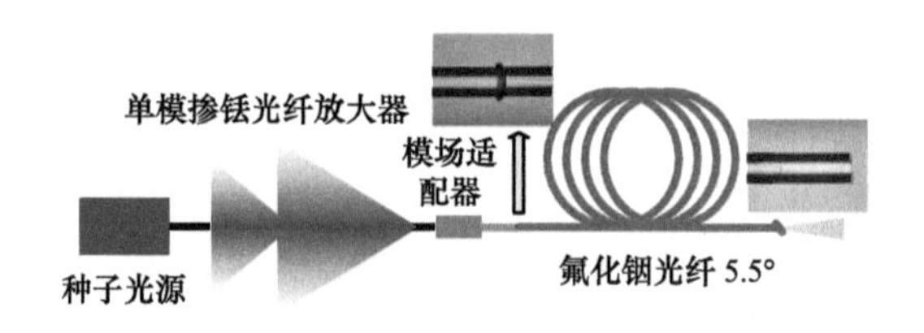

图 7-10　基于 InF_3 光纤的 10 W 级中红外超连续谱光源实验装置示意图[15]

图 7-11(a)给出了超连续谱光谱随泵浦功率的演化规律。图例中的两列功率值分别为对应条件下的超连续谱平均功率以及模场适配器输出功率。可见，超连续谱光谱随泵浦功率的增加逐渐展宽，且以向长波方向拓展为主，向短波方向拓展为辅。当超连续谱功率为 70 mW 时，几乎未发生光谱展宽，仅在 1957 nm 光谱主峰两侧可见两个由 MI 导致的较弱的对称边带(比光谱主峰弱 30 dB)。随着泵浦功率的增加，光谱逐渐发生展宽，当泵浦功率为 2.29 W 时，超连续谱光谱长波边即拓展至 3.15 μm。随着泵浦功率的进一步增加，超连续谱光谱长波边继续向长波区拓展并伴随着光谱成分的增强。当泵浦功率达到最大值 17 W 时，超连续谱光谱的长波边和短波边分别为 4.7 μm 和 0.78 μm。

图 7-11(b)给出了最高泵浦功率时的超连续谱光谱以及所用的 InF_3 光纤的损耗谱。由图可知，在最高泵浦功率时，1957 nm 处的泵浦光谱尖峰的强度比产生的超连续谱的光谱强度高 8 dB；不考虑残余泵浦光谱尖峰的条件下，产生的超连续谱的−20 dB 光谱覆盖范围为 1.85～4.53 μm。通过光谱积分可以得到，1.94～1.97 μm 范围内的残余功率占超连续谱总功率的比例仅为 3.3%。超连续谱光谱中 4.25 μm 附近的光谱凹陷，主要是由空气中的 CO_2 分子的吸收导致的。光谱积分也显示，3.8 μm 以上的光谱成分功率比例为 10.3%，合功率为 1.16 W。当泵浦功率达到最大值 17.0 W 时，InF_3 光纤输出的超连续谱功率为 11.3 W，对应的功率转换效率为 66.5%。

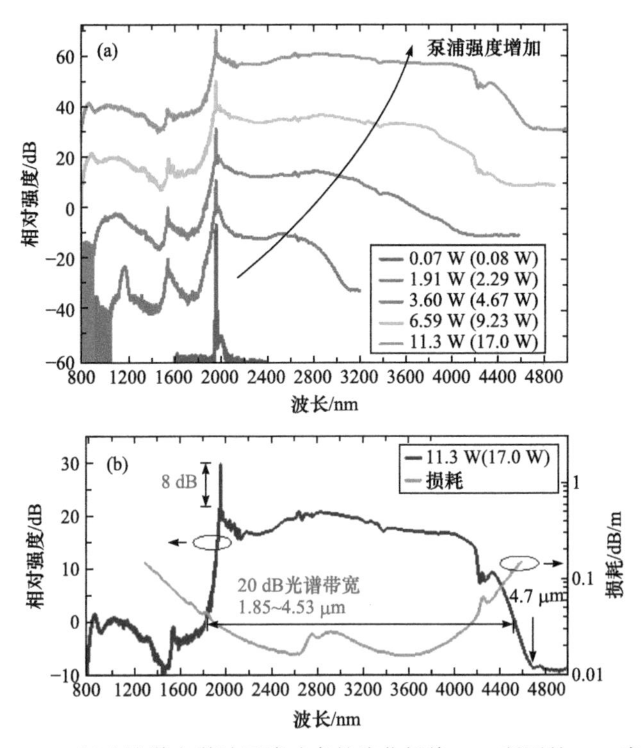

图 7-11　(a)超连续谱光谱随泵浦功率的演化规律；(b)所用的 InF_3 光纤的损耗谱与最高输出功率时的超连续谱光谱[15]

图 7-12 给出了对超连续谱光源进行时长为 12 min 的功率稳定性测量的测试曲线。在该测试中，设置超连续谱平均功率为 10.17 W，测量得到的功率的归一化均方根(normalized root mean square, NRMS)为 0.33%，表明该超连续谱光源具有较低的功率波动，功率稳定性较高。

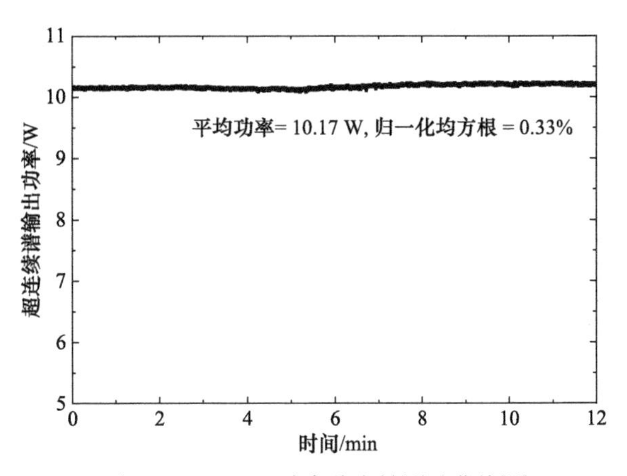

图 7-12　12 min 功率稳定性测试曲线[15]

2021 年，波兰军事技术大学以 2 μm 增益开关 Q 锁模激光脉冲泵浦 InF_3 光纤，实现了平均功率为 1.14 W、光谱范围为 1.9～4.75 μm 的中红外超连续谱激光[16]。该研究中，采用一个 SESAM 调 Q 锁模的 2 μm 光纤激光系统作为泵浦源。该泵浦源中，一个电调制的 1550 nm 脉冲激光 MOPA 系统被用作 2 μm 光纤激光器的泵浦源。其实验装置示意图和光谱分别如图 7-13(a)和(b)所示。

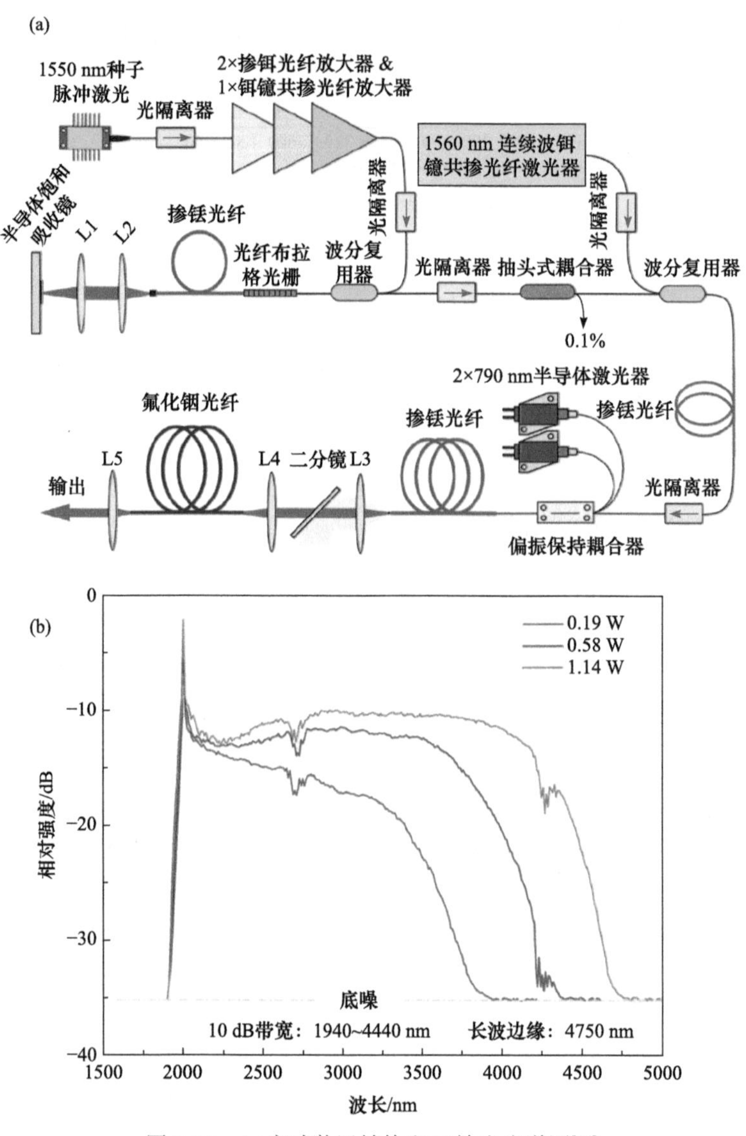

图 7-13 (a)实验装置结构和(b)输出光谱图[16]

7.3　2～2.5 μm 波段泵浦 InF_3 光纤实现中红外超连续谱激光

2018 年，加拿大拉瓦尔大学利用 TDFA 输出的 2～2.5 μm 超连续谱泵浦一段 20 m 长的低损耗 InF_3 光纤，实现了平均功率为 1.0 W、光谱覆盖范围为 1～5 μm 的中红外超连续谱输出[11]。图 7-14(a)和(b)分别给出了超连续谱光谱随超连续谱功率的演化特性和所用光纤的损耗谱。该实验利用光谱覆盖范围为 1.9～2.7 μm[16]的超连续谱光源作为泵浦源，在 InF_3 光纤中形成光谱长波边达 5 μm 的中红外超连续谱输出。在该实验中，从石英光纤到 InF_3 光纤的功率耦合效率，在低功率下为 80%，在高功率下则下降到 60%。另外，对接处的石英光纤与 InF_3 光纤的光纤端面均为平角。InF_3 光纤被缠绕在一个直径为 10 cm 的铝柱上以实现有效散热。

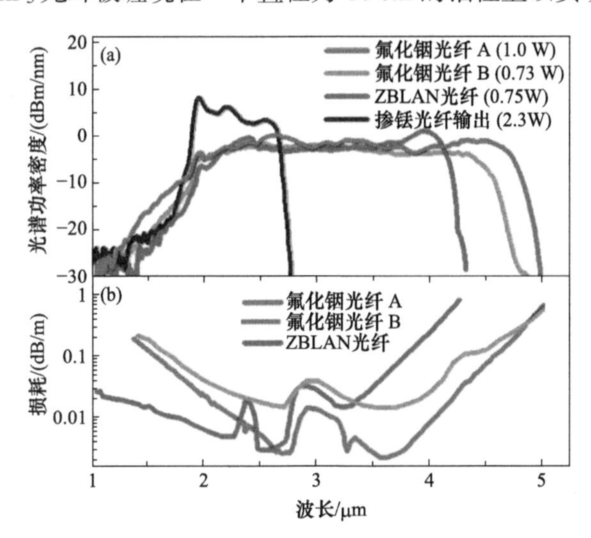

图 7-14　InF_3 光纤与 ZBLAN 光纤(a)产生的超连续谱光谱与(b)传输损耗对比[11]

同期，国防科技大学也基于 2～2.5 μm 宽谱超连续谱泵浦源，报道了数瓦量级的中红外超连续谱激光，其实验结果如图 7-15 所示[6]。整个光源由一个 2～2.5 μm 宽谱超连续谱泵浦源和一段 InF_3 光纤组成。各光纤组件之间均通过熔接方式实现连接。2～2.5 μm 宽谱超连续谱泵浦源由一个工作波长为 1550 nm 的纳秒电调制半导体激光二极管、两级 EYDFA、一段 10 m 长的 SMF、一个单模 TDFA 构成。种子激光器输出的激光脉冲重复频率为 100 kHz～1 MHz，脉冲宽度为 1 ns，平均功率约为 10 mW。其中各级放大器所用的掺杂光纤的纤芯直径均为 10 μm，第二级 EYDFA 将 1550 nm 纳秒脉冲峰值功率提升至数 kW。实验中所用的 10 m

长的单模 InF_3 光纤的纤芯直径和 NA 分别为 7.5 μm 和 0.3。在实验中引入了一个模场适配器来实现 TDFA 输出尾纤与 InF_3 光纤之间的过渡。模场适配器输出光纤的纤芯直径和 NA 分别为 7 μm 和 0.2。模场适配器的石英尾纤与 InF_3 光纤的熔接点通过熔接方式连接，熔接点的插入损耗仅为 0.07 dB@2000 nm。为保护 InF_3 光纤的输出端免受空气中 H_2O 分子的侵蚀，在 InF_3 光纤输出端制作了光纤端帽。这是国际上实现石英-InF_3 光纤熔接的首次公开报道。

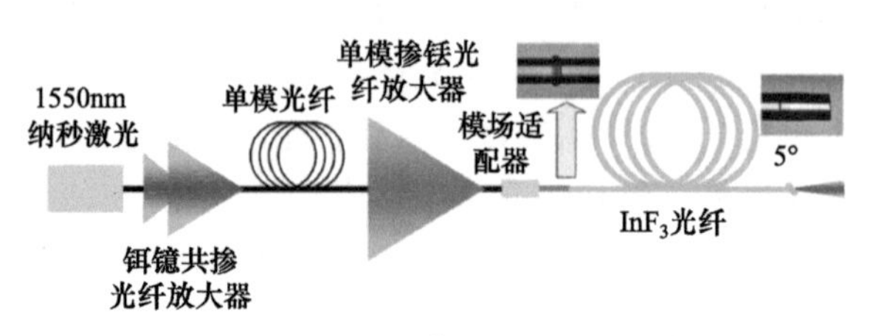

图 7-15 基于 InF_3 光纤的瓦级光谱平坦型超连续谱光源实验装置图[6]

图 7-16 给出了在 1550 nm 信号光脉冲重复频率为 100 kHz 时 InF_3 光纤输出的超连续谱的光谱演化过程。图例中的功率值为 InF_3 光纤输出的功率，括号中的功率值为 MFA 输出的功率。可以看到，在泵浦功率为 0.4 W 的情况下输出的超连续谱的长波边即达到 4.6 μm；随着泵浦功率的不断提升，超连续谱光谱的长波边也不断向长波区移动，最终在泵浦功率为 2.27 W 的情况下，超连续谱光谱长波边达到 5.2 μm；这时，光谱的−20 dB 长波边为 5.07 μm。超连续谱光谱中 4.25 μm 附近的光谱凹陷主要是由空气中的二氧化碳分子的吸收导致的。

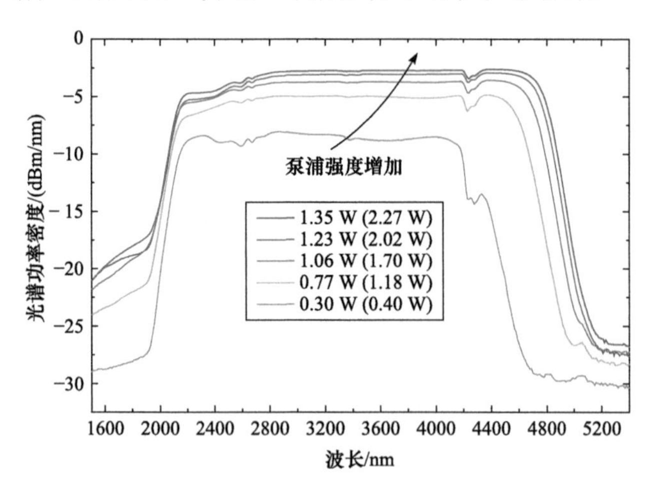

图 7-16 100 kHz 下 InF_3 光纤输出的超连续谱光谱演化过程[6]

提升泵浦脉冲的重复频率，有利于提升 InF_3 光纤输出的超连续谱的平均功率，但峰值功率降低使得输出的超连续谱的光谱展宽出现一定的弱化。图 7-17 给出了

100 kHz 和 1 MHz 下 InF_3 光纤输出的最宽超连续谱光谱的光谱功率密度对比。1 MHz 条件下，当泵浦功率为 6.41 W 时，InF_3 光纤输出的超连续谱光谱范围为 1.9～5.1 μm，对应的−20 dB 长波边为 4.8 μm，平均功率为 4.06 W。虽然 1 MHz 条件下的光谱展宽不及 100 kHz 对应的结果，但输出的平均功率提升到了 100 kHz 条件下的 3 倍。可以看到，通过对信号光脉冲重复频率的调控(对脉冲峰值功率的调控)，可以实现对输出超连续谱的光谱和平均功率的调控：低脉冲重复频率(高峰值功率)有利于获得大带宽的光谱，高脉冲重复频率有利于获得高的平均功率。

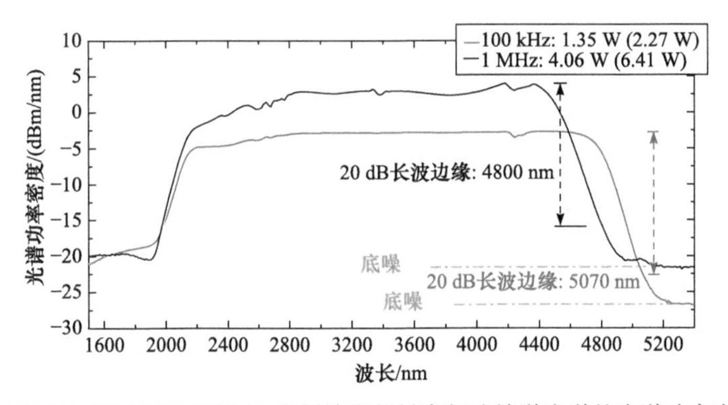

图 7-17　100 kHz 和 1 MHz 下 InF_3 光纤输出的最宽超连续谱光谱的光谱功率密度对比[6]

图 7-18 给出了 100 kHz 和 1 MHz 下 InF_3 光纤输出功率随泵浦功率(MFA 输出功率)的变化。可以看出，1 MHz 条件下 InF_3 光纤输出功率几乎为线性增长，表明超连续谱的产生过程尚未受到 InF_3 光纤长波损耗限的严重限制。这也预示着获得的超连续谱在光谱覆盖范围和输出功率仍然存在一定的提升空间。而对于 100 kHz

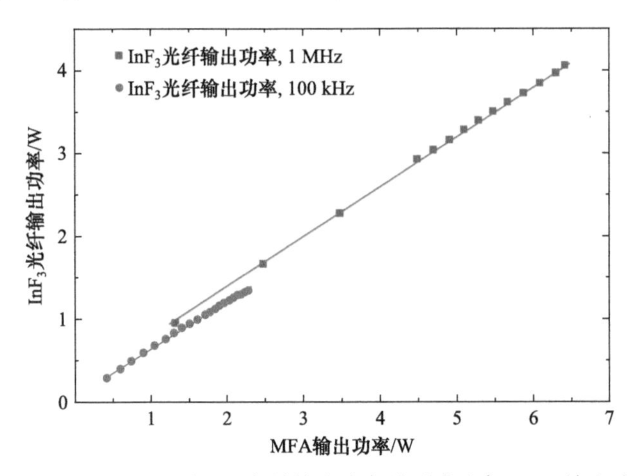

图 7-18　100 kHz 和 1 MHz 下 InF_3 光纤输出功率随泵浦功率(MFA 输出功率)的变化[6]

的情况，整条功率曲线的前半段几乎保持了线性增长，但在曲线末端，斜率效率有所下降，这是由于光谱拓展到了 InF_3 材料的较高损耗区(大于 5 μm)。尽管如此，对于 100 kHz 的情况而言，限制 InF_3 光纤输出功率的进一步增长的最主要因素是 MFA 的输出功率受限，InF_3 材料的传输损耗为次要因素。

2020 年，国防科技大学对如图 7-15 所示的实验装置进行改进，通过提升泵浦脉冲的占空比，在保持脉冲峰值功率不出现明显下降的同时，提升 2～2.5 μm 泵浦源的平均功率，将中红外超连续谱激光的平均功率提升至 11.8 W[5]。改进后的泵浦源，仍然采用小芯径 TDFA 作为主放大器，在脉冲重复频率为 2 MHz、脉冲宽度为 1 ns 的条件下，MFA 后输出功率可达 20 W。

图 7-19(a)和(b)分别给出了泵浦源种子脉冲参数为 3 MHz、1 ns 和 2 MHz、1 ns 时的超连续谱光谱演化曲线。图例中的功率值依次为超连续谱功率值和 MFA 输出的功率值。由图可知，随着 MFA 输出功率的增加，超连续谱光谱逐渐非对称地向长波方向移动，当 MFA 输出功率仅为 1.12 W 时，超连续谱光谱的长波边就越过了 3 μm；当泵浦功率超过 4.5 W 时，超连续谱光谱的长波边超过 4 μm。随着 MFA 输出功率的进一步增加，超连续谱光谱向长波方向的拓展逐渐变缓。在 3 MHz 条件下，当 MFA 输出功率为 17.5 W 时，超连续谱光谱范围为 1.9～4.6 μm，平均功率为 11.7 W；在 2 MHz 条件下，当 MFA 输出功率为 15.6 W 时，超连续谱光谱范围为 1.9～4.68 μm，超连续谱平均功率为 10.6 W。通过降低泵浦源种子脉冲的重复频率，有利于脉冲峰值功率的提高与超连续谱光谱的进一步拓展。

图 7-20 给出了泵浦源种子脉冲参数为 1.5 MHz 时的超连续谱光谱演化曲线。图例中的功率值依次为超连续谱功率值和 MFA 输出的功率值。由图可知，随着 MFA 输出功率的增加，超连续谱光谱逐渐非对称地向长波方向移动，当 MFA 输

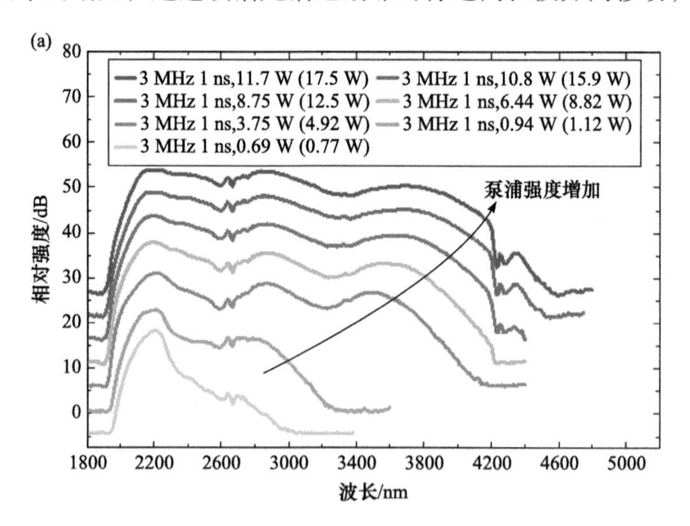

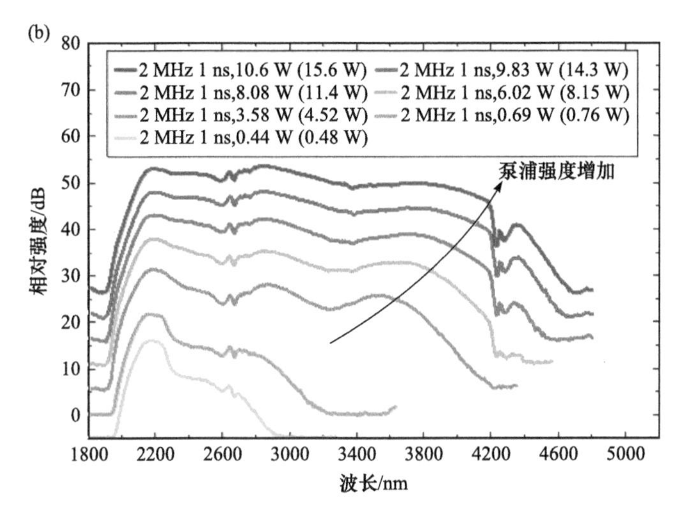

图 7-19　泵浦脉冲参数为(a)3 MHz、1 ns 和(b)2 MHz、1 ns 时的超连续谱光谱演化曲线[5]

出功率仅为 0.59 W 时，超连续谱光谱的长波边就越过了 3 μm；当泵浦功率超过 4.35 W 时，超连续谱光谱的长波边超过 4 μm。随着 MFA 输出功率的进一步增加，超连续谱光谱向长波方向的拓展逐渐变缓。当与 TDFA 连接的 MFA 输出的 2～2.5 μm 超连续谱的功率为 18.3 W 时，超连续谱光谱长波边达到 4.9 μm。此时，输出的超连续谱激光的平均功率为 11.8 W，对应的功率转换效率为 64.4%。

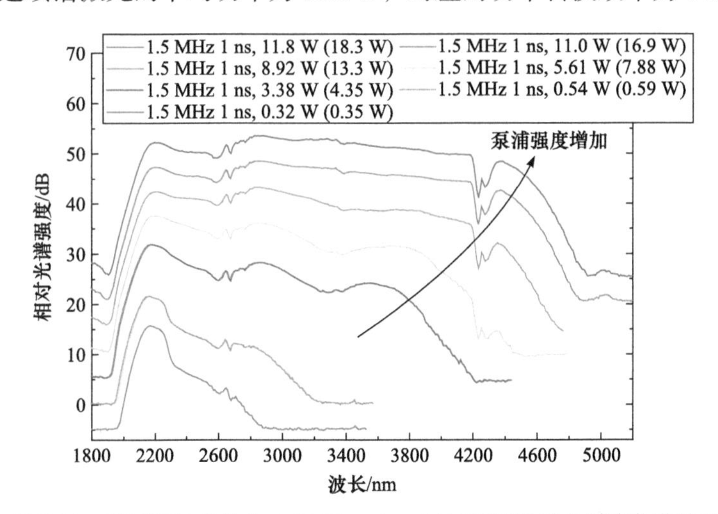

图 7-20　泵浦脉冲参数为 1.5 MHz、1 ns 时的超连续谱光谱演化曲线[5]

图 7-21(a)给出了当脉冲参数分别为 3 MHz、2 MHz、1.5 MHz 时，在实验所用的最高泵浦功率下获得的超连续谱的光谱比较图。可以看出，降低泵浦源种子脉冲重复频率至 1.5 MHz，明显拓展了超连续谱光谱的长波边，以及显著增强了

超连续谱在长波区域的光谱强度。图 7-21(b)给出了 1.5 MHz 条件下获得的超连续谱的光谱细节图。可见，超连续谱的–10 dB 光谱覆盖范围和–20 dB 光谱覆盖范围分别为 2.05～4.60 μm 和 1.96～4.77 μm。

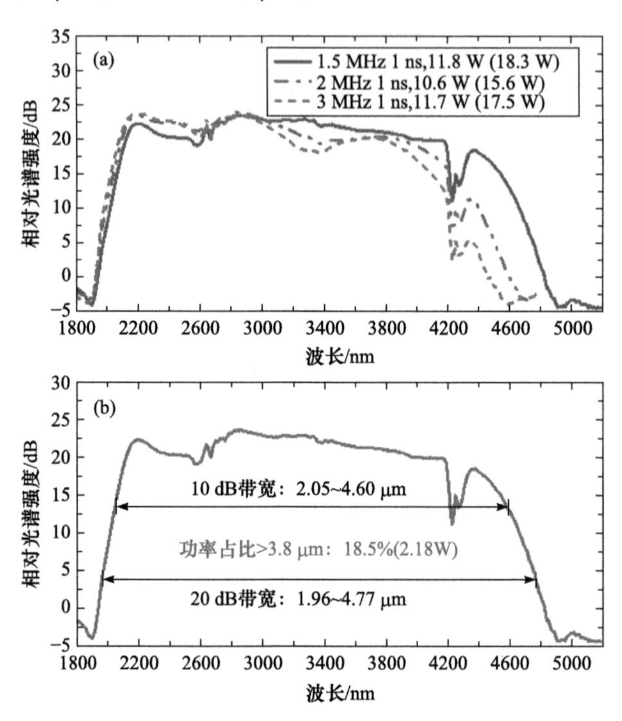

图 7-21 (a)不同泵浦源种子脉冲重复频率(3 MHz、2 MHz、1.5 MHz)条件下最高输出功率下的光谱对比；(b)1.5 MHz，超连续谱功率 11.8 W 时的光谱图[5]

利用两种截止波长分别为 2.4 μm 和 3.8 μm 的长波通滤波片对超连续谱进行滤波并测量功率。图 7-22(a)和(b)分别给出了脉冲参数分别为 3 MHz、2 MHz、1.5 MHz 的情况下，波长大于 2.4 μm 以及大于 3.8 μm 的光谱成分的功率值与功率占比。随着超连续谱功率的增加，波长大于 2.4 μm 的光谱成分的功率值稳步增长，功率占比先快速增长，然后缓慢增长；波长大于 3.8 μm 的光谱成分的功率值与功率占比增长均弱于波长大于 2.4 μm 的光谱成分相应参数的增长。这主要是由于，与 3.8 μm 相比，2.4 μm 更靠近泵浦波长(2～2.5 μm)，而 3.8 μm 以上的光谱成分更难以获得。对于脉冲参数分别为 3 MHz、2 MHz、1.5 MHz 的各情形，上述两个波段范围内的光谱成分的变化具有相同的趋势。在 1.5 MHz 的条件下，当超连续谱功率达到最大值 11.8 W 时，3.8 μm 以上的光谱成分功率值和占超连续谱总功率的比例均达到最大，分别为 2.18 W 和 18.5%(图 7-21(b))。

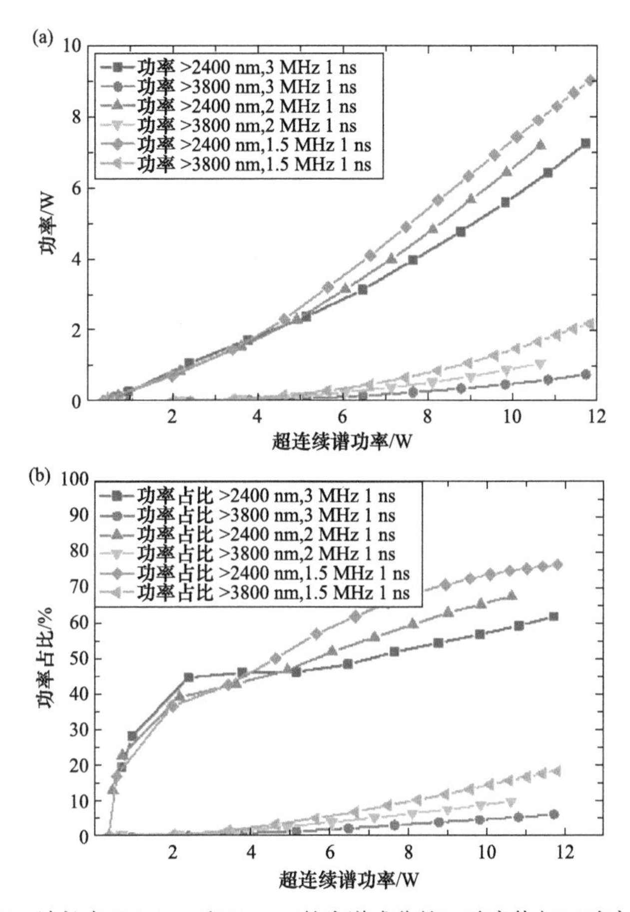

图 7-22　波长大于 2.4μm 和 3.8 μm 的光谱成分的(a)功率值与(b)功率占比[5]

2021 年，波兰军事技术大学也报道了以 TDFA 输出的宽谱激光泵浦 InF_3 光纤实现数瓦量级中红外超连续谱激光的研究成果[17]。他们以脉冲宽度为 900 ps 的 1550 nm 脉冲激光器为种子源，首先在 EYDFA 和 TDFA 构成的光纤放大器链中实现 1.9～2.7 μm 的超连续谱激光，然后泵浦一段 InF_3 光纤，实现了平均功率为 2.95 W、光谱范围为 1.90～5.13 μm 的中红外超连续谱激光，其实验装置示意图和光谱分别如图 7-23(a)和(b)所示[17]。

2022 年，深圳技术大学报道了以类噪声脉冲为泵浦脉冲，在 InF_3 光纤中实现中红外超连续谱激光的研究结果[18]。该研究中使用一个 2 μm 波段“9”字形脉冲激光器为种子源，经过一级 TDFA 放大，然后泵浦一段 InF_3 光纤。该研究的实验装置示意图如图 7-24(a)和(b)所示[18]。由于脉冲占空比较低，(重复频率 190.7 kHz、脉冲宽度 2.3 ns)，TDFA 输出光谱的长波边实际上也已达到 2.5 μm 附近。InF_3 光纤输出的中红外超连续谱激光的最大光谱范围为 1.5～4.1 μm，对应最高功率为

1.45 W。光谱演化如图 7-24(c)所示[18]。

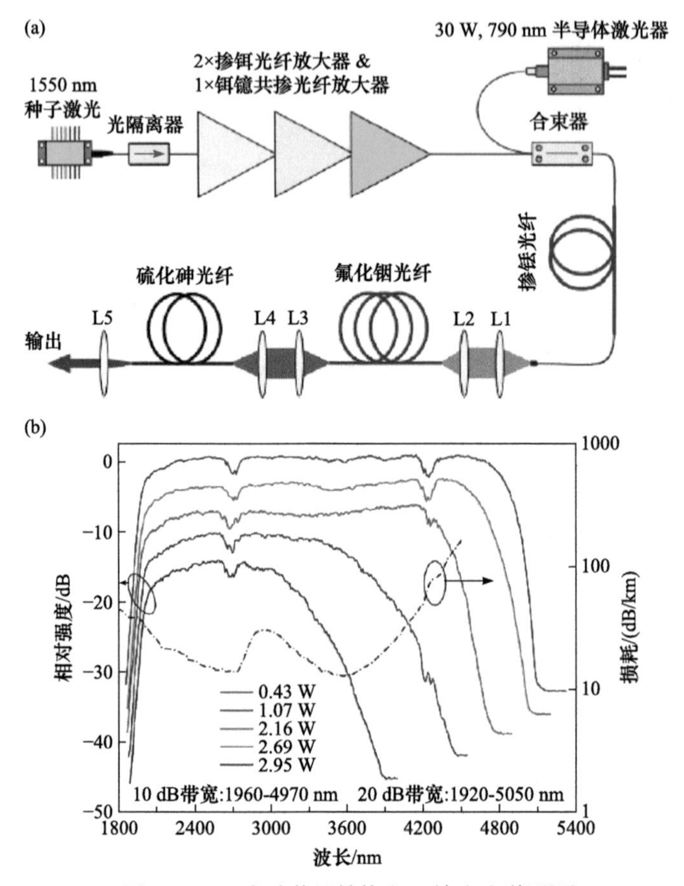

图 7-23　(a)实验装置结构和(b)输出光谱图[17]

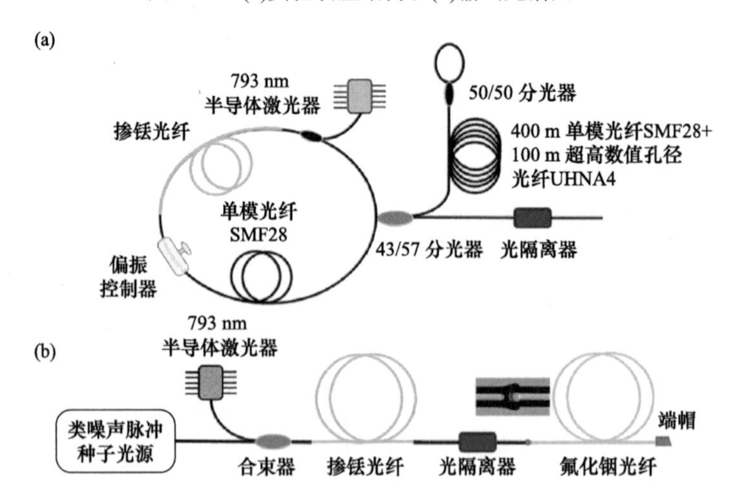

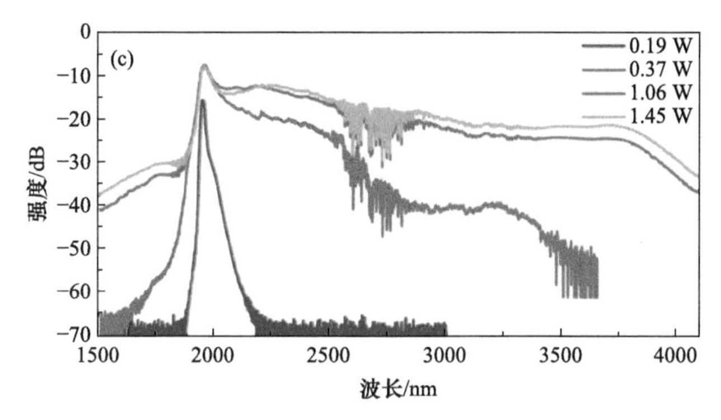

图 7-24　(a)种子源结构；(b)TDFA 系统结构；(c)输出光谱图[18]

7.4　3 μm 波段泵浦 InF_3 光纤实现中红外超连续谱激光

2013 年，加拿大国防研究与发展中心报道了基于 InF_3 光纤的中红外超连续谱激光光谱激光[2]。实际上，这是首个基于 InF_3 光纤的中红外超连续谱激光研究的公开报道。采用高峰值功率的固体飞秒脉冲激光泵浦，脉冲宽度为 70 fs，中心波长为 3.4 μm。在耦合进 InF_3 光纤的脉冲能量达到 120 nJ 时，所获得的中红外超连续谱激光的−20 dB 光谱范围为 2.7～4.7 μm，光谱如图 7-25 所示。由于固体激光器泵浦源输出功率的限制，获得的超连续谱激光平均功率仅为 0.1 mW。

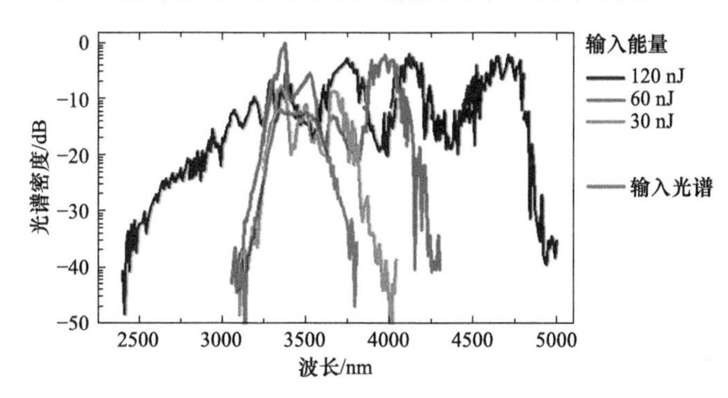

图 7-25　高峰值功率飞秒脉冲泵浦 InF_3 光纤的中红外超连续谱激光光谱[8]

近年来，随着 3 μm 波段光纤激光理论和工艺的发展，3 μm 波段光纤激光实现了较快的发展。由于 3 μm 波段激光泵浦源较传统的 1.5 μm 波段和 2 μm 波段泵浦源更接近中红外波段，在向中红外波段转化方面量子亏损更小，因而越来越受到研究人员的重视。

2016 年，加拿大拉瓦尔大学利用 Er^{3+}:ZBLAN 光纤输出的 2.6～3.1 μm 的超连续谱泵浦一段低损耗 InF_3 光纤，实现了平均功率为 8 mW、光谱覆盖范围为 2.4～

5.4 μm 的超连续谱输出[4]。该研究的实验装置示意图和输出的超连续谱激光光谱如图 7-26(a)和(b)所示，输出功率提升受限于 Er^{3+}:ZBLAN 光纤放大器的寄生振荡。

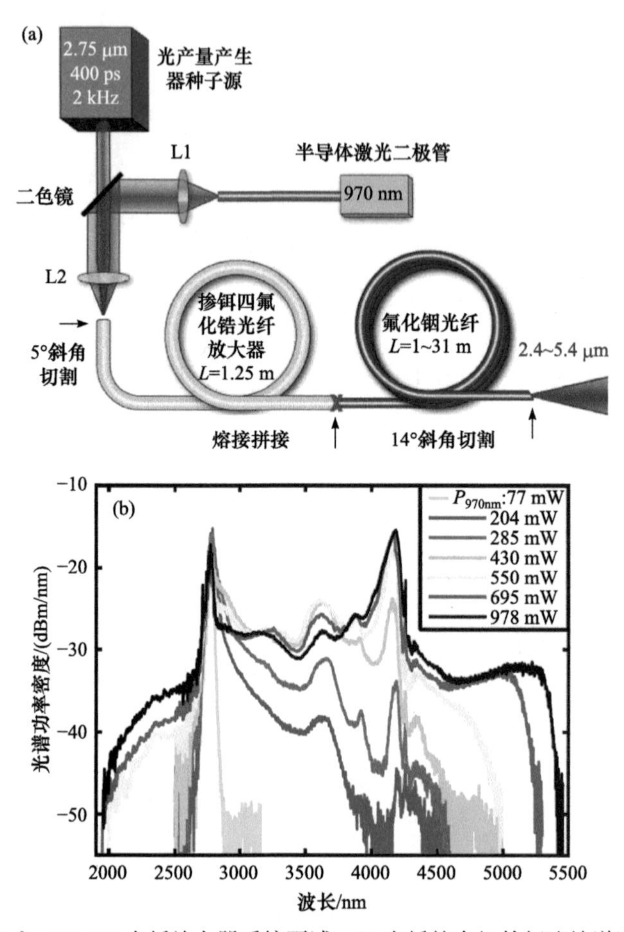

图 7-26　Er^{3+}:ZBLAN 光纤放大器系统泵浦 InF_3 光纤的中红外超连续谱激光光谱[8]

2018 年，加拿大拉瓦尔大学利用 Er^{3+}:ZBLAN 光纤放大器作为泵浦源，在一段 14 m 长、纤芯直径为 11～12 μm 的 InF_3 光纤中实现了 145 mW 的 2.6～5.4 μm 的超连续谱输出[1]。实验中获得的中红外超连续谱光谱如图 7-27(a)所示，在纤芯直径为 12.5～14.5 μm 的 InF_3 光纤中获得的超连续谱在 4.2 μm 附近出现一个光谱尖峰，而当 InF_3 光纤的纤芯直径为 11～12 μm 时，光谱尖峰位于 3.6 μm 附近。如图 7-27(b)所示，该研究通过分析数值计算得到的 LP_{01}/LP_{11} 模在不同纤芯直径条件下的色散特性，LP_{01} 模在 1～6 μm 范围内仅存在一个 ZDW，而 LP_{11} 模存在两个 ZDW，初步解释了超连续谱的光谱表现出“光谱尖峰”的原因，即，泵浦光在 InF_3 光纤中激发出了 LP_{11} 模等高阶模式，而 LP_{11} 模的第二个 ZDW(随波长增加由反常色散区过渡到正常色散区)会导致产生的 LP_{11} 模超连续谱难以继续通过 SSFS 向长波区移动，即表现为在第二个 ZDW 左侧且靠近该 ZDW 处出现“光谱尖峰”。

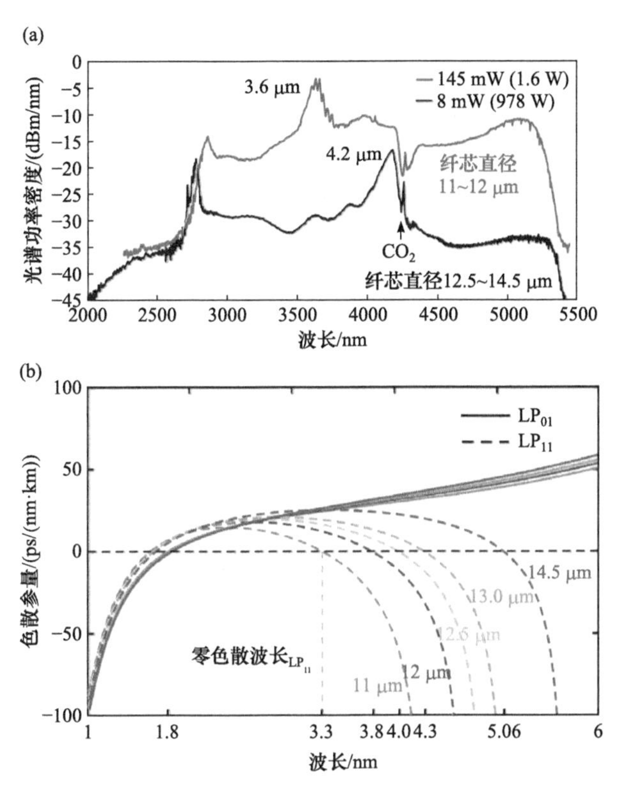

图 7-27　(a)不同纤芯直径 InF_3 光纤输出的超连续谱光谱；(b)不同纤芯直径时 LP_{01} 和 LP_{11} 模式的色散曲线[1]

尽管目前适合用于泵浦 InF_3 光纤产生中红外超连续谱激光的 3 μm 波段光纤泵浦源还较为缺乏，但由于其产生的中红外超连续谱能够较为完美地覆盖整个 3～5 μm 波段，3 μm 波段光纤激光光源泵浦 InF_3 光纤将是未来产生高功率中红外超连续谱激光的一个重要发展方向。

参 考 文 献

[1] Gauthier J C, Robichaud L R, Fortin V, et al. Mid-infrared supercontinuum generation in fluoride fiber amplifiers: current status and future perspectives [J]. Applied Physics B, 2018, 124(6): 122.

[2] Théberge F, Daigle J F, Vincent D, et al. Mid-infrared supercontinuum generation in fluoroindate fiber [J]. Opt. Lett., 2013, 38(22): 4683-4685.

[3] Michalska M, Mikolajczyk J, Wojtas J, et al. Mid-infrared, super-flat, supercontinuum generation covering the 2-5 μm spectral band using a fluoroindate fibre pumped with picosecond pulses [J]. Scientific Reports, 2016, 6: 39138.

[4] Gauthier J C, Fortin V, Carrée J Y, et al. Mid-IR supercontinuum from 2.4 to 5.4 μm in a low-loss fluoroindate fiber [J]. Opt. Lett., 2016, 41(8): 1756-1759.

[5] Yang L, Zhang B, He X, et al. High-power mid-infrared supercontinuum generation in a fluoroindate fiber with over 2 W power beyond 3.8 μm [J]. Opt. Express, 2020, 28(10): 14973-14979.

[6] Yang L, Zhang B, Jin D, et al. All-fiberized, multi-watt 2-5-μm supercontinuum laser source based on fluoroindate fiber with record conversion efficiency [J]. Opt. Lett., 2018, 43(21): 5206-5209.

[7] Swiderski J, Michalska M, Kieleck C, et al. High power supercontinuum generation in fluoride fibers pumped by 2 μm pulses [J]. IEEE Photonics Technology Letters, 2014, 26(2): 150-153.

[8] Salem R, Jiang Z, Liu D, et al. Mid-infrared supercontinuum generation spanning 1.8 octaves using step-index indium fluoride fiber pumped by a femtosecond fiber laser near 2 μm [J]. Opt. Express, 2015, 23(24): 30592-30602.

[9] Tang Y, Wright L G, Charan K, et al. Generation of intense 100 fs solitons tunable from 2 to 4.3 μm in fluoride fiber [J]. Optica, 2016, 3(9): 948-951.

[10] Michalska M, Grzes P, Hlubina P, et al. Mid-infrared supercontinuum generation in a fluoroindate fiber with 1.4 W time-averaged power [J]. Laser Physics Letters, 2018, 15(4): 045101.

[11] Théberge F, Bérubé N, Poulain S, et al. Watt-level and spectrally flat mid-infrared supercontinuum in fluoroindate fibers [J]. Photon Res., 2018, 6(6): 609-613.

[12] Liang S, Xu L, Fu Q, et al. 295-kW peak power picosecond pulses from a thulium-doped-fiber MOPA and the generation of watt-level >2.5-octave supercontinuum extending up to 5 μm [J]. Opt. Express, 2018, 26(6): 6490-6498.

[13] Yehouessi J, Vidal S, Carrée J, et al. 3 W mid-IR supercontinuum extended up to 4.6 μm based on an all-PM thulium doped fiber gain-switch laser seeding an InF_3 fiber[C]. Proceedings of the Nonlinear Frequency Generation and Conversion: Materials and Devices XVIII, International Society for Optics and Photonics, 2019.

[14] Scurria G, Manek-Hönninger I, Carré J Y, et al. 7 W mid-infrared supercontinuum generation up to 4.7 μm in an indium-fluoride optical fiber pumped by a high-peak power thulium-doped fiber single-oscillator [J]. Opt. Express, 2020, 28(5): 7672-7677.

[15] Wu T, Yang L, Dou Z, et al. Ultra-efficient, 10-watt-level mid-infrared supercontinuum generation in fluoroindate fiber [J]. Opt. Lett., 2019, 44(9): 2378-2381.

[16] Swiderski J, Grzes P, Michalska M. Mid-infrared supercontinuum generation of 114 W in a fluoroindate fiber pumped by a fast gain-switched and mode-locked thulium-doped fiber laser system [J]. Appl. Opt., 2021, 60(9): 2647-2651.

[17] Swiderski J, Grzes P. High-power mid-IR supercontinuum generation in fluoroindate and arsenic sulfide fibers pumped by a broadband 1.9-2.7 μm all-fiber laser source [J]. Optics & Laser Technology, 2021, 141: 107178.

[18] Luo X, Tang Y, Dong f, et al. All-fiber mid-infrared supercontinuum generation pumped by ultra-low repetition rate noise-like pulse mode-locked fiber laser [J]. J. Lightwave Technol., 2022, 40(14): 4855-4862.

第8章　基于硫系玻璃光纤的中红外超连续谱产生

硫系玻璃是以元素周期表第Ⅵ主族元素中除氧和钋以外的硫(S)、硒(Se)、碲(Te)三种元素作为玻璃形成体，并和其他元素如砷(As)、锑(Sb)、锗(Ge)等相互组合构成的无机玻璃。硫系玻璃光纤在中红外波段具有很高的透过率和极高的非线性折射率[1]，是目前唯一可以产生长波覆盖至10 μm及以上波段超连续谱的非线性光纤。然而硫系玻璃光纤的零色散波长通常位于大于4 μm的红外区域[1]，远离目前发展较为成熟的掺镱、掺铒以及掺铥光纤激光器的工作波长。孤子效应、调制不稳定性等非线性效应难以发挥作用，使得光谱展宽受到了限制。因此对于硫系玻璃光纤，其产生超连续谱的一个重要问题是找到合适的泵浦源。近年来，随着中红外波段激光器和超连续谱光源的不断发展，基于硫系玻璃的中红外超连续谱光源得到了越来越好的发展。目前，硫系玻璃光纤中超连续谱产生主要有三种方案，分别为：中红外固体激光器泵浦硫系玻璃光纤，中红外光纤激光器泵浦硫系玻璃光纤，以及级联软玻璃光纤方案。

8.1　中红外固体激光器泵浦硫系玻璃光纤

中红外光参量放大器和差频激光器等固体激光器通常波长可调，且峰值功率极高。采用中红外固体激光器产生的高峰值功率激光脉冲泵浦硫系玻璃光纤，能高效激发光纤中的非线性效应。2014年，丹麦科技大学采用中红外差频激光器泵浦阶跃折射率硫系玻璃光纤，第一次在实验上证实了硫系玻璃光纤的光谱展宽能力，获得了光谱范围覆盖1.4～13.3 μm的超连续谱输出[2]。自此，采用中红外固体激光器泵浦硫系玻璃光纤实现中红外超连续谱输出的研究纷纷见诸报道[3-23]。如图8-1给出了基于此方案产生的超连续谱指标和研究单位信息。通过图8-1可以看出：①采用重复频率为MHz的飞秒固体激光器作为泵浦光源的超连续谱，其大多可以获得mW以上输出功率；②采用重复频率为kHz的飞秒固体激光器作为泵浦源的超连续谱，其普遍具有更宽的光谱范围。表8-1给出了固体激光器泵浦硫系玻璃光纤产生长波大于10 μm的超连续谱文献总结，表中包含超连续谱光源的主要结构特点(光纤参数、泵浦源参数)、超连续谱光谱和功率特性参数。

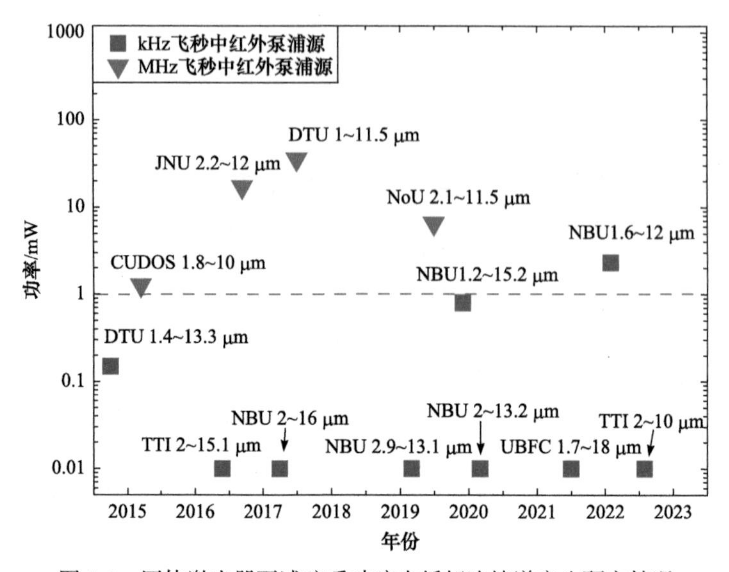

图 8-1　固体激光器泵浦硫系玻璃光纤超连续谱产生研究情况

DTU，丹麦科技大学；CUDOS，澳大利亚光学系统超宽带器件中心；JNU，江苏师范大学；TTI，日本丰田工业大学；NoU，英国诺丁汉大学；NBU，宁波大学；UBFC，法国勃艮第-弗朗什孔泰大学

表 8-1　基于“固体激光器+硫系玻璃光纤”的超连续谱文献总结

年份	光纤参数*			泵浦参数**		超连续谱参数***		参考文献
	结构	纤芯材料	ZDW/μm	λ_{pump}/μm	P_{peak}/MW	λ/μm	P_{out}/mW	
2014	SIF	AsSe	5.83	6.3	7.2	1.4～13.3	0.15	[2]
2015	SIF	GeAsSe	3.2	4	0.003	1.8～10	1.26	[7]
2016	SIF	AsSe	5.5	9.8	2.9	2～15.1	—	[23]
2016	SIF	GeSbSe	4.2/7.3	4.48	0.007	2.2～12	17	[5]
2017	t-PCF	GeAsSe	3.6/9.7	4	0.038	1～11.5	35.4	[4]
2017	DCF	GeTe-AgI	10.5	7	77	2～16	—	[3]
2019	DCF	GeAsSeTe	10.5	5	200	2.9～13.1	—	[14]
2019	SIF	GeAsSeI	4.03	8	0.8	1.2～15.2	0.8	[11]
2019	椭圆芯	GeAsSeTe	4.4/8.5	4.65	0.0015	2.1～11.5	6.5	[10]
2020	MOF	As_2S_3	ANDi	5	160	2～13.2	—	[24]
2021	SIF	GeSeTe	5.7/12.6	8.15	0.2	1.7～18	—	[25]
2022	SCF	(GeAsSe)I	2.6	5	67	1.6～12	2.3	[26]
2022	PMF	As_2Se_3	ANDi	5.3	—	2～10	—	[27]

*光纤参数：SIF，阶跃折射率光纤；t-PCF，拉锥光子晶体光纤；DCF，双包层光纤；MOF，微结构光纤；PMF，保偏光纤；SCF，悬吊芯光纤；ZDW，零色散波长(零色散点)；ANDi，全正色散。

**泵浦参数：λ_{pump}，泵浦波长；P_{peak}，泵浦峰值功率。

***超连续谱参数：λ，光谱覆盖范围；P_{out}，输出功率。

2014 年，丹麦科技大学获得 1.4～13.3 μm 超连续谱的光源结构，如图 8-2 所示[2]，系统中泵浦源为中红外差频激光器，脉冲宽度为 100 fs，重复频率为 1 kHz。硫系玻璃光纤为 85 mm 长的 $As_{40}Se_{60}$ 光纤，纤芯直径为 16 μm，NA 约为 1，ZDW 位于 5.83 μm，光纤在 2～14 μm 范围内均支持高阶模。泵浦源和光纤的耦合采用单透镜耦合，焦距长为 5.96 mm，耦合效率约为 60%。

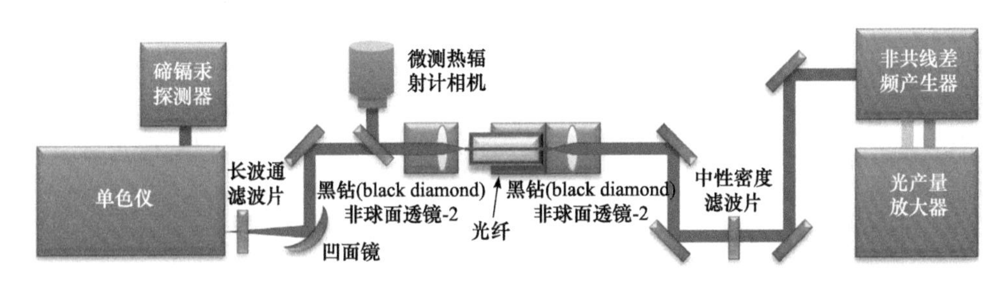

图 8-2　中红外差频激光器泵浦 $As_{40}Se_{60}$ 光纤超连续谱产生系统结构示意图[2]

当采用波长为 4.5 μm、峰值功率为 3.29 MW 的飞秒脉冲正常色散区泵浦 $As_{40}Se_{60}$ 光纤时，自相位调制引起光纤初始展宽，部分能量得以进入 $As_{40}Se_{60}$ 光纤反常色散区，SSFS 使得光谱进一步红移，最终获得 20 dB 超连续谱光谱范围为 2.08～10.29 μm，如图 8-3(a)所示。当调节差频激光器工作波长为 6.3 μm 时，泵浦波长靠近 ZDW 且位于光纤反常色散区，孤子相关非线性效应占据主导，7.15 MW 峰值功率泵浦下，光谱长波边拓展至 13.3 μm，DW 使得光谱短波展宽至 1.5 μm，如图 8-3(b)所示。$As_{40}Se_{60}$ 光纤中获得超连续谱的输出功率为 0.15 mW，20 dB 光谱范围为 1.64～11.38 μm。两种泵浦条件下，光纤输出光斑均呈现良好的高

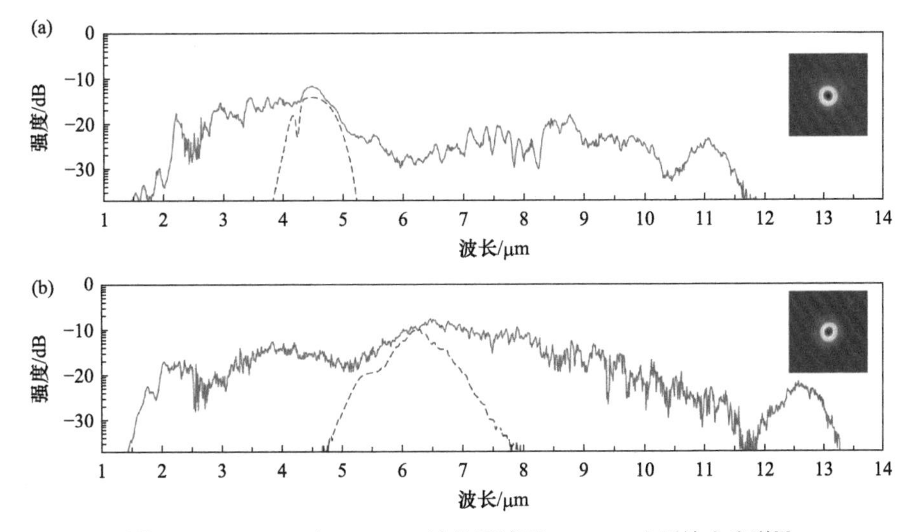

图 8-3　(a)4.5 μm 和(b)6.3 μm 波长泵浦下 $As_{40}Se_{60}$ 光纤输出光谱[2]

斯分布，如图 8-3(a)和(b)插图所示，表明多模光纤中实现了宽谱范围内的基模激发。

为了提升超连续谱输出功率，2017 年丹麦科技大学采用重复频率为 MHz 的光参量产生器作为泵浦光源，以提高泵浦功率。硫系玻璃光纤采用大模面积 $Ge_{10}As_{22}Se_6$ PCF，纤芯直径为 15.1 μm，占空比为 0.51[4]。系统中保留 PCF 入射端面较大的模场面积，以提高光纤端面泵浦功率承受能力。光纤中段采用拉锥后处理技术，将光纤锥腰直径减小至 6.9 μm，增大光纤非线性的同时将光纤 ZDW 蓝移至 3.6 μm。实验中对比了不同前后过渡区长度对光谱展宽的影响，如图 8-4 所示。结果表明，当前后过渡区长度分别为 4 cm 和 7.5 cm 时可以获得光谱范围最宽的超连续谱输出，对应的 25 dB 光谱范围为 1～11.5 μm，输出功率为 35.4 mW，其中 4.5 μm 以上波长功率为 15.3 mW。

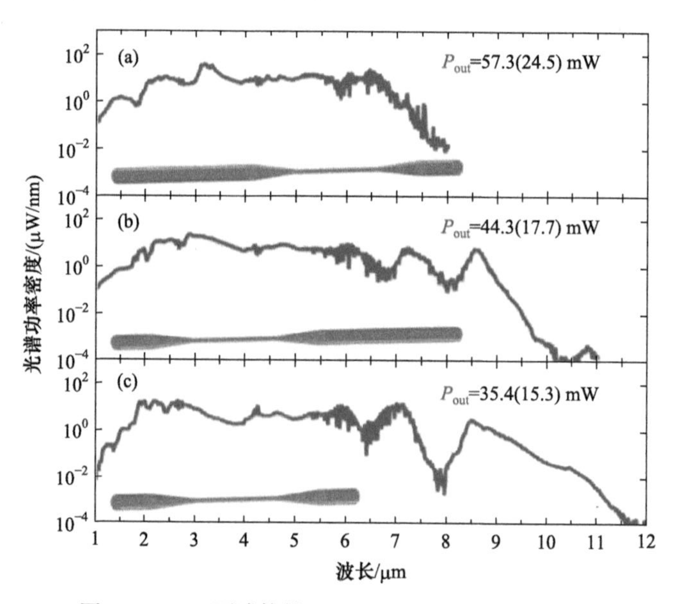

图 8-4　OPG 泵浦拉锥 $As_{40}Se_{60}$ PCF 超连续谱产生[4]

对于中红外固体激光器直接泵浦硫系玻璃光纤方案，目前研究方向主要分为两个方面。一方面，通过优化硫系玻璃材料组成成分，降低光纤长波传输损耗，拓宽光纤传输窗口，从而获得中红外超连续谱光谱范围的进一步拓展[3, 11, 21]。目前，硫系玻璃光纤中获得的最宽的超连续谱输出，即为采用差频激光器泵浦阶跃折射率 Ge-Se-Te 光纤，实现了光谱范围覆盖 1.7～18 μm 的超连续谱输出[25]。另一方面，通过设计硫系玻璃光纤色散特性，利用 SPM 效应实现光谱的极大展宽，提高超连续谱光源相干性[14, 20, 22, 24, 27, 28]。

8.2　中红外光纤激光器泵浦硫系玻璃光纤

光纤激光器具有结构紧凑、便携性高、输出光束质量好等优点。采用光纤激光器作为泵浦源易与非线性光纤结合，有望实现全光纤结构中红外超连续谱光源。早期研究中，由于缺乏中红外波段光纤激光泵浦源，主要是采用 2 μm 波段 TDFL 作为泵浦源泵浦硫系玻璃光纤，实现超连续谱的产生。2012 年，美国海军实验室采用中心波长为 2.4 μm 的拉曼激光器泵浦阶跃折射率 As_2S_3 光纤，获得了光谱范围覆盖 1.9～4.8 μm 的超连续谱输出[29]。实验中 As_2S_3 光纤纤芯直径为 10 μm，NA=0.3，长度为 2 m，系统结构如图 8-5(a)所示。脉冲宽度为 40 ps，重复频率为 10 MHz 的种子激光经 EYDFA 和 TDFA 两级放大后频移至 2 μm，输出脉冲进一步在高非线性光纤中实现波长从 2～2.4 μm 的频率变换。高非线性光纤输出通过对接耦合方式进入 As_2S_3 光纤。图 8-5(b)给出了高非线性光纤输出功率为 1.4 W 时，对应的 As_2S_3 光纤输出光谱，10 dB 光谱范围覆盖 2.0～4.6 μm，输出功率为 565 mW。2015 年，美国海军实验室实现了 As_2S_3 光纤和石英光纤的熔接[30]。采用类似的方案，获得了全光纤结构 2～4.4 μm 超连续谱输出，输出功率为 211 mW。

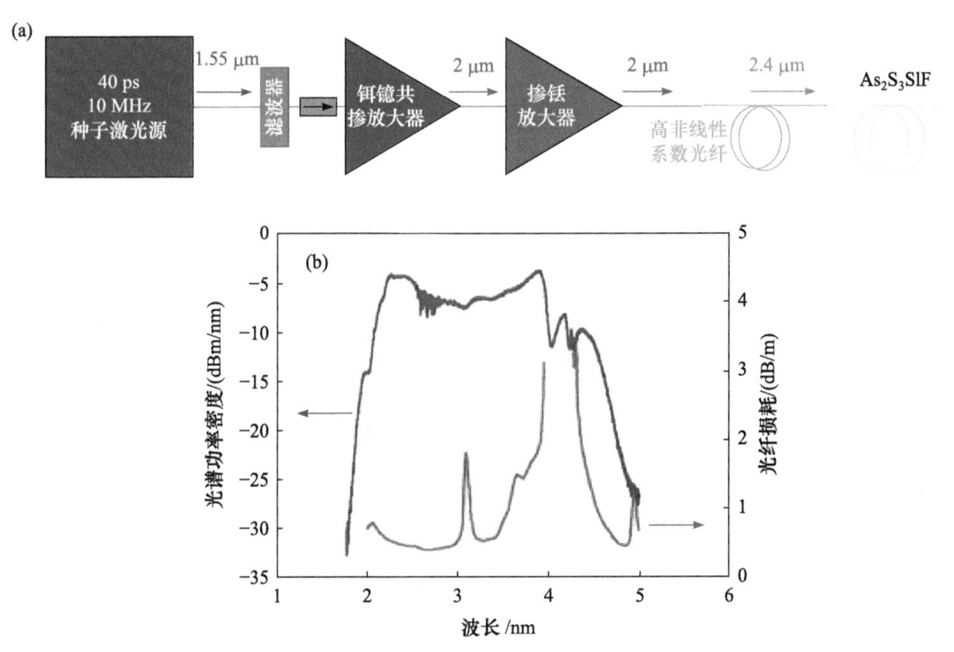

图 8-5　2.4 μm 拉曼激光器泵浦 As_2S_3 光纤超连续谱产生[29]

(a)实验装置示意图；(b)输出光谱

近年来，通过在氟化物光纤中掺杂铒(Er^{3+})、钬(Ho^{3+})、镝(Dy^{3+})等稀土离子已实现了 2～4 μm 波段的激光输出[31-38]，从而为硫系玻璃光纤提供了中红外波段脉冲泵浦源。2017 年，拉瓦尔大学采用 2.8 μm Ho^{3+}/Pr^{3+}共掺 ZBLAN 光纤激光器泵浦拉锥 As_2Se_3 光纤，实现了输出功率为 30 mW，光谱范围覆盖 1.8～9.5 μm 超连续谱输出[39]。系统结构如图 8-6(a)所示，1150 nm 半导体激光器泵浦 4 m 长的 Ho^{3+}/Pr^{3+}共掺 ZBLAN 光纤，获得了工作波长为 2.8 μm，脉冲宽度为 230 fs 的光纤激光泵浦源。随后波长为 2.8 μm 的泵浦光通过透镜耦合进入拉锥 As_2Se_3 光纤。As_2Se_3 光纤入射端纤芯直径为 14 μm，锥腰处纤芯直径为 3 μm，前后原始光纤长度为 2 cm，过渡区长度为 1.6 cm，锥腰长度为 5 cm。图 8-6(b)给出了泵浦功率提升过程中，As_2Se_3 光纤输出超连续谱演化图。最大泵浦功率下，As_2Se_3 光纤中获得了波长范围覆盖 2～12 μm 的超连续谱输出，20 dB 光谱范围为 1.8～9.5 μm。由于泵浦波长处光纤支持高阶模式，泵浦光经过空间耦合进入 As_2Se_3 光纤中激发了大量的高阶模式，所以输出光谱中 2.8 μm 泵浦残余明显。

2020 年，拉瓦尔大学通过在 As_2Se_3 光纤端面镀 Al_2O_3 增透膜，降低光纤端面菲涅耳反射，实现了基于 As_2Se_3 光纤的超连续谱光源功率的提升[40]。系统结构如图 8-7(a)所示，泵浦源的种子源为基于掺 Er^{3+}:ZBLAN 光纤的锁模孤子脉冲激光器，中心波长为 2.8 μm，脉冲宽度为 440 fs，重复频率为 57.9 MHz。在 Er^{3+}:ZBLAN 光纤放大器中，孤子脉冲通过 SSFS 实现波长从 2.8～3.6 μm 的频率转换。掺 Er^{3+}:ZBLAN 光纤输出经 3 μm 长波通滤波片滤波后，通过透镜耦合进入 As_2Se_3 光纤。实验中 As_2Se_3 光纤的纤芯直径为 16.7 μm，NA=1.39，ZDW 位于 5.7 μm，光纤的输入和输出端面均镀了厚度为 530 nm 的单层 Al_2O_3 增透膜，从而使得泵浦光

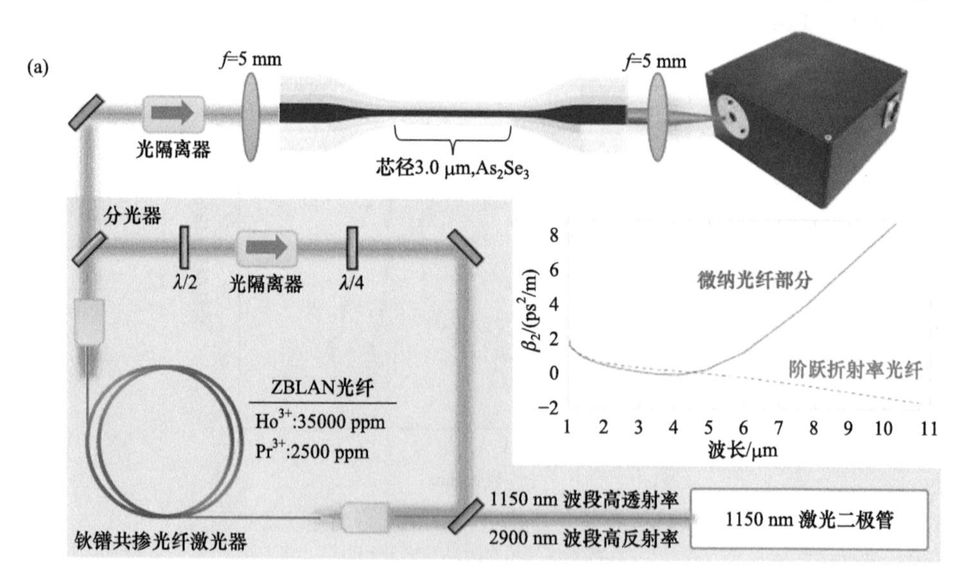

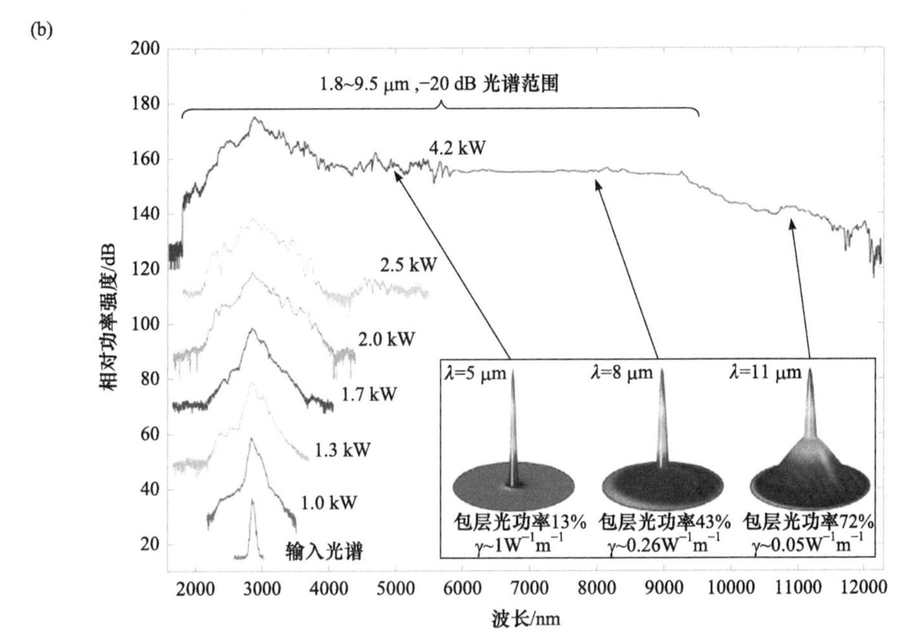

图 8-6　2.8 μm Ho^{3+}/Pr^{3+}共掺 ZBLAN 光纤激光器泵浦拉锥 As_2Se_3 光纤[39]：(a)实验结构图；(b)输出光谱

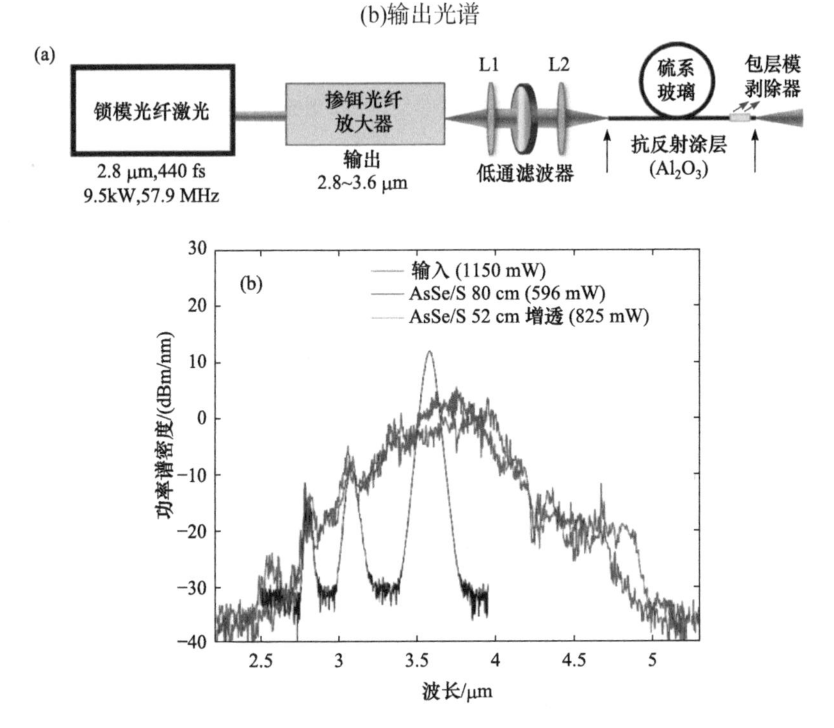

图 8-7　3.6 μm 光纤激光器泵浦 As_2Se_3 光纤[40]：(a)实验结构图；(b)输出光谱

耦合效率从 54%提高至 82%。当泵浦光功率为 1.15 W 时，As_2Se_3 光纤输出超连续谱的功率为 825 mW，对应光谱如图 8-7(b)所示。从输出光谱图可以看出，As_2Se_3 光纤输出光谱范围覆盖 2.5～5 μm，但是由于泵浦波长距离光纤 ZDW 较远，且 As_2Se_3 光纤纤芯直径较大，对应的非线性系数较小，因此输出光谱中能量大部分仍位于泵浦波长处。

目前由于中红外光纤关键器件的缺乏，采用中红外光纤激光器作为泵浦源的超连续谱激光器仍然存在空间分立元件多的问题，无法完全体现光纤激光器结构紧凑的优势。相信随着中红外光纤光栅、中红外耦合器以及中红外合束器等软玻璃光纤器件的发展，基于光纤激光器直接泵浦硫系玻璃光纤超连续谱的输出功率和光谱范围将会得到有效的提升。

8.3　级联软玻璃光纤

级联软玻璃光纤方案的思路是首先采用光纤激光泵浦氟化物光纤，实现长波拓展至 4 μm 以上的超连续谱输出，然后进一步泵浦硫系玻璃光纤，以实现长波范围的级联拓展。此方案可以在保持光纤激光器稳定性好、结构紧凑、易于维护等优势的条件下，实现光谱的级联拓展，是获得全光纤大带宽中红外超连续谱光源的有效途径。目前国际上许多著名研究机构开展了相关研究，如丹麦科技大学[41-43]、拉瓦尔大学[44]，密歇根大学[45, 46]和 SelenOptics 公司[47]等。图 8-8 给

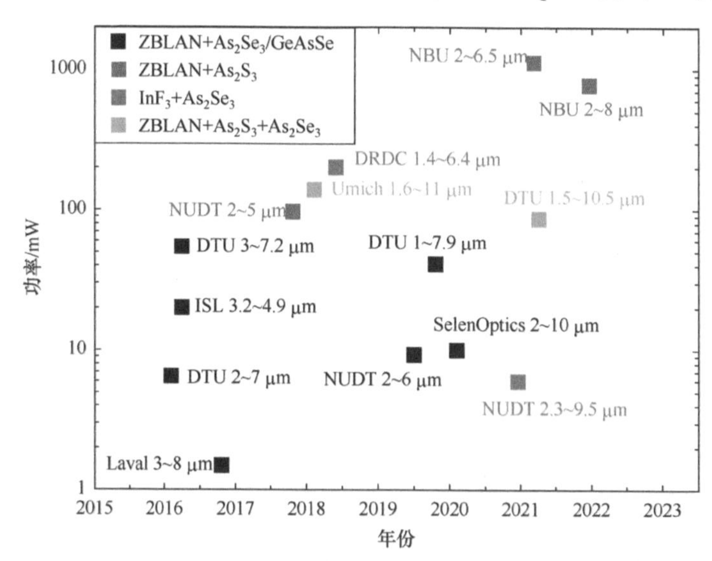

图 8-8　基于级联软玻璃光纤的超连续谱产生研究情况

Umich，美国密歇根大学；NUDT，国防科技大学；Laval，加拿大拉瓦尔大学；DTU，丹麦科技大学；DRDC(Defence R&D Canada)加拿大国防研究与发展中心；ISL，法国圣路易斯研究所；NBU，宁波大学

出了级联软玻璃光纤的超连续谱产生研究情况。图中按照软玻璃光纤级联结构分成了四类：ZBLAN 光纤级联 As_2S_3 光纤(ZBLAN+As_2S_3)；ZBLAN 光纤级联 As_2Se_3 光纤或者 GeAsSe 光纤(ZBLAN+As_2Se_3/GeAsSe)；InF_3 光纤级联 As_2Se_3 光纤(InF_3+As_2Se_3)；ZBLAN 光纤级联 As_2S_3 光纤后再级联 As_2Se_3 光纤(ZBLAN+As_2S_3+As_2Se_3)。表 8-2 给出了基于级联软玻璃光纤的超连续谱文献总结，包含超连续谱光源的主要结构特点(泵浦源波长、级联结构)、超连续谱光谱和功率特性参数。

表 8-2　基于级联软玻璃光纤的超连续谱文献总结

年份	λ_{pump}/μm	级联结构	超连续谱		参考文献
			λ_{edge}^*/μm	P_{out}/mW	
2016	1.55	SMF-TDF-ZBLAN-$As_{38}Se_{62}$ MOF	6.6	6.5	[42]
2016	1.55	SMF-TDF-ZBLAN-$Ge_{10}As_{22}Se_{68}$ PCF	6.67	54.5	[41]
2016	2	TDFL-ZBLAN-AsSe PCF	5	20	[48]
2016	2.8	OPG-Er^{3+}:ZBLAN-ZBLAN-SIF $As_{35.6}Se_{64.4}$	7.8	1.5	[44]
2017	1.55	SMF-TDF-ZBLAN-SIF As_2S_3	5.2	97.1	[49]
2018	1.55	SMF-TDF-ZBLAN-SIF As_2S_3-SIF As_2Se_3	10.5	139	[46]
2018	1.55	SMF-TDF-InF_3-SIF As_2Se_3	6.2	200	[50]
2019	1.55	SMF-TDF-ZNLAN-$Ge_{10}As_{22}Se_{68}$ t-PCF**	7.9	41	[51]
2019	1.55	SMF-TDF-ZBLAN-SIF As_2Se_3	5.7	9.28	[52]
2020	1.55	SMF-TDF-InF_3-As_2Se_3 PCF	9.28	6	[53]
2020	1.55	SMF-ZBLAN-As_2Se_3 PCF	9.8	16	[47]
2021	1.55	SMF-TDF-ZBLAN-SIF As_2S_3	6.3	1130	[54]
2021	1.56	Er/Yb MOPA-Tm-Ge/Tm-ZBLAN-SIF As_2S_3-SIF As_2Se_3	10.5	86.6	[43]
2021	1.55	SMF-TDF-ZBLAN-SIF As_2S_3	7.5	780	[55]

*λ_{edge}, -20dB 长波边；** t-PCF (tapered photonic crystal fiber, 拉锥光子晶体光纤)。

8.3.1　ZBLAN 光纤级联 As_2S_3 光纤

2017 年，国防科技大学采用基于 ZBLAN 光纤的 2～4.2 μm 超连续谱光源作为泵浦源，级联泵浦阶跃折射率 As_2S_3 光纤，实现了全光纤结构 2～5 μm 超连续谱激光输出[49]。实验中 ZBLAN 光纤纤芯直径为 9 μm，NA=0.27，长度为 11 m。As_2S_3 光纤纤芯/包层直径为 9 μm/170 μm，NA=0.27，ZDW 位于 6.7 μm，长度为 2.5 m。系统结构如图 8-9(a)所示，1550 nm 种子激光脉冲宽度为 1 ns，重复频率为 50 kHz。种子激光经 EYDFA 放大和单模石英光纤频移后进入 LMA-TDF。为了实现模场匹配，LMA-TDFA 前后分别连接了一个 MFA(MFA1 和 MFA2)。MFA2 输出尾纤与 ZBLAN 光纤输入端采用熔接的耦合方式，ZBLAN 光纤输出通过机械对接的方式耦合进入 As_2S_3 光纤。图 8-9(b)给出了 As_2S_3 光纤输出光谱演化过程。

在最大泵浦功率下，As_2S_3 光纤输出光谱拓展至 5200 nm 附近，输出功率为 97.1 mW。研究人员认为，ZBLAN 光纤输出超连续谱泵浦光在本质上是一系列中红外超短脉冲，而 As_2S_3 光纤在 6.7 μm 以下波段为全正色散光纤区，因此推测 SPM 和 SRS 是 As_2S_3 光纤中光谱展宽的主要原因。

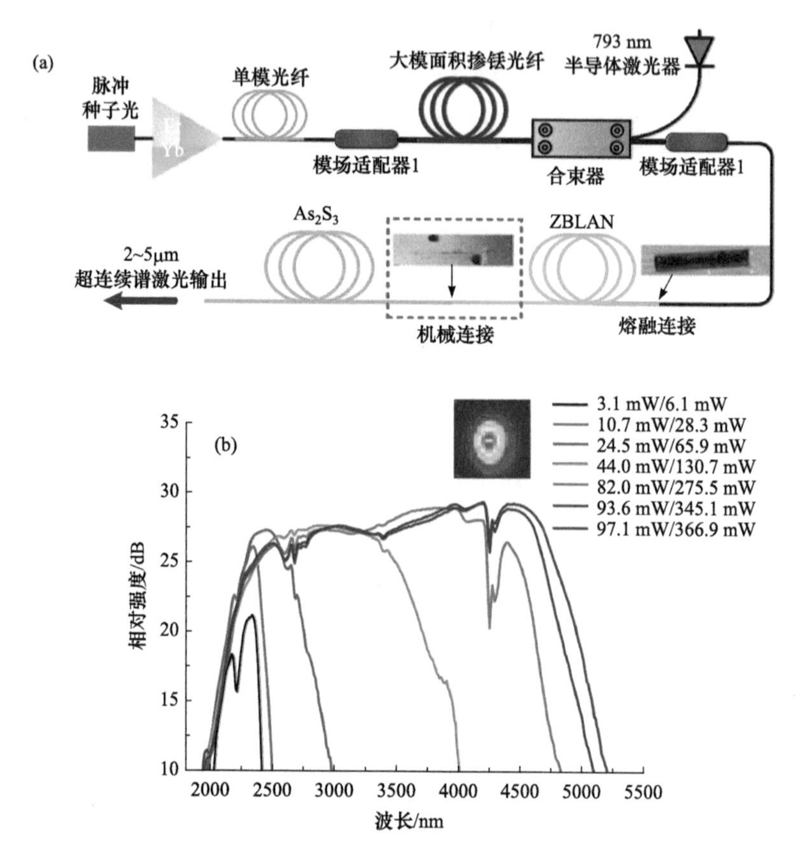

图 8-9　基于 ZBLAN 光纤级联 SIF As_2S_3 光纤超连续谱产生[49]：(a)实验装置图；(b)光谱演化图

2021 年，宁波大学采用相似的级联结构[54]，通过进一步优化级联光纤参数，实现了光谱范围覆盖 2～6.5 μm 瓦量级的中红外超连续谱输出，实验装置如图 8-10(a)所示。实验中 1.55 μm 种子激光脉冲宽度同样为 1 ns，重复频率提升至 600 kHz，以提高短波红外超连续谱泵浦源输出功率。ZBLAN 光纤采用纤芯直径更小的 7.5 μm，从而在更短的 ZBLAN 光纤(L=7 m)中产生长波拓展至 4 μm 以上的中红外超连续谱泵浦光，如图 8-10(b)所示。采用基于 ZBLAN 光纤的高功率超连续谱泵浦源进一步泵浦 4 m 长 As_2S_3 光纤，获得了长波拓展至 6.5 μm，输出功率为 1.13 W 的中红外超连续谱输出。2021 年，宁波大学通过进一步优化级联结构中石英光纤和掺铥光纤的长度，以降低短波红外超连续谱泵浦光长波损耗，成

功将 As_2S_3 光纤输出光谱长波边拓展至 8 μm[55]。

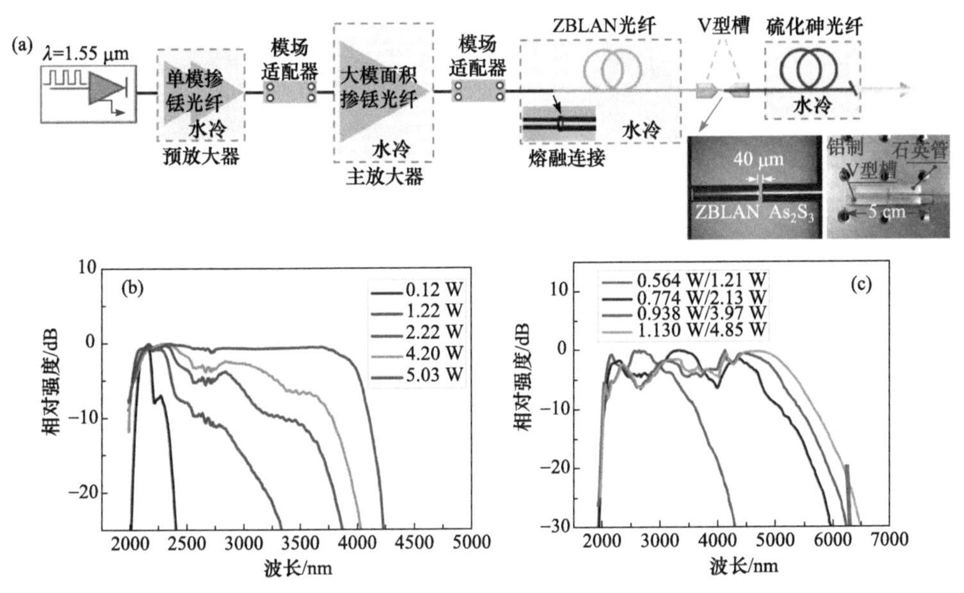

图 8-10 基于 ZBLAN 光纤级联 SIF As_2S_3 光纤超连续谱产生[54]：(a)实验装置图；(b)ZBLAN 光纤光谱演化图；(c)As_2S_3 光纤输出光谱演化图

8.3.2 ZBLAN 光纤级联 As_2Se_3/GeAsSe 光纤

As_2Se_3光纤的透光范围为 1～10 μm，其6.5 μm波段以上传输损耗远低于 As_2S_3 光纤[56]，可以获得光谱范围更宽的中红外超连续谱输出。2016 年，丹麦科技大学采用 ZBLAN 光纤级联小芯径 $As_{38}Se_{62}$ MOF 的方案，获得了光谱拓展至 7 μm 的中红外超连续谱光源[42]。实验结构如图 8-11(a)所示，波长为 1550 nm 的半导体激光器作为种子激光，脉冲宽度为 3 ns，重复频率为 40 kHz。种子激光通过单模石英光纤频移和单模 TDFA 放大后，功率提升至 1.25 W，光谱展宽至 2.7 μm。TDF 光纤输出经透镜耦合进入一段 5 m 长 ZBLAN 光纤，超连续谱在 ZBLAN 光纤中进一步展宽至 4.5 μm。其中波长大于 3 μm 的能量通过透镜组耦合进入 $As_{38}Se_{62}$ MOF。$As_{38}Se_{62}$ MOF 纤芯直径为 4.5 μm，ZDW 位于 3.5 μm。作为泵浦的 3～4.5 μm 超连续谱有相当一部分能量位于 $As_{38}Se_{62}$ MOF 反常色散区，可以形成新的孤子，通过 SSFS 等非线性效应使得光谱进一步展宽。图 8-11(b)给出了 ZBLAN 光纤输出泵浦功率为 51.4 mW 时，对应的 $As_{38}Se_{62}$ MOF 输出光谱。此时超连续谱输出总功率为 6.5 mW，4.5 μm 波长以上功率约为 1.5 mW。实验中 $As_{38}Se_{62}$ MOF 纤芯尺寸较小，光谱的进一步展宽和功率提升主要受限于泵浦功率耦合效率和 $As_{38}Se_{62}$ MOF 光纤端面损伤阈值。

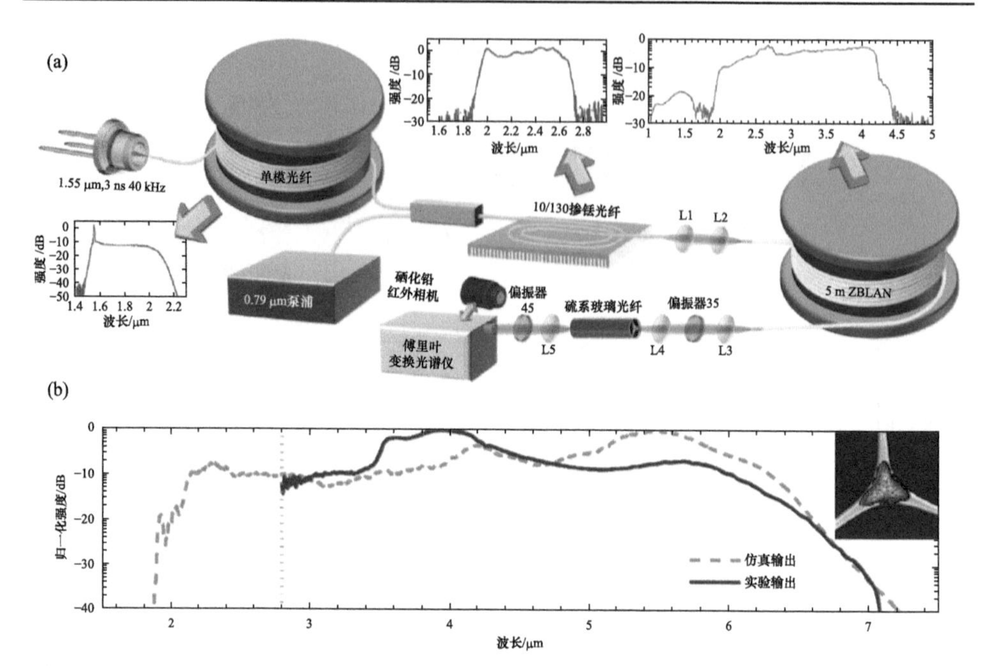

图 8-11　基于 ZBLAN 光纤级联 $As_{38}Se_{62}$ MOF 的超连续谱产生[42]：(a)实验装置图；(b)输出光谱

同年，丹麦科技大学采用相同的级联结构，将纤芯直径为 4.5 μm 的 As_2Se_3 MOF 改为纤芯直径为 13 μm，长度为 20 cm 的 $Ge_{10}As_{22}Se_{68}$ PCF[41]，获得了输出功率为 54.5 mW，光谱范围覆盖 3～7.2 μm 的超连续输出，如图 8-12 所示。功率的提升主要原因有两点：首先是采用的 PCF 纤芯直径增大，带来的耦合效率的提升以及泵浦功率承载能力的提高；此外 $Ge_{10}As_{22}Se_{68}$ 玻璃材料激光损伤阈值高于 As_2Se_3 玻璃。但是实验中采用的 $Ge_{10}As_{22}Se_{68}$ 光纤长度较短，且光纤的 ZDW 位于

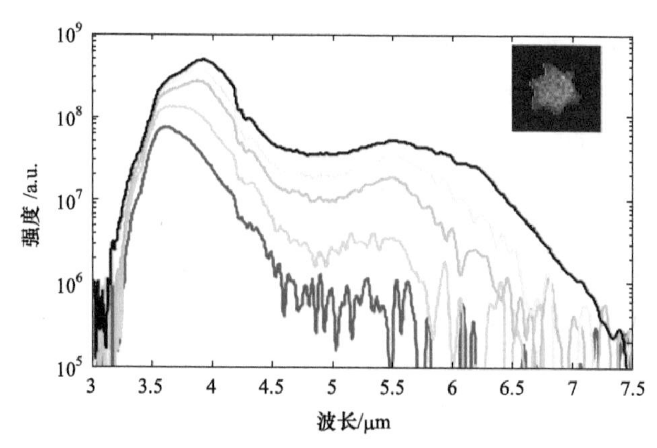

图 8-12　基于 ZBLAN 光纤级联 GeAsSe PCF 超连续谱光源输出光谱[41]
图中曲线代表不同光谱功率下的输出光谱

4.5 μm，ZBLAN 耦合进入 $Ge_{10}As_{22}Se_{68}$ PCF 的能量主要位于光纤正常色散区，孤子有关非线性效应难以充分发挥作用，从而导致输出超连续谱长波功率占比较低。当泵浦功率为 135.7 mW 时，$Ge_{10}As_{22}Se_{68}$ PCF 输出的中红外超连续谱功率约为 54.5 mW，其中 4.5 μm 波长以上功率为 3.7 mW，占总输出功率的 6.8%。

2019 年，丹麦科技大学通过拉锥 $Ge_{10}As_{22}Se_{68}$ PCF 光纤，使得光纤 ZDW 蓝移，有效地提升了中红外超连续谱中的长波分量比例[51]。实验中 1550 nm 种子光经 EDFA、EYDFA 和 TDFA 多级放大和展宽后获得 2～2.8 μm 超连续谱输出。TDFA 泵浦纤芯直径为 7 μm 的 ZBLAN 光纤，输出光谱进一步拓展至 4.2 μm。实验中未拉锥的 $Ge_{10}As_{22}Se_{68}$ PCF 纤芯直径为 15 μm，ZDW 位于 4.9 μm。拉锥后纤芯直径减小至 6～7.5 μm，ZDW 蓝移至 3.6～4 μm，从而使得更多的超连续谱泵浦光位于 $Ge_{10}As_{22}Se_{68}$ PCF 反常色散区，孤子有关的非线性效应使得光谱有效展宽。图 8-13 给出了 ZBLAN 光纤输出的泵浦功率为 350 mW 时，拉锥 $Ge_{10}As_{22}Se_{68}$ PCF 中获得的超连续谱输出，20 dB 光谱范围为 1.07～7.94 μm 的超连续谱输出，输出功率为 41 mW。

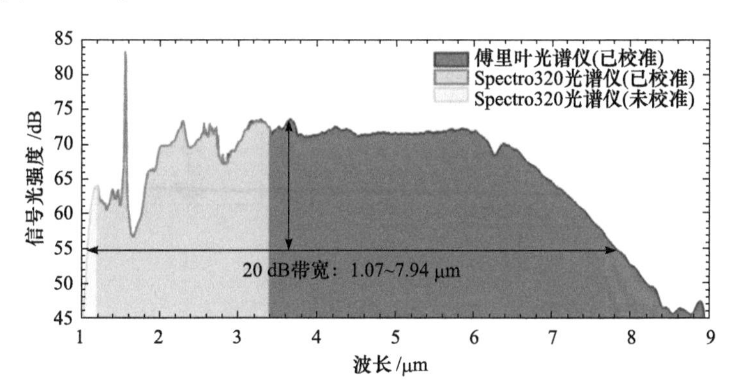

图 8-13 基于 ZBLAN 光纤级联拉锥 GeAsSe PCF 超连续谱光源的输出光谱[51]

2016 年，加拿大拉瓦尔大学采用 Er^{3+}:ZFG 光纤放大器泵浦阶跃折射率 $As_{35.6}Se_{64.4}$光纤，获得了光谱拓展至 8 μm 的超连续谱输出[44]。实验结构如图 8-14(a)所示，OPG 输出的波长 2.75 μm 皮秒激光脉冲经过前向 Er^{3+}:ZFG 光纤放大器放大后，获得了光谱范围覆盖 2.6～4.2 μm 波段的超连续谱输出，其中波长大于 3 μm 的光谱能量耦合进入一段 1 m 非掺杂 ZFG 光纤，ZFG 光纤输出通过对接的耦合方式进入 $As_{35.6}Se_{64.4}$ 光纤。系统中 ZFG 光纤纤芯直径为 15 μm，NA 为 0.12，主要起到空间滤波的作用，提高 $As_{35.6}Se_{64.4}$ 光纤的泵浦功率承载能力和耦合稳定性。$As_{35.6}Se_{64.4}$ 光纤纤芯直径为 18 μm，NA 为 0.22，ZDW 位于 8.9 μm。图 8-14(b)给出了不同 $As_{35.6}Se_{64.4}$ 光纤长度下获得的超连续谱输出。可以看出，随着 $As_{35.6}Se_{64.4}$ 光纤长度的增长，光纤输出端获得的超连续谱不断拓展，同时输出功率逐渐降低。

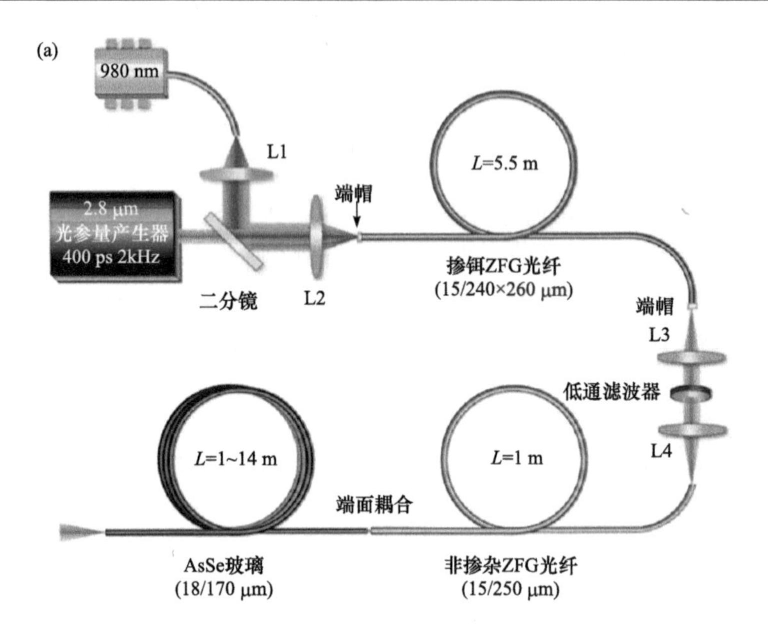

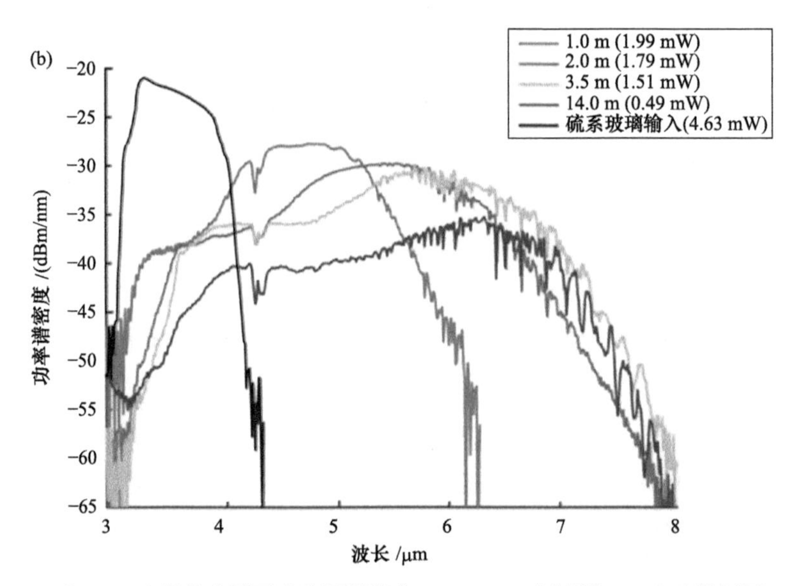

图 8-14　Er^{3+}:ZFG 光纤放大器泵浦阶跃折射率 $As_{35.6}Se_{64.4}$ 光纤[44]：(a)实验装置图；(b)不同 $As_{35.6}Se_{64.4}$ 光纤长度下的输出光谱，图例为对应光纤长度和输出功率

当 $As_{35.6}Se_{64.4}$ 光纤长度大于 2 m 时，均可以获得长波拓展至 8 μm 的超连续谱。实验中 $As_{35.6}Se_{64.4}$ 光纤 NA 较小，光纤纤芯对于长波光场的束缚能力较弱，长波成分限制损耗较高，阻碍了光谱的进一步拓展。研究人员通过分析不同 $As_{35.6}Se_{64.4}$

光纤长度下的输出光谱，认为光谱展宽的主要非线性效应为 SPM，另外光谱的非对称展宽可能来源于脉冲内拉曼散射。

2020 年，法国 SelenOptics 公司采用 EDFL 级联泵浦 ZBLAN 光纤和 As_2Se_3 PCF 获得了光谱范围覆盖 2～10 μm 的中红外超连续谱输出[47]。实验中 ZBLAN 光纤纤芯直径为 8.5 μm，ZDW 位于 1525 nm，长度为 25 m。As_2Se_3 PCF，空气孔直径为 3.23 μm，空气孔间距为 7.11 μm，光纤 ZDW 位于 4.84 μm 处，光纤长度约为 9 m。系统结构如图 8-15(a)所示，工作波长为 1550 nm 的 EDFL 作为种子源，重复频率为 100 kHz，脉冲宽度为 460 ps，峰值功率约为 18 kW。由于 EDFL 具有较高的峰值功率，所以系统中没有光纤放大器。EDFL 输出熔接一段长度为 20 cm 的石英光纤作为尾纤后直接泵浦 ZBLAN 光纤，获得长波达到 4.2 μm 的超连续谱激光输出，输出光谱和光斑如图 8-15(b)所示。ZBLAN 光纤和 As_2Se_3 PCF 之间通过一对锗透镜组耦合，并使用截止波长为 1.5 μm 的长波通滤波片滤除 ZBLAN 光纤输出光中的短波成分，避免双光子吸收对 As_2Se_3 光纤造成损伤。在泵浦光功率为 110 mW 的条件下，As_2Se_3 PCF 中获得了光谱范围覆盖 2～9.8 μm 的超连续谱输出，输出功率为 16 mW，如图 8-15(c)所示。研究人员认为，脉冲内拉曼散射是 As_2Se_3 PCF 中正常色散区光谱展宽的主要原因。泵浦能量通过脉冲内拉曼散射进入光纤反射色散区后形成新的孤子，通过 SSFS 进一步向长波拓展。

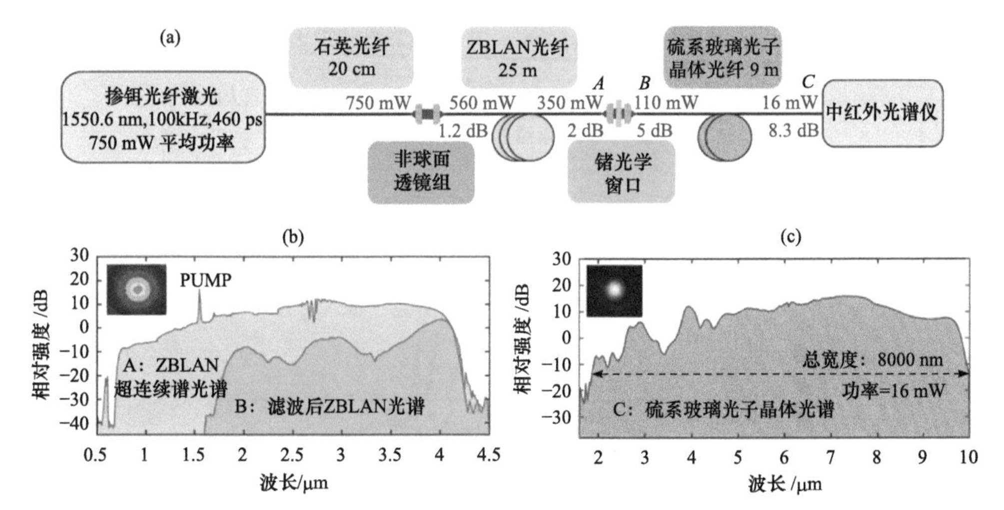

图 8-15　基于 ZBLAN 光纤级联 As_2Se_3 PCF 超连续谱光源[47]：(a)实验装置图；(b)ZBLAN 光纤输出光谱和光斑；(c)As_2Se_3 PCF 光纤输出光谱和光斑

8.3.3　InF_3 光纤级联 As_2Se_3 光纤

InF_3 光纤相对于 ZBLAN 光纤具有更宽的透光窗口，可以产生光谱覆盖 2～5 μm 的超连续谱输出。从泵浦光波长和光纤色散匹配的角度来说，相对于 ZBLAN

光纤，采用 InF_3 光纤级联硫系玻璃光纤可以更好地激发硫系玻璃光纤中 SSFS 等非线性效应，实现光谱的级联展宽和能量的红移。2018 年，加拿大国防研究与发展中心采用基于 InF_3 光纤的 2～5 μm 超连续谱泵浦 As_2Se_3 光纤，获得了输出功率为 200 mW，光谱范围覆盖 1.4～6.4 μm 的超连续谱输出[50]。系统结构如图 8-16(a)所示，1550 nm 种子脉冲宽度为 50 ps，重复频率为 1 MHz。种子激光经过多级放大后光谱拓展至 2.8 μm，输出功率被提升至 2.03 W。TDF 输出端平角切割后机械对接至 InF_3 光纤，InF_3 光纤和 As_2Se_3 光纤之间采用单透镜耦合。As_2Se_3 光纤为阶跃折射率光纤，纤芯直径为 18 μm，NA=0.22，ZDW 约为 8.7 μm。在正常色散机制下，SPM 和 SRS 等非线性效应作用下使得光谱在 As_2Se_3 光纤中进一步拓展。实验中对比了不同长度 InF_3 光纤级联 As_2Se_3 光纤后，获得的超连续谱展宽情况，如图 8-16(b)和(c)所示。由图 8-16(b)中可以看出，随着 InF_3 光纤长度的增长，InF_3 中输出光谱不断拓展。12.7 m 长 InF_3 光纤中获得了最宽的超连续谱输出，8 m 长

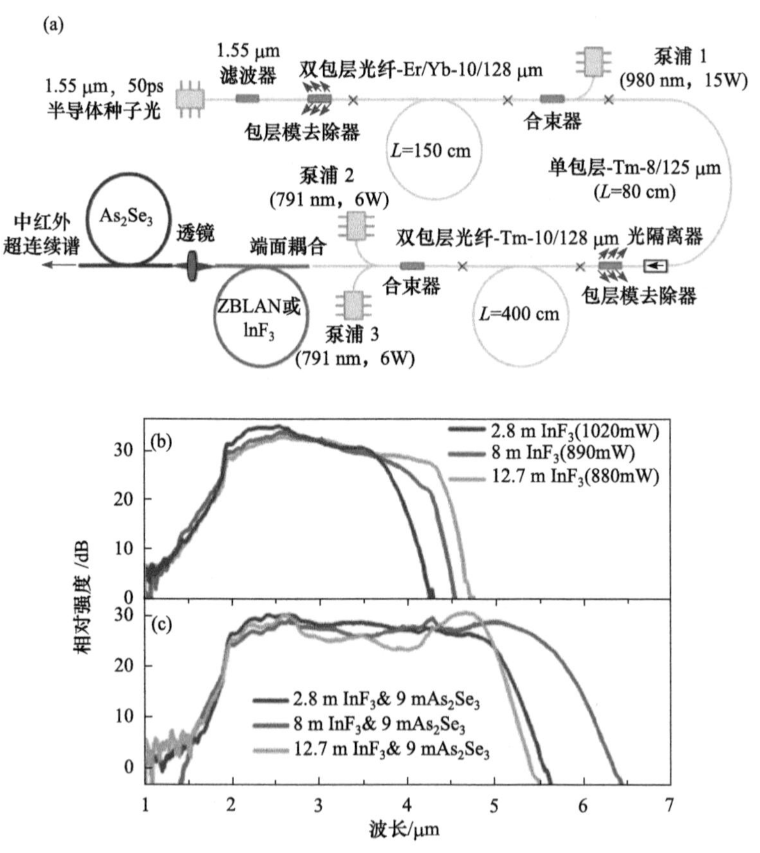

图 8-16　基于 InF_3 光纤级联 As_2Se_3 光纤超连续谱光源[50]：(a)实验装置图；(b)InF_3 输出光谱；(c)As_2Se_3 光纤输出光谱

光纤光谱范围次之，2.8 m 长 InF_3 光纤输出超连续谱光谱范围最窄。图 8-16(c)中对比了这三种长度下 InF_3 光纤分别级联 9 m 长 As_2Se_3 光纤后，输出超连续谱光谱的拓展情况。可以看到，8 m 长 InF_3 光纤级联 As_2Se_3 光纤中获得了最宽的超连续谱输出，光谱的长波边被拓展至 6.5 μm。而 2.8 m 和 12.8 m 长度下的 InF_3 级联泵浦 As_2Se_3 光纤，超连续谱仅拓展至约 5.5 μm。研究人员认为，过长的 InF_3 光纤导致孤子群脉冲在传输的过程中时域展宽，峰值功率下降，不利于光谱在 As_2Se_3 光纤中进一步拓展。

2020 年，国防科技大学采用基于 InF_3 光纤的 2～5 μm 超连续谱激光作为泵浦源级联泵浦 As_2Se_3 PCF，获得了长波拓展至 9.5 μm 的超连续谱输出[53]。光源结构如图 8-17(a)所示，掺铥放大器输出尾纤经过 MFA 过渡后与 InF_3 光纤直接熔接，熔接点显微成像如图 8-17(b)所示，熔接损耗为 0.03 dB。为了提高 InF_3 光纤输出端面的抗潮解能力，光纤输出熔接一段长约 21.1 μm 的氟化铝(AlF_3)光纤作为端帽，端帽侧面和端面显微照片分别如图 8-17(c)和(d)所示。端帽后输出远场光斑如图 8-17(e)所示，呈现良好的高斯分布。InF_3 光纤输出光经 2.4 μm 长波通滤波片滤波后，通过透镜组耦合进入 As_2Se_3 PCF。As_2Se_3 PCF 长度为 5 m，纤芯直径为 11.4 μm，空气孔直径为 3.22 μm，孔间距为 7.13 μm，ZDW 位于 4.84 μm 处。

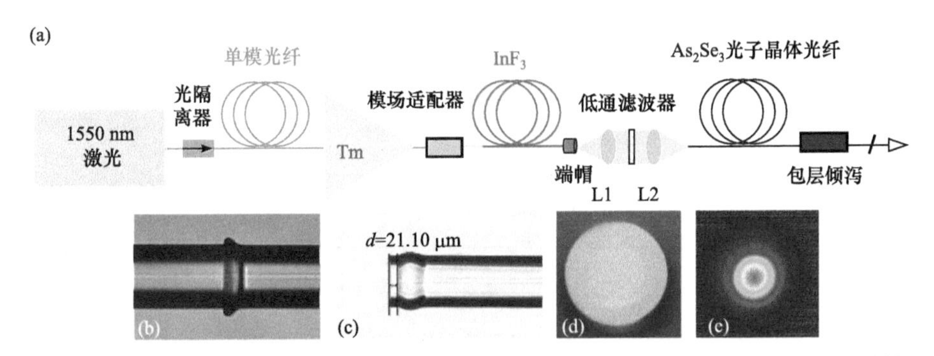

图 8-17　基于 InF_3 光纤级联 As_2Se_3 PCF 超连续谱光源[57]：(a)实验装置图；(b)MFA 尾纤和 InF_3 光纤熔接点显微图；(c)AlF_3 端帽侧面显微图；(d)AlF_3 端帽端面显微图；(e)端帽后输出远场光斑

图 8-18(a)给出了 InF_3 光纤级联 As_2Se_3 PCF 后的输出光谱演化图，图例为：As_2Se_3 PCF 输出功率/InF_3 光纤输出经过透镜 L1 和滤波后功率，As_2Se_3 PCF 的传输损耗曲线也包含在图中(右轴)。可以看出，当 InF_3 光纤输出功率为 28.3 mW 时，输出光经过透镜 L1 和截止波长为 2.4 μm 的长波通滤波片滤波后功率下降为 10.5 mW。As_2Se_3 PCF 输出功率为 1.2 mW，约占泵浦功率的 11.4%。考虑到 As_2Se_3 光纤端面反射损耗 2.2 dB，传输损耗约为 2.75 dB(0.55 dB/m@3 μm)，可以得到 As_2Se_3 PCF 结构缺陷损耗(热像仪成像中光纤存在若干局部发热点)和耦合损耗共

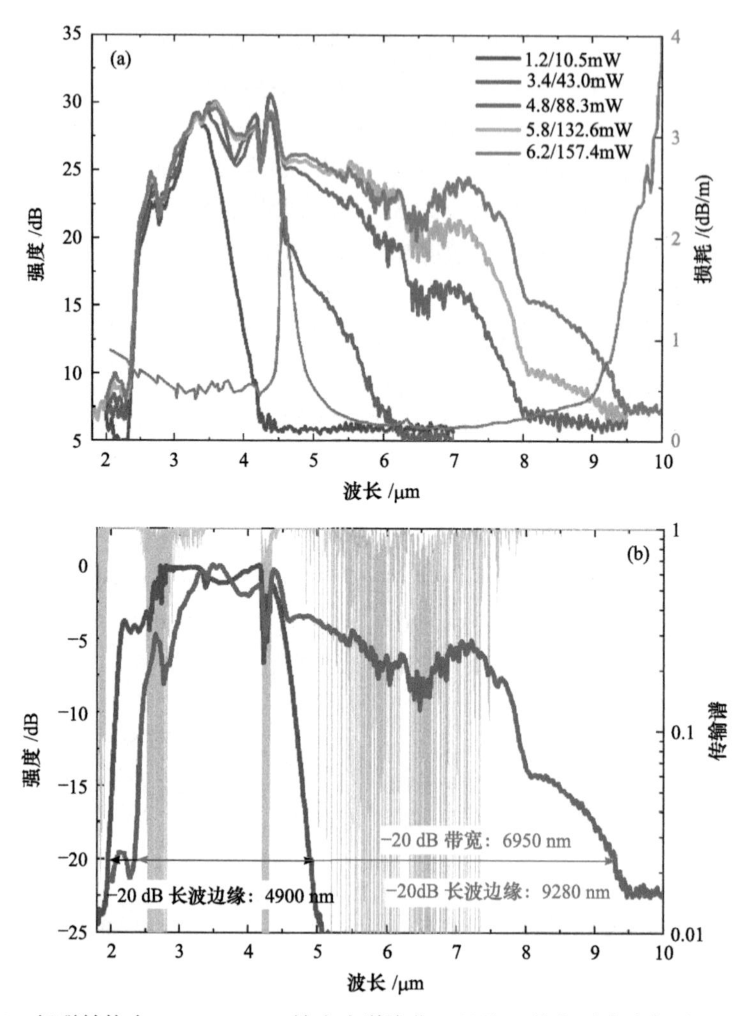

图 8-18　级联结构中(a)As_2Se_3 PCF 输出光谱演化，以及(b)最大泵浦功率下 InF_3 光纤和 As_2Se_3 PCF 输出光谱对比，右侧纵坐标对应大气传输谱[57]

计约 4.47 dB。当泵浦功率为 10.5 mW 时，As_2Se_3 光纤输出光谱没有明显拓展，但是峰值波长已经红移至 3350 nm。随着泵浦功率提升至 43 mW，超连续谱泵浦光中部分能量得以越过 As_2Se_3 光纤 ZDW，进入反常色散区，SSFS 使得超连续谱长波边拓展至 6 μm。当泵浦功率提升至 88.3 mW 时，As_2Se_3 光纤输出超连续谱长波比重显著增加，光谱长波边进一步拓展至 8 μm。进一步提升泵浦功率，输出光谱中 5～7 μm 波段逐渐平坦，长波边进一步拓展至 9.5 μm。泵浦光从 132.6 mW 增加至 157.4 mW 的过程中，输出光谱中 6.5～9.5 μm 波段范围内能量显著提升，但是长波边没有明显拓展。主要原因在于 9 μm 波长以上波段光纤传输损耗随波长的增长而迅速增加，9.5 μm 波长处传输损耗大于 1.8 dB/m。

为了更加直观地看出超连续谱在 As_2Se_3 PCF 中的级联展宽，图 8-18(b)给出了最大泵浦功率下 InF_3 光纤和 As_2Se_3 PCF 的输出光谱对比图。可以看出，通过 InF_3 光纤级联泵浦 As_2Se_3 PCF，实现了超连续谱从 5～9.5 μm 的波长拓展。输出光谱的 20 dB 带宽为 6950 nm，对应的波长范围为 2330～9280 nm。图 8-18(b)中右侧纵坐标对应大气传输谱，As_2Se_3 PCF 输出光谱中 4.2 μm 波长处的凹陷来源于空气中的 CO_2 吸收，2.7 μm 波长处的凹陷和 5.5～7.5 μm 波段的起伏来源于空气中的水汽吸收。

8.3.4 ZBLAN 光纤级联 As_2S_3 光纤再级联 As_2Se_3 光纤

2018 年，密歇根大学采用双级联硫系玻璃光纤结构，获得了百毫瓦级别的 1.6～11 μm 中红外超连续谱[45, 46]。实验中 ZBLAN 光纤纤芯直径为 7.5 μm，NA=0.26，长度为 6.5 m。As_2S_3 光纤的纤芯直径为 9 μm，NA=0.3，长度为 4 m。As_2Se_3 光纤的纤芯直径为 12 μm，NA=0.76，长度为 4 m。级联结构如图 8-19(a)所示，1.55 μm 纳秒种子经两级 EYDFA 和一级 LMA-TDF 放大后光谱拓展到 2.8 μm，峰值功率提升至约 15 kW。LMA-TDF 采用后向泵浦的方式，为了降低系统热负载，TDFA 泵浦源采用 33%占空比调制。LMA-TDF 前后分别连接了一个 MFA。MFA 输出熔接一段 0.5 m 长的 SM1950 光纤作为匹配光纤。SM1950 输出对接至

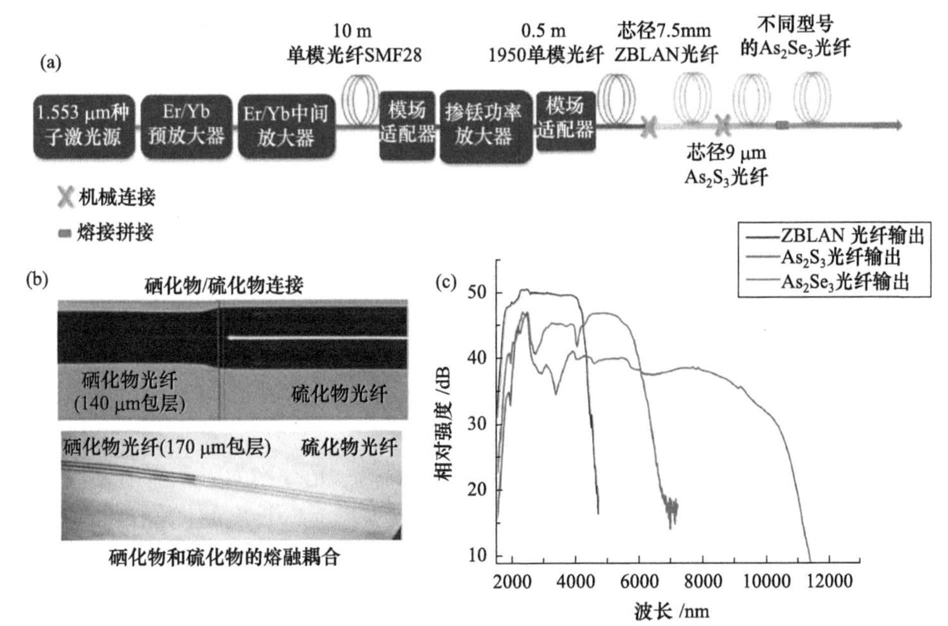

图 8-19　双级联硫系玻璃光纤超连续谱光源[45, 46]：(a)实验装置图；(b)As_2S_3-As_2Se_3 熔接点显微成像；(c)软玻璃光纤输出光谱

ZBLAN 光纤，对接耦合效率大于 75%。超连续谱激光在 ZBLAN 光纤中进一步拓展至 4.5 μm。ZBLAN 光纤输出端机械对接至 As_2S_3 光纤，对接耦合效率大于 65%。超连续谱在 As_2S_3 光纤中进一步拓展至 6 μm。As_2S_3 光纤输出端与 As_2Se_3 光纤直接熔接，熔接点耦合效率约为 85%。图 8-19(b)给出了熔接点显微成像图。最终超连续谱在 As_2Se_3 光纤中进一步拓展至 11 μm，输出光谱如图 8-19(c)所示，对应的输出功率为 139 mW。

超连续谱在双级联硫系玻璃光纤中有效级联展宽的原因主要有以下几点。①软玻璃光纤透光窗口和离子吸收峰的配合。硫系玻璃光纤拉制的过程中由于杂质粒子的污染，光纤传输损耗曲线中会存在特定波长的吸收峰。As_2S_3 光纤中存在 4 μm 波长处 S-H 吸收峰，As_2Se_3 光纤存在 4.56 μm 处 Se-H 吸收峰。级联结构中超连续谱在 ZBLAN 光纤中展宽至 4.5 μm，有利于级联能量在 As_2S_3 光纤中越过 4 μm 吸收峰。随后光谱在 As_2S_3 光纤中进一步展宽至 6.5 μm，有利于能量越过 As_2Se_3 光纤中 4.56 μm 吸收峰实现光谱的进一步拓展。②阶跃折射率 As_2Se_3 光纤的色散设计。实验中通过设计高 NA 的 As_2Se_3 光纤，将光纤 ZDW 波长红移至 6 μm 左右，使得 As_2S_3 光纤输出光谱中更多的能量能够进入 As_2Se_3 光纤反常色散区，SSFS 等非线性效应得以有效地产生。同时高 NA 的光纤设计，增强了纤芯对长波光场的束缚能力，提高了光纤非线性系数，降低了长波限制损耗。③As_2S_3 光纤与 As_2Se_3 光纤之间的低损耗熔接，提高了超连续谱泵浦光耦合效率。④实验中控制泵浦光模式激发，实现了多模 As_2Se_3 光纤中宽谱范围内基模激发。

2021 年，丹麦科技大学团队通过将级联系统中掺铥光纤放大级替换为一段无源双包层掺铥光纤和一段 Ge/Tm 共掺光纤，进一步简化了双级联硫系玻璃光纤结构(图 8-20)[43]。其中 Ge/Tm 共掺光纤是通过在掺铥光纤中掺杂 Ge 元素，一方面将掺铥光纤的吸收峰向短波方向移动，另一方面也拓展了光纤长波传输窗口。实验中通过优化 Ge/Tm 共掺光纤的掺杂浓度，以及掺铥光纤和 Ge/Tm 共掺光纤长度，实现了 2 μm 以下短波光谱成分的有效吸收，同时也将超连续谱长波边拓展至约 3 μm。优化后 Ge/Tm 共掺光纤纤芯/包层直径为 12.5 μm/125 μm，1560 nm 波段的吸收系数约为 50 dB/m，长度约为 25 cm。双包层掺铥光纤纤芯/包层直径为 10 μm/128 μm，长度为 30 cm。

级联结构中 ZBLAN 光纤、As_2S_3 光纤和 As_2Se_3 光纤均为阶跃折射率光纤，纤芯直径分别为 7 μm 、9 μm 和 12 μm，各级软玻璃光纤长度的优化兼顾了光谱拓展和输出功率，优化后各级光纤的长度分别为 4.5 m、4 m 和 3 m。Ge/Tm 共掺光纤后各级光纤之间的耦合，均采用标准连接件实现，其中 Ge/Tm 光纤和 ZBLAN 光纤之间采用 FC/APC 跳线连接，耦合效率约为 67%；ZBLAN 光纤和 As_2S_3 光纤之间采用紧凑型耦合透镜组件实现连接，透镜采用 2～5 μm 波段增透的 BD 透镜，耦合效率约为 72%；As_2S_3 光纤和 As_2Se_3 光纤之间采用 FC/PC 跳线实现连接，耦合效率约为 88%。最终 As_2Se_3 光纤输出 20 dB 光谱范围覆盖 1.46～10.46 μm，输出功率为 86.6 mW，其中 3.6 μm 以上、4.5 μm 以上和 7.3μm 以上功率分别为 47.48 mW、27.43 mW 和 9.2 mW。

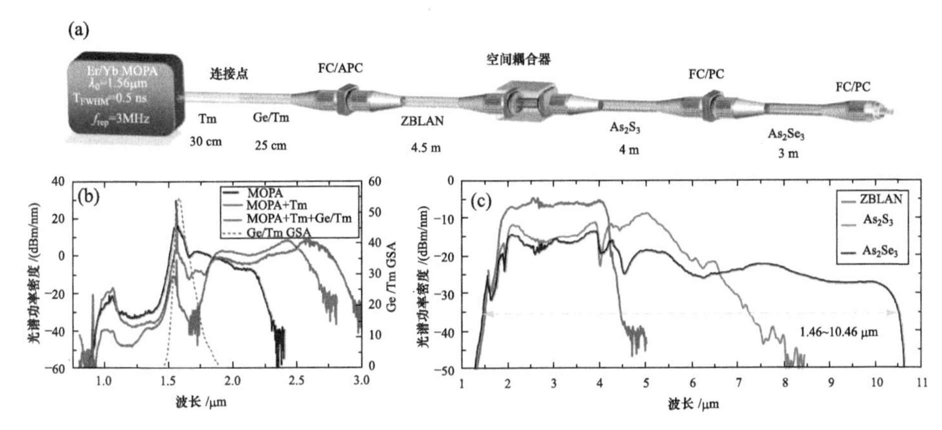

图 8-20　双级联硫系玻璃光纤超连续谱光源的(a)实验装置图；(b)级联结构中 MOPA 泵浦源、掺铥光纤和 Ge/Tm 光纤后的输出光谱；(c)各级软玻璃光纤输出光谱[43]

参 考 文 献

[1] Ebendorff-Heidepriem H. Non-silica microstructured optical fibers for infrared applications[C]. Proceedings of the OptoElectronics and Communication Conference and Australian Conference on Optical Fibre Technology, 2014, Melbourne: IEEE, 2014.

[2] Petersen C R, Møller U, Kubat I, et al. Mid-infrared supercontinuum covering the 1.4-13.3 μm molecular fingerprint region using ultra-high NA chalcogenide step-index fibre [J]. Nature Photonics, 2014, 8(11): 830-834.

[3] Zhao Z, Wu B, Wang X, et al. Mid-infrared supercontinuum covering 2.0-16 μm in a low-loss telluride single-mode fiber [J]. Laser & Photonics Reviews, 2017, 11(2): 1700005.

[4] Petersen C R, Engelsholm R D, Markos C, et al. Increased mid-infrared supercontinuum bandwidth and average power by tapering large-mode-area chalcogenide photonic crystal fibers [J]. Opt. Express, 2017, 25(13): 15336-15348.

[5] Zhang B, Yu Y, Zhai C, et al. High brightness 2.2-12 μm mid-infrared supercontinuum generation in a nontoxic chalcogenide step-index fiber [J]. Journal of the American Ceramic Society, 2016, 99(8): 2565-2568.

[6] Møller U, Yu Y, Kubat I, et al. Multi-milliwatt mid-infrared supercontinuum generation in a suspended core chalcogenide fiber [J]. Opt. Express, 2015, 23(3): 3282-3291.

[7] Yu Y, Zhang B, Gai X, et al. 1.8-10 μm mid-infrared supercontinuum generated in a step-index chalcogenide fiber using low peak pump power [J]. Opt. Lett., 2015, 40(6): 1081-1084.

[8] Zhang B, Guo W, Yu Y, et al. Low loss, high NA chalcogenide glass fibers for broadband mid-infrared supercontinuum generation [J]. Journal of the American Ceramic Society, 2015, 98(5):

1389-1392.

[9] Zhao Z, Wang X, Dai S, et al. 1.5-14 μm midinfrared supercontinuum generation in a low-loss Te-based chalcogenide step-index fiber [J]. Opt. Lett., 2016, 41(22): 5222-5225.

[10] Jayasuriya D, Petersen C R, Furniss D, et al. Mid-IR supercontinuum generation in birefringent, low loss, ultra-high numerical aperture Ge-As-Se-Te chalcogenide step-index fiber [J]. Opt. Mater. Express, 2019, 9(6): 2617-2629.

[11] Jiao K, Yao J, Wang X-G, et al. 1.2 μm-15.2 μm supercontinuum generation in a low-loss chalcohalide fiber pumped at a deep anomalous-dispersion region [J]. Opt. Lett., 2019, 44(22): 5545-5548.

[12] Luo B, Wang Y, DAI S, et al. Mid-infrared supercontinuum generation in As_2Se_3-As_2S_3 chalcogenide glass fiber with high NA [J]. J. Lightwave Technol., 2017, 35(12): 2464-2469.

[13] Ou H, Dai S, Zhang P, et al. Ultrabroad supercontinuum generated from a highly nonlinear Ge-Sb-Se fiber [J]. Opt. Lett., 2016, 41(14): 3201-3204.

[14] Jiao K, Yao J, Zhao Z, et al. Mid-infrared flattened supercontinuum generation in all-normal dispersion tellurium chalcogenide fiber [J]. Opt. Express, 2019, 27(3): 2036-2043.

[15] Lemière A, Désévédavy F, Mathey P, et al. Mid-infrared supercontinuum generation from 2 to 14 μm in arsenic- and antimony-free chalcogenide glass fibers [J]. J. Opt. Soc. Am. B, 2019, 36(2): A183-A192.

[16] Xing S, Kharitonov S, Hu J, et al. Linearly chirped mid-infrared supercontinuum in all-normal-dispersion chalcogenide photonic crystal fibers [J]. Opt. Express, 2018, 26(15): 19627-19636.

[17] Xue Z, Liu S, Zhao Z, et al. Infrared suspended-core fiber fabrication based on stacked chalcogenide glass extrusion [J]. J. Lightwave Technol, 2018, 36(12): 2416-2421.

[18] Lemière A, Désévédavy F, Kibler B, et al. Mid-infrared two-octave spanning supercontinuum generation in a Ge-Se-Te glass suspended core fiber [J]. Laser Physics Letters, 2019, 16(7): 075402.

[19] Ghosh A, Meneghetti M, Petersen C, et al. Chalcogenide-glass polarization-maintaining photonic crystal fiber for mid-infrared supercontinuum generation[C]. Proceedings of the The European Conference on Lasers and Electro-Optics, 2019 , Munich: Optical Society of America, 2019.

[20] Zhang N, Dai S, Peng X, et al. Ultrabroadband supercontinuum generation with high coherence property in chalcogenide tapered fiber with all normal dispersion[C]. Proceedings of the SPIE Optical Engineering+Applications, 2019, San Diego: SPIE, 2019.

[21] Zhang M, Li L, Li T, et al. Mid-infrared supercontinuum generation in chalcogenide fibers with high laser damage threshold [J]. Opt. Express, 2019, 27(20): 29287-29296.

[22] Leonov S O, Wang Y, Shiryaev V S, et al. Coherent mid-infrared supercontinuum generation in tapered suspended-core $As_{39}Se_{61}$ fibers pumped by a few-optical-cycle Cr:ZnSe laser [J]. Opt. Lett., 2020, 45(6): 1346-1349.

[23] Cheng T, Nagasaka K, Tuan T H, et al. Mid-infrared supercontinuum generation spanning 2.0 to 15.1 μm in a chalcogenide step-index fiber [J]. Opt. Lett., 2016, 41(9): 2117-2120.

[24] Yuan Y, Yang P, Peng X, et al. Ultrabroadband and coherent mid-infrared supercontinuum generation in all-normal dispersion Te-based chalcogenide all-solid microstructured fiber [J]. J.

Opt. Soc. Am. B, 2020, 37(2): 227-232.

[25] Lemière A, Bizot R, Désévédavy F, et al. 1.7-18 μm mid-infrared supercontinuum generation in a dispersion-engineered step-index chalcogenide fiber [J]. Results in Physics, 2021, 26: 104397.

[26] Jiao K, Wang X G, Liang X L, et al. Single-mode suspended large-core chalcohalide fiber with a low zero-dispersion wavelength for supercontinuum generation [J]. Opt. Expresss, 2022, 30(1): 641-649.

[27] Tong H T, Koumura A, Nakatani A, et al. Chalcogenide all-solid hybrid microstructured optical fiber with polarization maintaining properties and its mid-infrared supercontinuum generation [J]. Opt. Express, 2022, 30(14): 25433-25449.

[28] Singh S T, Trung H N P, Luo X, et al. Chalcogenide W-type co-axial optical fiber for broadband highly coherent mid-IR supercontinuum generation [J]. Journal of Applied Physics, 2018, 124(21): 213101.

[29] Gattass R R, Brandon S L, Nguyen V, et al. All-fiber chalcogenide-based mid-infrared supercontinuum source [J]. Optical Fiber Technology, 2012, 18(5): 345-348.

[30] Thapa R, Gattass R R, Nguyen V, et al. Low-loss, robust fusion splicing of silica to chalcogenide fiber for integrated mid-infrared laser technology development [J]. Opt. Lett., 2015, 40(21): 5074-5077.

[31] 叶斌, 戴世勋, 刘自军, 等. 2.7 μm 掺 Er^{3+}:ZBLAN 光纤激光器的研究进展 [J]. Laser & Optoelectronics Progress, 2015, 52(9): 31-36.

[32] Tang P, Qin Z, Liu J, et al. Watt-level passively mode-locked Er^{3+}-doped ZBLAN fiber laser at 2.8 μm [J]. Opt. Lett., 2015, 40(21): 4855-4858.

[33] Qin Z, Hai T, Xie G, et al. Black phosphorus Q-switched and mode-locked mid-infrared Er:ZBLAN fiber laser at 3.5μm wavelength [J]. Opt. Express, 2018, 26(7): 8224-8231.

[34] Wei C, Luo H, Shi H, et al. Widely wavelength tunable gain-switched Er^{3+}-doped ZBLAN fiber laser around 2.8 μm [J]. Opt. Express, 2017, 25(8): 8816-8827.

[35] Fortin V, Maes F, Bernier M, et al. Watt-level erbium-doped all-fiber laser at 3.44 μm [J]. Opt. Lett., 2016, 41(3): 559-562.

[36] Woodward R I, Majewski M R, Bharathan G, et al. Watt-level dysprosium fiber laser at 3.15 μm with 73% slope efficiency [J]. Opt. Lett., 2018, 43(7): 1471-1474.

[37] Ma J, Qin Z, Xie G, et al. Review of mid-infrared mode-locked laser sources in the 2.0 μm-3.5 μm spectral region [J]. Applied Physics Reviews, 2019, 6(2): 021317.

[38] Luo H, Yang J, Liu F, et al. Watt-level gain-switched fiber laser at 3.46 μm [J]. Opt. Express, 2019, 27(2): 1367-1375.

[39] Hudson D D, Antipov S, Li L, et al. Toward all-fiber supercontinuum spanning the mid-infrared [J]. Optica, 2017, 4(10): 1163-1166.

[40] Robichaud L R, Duval S, Pleau L P, et al. High-power supercontinuum generation in the mid-infrared pumped by a soliton self-frequency shifted source [J]. Opt. Express, 2020, 28(1): 107-115.

[41] Petersen C R, Moselund P M, Petersen C, et al. Mid-IR supercontinuum generation beyond 7 μm using a silica-fluoride-chalcogenide fiber cascade[C]. Proceedings of the SPIE BiOS, 2016 San

Francisco: SPIE, 2016.
[42] Petersen C R, Moselund P M, Petersen C, et al. Spectral-temporal composition matters when cascading supercontinua into the mid-infrared [J]. Opt. Express, 2016, 24(2): 749-758.
[43] Woyessa G, Kwarkye K, Dasa M K, et al. Power stable 1.5-10.5 μm cascaded mid-infrared supercontinuum laser without thulium amplifier [J]. Opt. Letters, 2021, 46(5): 1129-1132.
[44] Robichaud L R, Fortin V, Gauthier J C, et al. Compact 3-8 μm supercontinuum generation in a low-loss As_2Se_3 step-index fiber [J]. Opt. Lett., 2016, 41(20): 4605-4608.
[45] Guo K, Martinez R A, Plant G, et al. Generation of near-diffraction-limited, high-power supercontinuum from 1.57 μm to 12 μm with cascaded fluoride and chalcogenide fibers [J]. Appl. Opt., 2018, 57(10): 2519-2532.
[46] Martinez R A, Plant G, Guo K, et al. Mid-infrared supercontinuum generation from 1.6 to >11μm using concatenated step-index fluoride and chalcogenide fibers [J]. Opt. Lett., 2018, 43(2): 296-299.
[47] Venck S, St-Hilaire F, Brilland L, et al. 2-10 μm mid-infrared fiber-based supercontinuum laser source: experiment and simulation [J]. Laser & Photonics Reviews, 2020, 14(6): 2000011.
[48] Kneis C, Robin T, Cadier B, et al. Generation of broadband mid-infrared supercontinuum radiation in cascaded soft-glass fibers[C]. Proceedings of the SPIE LASE, San Francisco: SPIE, 2016.
[49] Yin K, Zhang B, Yao J, et al. Toward high-power all-fiber 2-5 μm supercontinuum generation in chalcogenide step-index fiber [J]. J. Lightwave Technol., 2017, 35(20): 4535-4539.
[50] Théberge F, Bérubé N, Poulain S, et al. Infrared supercontinuum generated in concatenated InF_3 and As_2Se_3 fibers [J]. Opt. Express, 2018, 26(11): 13952-13960.
[51] Petersen C R, Lotz M B, Woyessa G, et al. Nanoimprinting and tapering of chalcogenide photonic crystal fibers for cascaded supercontinuum generation [J]. Opt. Lett., 2019, 44(22): 5505-5508.
[52] Yao J, Zhang B, Yin K, et al. The 2 μm to 6 μm mid-infrared supercontinuum generation in cascaded ZBLAN and As_2Se_3 step-index fibers [J]. Chinese Physics B, 2019, 28(8): 084209.
[53] 姚金妹, 张斌, 侯静. 2.3～9.5 μm 全光纤中红外超连续谱光源 [J]. Chinese Journal of Lasers, 2020, 47(12): 1216002-1216001.
[54] Yan B, Huang T, Zhang W, et al. Generation of watt-level supercontinuum covering 2-6.5 μm in an all-fiber structured infrared nonlinear transmission system [J]. Opt. Express, 2021, 29(3): 4048-4057.
[55] Huang T, Xia K, Wang J, et al. 730 mW, 2-8 μm supercontinuum generation and the precise estimation of multi-pulse spectral evolution in the soft-glass fibers cascaded nonlinear system [J]. Opt. Expresss, 2021, 29(25): 40934-40946.
[56] Chenard F, Alvarez O, Moawad H. MIR chalcogenide fiber and devices[C]. Proceedings of the Optical Fibers and Sensors for Medical Diagnostics and Treatment Applications XV, 2015, San Francisco: SPIE, 2015.
[57] 姚金妹. 基于级联软玻璃光纤的超连续谱光源研究 [D]. 长沙: 国防科技大学, 2020.

第 9 章 中红外光纤超连续谱激光的应用

由于中红外光纤超连续谱光源具有宽带的光谱以及良好的光束质量，近年来不断被应用于科学研究和生产生活领域，并取得了显著的应用效果。本章对中红外超连续谱激光器的应用进行简要介绍。

9.1 中红外光学相干层析成像

光学相干层析(OCT)成像是一种通过测量样品的后向散射光的干涉信号来获得样品内部层析结构的成像技术，在工业检测、生物医学等领域都有着广泛的应用。目前可见光和近红外波段超连续谱光源已成功与 OCT 系统相结合，实现了角膜[1]、晶状体、视网膜[1]、手掌[2]、牙龈[3]、支气管[4]等生物组织的三维成像。受限于探测光在样品中的强散射，OCT 成像深度被限制在几十至几百微米[5]。相对于可见光和近红外波段，中红外光源具有穿透深度上的优势，可以提升 OCT 系统的成像深度。

2019 年，丹麦科技大学采用中红外超连续谱光源作为照明光源，实现了轴向分辨率为 8.6 μm，横向分辨率为 15 μm 的中红外 OCT 成像[6]。基于 ZBLAN 光纤的中红外超连续谱光源输出光谱范围为 0.6～4.7 μm，波长 3.5 μm 以上功率为 40 mW。图 9-1(a)给出了实验中待测陶瓷堆栈结构示意图，图 9-1(b)和(c)分别为 1.3 μm 波段和 4 μm 波段 OCT 成像系统对陶瓷堆栈的横断面成像。可以看出，采用 4 μm 波段中红外超连续谱作为 OCT 系统的照明光源，可以获得陶瓷堆栈更深层的结构信息。实验中还对比了 1.3 μm 近红外和 4 μm 中红外 OCT 成像系统对半导体硅晶片、信用卡芯片等具有不同散射特性物品的 OCT 成像，均证实了采用 4 μm 波段中红外超连续谱作为 OCT 系统的照明光源，可以有效提高 OCT 系统的成像深度。

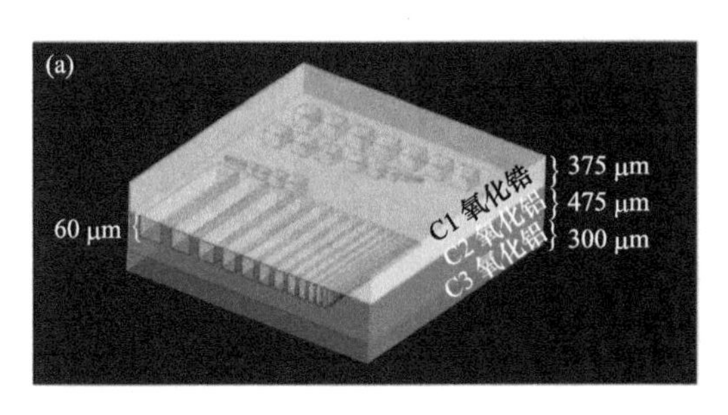

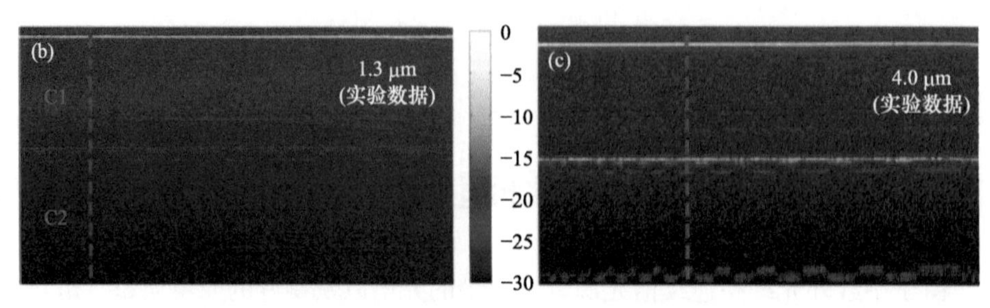

图 9-1 陶瓷堆栈 OCT 成像[6]：(a)结构图；(b)1.3 μm 波段(c)4 μm 波段横断面成像

2021 年，芬兰坦佩雷大学报道了一种在中红外范围内实现高分辨率和高灵敏度傅里叶域 OCT 成像技术的简单方法[7]，所提出的 OCT 系统采用基于 InF_3 光纤的中红外超连续谱光源，光谱范围覆盖了 3.1～4.2 μm 波段，3 μm 波长以上的平均功率为 16 mW。他们采用专门设计的基于单 InAsSb 点探测器的色散扫描光谱仪进行检测。该光谱仪能够在 3140～4190 nm 的光谱范围内进行结构 OCT 成像，其特征灵敏度超过 80 dB，轴向分辨率优于 8 μm。该研究中，OCT 系统被用于对多孔陶瓷样品和过渡阶段生坯零件的成像[7]。

9.2 中红外光谱学

在获取分子信息(即分子结构)进行定性或定量化学分析方面，红外光谱学是最常用、最成熟的实验室技术。当使用红外光源照射物质分子时，由于不同的化学键或官能团吸收频率不同，每个分子只吸收与其振动、转动频率相一致的红外光，因而不同物质分子所得到的吸收光谱不同，利用吸收光谱来识别测量物质分子的方法称为“红外光谱法”[8]。该方法具有特征性强、测定快速、不破坏试样、试样用量少、操作简便等显著优点。然而传统意义上光谱仪器使用的测定光源是非相干的热辐射光源，如能斯特灯和硅碳棒等，相对而言，高亮度、空间相干性好的光纤超连续谱激光光源可以显著降低对于辐射源的平均功率要求，同时还可以提供更高的谱分辨能力。

9.2.1 环境监测和食品安全

中红外波段包含了众多常见气体吸收谱，如 NO、SO_2 等大气污染气体，甲烷(CH_4)、氨气(NH_3)、二氧化碳(CO_2)、一氧化碳(CO)等温室气体以及乙烯(ethylene)、丙酮(acetone)等有机气体[9]。各种气体和吸收谱线对应关系如图 9-2 所示。这些气体的检测常见于能源发电、石油、天然气和食品生产等行业。采用中红外超连续谱光源结合吸收光谱技术可以实现气体非接触式、低成本、高精度测量。

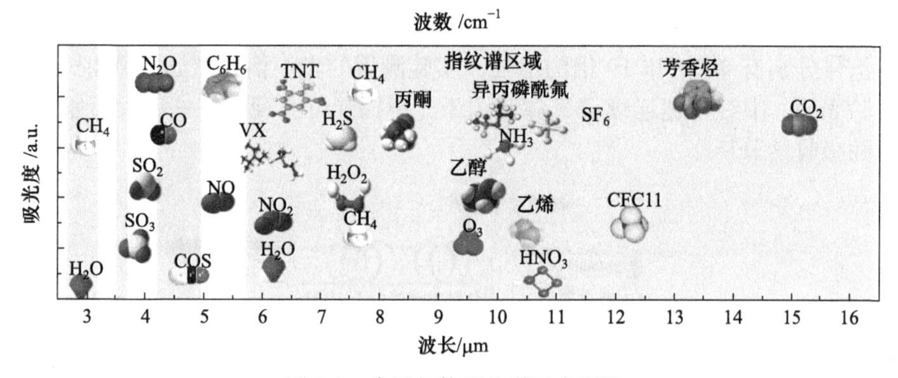

图 9-2　常见气体吸收谱示意图[9]

在环境监测方面，近年来中红外超连续谱激光亦被应用于众多研究。2018 年，奥地利化学技术与分析研究所在一套基于多次反弹衰减原理的全反射探测装置中，将传统的热源替换为光谱覆盖范围为 1.75～4.2 μm、平均功率为 75 mW 的中红外超连续谱光源，实现了对过氧化氢水溶液浓度的探测[10]，如图 9-3 所示。与传统的测量装置相比，改进后的测量装置将噪声抑制性能提升了 4 倍，将探测极限提高了 3 倍，实现了对浓度为 0.1%左右的过氧化氢水溶液浓度的快速在线探测。

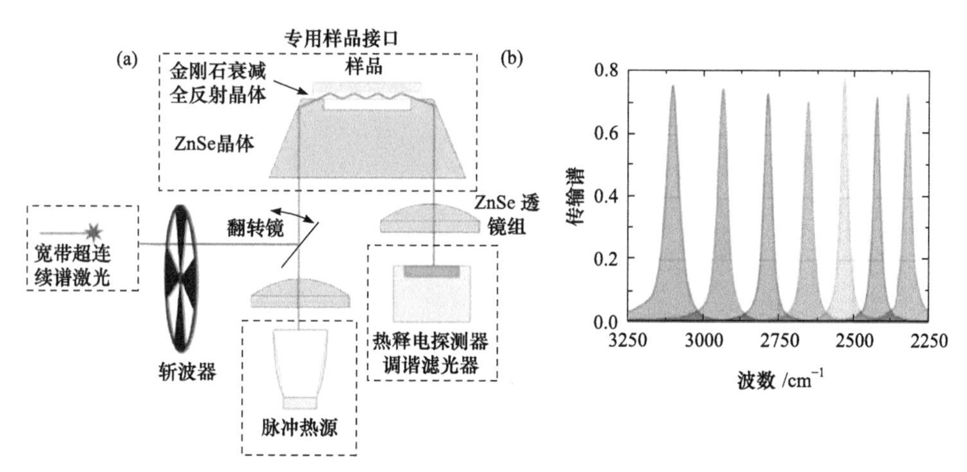

图 9-3　基于多次反弹衰减原理的全反射探测装置的(a)结构示意图与(b)法布里-珀罗滤波光谱仪在不同控制电压和调谐状态下的透射谱[10]

2018 年，芬兰坦佩雷科技大学将传统的光声光谱测量系统中的黑体辐射源替换为中红外超连续谱光源，获得了较现有系统更高的光声信号强度和更高的信噪比，其实验装置结构如图 9-4(a)所示[11]。他们分别用基于传统的黑体辐射源的测量系统和基于中红外超连续谱光源的测量系统对 1900 nm 附近水蒸气的吸收峰和

3300 nm 附近甲烷的吸收峰进行了测量，基于中红外超连续谱光源的测量系统获得的信号分别有 70 倍和 19 倍的增强，实验测得的光声信号谱如图 9-4(b)所示。该实验表明，中红外超连续谱光源应用于光声探测可实现中红外波段灵敏以及大带宽的吸收谱分析。

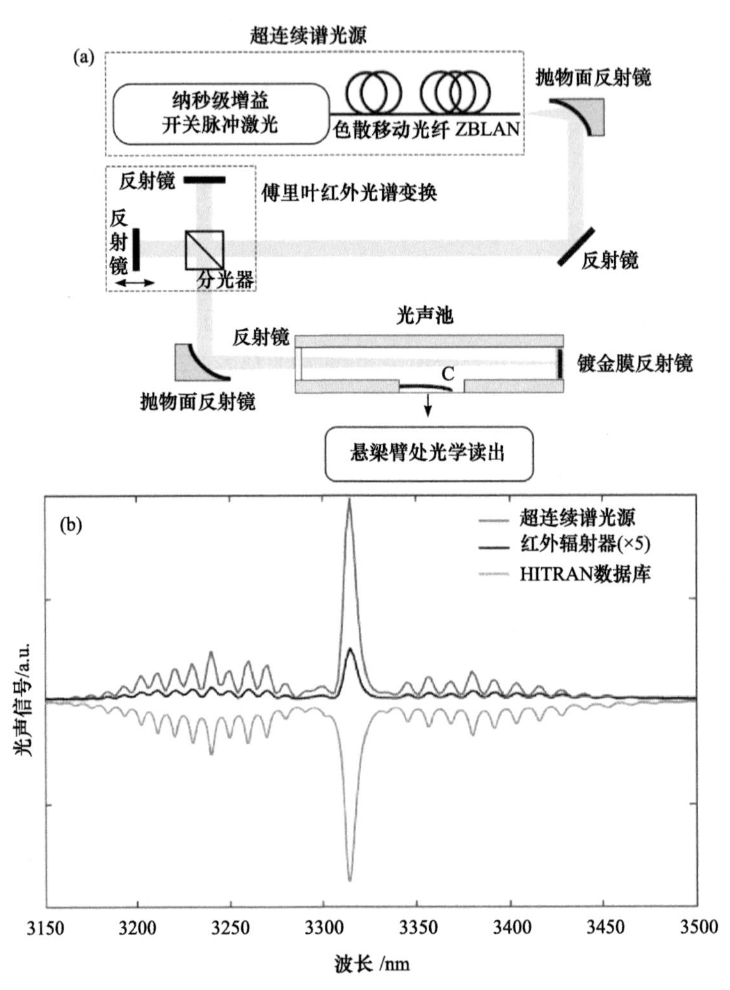

图 9-4　(a)实验装置示意图；(b)以超连续谱光源和以黑体辐射源为光源，实验测得的浓度为 400 ppm 的甲烷的吸收光谱[11]

食品安全方面，2019 年，荷兰拉德堡德大学采用光谱范围覆盖 1.5～4.2 μm 波段的中红外超连续谱光源结合多程吸收池，实现了对水果储存空间内乙烯、乙醇、乙酸乙酯、乙醛、甲醇、丙酮等多气体并行亚 ppmv 级动态监测[12]。这种基于中红外超连续谱光源的微量气体传感器可以用于预警农产品储存过程中大规模腐败的发生。2019 年，密歇根大学采用 1.6～11 μm 波段中红外超连续谱光源检测炸薯条中丙烯酰胺($CH_2=CHCONH_2C_3H_5NO$)的含量[13]，预防高温烹饪后碳水化合物(如马铃薯、饼干、咖啡等)存在潜在的致癌性，初步验证了中红外超连续谱光源用于无接触食品安全检测的可行性。

9.2.2　分子指纹谱识别

2011 年，法国空天实验室利用 ZBLAN 光纤产生的 2～3.8 μm 超连续谱作为光源，提出了可识别和测量多组分大气成分的系统设计方案[14]。图 9-5(a)给出了将超连续谱应用于气体吸收光谱探测的原理图，他们从理论上分析了该系统方案的可行性，并开展了前期的验证性实验。从图 9-5(b)给出的 1.8～4.3 μm 范围内多种气体分子的吸收谱线位置，可以看出不同气体分子的吸收谱形状和位置均不相同，因此它们又称为可用于识别分子类别的“分子指纹谱”。2014 年，法国空天实验室在实验上完成了利用光纤超连续谱作为测试光源的中红外气体吸收光谱仪，并高精度测量了 3.3～3.5 μm 存在吸收谱线的甲烷气体的含量，测量标准差

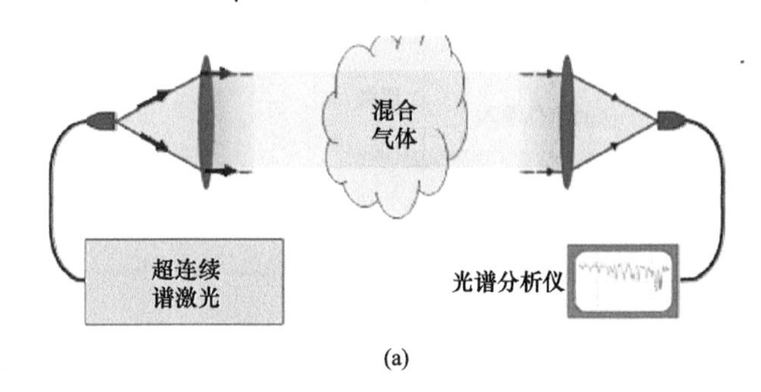

(a)

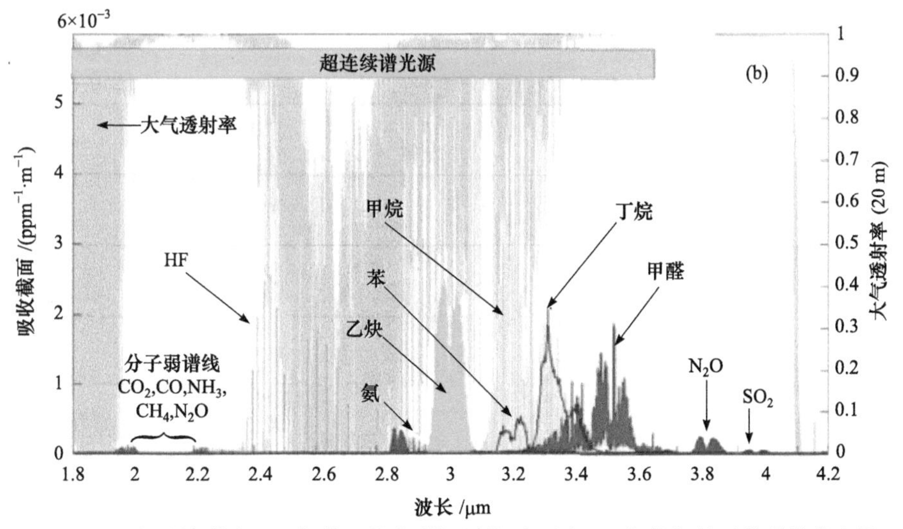

图 9-5　(a)超连续谱应用于气体吸收光谱探测的原理图；(b)气体红外吸收谱线分布图

为 1.3 %[15]。除了气体分子以外，各种化合物和其他材料也有类似的指纹谱，当然也可以用红外光谱学来识别和测定这些物质材料。

等离子体是复杂的系统，以良好的灵敏度对其进行成分测量是具有挑战性的。2022 年，丹麦科技大学报道了基于中红外超连续谱的傅里叶变换光谱分析技术进行等离子体成分分析的研究[16]。其实验装置由一台中红外超连续谱光源和傅里叶变换红外(FTIR)光谱仪等组成，如图 9-6 所示，所使用的超连续谱光源的光谱覆盖范围为 1300～2700 cm^{-1}(波长范围为 3.7～7.7 μm)。首先使用氮气–二氧化碳混合气体(二氧化碳浓度 0.05%～2.5%)进行实验装置测试，测得的浓度值与设定值之间的相关系数为 0.9995，平均误差为 2%[16]。在此基础上，该研究进一步对 CO_2 和 CH_4 混合气体在 18 kV 高压放电条件下形成的等离子体的成分进行了测量分析。通过使用相关数据库与测得的吸收谱进行辅助比对，实现了对丙酮(C_3H_6O)、乙醛(C_2H_4O)、乙烯(C_2H_4)的检出，并对其浓度进行了测量[16]。该研究通过在低压条件下准确识别和测定各种反应产物(如氮氧化物和碳氧化物)，包括具有重

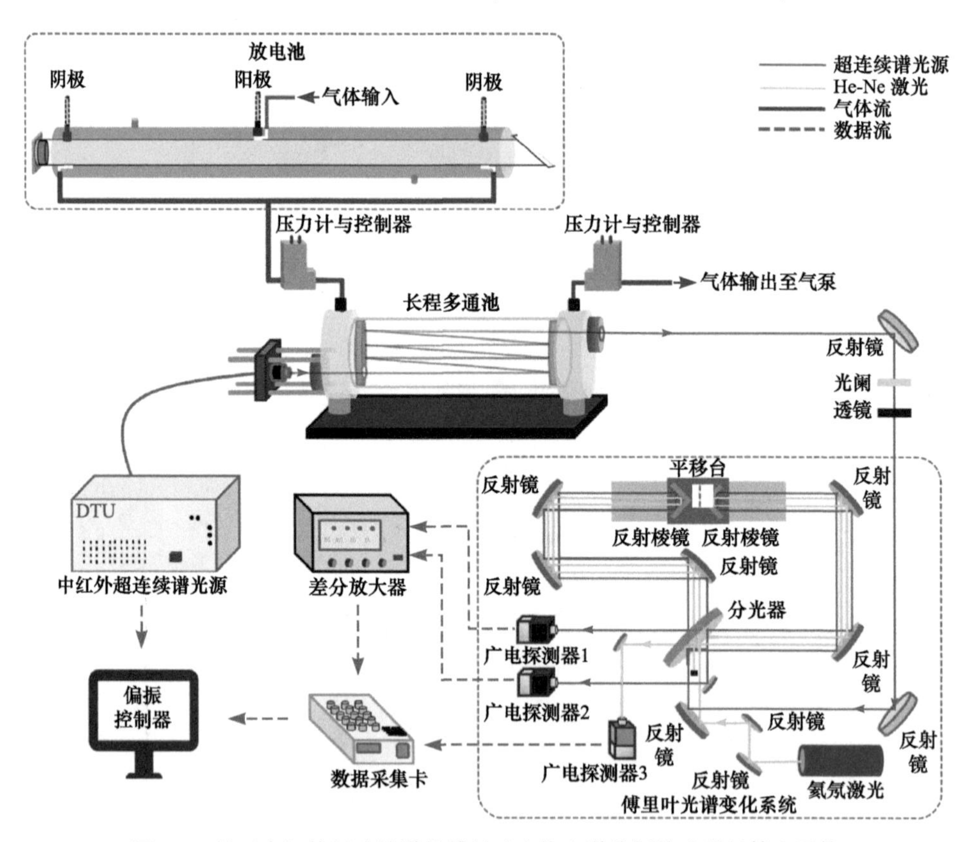

图 9-6 基于中红外超连续谱的傅里叶变换光谱分析技术进行等离子体成分分析实验装置示意图[16]

叠吸收特征的分子种类(如丙酮、乙醛、甲醛等)，证明了其在等离子体应用中的潜力[16]。

9.3　生物医学及显微成像

中红外波段内存在多种有机物分子特定官能团的吸收峰(分子指纹谱)[17]，如表 9-1 所示。由于该指纹区对整个分子结构很敏感，具有高度的特征性，因此可以通过对比红外光谱的标准谱图对生物组织进行实时判别。在病理学中，中红外超连续谱光源结合红外光谱成像技术，可以识别生物组织特定区域[18, 19]，尤其是与癌症发展直接相关的上皮组织和结缔组织。

表 9-1　2～10 μm 波段常见官能团红外吸收谱[20]

	波数/cm⁻¹	波长/μm		波数/cm⁻¹	波长/μm
C—O—H	3000～3500	2.9～3.3	—C≡N—	2200～2400	4.3～4.5
R—N(—)—H	3000～3500	2.9～3.3	—C≡C—	2200～2400	4.3～4.5
>C=C<H	3000～3300	3.0～3.3	>C=O	1680～1840	5.4～5.9
—C≡C—H	3000～3300	3.0～3.3	>C=C<	1550～1680	5.9～6.5
H—C(=C)(R)—H	2850～3000	3.3～3.5	⌬	1550～1680	5.9～6.5
			>C—O—	1080～1210	8.3～9.4

2012 年，丹麦科技大学率先将基于 ZBLAN 光纤的中红外超连续谱激光光源应用到显微成像领域[21]。图 9-7 给出了红外显微成像技术对油水混合体的成像图。图 9-7(a)为可见光波段成像图，无法区分水和油；图 9-7(b)给出了在波长 3050 nm

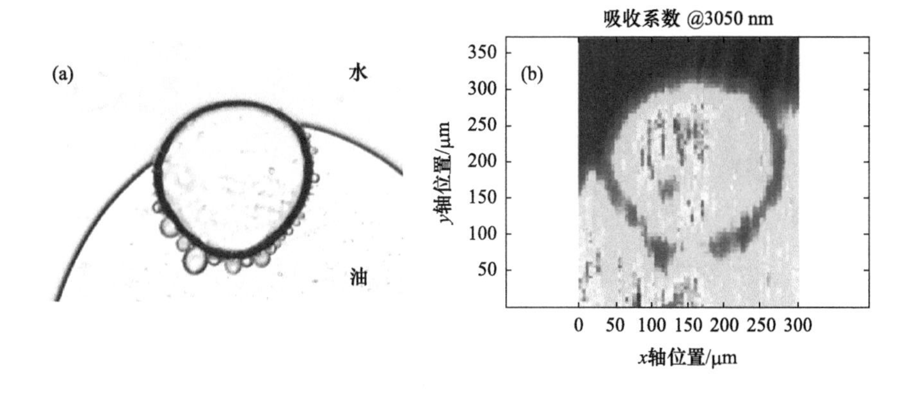

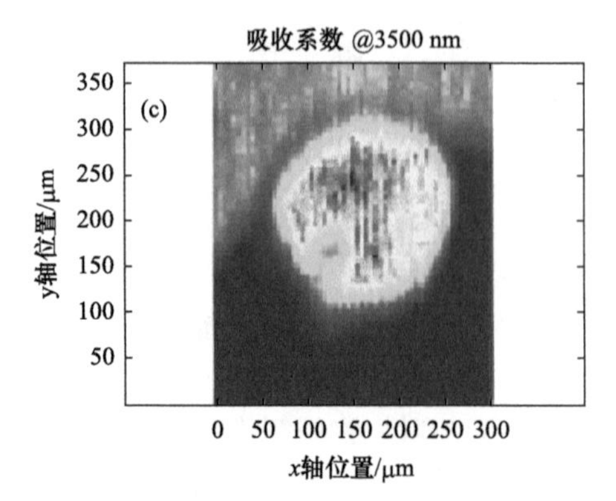

图 9-7　油水混合体成像图：(a)可见光；(b)3050 nm；(c)3500 nm[21]

处的成像图，可见水比油具有更强的吸收；而图 9-7(c)给出了在波长 3500 nm 处的成像图，这时油比水具有更强烈的吸收。由此可见，通过中红外光谱成像技术可以快速区分不同物质。

癌症作为剥夺人类生命的重大顽疾，同样有望通过中红外成像光谱学进行早期诊断，从而提高病人的治愈率。2013 年，欧盟委员会提出了“Minerva 计划”，该计划由英国古奇公司牵头实施，并有如 NKT 光子公司、丹麦科技大学等多家研究单位参与[22]。“Minerva 计划”旨在从中红外非线性光纤、中红外泵浦源、光谱成像探测系统和数据处理程序四大部分入手，搭建能够胜任高容量病理学分析、实时非接触活体细胞检测技术的中红外光谱成像系统[23]。其中，研究中红外非线性光纤和中红外泵浦源的目的是获得光谱覆盖 1.5～12 μm 的宽带超连续谱激光光源。

图 9-8(a)给出了人体前列腺组织的红外波段成像图。通过计算机处理这些红外图像数据，结合多变量分析方法和特征谱匹配等技术，有望直接对人体组织是否癌变进行早期判断。图 9-8(b)给出了“Minerva 计划”提出的基于计算机系统的判别流程。

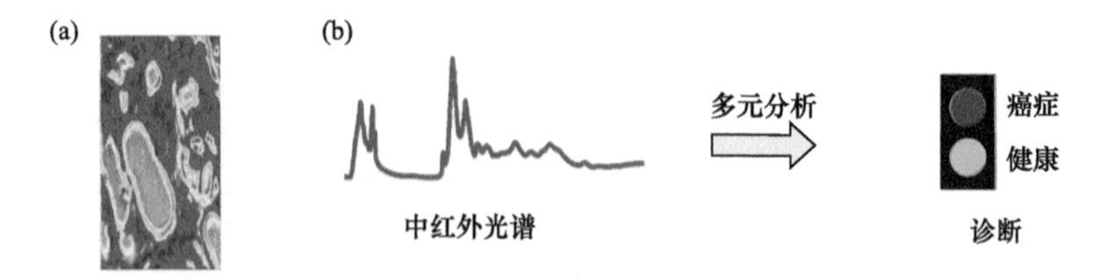

图 9-8　(a)前列腺组织的红外成像图；(b)“Minerva 计划”的计算机判别流程

2018 年，丹麦科技大学采用光谱范围覆盖酰胺Ⅰ、Ⅱ蛋白谱带(6.03 μm、6.45 μm)，脂酸酯(5.7 μm)和 C—H 键(7.3 μm)的 2～7.5 μm 波段中红外超连续谱光源作为照明光源，获得了不同波段下结肠组织显微成像[24]，验证了中红外超连续谱光源用于多光谱无损组织成像的可行性。图 9-9(a)为结肠组织切片染色后的H&E 图像，其中外核区域染色较深，胞浆内部区域染色较浅。图 9-9(b)为采用可见光获得的无标记组织显微成像图。图 9-9(c)～(e)分别为利用中红外超连续谱光源获得的 6.03 μm、6.45 μm 和 7.3 μm 波段无标记组织显微成像图。图 9-9(f)为综合图 9-9(c)～(e)形成的假彩色图像。通过对比图 9-9(b)和(f)可以看出，相对于可见光成像，中红外波段合成的假彩色图像可以更好地识别结肠组织不同区域，同时避免了组织切片和染色剂对细胞的破坏。2018 年，法国同步辐射光源机构和澳大利亚无损检测研究中心分别将 1.9～4.0 μm 和 1.5～4.5 μm 中红外超连续谱应用于傅里叶变换光谱学中，实现了肝脏组织[19]和红细胞[25]的衍射极限光学成像。

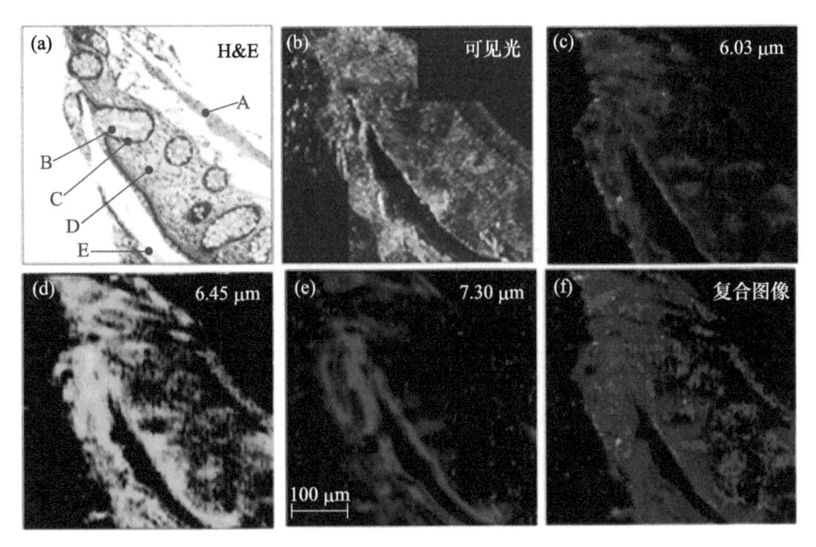

图 9-9 结肠组织显微成像[24]：(a)H&E 图像；(b)可见光波段显微成像；(c)6.03 μm 波段显微成像；(d)6.45 μm 波段显微成像；(e)7.30 μm 波段显微成像；(f)假彩色图

2018 年，法国 Soleil 同步辐射光源中心的研究人员将光谱范围为 1.9～4.0 μm、平均功率为 2 W 的中红外超连续谱光源应用于傅里叶变换光谱学中，用以替换同步辐射光源，获得了肝脏组织的衍射受限的分辨率图像(分辨率为 3 μm)[19]，如图 9-10 所示；并将其与采用同步辐射光源获得的显微图像进行了对比分析，说明了中红外超连续谱光源用于傅里叶变换红外光谱显微技术领域时，与基于传统光源的测量系统相比，具有体积小、快速、高分辨率等优势[19]。

2023 年，奥地利无损检测公司展示了一种基于多维单像素成像的宽视场高光谱中红外显微镜[26]。该显微镜的实验结构如图 9-11 所示，采用高亮度超连续谱源进行宽带(1.55～4.5 μm)样品照明。高光谱成像能力是通过单个微光机电数字微镜

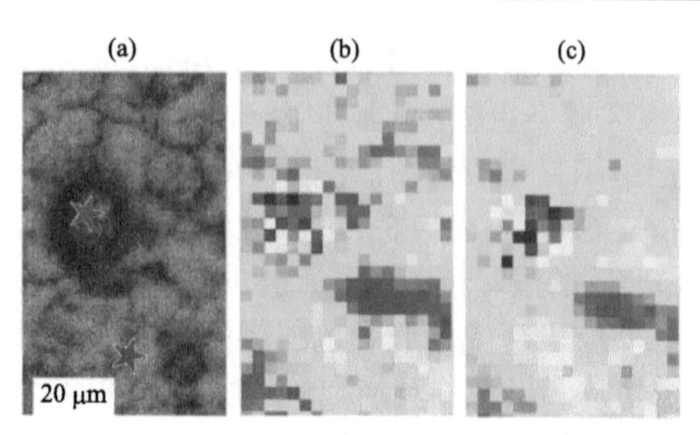

图 9-10 基于中红外光纤超连续谱光源和同步辐射光源获取的肝脏囊泡中 CH_2 基团位于 2920 cm^{-2} 处的吸收光谱图像对比[19]：(a)成像区域的可见光图像；(b)基于同步辐射光源，128 次扫描所得图像；(c)基于中红外光纤超连续谱激光器，16 次扫描所得图像

器件(DMD)实现的，该器件能够区分出空间和光谱差异。为此，DMD 的工作光谱带宽被显著扩展到中红外光谱区域。在所提出的设计中，DMD 完成了两项基本任务。一方面，作为单像素成像方法的标准，DMD 按顺序屏蔽捕捉到的场景，从而在几十毫秒的时间范围内实现衍射受限的成像。另一方面，微镜处的衍射导致投影场的色散，从而允许在不应用诸如光栅或棱镜之类的附加色散光学元件的情况下进行波长选择。在实验部分，首先对高光谱显微镜的成像和光谱能力进行了表征。空间分辨率和光谱分辨率分别通过测试目标和线性可变滤波器进行评估。在 4.15 μm 的波长下，获得了 4.92 μm 的空间分辨率，其固有光谱分辨率优于 118.1 nm。此外，提出并讨论了一种大幅提高光谱分辨率的后处理方法。中红外高光谱显微镜在聚合物化合物和红细胞的无标记化学成像和检查中的性能得到了证明。阿达玛(Hadamard)采样的 64×64 图像的采集和重建过程分别在 450 ms 和 162 ms 内完成。因此，该研究结合了可调视场和可调空间分辨率带来的灵活性，所展示的设计大大提高了中红外化学和生物医学成像中的样本吞吐量。

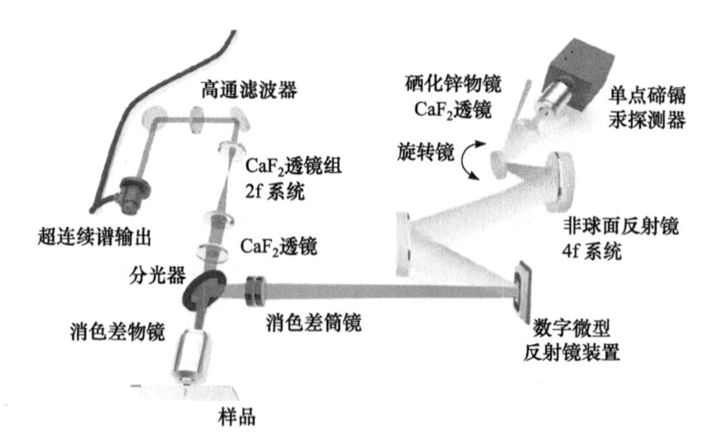

图 9-11 基于多维单像素成像的宽视场高光谱中红外显微镜实验装置示意图[26]

9.4 国 防 应 用

由于大气中如 H_2O 和 CO_2 等主要气体分子的吸收和散射作用，所以电磁波谱存在一些传输损耗较低的大气窗口[27, 18]。图 9-12 给出了采用大气模拟软件 HITRAN 计算的标准大气压下夏季中纬度地区海平面的大气透过率，计算波长范围为 0.5～6 μm。可以看出，2～5 μm 包含了部分短波红外波段(2～2.5 μm)和整个中红外波段范围(3～5 μm)内的大气窗口，窗口内电磁波具有较高透过率。

目前，基于红外制导技术的精确制导武器被广泛应用[29-31]。图 9-12 给出了常见红外热寻的导引头的典型工作波段[32]，其中波段 I 对应航空飞行器发动机的金属热辐射，波段 II 和波段 IV 对应发动机喷焰的热辐射。在军事领域，红外热寻的导弹是各类军用飞机的重要威胁，影响着交战双方对制空权的争夺。而大量热寻的导弹流落到极端和恐怖分子之手，也给民用航空飞行器安全带来了巨大挑战。采用主动红外对抗的方法，利用高亮度的红外激光对敌方光电设备进行压制、破坏，是保证航空飞行器安全的重要手段[33, 34]。相比于输出波长单一、调谐困难的光参量振荡器和量子级联激光器而言，超连续谱激光光源具有空间相干性好、光谱范围宽的先天优势，是一种能够覆盖敌方红外探测器工作波段的完美光源[32, 35]。

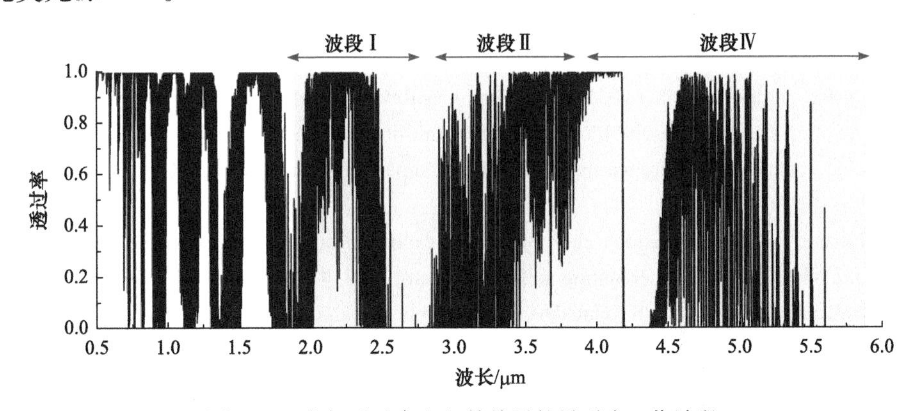

图 9-12　大气透过率和红外热寻的导引头工作波段

另外，光谱范围处于大气窗口的超连续谱激光，凭借其传输损耗低、空间相干性好等优点，可以被用于远距离红外照明领域[36]。结合成像光谱仪，还可以应用于高光谱成像[37, 38]、光谱激光雷达[39, 40]等领域。相比于传统照明弹，宽谱超连续谱激光可以在超远距离下对目标进行持续红外照明，隐蔽性高，增加了敌方防御难度。

参 考 文 献

[1] Nishiura M, Kobayashi T, Adachi M, et al. In vivo ultrahigh-resolution ophthalmic optical coherence tomography using Gaussian-shaped supercontinuum [J]. Japanese Journal of Applied Physics, 2010, 49(1): 012701.

[2] Maria M, Bravo Gonzalo I, Feuchter T, et al. Q-switch-pumped supercontinuum for ultra-high resolution optical coherence tomography [J]. Opt. Lett., 2017, 42(22): 4744-4747.

[3] John P, Vasa N J, Sujatha N, et al. Glucose sensing in human gingival tissue using supercontinuum source based differential absorption optical coherence tomography[C]. Proceedings of the IEEE Sensors(28-31 Oct. 2018), 2018, New Delhi, 2018.

[4] Barrick J, Doblas A, Gardner M, et al. High-speed and high-sensitivity parallel spectral-domain optical coherence tomography using a supercontinuum light source [J]. Opt. Lett., 2016, 41(24): 5620-5623.

[5] Chin C C. Advancement in application of supercontinuum sources in biomedical imaging and OCT [D]. Canterbury: University of Kent, 2018.

[6] Israelsen N M, Petersen C R, Barh A, et al. Real-time high-resolution mid-infrared optical coherence tomography [J]. Light: Science & Applications, 2019, 8(1): 11.

[7] Zorin I, Gattinger P, Prylepa A, et al. Time-encoded mid-infrared Fourier-domain optical coherence tomography [J]. Opt. Lett., 2021, 46(17): 4108-4111.

[8] McCracken R A, Zhang Z, Reid D T. Recent advances in ultrafast optical parametric oscillator frequency combs [J]. Optice, 2014, 53(12): 122605.

[9] Zhao Z, Wu B, Wang X, et al. Mid-infrared supercontinuum covering 2.0-16 μm in a low-loss telluride single-mode fiber [J]. Laser & Photonics Reviews, 2017, 11(2): 1700005.

[10] Gasser C, Kilgus J, Harasek M, et al. Enhanced mid-infrared multi-bounce ATR spectroscopy for online detection of hydrogen peroxide using a supercontinuum laser [J]. Opt. Express, 2018, 26(9): 12169-12179.

[11] Mikkonen T, Amiot C, Aalto A, et al. Broadband cantilever-enhanced photoacoustic spectroscopy in the mid-IR using a supercontinuum [J]. Opt. Lett., 2018, 43(20): 5094-5097.

[12] Eslami Jahromi K, Pan Q, Khodabakhsh A, et al. A broadband mid-infrared trace gas sensor using supercontinuum light source: applications for real-time quality control for fruit storage [J]. Sensors, 2019, 19(10): 2334.

[13] Guo K, Demory B, Meah S Z, et al. Non-destructive detection of acrylamide in potato fries with a high-power SWIR supercontinuum laser[C]. Proceedings of the SPIE LASE, 2019 , San Francisco,2019.

[14] Cezard N, Dobroc A, Canat G, et al. Supercontinuum laser absorption spectroscopy in the mid-infrared range for identification and concentration estimation of a multi-component atmospheric gas mixture [M]//SINGH U N, PAPPALARDO G. Lidar Technologies, Techniques, and Measurements for Atmospheric Remote Sensing Vii. Bellingham: SPIE-Int Soc Optical Engineering, 2011.

[15] Cézard N, Canat G, Dobroc A, et al. Fast and wideband supercontinuum absorption spectroscopy in the mid-IR range [Z]. Imaging and Applied Optics 2014. Seattle, Washington: Optical Society of America. 2014: LW4D.4.10.1364/LACSEA.2014.LW4D.4.
[16] Krebbers R, Liu N, Jahromi K E, et al. Mid-infrared supercontinuum-based Fourier transform spectroscopy for plasma analysis [J]. Scientific Reports, 2022, 12(1): 9642.
[17] Allen M G. Diode laser absorption sensors for gas-dynamic and combustion flows [J]. Measurement Science & Technology, 1998, 9(4): 545-562.
[18] Seddon A B, Benson T M, Sujecki S, et al. Towards the mid-infrared optical biopsy[C]. Proceedings of the SPIE BiOS, San Francisco,2016.
[19] Borondics F, Jossent M, Sandt C, et al. Supercontinuum-based Fourier transform infrared spectromicroscopy [J]. Optica, 2018, 5(4): 378-381.
[20] Troles J, Venck S, Cozic S, et al. Mid-infrared detection of organic compounds with a 2-10 μm supercontinuum source generated from concatenated fluoride and chalcogenide fibers (Conference Presentation) [C]. Proceedings of the SPIE BiOS, San Francisco,2020.
[21] Moselund P M, Petersen C, Dupont S, et al. Supercontinuum: broad as a lamp, bright as a laser, now in the mid-infrared [Z]. Society of Photo-Optical Instrumentation Engineers (SPIE) Conference Series, 2012: 31
[22] Minerva 计划. http://minerva-project.eu/ [Z]. 2020.
[23] Minerva project newsletter #5 [Z]. 2015.
[24] Petersen C R, Prtljaga N, Farries M, et al. Mid-infrared multispectral tissue imaging using a chalcogenide fiber supercontinuum source [J]. Opt. Lett., 2018, 43(5): 999-1002.
[25] Kilgus J, Langer G, Duswald K, et al. Diffraction limited mid-infrared reflectance microspectroscopy with a supercontinuum laser [J]. Opt. Express, 2018, 26(23): 30644-30654.
[26] Ebner A, Gattinger P, Zorin I, et al. Diffraction-limited hyperspectral mid-infrared single-pixel microscopy [J]. Scientific Reports, 2023, 13(1): 281.
[27] Rothman L S, Gordon I E, Barbe A, et al. The HITRAN 2008 molecular spectroscopic database [J]. Journal of Quantitative Spectroscopy and Radiative Transfer, 2009, 110(9): 533-572.
[28] Diddams S A. Frequency comb sources and techniques for mid-infrared spectroscopy and sensing [Z]. CLEO:2013 Technical Digest. Optical Society of America. 2013: JM3K.1.
[29] Battalwar P, Gokhale J, Bansod U. Infrared thermography and IR camera [J]. IJRISE International Journal of Research In Science & Engineering, 2015, 1(3): 9-14.
[30] 杨卫平, 沈振康. 红外成像导引头及其发展趋势 [J]. 激光与红外, 2007, 37(11): 1129-1132.
[31] 刘永昌, 朱虹. 红外寻的制导技术的发展现状与新趋势 [J]. 红外技术, 1999, 21(4): 7-12.
[32] Bekman H H P T, van den Heuvel J, van Putten F, et al. Development of a mid-infrared laser for study of infrared countermeasures techniques [Z]. SPIE, European Symposium on Optics and Photonics for Defence and Security. Bellingham: International Society for Optics and Photonics, 2004: 27-38.
[33] Kieleck C, Berrou A, Kneis C, et al. 2 μm and mid-IR fiber-laser-based sources for OCM [J]. Proceeding of SPIE-The International Society for Optical Engineering, 2014, v 9251:1-12.
[34] Kieleck C, Hildenbrand A, Schellhorn M, et al. Compact high-power/high-energy 2 μm and mid-

infrared laser sources for OCM[C]. Proceedings of the Proceedings of SPIE, Technologies for Optical Countermeasures X; and High-Power Lasers 2013: Technology and Systems, 2013.

[35] Lamb R A. A review of ultra-short pulse lasers for military remote sensing and rangefinding [Z]. SPIE Europe Security + Defence. 2009: 1-15.

[36] Meola J, Absi A, Islam M N, et al. Tower testing of a 64 W shortwave infrared supercontinuum laser for use as a hyperspectral imaging illuminator[C]. Proceedings of the SPIE Defense+Security, 2014, International Society for Optics and Photonics, 2014.

[37] Kaasalainen S, Hakala T, Nevalainen O, et al. Hyperspectral lidar in non-destructive 4D monitoring of climate variables [J]. ISPRS-International Archives of the Photogrammetry, Remote Sensing and Spatial Information Sciences, 2014, 1: 109-111.

[38] Farries M, Ward J, Valle S, et al. Mid infra-red hyper-spectral imaging with bright super continuum source and fast acousto-optic tuneable filter for cytological applications [J]. Journal of Physics: Conference Series, 2015, 619(1): 012032.

[39] Suomalainen J, Hakala T, Kaartinen H, et al. Demonstration of a virtual active hyperspectral LiDAR in automated point cloud classification [J]. ISPRS Journal of Photogrammetry and Remote Sensing, 2011, 66(5): 637-641.

[40] Myntti M. Target identification with hyperspectral lidar [D]. Helsinki: Aalto university, 2015.

附录一　书中用到的缩写

ASE	amplified spontaneous emission	放大自发辐射
CPA	chirped pulse amplification	啁啾脉冲放大
CW	continuous-wave	连续波
DFB	distributed feedback	分布反馈
EDFA	erbium-doped fiber amplifier	掺铒光纤放大器
EDZF	erbium-doped ZBLAN fiber	Er^{3+}:ZBLAN 光纤
EDZFA	erbium-doped ZBLAN fiber amplifier	Er^{3+}:ZBLAN 光纤放大器
EOM	electro-optic modulator	电光调制器
ESA	excited-state absorption	激发态吸收
ET	energy transfer	能量传递
ETU	energy transfer upconversion	能量传递上转换
EYDF	erbium/ytterbium-codoped fiber	铒镱共掺光纤
EYDFA	erbium/ytterbium-codoped fiber amplifier	铒镱共掺光纤放大器
FWHM	full width at half maximum	半峰全宽
FWM	four wave mixing	四波混频
GCF	germania-core fiber	氧化锗光纤
GNLSE	generalized nonlinear Schrödinger equation	广义非线性薛定谔方程
HDZF	holmium-doped ZBLAN fiber	Ho^{3+}:ZBLAN 光纤
HDZFA	holmium-doped ZBLAN fiber amplifier	Ho^{3+}:ZBLAN 光纤放大器
IR	infrared	红外
LD	laser diode	激光二极管
LMA	large mode area	大模面积
MCVD	modified chemical vapour deposition	改进的化学气相沉积法
MFA	mode-field adapter	模场适配器
MOF	microstructured optical fiber	微结构光纤

MI	modulation instability	调制不稳定性
MOPA	master oscillator power amplifier	主振荡功率放大器
MFD	mode field diameter	模场直径
NA	numerical aperture	数值孔径
NRMS	normalized root mean square	归一化均方根
OPA	optical parametric amplifier	光参量放大器
OPG	optical parametric generator	光参量产生器
OPO	optical parametric oscillator	光参量振荡器
OPPM	one-photon-per-mode	单模式单光子
OCT	optical coherence tomography	光学相干层析
PCF	photonic crystal fiber	光子晶体光纤
SC	supercontinuum	超连续谱
SESAM	semiconductor saturable absorber mirror	半导体可饱和吸收镜
SMF	single-mode fiber	单模光纤
SPM	self-phase modulation	自相位调制
SRS	stimulated Raman scattering	受激拉曼散射
SSFM	split-step Fourier method	分步傅里叶法
SSFS	soliton self-frequency shift	孤子自频移
TDF	thulium-doped fiber	掺铥光纤
TDFA	thulium-doped fiber amplifier	掺铥光纤放大器
TDFL	thulium-doped fiber laser	掺铥光纤激光器
UV	ultraviolet	紫外
XPM	cross phase modulation	交叉相位调制
ZDW	zero-dispersion wavelength	零色散波长

附录二　各种光纤材料的 Sellmeier 系数

当介质吸收的电磁波辐射远离谐振频率时，可以采用 Sellmeier(塞尔梅耶尔)公式对其材料折射率进行近似：

$$n(\lambda)=\sqrt{1+A_0+\sum_{i=1}\frac{A_i\lambda^2}{\lambda^2-\lambda_i^2}}$$

式中，A_0 为常数；λ_i 为材料谐振波长；A_i 为第 i 个谐振的强度。具体来讲，不同材料的谐振个数和谐振系数会有所差异，有关材料的 Sellmeier 公式的系数大小如附表-1 所示。

附表-1　不同光纤材料的 Sellmeier 公式系数

材料	石英	氧化锗	TZN*	ZBLAN	As_2S_3	As_2Se_3
A_0	0	0	1.4843245	0	0	2.7464
λ_1	0.0684043	0.06897261	0.23176616	0.0954	0.15	0.4073
A_1	0.6961663	0.80686642	1.6174321	1.168	1.898367	3.9057
λ_2	0.1162414	0.15396605	15	25	0.25	40.082
A_2	0.4079426	0.71815848	2.4765135	2.77	1.922297	0.9466
λ_3	9.896161	11.841931		—	0.35	
A_3	0.8974794	0.85416831		—	0.87651	
λ_4	—	—		—	0.45	—
A_4	—	—		—	0.11887	—
λ_5	—	—		—	27.3861	—
A_5	—	—		—	0.95699	—

* TZN，即 $75TeO_2$-$20ZnO$-$5Na_2O$。

附录三　不同光纤材料的拉曼响应函数

不同光纤材料的非线性响应函数 $R(t)$ 均可表示为瞬时电子响应(克尔项)和延迟拉曼响应项：

$$R(t) = (1 - f_{\mathrm{R}})\delta(t - t_{\mathrm{e}}) + f_{\mathrm{R}} h_{\mathrm{R}}(t)$$

其中，t_{e} 表示电子响应中可忽略的短延迟($t_{\mathrm{e}} < 1$ fs)；f_{R} 表示延迟拉曼响应对非线性极化的贡献大小；$h_{\mathrm{R}}(t)$为拉曼响应函数。不同材料的 f_{R} 和 $h_{\mathrm{R}}(t)$均不同。同一种材料测量方法不同，参数具体的数值大小也存在细微的差异。附表-2 给出了有关材料的 f_{R} 大小和 $h_{\mathrm{R}}(t)$表达式。

附表-2　不同光纤材料的 f_{R} 和 $h_{\mathrm{R}}(t)$

材料	f_{R}	$h_{\mathrm{R}}(t)$	τ_1	τ_2	参考文献
石英	0.18	$h_{\mathrm{R}}(t) = \frac{\tau_1^2 + \tau_2^2}{\tau_1 \tau_2^2} \exp(-t/\tau_2)\sin(t/\tau_1)$	12.2fs	32fs	[1]
ZBLAN	0.062	如下文所述			[2]
As_2S_3	0.11	$h_{\mathrm{R}}(t) = \frac{\tau_1^2 + \tau_2^2}{\tau_1 \tau_2^2} \exp(-t/\tau_2)\sin(t/\tau_1)$	15.2fs	230.5fs	[3]
As_2Se_3	0.148	$h_{\mathrm{R}}(t) = \frac{\tau_1^2 + \tau_2^2}{\tau_1 \tau_2^2} \exp(-t/\tau_2)\sin(t/\tau_1)$	23.1fs	195fs	[4]

ZBLAN 光纤的拉曼响应函数根据拉曼增益谱 $g(\Omega)$获得，具体变换形式为

$$h_{\mathrm{R}}(t) = \frac{\theta(\mathrm{T})}{f_{\mathrm{R}}} \frac{c}{\pi n_2 \omega_{\mathrm{p}}^{\mathrm{R}}} \int_0^{\infty} g_{\mathrm{R}}(\Omega)\sin(\Omega T)\mathrm{d}\Omega$$

式中，$g(\Omega)$为 ZBLAN 光纤的拉曼增益谱，具体可以表示为两个高斯函数之和：

$$g(\Omega) = a_1 \mathrm{e}^{\frac{[\Omega/(2\pi) - v_1]^2}{2w_1^2}} + a_2 \mathrm{e}^{\frac{[\Omega/(2\pi) - v_2]^2}{2w_2^2}}$$

其中参数分别为 $a_1 = 0.352 \times 10^{-11}$ cm/W，$a_2 = 0.164 \times 10^{-11}$ cm/W，$v_1 = 17.4$ THz，$v_2 = 12.4$ THz，$w_1 = 0.68$ THz，$w_2 = 3.5$ THz。

参考文献

[1] Agrawal G P. Nonlinear Fiber Optics [M]. 4th ed. San Diego: Academic Press, 2007:38-39.

[2] Agger C, Petersen C, Dupont S, et al. Supercontinuum generation in ZBLAN fibers-detailed comparison between measurement and simulation [J]. Journal of the Optical Society of America B, 2012, 29(4): 635-645.

[3] Jin A, Wang Z, Hou J, et al. Mid-infrared supercontinuum generation in arsenic trisulfide microstructured optical fibers [Z]//PAL B P. Proceedings of SPIE, OSA-IEEE Asia Communications and Photonics. 2011.

[4] Saghaei H, Moravvej-Farshi M K, Ebnali-Heidari M, et al. Ultra-wide mid-infrared supercontinuum generation in $As_{40}Se_{60}$ chalcogenide fibers: solid core PCF versus SIF [J]. IEEE J. Sel. Top. Quantum Electron, 2015, 22(2): 279-286.